中国科学院大学研究生教材系列

计算机网络教程

鲁士文　编著

科学出版社
北　京

内 容 简 介

本书主要针对硕士研究生对计算机网络课程教材的需求而编写。全书共17章,主要内容包括体系结构和参考模型、物理层、调制解调器和ADSL、点对点通道的数据链路技术、有线局域网协议和以太网、无线网络、网络层运行机制、IP网络、IPv6、基于IP的多协议标记交换技术、IP网络多播技术、移动IP、传输层、实时应用和服务质量保证机制、应用层、面向数据中心的存储网络,以及云原生数据中心网络。

本书可供高等学校和科研单位的信息技术相关专业的研究生或科研人员用作计算机网络课程的教材或参考书。由于本书涉及面较广,且部分内容有较大的深度,读者在使用的过程中可根据具体的教学背景和专业方向进行适当的选择。另外,本书也可供从事通信网络研究和应用开发的人员用作相关技术的参考书。

图书在版编目(CIP)数据

计算机网络教程 / 鲁士文编著. — 北京:科学出版社,2021.11
(中国科学院大学研究生教材系列)
ISBN 978-7-03-070311-8

Ⅰ. ①计⋯ Ⅱ. ①鲁⋯ Ⅲ. ①计算机网络－研究生－教材
Ⅳ. ①TP393

中国版本图书馆 CIP 数据核字(2021)第 217596 号

责任编辑:潘斯斯 / 责任校对:王 瑞
责任印制:张 伟 / 封面设计:迷底书装

科 学 出 版 社 出版
北京东黄城根北街 16 号
邮政编码:100717
http://www.sciencep.com
固安县铭成印刷有限公司 印刷
科学出版社发行 各地新华书店经销
*
2021 年 11 月第 一 版 开本:787×1092 1/16
2022 年 8 月第二次印刷 印张:21 1/4
字数:540 000

定价:128.00 元
(如有印装质量问题,我社负责调换)

前　　言

　　计算机网络涉及的技术内容比较广泛，它是计算机和通信密切结合的产物，发展迅速，并已成为在信息社会中广泛应用的一门综合性学科。计算机网络是信息技术相关专业学生学习的一门重要课程，也是从事有关计算机研究和应用的人员必须掌握的重要知识。

　　为了便于阅读和学习，本书以计算机网络协议为核心，以流行的包括物理层、数据链路层、网络层、传输层和应用层的五层模型为主要线索，着重介绍计算机网络的原理和关键技术，注重理论联系实际，兼顾未来的发展方向。

　　全书共分为 17 章。第 1 章概述体系结构和参考模型。第 2 章介绍物理层。第 3 章介绍调制解调器和 ADSL。第 4 章介绍点对点通道的数据链路技术。第 5 章介绍有线局域网协议和以太网。第 6 章介绍无线网络。第 7～12 章介绍网络层的内容，包括网络层运行机制、IP 网络、IPv6、基于 IP 的多协议标记交换技术、IP 网络多播技术，以及移动 IP。第 13 章介绍传输层，包括 TCP 和 UDP。第 14 章介绍实时应用和服务质量保证机制。第 15 章介绍应用层，该层属于网络体系结构中的最高层。第 16 章介绍面向数据中心的存储网络。第 17 章介绍云原生数据中心网络，重点讲解如何大部分地采用非高档商业以太网路由/交换机来支持可能由数万个成分构成的完全聚合带宽的集群。本书通过具有实际意义的例子及图表来说明原理、标准和实用技术，并附有复习思考题(通过扫描本书封底二维码可查看复习思考题的参考答案)，供读者在教学或自学过程中考查和复习使用。

　　本书主要作为高等学校和科研单位信息技术相关专业的研究生或科研人员计算机网络课程的教材或参考书，也可供从事通信网络研究和应用开发的人员参考使用。

　　作者在中国科学院计算技术研究所长期从事计算机网络研究工作，并在中国科学院大学多年讲授计算机网络硕士课程。本书就是在近年来使用的课堂讲义的基础上编撰而成的。

　　本书得到了中国科学院大学教材出版中心的资助，在此表示感谢。

　　限于时间与水平，本书难免有疏漏之处，欢迎读者批评指正。

作　者

2021 年 1 月于北京

目　　录

第1章 体系结构和参考模型

本章学习要点

(1) 网络成分和性能特征;

(2) 协议的定义;

(3) 协议的分层结构;

(4) 服务和接口;

(5) 有证实和无证实服务;

(6) 面向连接和无连接服务;

(7) 服务和协议的不同点;

(8) 网络体系结构的定义;

(9) OSI 参考模型;

(10) TCP/IP 体系结构。

通信网络使得用户能够以语音、图像、电子邮件和计算机文件的形式传递信息。用户使用有线电话或蜂窝电话机(手机)、电视机的机顶盒或在计算机上运行的应用程序,通过简单的操作规程,就可以请求得到他们所需要的服务。

由通信网络所提供的服务是广泛的:用户通过电话网络可以互相交谈;通过计算机网络可以传送数据;通过电视网络可以看电视节目。因为用户总是通过某种终端设备跟网络交互,所以准确地说,网络服务是被用户应用(运行在终端设备上的进程)所使用的。

需要指出的是,如今我们正处于三网融合的时代,三网中的任意一种都可以提供其他网络所提供的服务。有线电视运营商可以利用同轴电缆提供电话服务和接入因特网(Internet,注意这里用的是大写字母 I)的服务;电话公司也提供因特网信息载体服务和接入服务(包括线缆和路由器(Router)),以及可视电话和视频会议服务;因特网除了数据服务,也提供电话和影视服务。三网互相竞争,促进了技术和应用的发展。

网络设计人员在构建一个网络时要互连两种类型的硬件(或称网络成分):传输链路和路由/交换机(Switch)。链路从一个地方向另一个地方传输位(也称比特)串。路由/交换机是存储、路由和转发这些位串的计算机。这类硬件支持网络的承载服务,即以某种标准的格式从一个源或用户向一个或多个网络目的地传输二进制位串。承载服务的性能特征跟一些参数有关,它们包括可接收的格式、连接性、从源到目的地路由的选择,以及位串的传输速度、延迟和错误等。

一个网络仅当其承载服务具有必需的特征时才能有效地支持一个特别的用户应用。例如,为了支持语音服务,端到端的延迟应该不大于 200ms;为了支持数据传输,错误率应该不大于 10^{-4}。要求条件很高的应用,如 X 射线照影的实时传送(要求具有较高的保真度和放射科医师为诊断病案可接受的显示速率)和交互式视频会议,则需要一个高性能的网络。

当用户通过终端设备互相交换信息时，所涉及的过程可能是相当复杂的。

作为例子，我们考察在两台计算机之间传送文件的过程。首先，在这两台计算机之间必须建立一个连接，该连接可以是一条直接的链路，也可以通过一个通信网络。但是仅此还不够，需要执行的典型任务如下。

(1)源系统必须激活该连接所经过的通路，或者通知通信网络希望与之通信的目的地系统的标识。

(2)源系统必须确定目的地系统已经准备好接收数据(如传输控制协议(Transmission Control Protocol，TCP)的远端)。

(3)在源系统上的文件传送程序必须确定在目的地系统上的文件管理程序已经准备好为这个特别的用户接收并存储文件(如存储在磁盘上)。

(4)如果在两个系统上的文件格式不兼容，一个或另一个系统必须执行格式翻译功能。

当浏览 Web 时，就启动了一系列的文件传输。

比较复杂的服务可以从具有较小复杂性的服务以层次结构的形式组建。显然，在上述两个计算机系统之间必须有高度的合作。该任务不是实现成单个模块，而是被划分成若干个子任务，每个子任务都单独实现成一个模块。在协议体系结构中，模块被安排成一个垂直的协议栈。在协议栈中的每一层都执行为了跟另一个通信系统通信所需要的功能的一个相关子集。为了执行比较原始的功能，它需要依赖下一个较低的层，并且遮蔽这些功能的细节。同时，它向上一个较高层提供服务。在理想的情况下，层的划分应该使得在一个层中的修改不需要改变其他的层。

当然，层的划分应该让位于不同系统中的两个进程能够通信，因此，这两个系统必须具有同一组层的功能。交流是通过让在两个系统中的对应(或对等)层进行通信而得以实现的。对等层的通信必须遵守一些事先约定好的规则。这些规则明确规定了所交换的数据的格式以及有关的同步问题。这里所说的同步是指在什么样的条件下应当发生什么样的事件，因而含有时序的意思。为了在对等层实体之间进行通信所建立的这组规则或约定就称为协议。协议的语法方面的规则定义了所交换的信息的格式；而协议的语义方面的规则定义了发送方或接收方需要完成的操作，如在有传输错误时相关的数据必须重发或丢弃；协议的同步方面的规则就是对事件实现顺序的详细说明。

1.1 网络成分和性能特征

通信网络是互相连接在一起并被管理的网络成分的集合，它能够把信息从在一个结点上的一个用户传送到另一个结点上的用户。下面讨论主要的网络成分，考察这些成分是如何影响它们所实现的服务的特征的。

主要的网络成分是传输链路和路由/交换机。

传输链路把位流以某种速率、给定的位错率和固定的传播时间从一端传送到另一端。最重要的传输链路是光纤链路、铜线链路、同轴电缆链路和无线(包括微波)链路。光纤链路和铜线链路可以是点到点的链路，也可以是广播链路(局域网(LAN))；而无线链路通常是广播链路。

多条输入链路和多条输出链路都连接到路由/交换机。路由/交换机是把二进制位串从其输入链路传送到输出链路的设备。每当输入位速率超过输出位速率时，过量的位就被缓冲在路由/交换机中。

当把网络看成网络成分的互连时，可以把网络表示成如图 1-1 所示的结构。在该图中，边表示链路；大的圆圈表示路由/交换机结点(包括缓冲区)；小的圆圈表示产生和消耗位的用户结点。

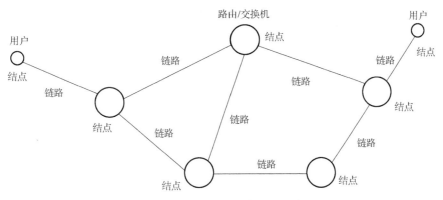

图 1-1 网络成分和它们的互连

对于网络成分互连的另一个非常重要的视野由队列网络模型提供。考虑一个具有 n 条输入链路和 m 条输出链路的路由/交换机，如图 1-2 所示，每个路由/交换机中对应的每条输入链路和输出链路都有一个缓冲区，图 1-2(b)是队列模型。每条输入链路的接收方都往其输入缓冲区写数据(从网卡到缓冲区)；每条输出链路的发送方都从其输出缓冲区读数据(从缓冲区到网卡)。路由/交换机把位串或分组从输入缓冲区传送到适当的输出缓冲区。这种关于路由/交换机和链路的队列网络模型被用来描述和评价网络性能。例如，一个分组在一个输出缓冲区中遭遇的队列延迟跟在该缓冲区中排在该分组前面的分组的个数成正比。计算队列延迟和分组丢失是一件困难的事情。

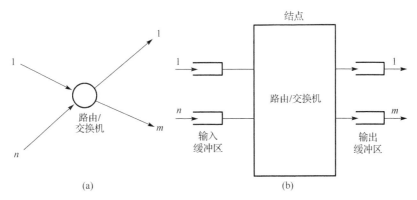

图 1-2 路由/交换机和链路的队列网络模型

由源产生的一个分组在一条链路上传输，在一个路由/交换机处被缓冲，然后选择路由前往另一条链路，如此继续下去，直到它抵达目的地为止。分组通过网络经历的延迟取决于组成网络的成分、通过这些成分的流量以及网络运行的方式。

对通过网络延迟的具体分析可能是相当复杂的。现在，可以把总延迟分解成以下部分。

(1) 发送延迟。发送延迟是结点在发送数据时使数据块从结点进入传输介质所需要的时间，它的计算公式是：发送延迟=数据块长度/发送速率。

(2) 传播延迟。传播延迟是电磁波在通道中传输一定的距离需要花费的时间。例如，1000km 长的光纤链路产生的传播延迟大约为 5ms。电磁波在铜线电缆(简称铜缆)中的传播速率约为 $2.3×10^5$km/s。

(3) 队列延迟。队列延迟是数据块在结点缓存队列中排队等待转发所经历的延迟。当进入结点的位速率超过输出链路的位速率时，就可能产生队列延迟。队列延迟跟网络控制策略紧密相关。

(4) 处理延迟。处理延迟是网络路由/交换机处理流量所花费的时间，如查询路由表、把分组从路由器输入队列移到路由器输出队列、减少跳段计数、重新计算分组检验和等。通常，对于交换机(路由器则不同)，这种处理时间相对较小，该处理延迟可以忽略。假定作为一个粗略的常规，网络控制的结果是每个进入路由器输入队列的分组都要等待平均 4 个分组的发送时间。那么，平均队列延迟是发送延迟的 4 倍，即

分组进入路由器输入队列后到转发完成的总延迟=5×发送延迟

从前面的叙述可知，总延迟等于发送延迟、传播延迟、队列延迟和处理延迟的总和。

1.2　协议的分层结构

计算机网络是一个非常复杂的系统。分层可把庞大而复杂的问题转化为若干较小的局部问题，而这些较小的局部问题处理起来就相对简单了。如今，网络的实施通常都采用划分层次的方法。除了最低层和最高层，每一层都使用它的下层提供的服务，它本身也执行一定的功能，从而为它的上层提供增强了的服务。每一层都通过接口(Interface)向它的上层提供服务，并对上层隐蔽了为实现这种服务所执行的协议操作的细节。

1.2.1　分层的概念

为了提供双向通信，分层需要遵循两个原则。第一，在每一层，通信的双方需要执行两个相反的任务，如发送与接收、封装与解封装；第二，在每一层的两边的协议实体应该是相同的，如都是 TCP，或都是 IP(Internet Protocol，互联网协议)。

在同一层的两个协议实体之间可以有一条逻辑连接，物理连接仅仅是在物理层才可能有的。

更具体地说，如图 1-3 所示，分层结构的含义如下。

(1) 第 N 层的协议实体在实现它自身的功能时，只使用 N–1 层提供的服务。

(2) 在第 N 层向第 N+1 层提供的服务中，不仅包括第 N 层本身所完成的功能，还包括它的下层提供的功能总和。

(3) 最低层是提供服务的基础；最高层是使用服务的最高层；中间的各层既是下一层的服务用户，也是上一层的服务提供者。

(4) 仅在相邻层之间有接口，并且下层协议的实现细节不为上层所知。

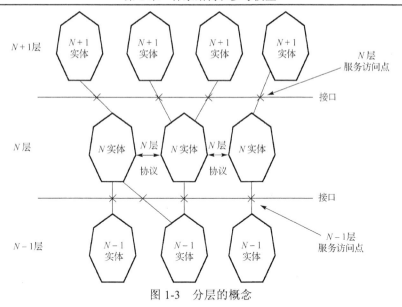

图 1-3　分层的概念

  N 层实体是实现 N 层协议的模块。对等实体表示不同机器上同一层的实体之间的关系。服务是在服务访问点(Service Access Point，SAP)提供给上层使用的。每个服务访问点都有唯一的地址。做一个比喻，可以把电话系统中的电话插孔看成一种服务访问点，而服务访问点地址就是这些插孔的电话号码。类似地，在邮政系统中，服务访问点地址是街道名称和信箱。发一封信，必须知道收信人的服务访问点地址。

  相邻层之间要交换信息，在接口处也必须遵循一定的规则。如图 1-4 所示，在 N 层服务访问点，$N+1$ 层实体把一个接口数据单元(Interface Data Unit，IDU)传递给 N 层实体。接口数据单元包括服务数据单元(Service Data Unit，SDU)和接口控制信息(Interface Control Information，ICI)。服务数据单元是将要通过网络传递给远方对等实体，然后上交给远方 $N+1$ 层的信息。接口控制信息被下层实体用来指导其功能任务的执行，但不是发送给远方对等实体的内容。$N+1$ 层协议数据单元(Protocol Data Unit，PDU)等于 N 层服务数据单元。N 层实体根据 $N+1$ 层传下来的接口控制信息和服务数据单元形成 N 层 PDU 与准备交给它的下层的接口控制信息以及服务数据单元。N 层实体交给它的下层的服务数据单元($N-1$ 层 SDU)就是 N 层 PDU(N-PDU)。作为接口控制信息的例子，在 TCP/IP 网络中，传输层传给网络层的接口控制信息可以包括 IP 地址。

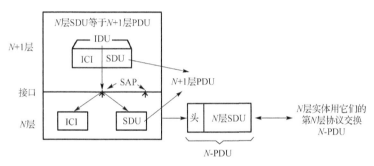

图 1-4　在接口处上下层之间的关系

注：N 层根据 $N+1$ 层传下来的 ICI 形成 N-PDU 的头和交给它的下层的 ICI

N 层实体有可能把服务数据单元分片,每一片加上一个头之后作为一个独立的 PDU 发送。PDU 被对等实体用来执行对等协议。对等实体根据 PDU 头的信息辨别哪些 PDU 包含数据、哪些 PDU 包含控制信息,以及哪些 PDU 提供顺序编号和计数等。

下层向上层提供的服务可以是面向连接的,也可以是无连接的。面向连接的服务类似于打电话。要和某人通话时,先拿起电话,拨号码,谈话,然后挂断。同样,在面向连接的服务过程中,用户先建立连接,然后传送数据,最后释放连接。使用面向连接的服务,发送方在连接的一端发送数据,接收方在另一端以同样的顺序接收数据。

使用无连接的服务类似于在邮政系统中邮寄普通信件。每个数据块(信件)都标上接收方(收信人)地址,并且每个数据块的传输都独立于其他数据块,各自沿着系统选择的可能不同的通路传输。当把多个数据块往同一目的地发送时,无连接的服务不保证接收方能以发送方发送时的顺序接收数据块,由于在传输途中经历的时延不同,有可能后发的数据块反而先到了。相比之下,在面向连接的服务中是不可能发生这种情况的。

在形式上,服务可以用一组服务原语描述。这些原语供相邻层实体访问该服务时调用。它们请求服务提供者提供某种功能或向上层用户报告某个对等实体的举动。服务原语可以划分为如表 1-1 所示的 4 类。现在以连接的建立为例,说明服务原语的用法。

表 1-1 4 类服务原语

服务原语	含义
连接请求(Request)	用户实体请求下层提供某种服务
连接指示(Indication)	用户实体被告知对等实体的举动
连接响应(Response)	用户实体表示对发送方请求的应答
连接证实(Confirm)	用户实体收到对它的请求的答复

当一个 N 层实体在与 N-1 层接口处发出连接请求之后,一个 N-1 层 PDU 被发送出去。接收方 N 层实体会在与 N-1 层接口处收到一个连接指示,被告知发送方实体的连接请求。然后,N 层实体发送连接响应表示它是否愿意建立连接。接着,一个 N-1 层 PDU 被往回发给发送方 N-1 层实体。然后请求建立连接的 N 层实体在与 N-1 层接口处收到连接证实,从而得知接收方的态度。

大多数原语都带有参数。例如,连接请求的参数可能指明要连接的另一方的标识、需要的服务质量和建议的最大 PDU 尺寸;连接指示的参数可能包含请求方(也称呼叫方)标识、需要的服务质量和建议的最大 PDU 长度。如果被请求的一方不同意请求方所建议的最大 PDU 长度,它可以在连接响应中给出一个它自己的建议,请求方可从连接证实中得知这个建议。在两个建议的最大 PDU 长度不一致的情况下,协议可以约定选择较小的最大 PDU 长度。像这样的对通信过程中将使用的某些参数或值(Value)的协商就是协议操作的细节。

服务可以划分为有证实服务和无证实服务两类。有证实服务使用服务请求、服务指示、服务响应和服务证实 4 个服务原语,而无证实服务则只使用服务请求和服务指示 2 个服务原语。由于必须被请求方同意才能建立起连接,因此面向连接的服务都是有证实的。依赖于发送方是否请求连接证实,数据传输服务可以是有证实的,也可以是无证实的。

无证实、无连接的服务也称为数据报服务。它很像传统的电报服务,不向发送方发回确认信息。有时，人们希望在通过省略建立连接的步骤来提高数据通信的实时性的同时，还能够做可靠的信息传送。这时，可以选择使用有确认的数据报服务。使用这种服务类似于在邮政系统中邮寄挂号信并要求有回执。在收到回执后，寄信人就可以相信信件已到达目的地。

服务原语的名字包括原语类型、服务类别(Class of Service，COS)和提供服务的层的标识。

(1) T. CONNECT. request 是由传输服务用户(TS-user)(会话层)发出的一个连接请求，其目的是要跟远方用户(会话层)建立一种(逻辑的)传输连接。

(2) S. DATA. indication 是由对等(通信)会话层发给它上面的表示层的一个连接指示，并且涉及从远方表示层收到的数据(DATA)。

需要强调的是，服务和协议是两个概念。服务是一层向它的上层提供的一组服务原语。虽然服务定义了该层能够为它的上层提供的功能，但服务原语本身并不能让上层知道该层的协议是怎样操作的。

与此不同的是，协议定义在相同层的对等实体之间交换 PDU 的格式和过程。实体利用协议来实现它们能够提供的服务。如果不改变提供给用户的服务，那么实体可以根据需要改变它们所遵循的协议。协议涉及服务的实现，但对服务的用户来说是不可见的。

在典型的情况下，当接收一个服务原语时，一层的协议实体读该原语中的参数，并把其中的 SDU(上层 PDU)与附加的协议控制信息相结合形成该层的 PDU。将所产生的 PDU 再放到带有附加参数的服务原语的用户数据段中，以传递给相邻下层。

下面给出关于传输层服务原语和传输层 PDU(TPDU)的部分示例。

　*T.CONNECT.request(被呼方,呼叫方,服务质量)　　　　　　　　－ － － － 服务原语

CR(连接请求 PDU)格式：

[头长，PDU 类型 1110 即 CR，许可信用量，置 0 的目的地连接号，源端连接号，建议的传输协议类型，目的 TSAP，源 TSAP，建议的最大 PDU 长度，检验和]　　　　　　　　－ － － － PDU
　*T.CONNECT.indication(被呼方，呼叫方，服务质量)　　　　　　　　－ － － － 服务原语
　*T.CONNECT.response(服务质量，响应方)　　　　　　　　－ － － － 服务原语

CC(连接确认 PDU)格式：

[头长，PDU 类型 1101 即 CC，许可信用量，目的地连接号，源端连接号，传输协议类型，目的 TSAP，源 TSAP，最大 PDU 长度，检验和]　　　　　　　　－ － － － PDU
　*T.CONNECT.confirm(服务质量，响应方)　　　　　　　　－ － － － 服务原语
　*T.DATA.request(用户数据)　　　　　　　　－ － － － 服务原语

DT(数据传送 PDU)格式：

[头长，PDU 类型 1111 即 DT，目的地连接号，TPDU 序列号，用户数据]　　－ － － － PDU

1.2.2　层次的实现

当协议被安排成层次结构时，相邻层的协议实体交换信息。因为协议实体是计算机进程，这意味着计算机内有若干个进程在通信。一旦得到一个报文，协议实体就在执行一些操作之后再把该报文发送给下一个协议实体。

为了使得进程间通信和协议实体操作的概念更具体,下面考察这些功能是如何实现的。我们的要点是要说明实际的报文是如何在分层模型所表示的进程之间传递的。我们也将讨论实现这种进程间通信的性能含义。当然不可能包括所有可能的实现,也不会包括所有可能的操作类型。然而,我们要抓住实现的某些主要特征。

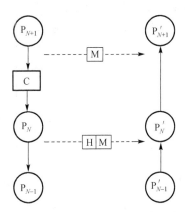

图 1-5 在协议层的进程间通信的步骤

我们的目标是要解释如图 1-5 所示的步骤。该图示出了在两个计算机中的协议实体。在计算机 1 中位于 $N+1$ 层的协议实体 P_{N+1} 发送报文 M 给在计算机 2 中的对等实体 P'_{N+1}。为发送这个报文,P_{N+1} 发送一个控制报文 C 给协议实体 P_N,请求它把 M 发给 P_N'。实体 P_N 把报文 M 发送给 P_N'之前在 M 前面加上一个头 H。这个头可以包含地址、序列号、控制段和差错检测位,所有这些都是 P_N 和 P_N'为监察 M 的传输可能需要的开销。

先分析 P_{N+1} 如何把报文 C 传递给 P_N。这个报文传递可以使用共享存储器或队列来实现。

当使用共享存储器时,进程 P_{N+1} 和 P_N 都可以访问一个公共存储器段(该存储器段被划分成 N 个存储数据的位置)和一个称为信号灯的公共变量 X(该变量可以取值 $0,1,\cdots,V$)。变量 X 表示可用来写入的位置的数目。只要 $X>0$,进程 P_{N+1} 就可以写入,并且在它每次写入一个位置之后都把 X 的值减 1(表示给写入减少了 1 个位置)。在 $X<V$ 时,进程 P_N 就可以读出,并且在它每次读了一个位置之后都把 X 的值增加 1(表示给写入增加了 1 个位置)。信号灯也可以被多个写入和读出进程使用,在这种情况下,要特别小心,避免对信号灯值的冲突操作。类似地,对于一个进程在信号灯被重置之前中止的情况的处理也要特别小心。

当进程使用队列进行通信时,进程 P_{N+1} 把报文 C 写进一个队列,然后该队列被进程 P_N 读出。队列被组织成先进先出(First In First Out,FIFO)的数据数组。队列有某个预定的容量,它可以被操作系统实现成一个链接表,用一个指针指向队列头,另一个指针指向队列尾。进程 P_{N+1} 往队列里(在队列尾)写;进程 P_N 从队列(在队列头)往外读。操作系统检查当 P_N 要读时有数据可读;当 P_{N+1} 要写时有空间可写。典型地,操作系统可以在各种各样的进程之间处理大量的队列,并且通过在这些队列之间共享一个较大的存储器而得以实现。每当需要一个新的进程间的队列时,可以通过建立一个新的链接表来动态地调节不同队列的容量。可以使用不同的队列传递应该做不同处理的报文。例如,一个队列可以包含高优先级报文,另一个队列可以包含低优先级报文。如果在队列中的每个报文都包含一个标识号来指定要到达的进程,那么,多个进程可以往同一个队列里写,或者从同一个队列往外读。

一般地,P_{N+1} 并不把报文 M 发给 P_N,而是发送指向该报文的一个指针,表明报文在存储器中的位置和长度。当报文必须跨越不同的计算机插件板移动时,则必须进行实际的报文传送。在许多系统中,网络接口板有自己的存储器,用来存储要发送的分组。在这样的实现中,P_N 通过网络接口卡实现,而 P_{N+1} 由主 CPU 实现。在这种情况下,P_{N+1} 实际上是通过接口卡所连接的计算机总线把报文 M 复制给 P_N 的。显然,该报文也必须被在计算机之间实现实际传输的低层复制。

现在转向 P_N 所执行的功能的实现。实体 P_N 和 P_N' 实现了第 N 层协议。该协议指定 P_N 必须计算头 H，启动某个定时器，并且更新某个计数器。当定时器期满时，P_N 典型地要开始对 P_{N-1} 进行一次新的调用以重传该报文。实体 P_N' 必须读头 H，执行一组操作(如验证分组的正确性)，发送一个确认应答，并且向 P_{N+1}' 指示一个分组的到达。

在一些协议中，头 H 包含一个差错检测段，其值跟报文 M 有关。在这种情况下，为计算 H，进程必须读报文 M，这个读操作和 H 的计算都需要消耗大量的指令。在其他的协议中，头 H 所包含的差错检测段跟 M 无关，并且仅仅保护头本身的完整性。后一类协议的执行典型地要快得多。

快速协议的设计需要限制对协议实体读完全报文的需要。通过传递指令值代替复制报文来最小化实际的报文传送次数，也可以使协议的实现比较快。最后，通过在可以减轻主 CPU 负担的专用硬件上实现协议实体可以加快协议的执行。在理想的情况下，协议的执行应该只给主 CPU 产生最小量的负担，并且应该足够快，以跟上通信链路的速度和数据源的发送速度。

1.3　OSI 参考模型

计算机网络的各个层次及其协议的集合称为计算机网络体系结构。实际上，计算机网络体系结构就是对计算机网络及其部件所应完成的功能的精确定义。至于这些功能究竟是用哪些硬件或软件完成的，则是一个遵循这种体系结构的实现的问题。体系结构是抽象的，而实现是具体的，是真正在运行的硬件和软件。不可以把一个具体的计算机网络说成一个抽象的体系结构。

多年来国际标准化组织、学术团体、各个国家的许多研究机构和大公司都十分重视对计算机网络体系结构的研究和开发。目前比较著名的计算机网络体系结构是国际标准化组织(International Organization for Standardization，ISO)提出的开放系统互连(Open Systems Interconnection，OSI)参考模型和美国国防部研制的 TCP/IP 体系结构。

如图 1-6 所示，OSI 参考模型分为 7 个层次，从下往上分别是物理层、数据链路层、网络层、传输层、会话层、表示层和应用层。

在 OSI 参考模型的 7 个层次中，下 3 层(1～3 层)是依赖网络的，牵涉到将两台通信计算机链接在一起所使用的数据通信网的相关协议。上 3 层(5～7 层)是面向应用的，牵涉到允许两个终端用户应用进程交互作用的协议，通常是由本地操作系统提供的一套服务。中间的传输层为面向应用的上 3 层遮蔽了跟网络有关的下 3 层的详细操作。本质上说，它建立在由下 3 层提供的服务上，为面向应用的高层提供与网络无关的信息交换服务。

物理层协调在物理介质上传输比特流所需要的功能，负责处理接口和传输介质的机械规范和电气规范；它也定义物理设备和接口为了传输位流所必须执行的规程和功能。物理层的主要关注点包括接口和物理介质的物理特征、位的表示、数据速率(每秒发送的比特数)、位同步、线路配置(点到点配置或多点配置)、物理拓扑，以及传输方式(单工、半双工或全双工)。

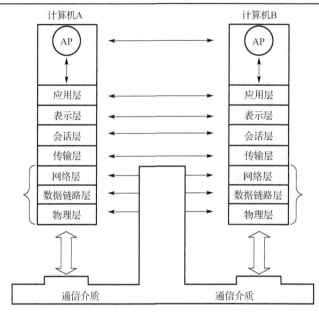

图 1-6　OSI 参考模型
注：AP—应用进程

数据链路层指定在网络上沿着网络链路在相邻结点之间移动数据的技术规范。它的责任包括成帧(Frame)、物理编址、流量控制，以及差错控制。广播式网络在数据链路层还要处理如何控制对共享通道的访问的问题。数据链路层的一个特殊的子层——介质访问子层，就是专门处理这个问题的。

网络层负责把分组从源投递到目的地，可能要跨过多个网络(链路)。网络层的责任包括逻辑编址、路由选择、拥塞控制、服务质量保证、记账，以及相同或不同类型网络之间的互联。

传输层的主要关注点包括服务访问点编址(端口号)、分段和重组(把报文划分成可传输的报文段，在目的地正确地重组报文)、连接控制(可以是面向连接的，也可以是无连接的)、流量控制，以及差错控制(差错纠正通常是通过重传取得的)。

会话层的具体责任包括对话管理和同步。对话管理确定对话采用同时双向传输的方式，还是任一时刻只能单向传输的方式。同步负责在数据流上添加检验点(或称同步点)，如果在大文件传输过程中发生系统崩溃，那么在系统恢复以后，仅需要从检验点处重传该文件。

表示层的主要责任包括翻译、加密，以及压缩。其中的翻译指的是在发送方的表示层把信息从依赖于发送方的格式转变成通用的格式，在接收方的表示层把通用的格式转变成依赖于接收方的格式。

应用层是最终用户应用程序访问网络服务的地方，是对等应用实体的通信使用的协议。应用层包含大量人们普遍需要的协议，提供虚拟终端、文件传输、电子邮件、远程作业录入、名录查询和其他各种通用及专用的功能。

图 1-7 示出了数据流通过 OSI 参考模型的情形。当数据在一个 OSI 网络内流动时，发送方的每一层都在输出到网络的数据单元上附加适当的头信息，同时接收方又在来自网络的数据单元中去除由发送方的本层实体所附加的头信息。以这种方式传输，数据单元将以

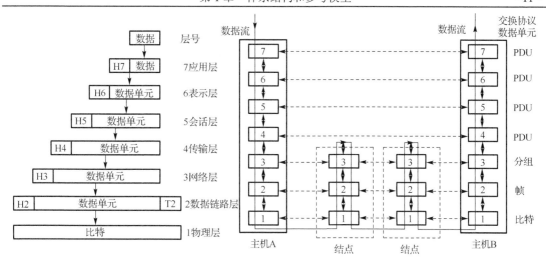

图 1-7　OSI 参考模型中的数据流动
注：Hi—第 i 层 PDU 头

原先在发送应用进程处的形式到达接收应用进程。OSI 参考模型的目的就是要简化数据网络的设计工作,最终实现以统一的标准方法和过程附加头信息到流过一个网络的数据单元,允许数据遵从一致的过程选择路由到达正确的目的地。

从图 1-7 可以看出,虽然实际的数据传输方向是垂直的,但每一层 PDU 的传输又好像是水平方向的。例如,当发送方的传输层从会话层得到报文时,它加上一个传输层报头,并把所产生的传输层 PDU 发送给接收方的传输层。但从发送方传输层的操作来看,实际上它是把报文传给它的相邻下层,即网络层。

1.4　TCP/IP 体系结构

TCP/IP 是在互联网上多台相同或不同类型的计算机进行信息交换的一套通信协议。TCP/IP 协议族的准确名称应该是互联网协议族,TCP 和 IP 是其中的两个协议。事实上,TCP/IP 包括与这两个协议有关的其他协议以及网络应用。其中典型的其他协议有互联网控制报文协议(Internet Control Message Protocol,ICMP)、地址解析协议(Address Resolution Protocol,ARP)和用户数据报协议(User Datagram Protocol,UDP);典型的应用有文件传送协议(File Transfer Protocol,FTP)、远程上机(Telnet)协议、域名服务(Domain Name Service,DNS)和超文本传送协议(Hyper Text Transport Protocol,HTTP)。通常互联网由若干个物理网络组成,通过一种称为路由器的联网设备集成为一个大的虚拟网。世界上最大的互联网称为因特网。

图 1-8 示出了互联网的分层结构及其与 OSI 参考模型的对应关系。其中,网络接口层字面上是与物理网络接口,实际上表示一个物理网络,它所包括的层相当于 OSI 参考模型的物理层和数据链路层;互联网络层的功能相当于 OSI 参考模型的网络层;传输层的功能则类似于 OSI 参考模型的传输层;TCP/IP 参考模型应用层执行的功能相当于 OSI 参考模型的会话层、表示层和应用层执行的功能的总和。

由于 TCP/IP 协议族是互联网采用的协议族，所以又常常将 TCP/IP 体系结构称为互联网体系结构。如果采用互联网协议族构建了一个网络，但没有申请加入因特网，那么可以将它称为互联网，而不应该称为因特网。

图 1-9 给出了在一个互联网上的一个计算机内实现分层协议逻辑结构的示例。每一个使用 TCP/IP 技术通信的计算机都具有与此类似的逻辑结构，该逻辑结构决定了计算机在互联网上的网络行为。

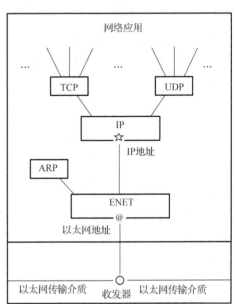

图 1-8　互联网分层结构及其与 OSI 参考模型的对应关系　图 1-9　基本的 TCP/IP 网络结点的协议结构

在图 1-9 中，方框表示对通过计算机的数据的处理；连接方框的线表示数据的通路；底部的水平线表示一个局域网使用的以太网传输介质；"〇"是以太网收发器；"@"是以太网地址；"☆"是 IP 地址。

在互联网上流动的数据单元名称取决于它所处的协议结构位置。它在以太网上称为以太网帧；在以太网驱动程序和 IP 模块之间称为 IP 分组；在 IP 模块和 UDP 模块之间称为 UDP 数据报；在 IP 模块和 TCP 模块之间称为 TCP 报文段；在网络应用程序中称为应用报文。驱动程序是直接跟网络接口硬件通信的软件；模块是跟驱动程序、网络应用或其他模块通信的软件。

对于使用 TCP 模块的应用程序，数据在该应用程序和 TCP 模块之间传递。对于使用 UDP 模块的应用程序，数据在该应用程序和 UDP 模块之间传递。FTP 是一个典型的使用 TCP 的应用层协议，在我们的示例结构图中，它的协议路径是 FTP/TCP/IP/ENET。简单网络管理协议（Simple Network Management Protocol，SNMP）是一个使用 UDP 的应用层协议，在我们的示例结构图中，它的协议路径是 SNMP/UDP/IP/ENET。

TCP 模块、UDP 模块和以太网驱动程序都是多对一的多路复用器。作为多路复用器，它们将多个输入转换成一个输出。它们又同时是一对多的多路分离器。作为多路分离器，它们将一路输入根据协议头部特定域的值转换成多路输出。

如果一个以太网帧从网上来到以太网驱动程序，其中的分组可能向上传递给地址解析协议模块，或者送给 IP 模块。究竟是传给 ARP 模块，还是传给 IP 模块，取决于在以太网帧中的类型段的值。

如果一个 IP 分组向上进入了 IP 模块，其中的数据单元再向上传给 TCP 模块或 UDP 模块，究竟传给谁则由 IP 分组头部的协议段的值确定。

如果一个 UDP 数据报向上进入了 UDP 模块，其中的应用报文则根据 UDP 数据报头部的端口域的值向上传给对应的网络应用模块。如果一个 TCP 报文段向上进入了 TCP 模块，其中的应用报文则根据 TCP 报文段头部的端口域的值向上传给对应的网络应用模块。

协议向下多路复用相对简单些，因为从每个起始点出发，仅有一条向下的路径。每个协议模块加上自己的头部信息，使得传送的信息组合可以在目的地计算机分离。从网络应用模块通过 TCP 或者 UDP 向下传递的数据在 IP 模块会聚，然后向下送到低层网络接口驱动程序。图 1-10 示出了 TCP/IP 的数据封装过程。

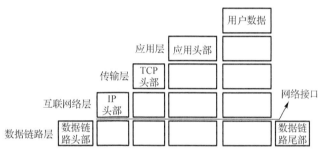

图 1-10　TCP/IP 的数据封装过程

图 1-11 以一台个人计算机通过采用 PPP 的专用线路连接远方局域以太网上的一台主计算机，并使用 FTP 应用程序向远方主机上的文件系统传送文件的样例，表现出了在典型的 TCP/IP 网络上协议数据流动的情况。

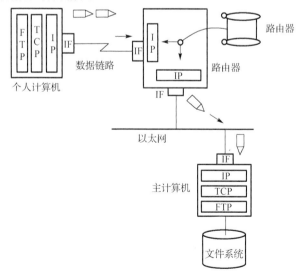

图 1-11　TCP/IP 网络分层结构的数据流动

其中，IF 表示运载 IP 分组的网络接口层的帧；在源和宿计算机之间的中转结点是路由器，它含有决定前往目的地计算机的通路的路由表。

TCP/IP 模型假定有大量的物理网络通过路由器互联，在总体上可以把每个物理网络都看成一个黑盒子。用户得到对每个物理网络所蕴含的资源的访问权，但并不清楚交互信息的通路或者为了让信息到达其目的地所采用的机制。图 1-12 画出了对 TCP/IP 网络更具一般性的视野。

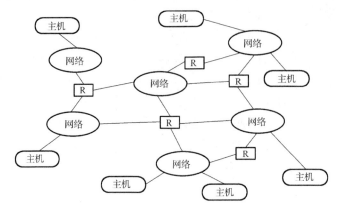

图 1-12　采用互联模型的 TCP/IP 网络

注：R—路由器

复习思考题

1．什么是数据的发送时延、传播时延、队列时延、处理延迟和往返路程时间(RTT)？

2．在 OSI 参考模型中，是 TPDU 封装网络层分组，还是网络层分组封装 TPDU？请讨论。

3．当讨论网络协议时，协商的含义是什么？请举出一个例子。

4．说明使用分层协议的两条理由。

5．对网络协议建立国际标准有哪些优点和缺点？

6．在广播链路上，当有多个主机同时试图访问通道时将产生冲突。假设把时间分为离散的时间片，m 台主机中每一台主机在每个时间片内试图占有通道的概率为 k。求由于冲突被浪费的时间片的比例。

7．长度为 100 字节的应用层数据先交给传输层传送，需加上 20 字节的 TCP 头；再交给网络层传送，需加上 20 字节的 IP 头；最后交给数据链路层的以太网传送，加上头部和尾部共 18 字节。试求数据的传输效率。若应用层数据长度为 1000 字节，数据的传输效率是多少？

8．列举 OSI 参考模型和 TCP/IP 参考模型相同的两个方面。再列举它们不同的两个方面。

9．影响一个存储-转发式分组交换系统延迟的一个因素是通过交换机存储转发一个分组要花多长时间。假定在铜线链路和光纤链路中的传播速度是光在真空中的传播速度的 2/3，并假定客户机在城市 A，服务器在距离城市 A 数千千米以外的城市 B。如果交换时间是 10μs，那么它可能是影响这个客户/服务器系统响应时间的主要因素吗？

10．分层应该注意些什么？分层本身是否也有缺点？

11．假设 OSI 参考模型的应用层要发送 400 字节的数据(无拆分)，除物理层和应用层之外。其他各层在封装 PDU 时都引入 20 字节的额外开销，则应用层的数据传输效率是多少？

12．在 OSI 参考模型中，路由器、以太网交换机和集线器(Hub)实现的最高功能层分别是哪个层？

第 2 章 物 理 层

本章学习要点

(1) 通道的最大数据传输率；

(2) 传输介质；

(3) 数据编码技术；

(4) 曼彻斯特编码；

(5) 4B/5B 编码；

(6) 多路复用技术；

(7) T1/E1 标准；

(8) SONET/SDH 标准。

物理层是构建网络的基础，涉及网络物理设备之间的接口，其目的是向高层提供透明的二进制位流传输。物理接口的设计涉及信号电平、信号宽度、传送方式、物理连接的建立和拆除、接插件引脚的规格和作用等。

虽然在某些情况下也可以采用并行传输的方式，但由于代价方面的原因，计算机网络通常都采用串行传输。

物理通道的性质直接影响网络用吞吐率、延迟和误码率等参数表示的性能的优劣及其向用户提供的服务质量的高低。

2.1 通道的最大数据传输率

数据传输总是通过某种传输介质在发送设备和接收设备之间进行。传输介质可以划分为导线的和无导线的两类。无论属于哪一种类别，通信都以电磁波的形式（包括电源、有线电波、无线电波、红外线、可见光、紫外线、X 射线、γ射线和宇宙射线）发生。使用导线介质，波的传播被限制到一条物理通路，信号传播的走向和空间范围受导线的限制；导线介质的例子有双绞线、同轴电缆和光导纤维。无导线介质提供发射电磁波的方法，但不约束传播的通路；无导线介质传播的例子有通过空气、真空和海水的通信。

电磁信号通常被表示成时间的函数，可以是连续的，也可以是离散的。连续信号的强度随时间平滑变化，也就是说，在信号中无断裂或不连续。离散信号的强度在某个时间段内维持一个常量级，然后改变到另一个常量级。连续信号也称为模拟信号，一个应用例子是它可以表示语音。离散信号可以表示二进制的 1 和 0，也称为数字信号。最简单的信号种类是周期信号，同样的信号模式随时间反复出现。

19 世纪初叶，法国数学家傅里叶证明：任何正常的周期为 T 的函数 $g(t)$ 都可以由无限个正弦函数和余弦函数合成。一个持续时间有限的数据信号可以想象成它一遍又一遍地无限重复整个模式,即假定 $T \sim 2T$ 的区间模式等同于区间 $0 \sim T$,$2T \sim 3T$ 的区间模式又等同于区间 $T \sim 2T$,如此等等。

所有传输设施在传输信号的过程中都将损失一些能量。如果所有傅里叶分量被等量衰减,那么输出信号虽在振幅上有所衰减,但没有畸变。然而,实际的传输设施对不同的傅里叶分量衰减程度不同,因而输出信号发生畸变,通常频率在 $0 \sim f_c$(截止频率,以赫兹即 Hz 为单位)的谐波在传输过程中无衰减,而在截止频率以上的所有谐波在传输过程中衰减极大。这种现象既可由传输介质的物理特性引起,也可能是由人们有意在线路中安装了一个滤波器来限制每个用户使用的带宽引起的。

普通的电话线路常称语音级线路,截止频率大约为 3000Hz,这就意味着允许通过的最高简单正弦周期信号或余弦周期信号的频率是 3000Hz。

通道,即计算机网络链路,所能传输的信号的频率都在一定的范围内,这个范围就是该通道频带的宽度,或称为带宽(单位:Hz)。在使用通道传送数字信号时,数字通道所能传送的最高数据率也称为带宽。二进制位是计算机中数据的最小单元,因此可以把网络链路带宽表示成比特每秒,记为 bit/s。

在数据通信中要考虑的一个非常重要的问题是在一个通道上可以用怎样快的位速率发送数据。这取决于可提供的带宽、使用的信号电平级的数目,以及通道的质量(噪声的大小)。

对于无噪声的低通通道,奈奎斯特(Nyquist)在 1924 年定义了理论上的最大位速率:位速率(bit/s)=2×带宽×$\log_2 L$。

在这个公式中,带宽是通道的带宽(以 Hz 为单位);L 是用以表示数据的信号级别的数目;位速率是以比特每秒为单位的最高数据率。

根据这个公式,也许我们会想,给出一个特定的带宽,可以通过增加信号级别的数目得到我们想要的任何位速率。实际情况并非如此,而是有一个限制。当增加信号级别的数目时,加重了接收方的负担。如果信号级别的数目是 2,接收方能够很容易地区分 0 和 1。如果信号级别数增加到 64,接收方区分 64 个不同级别的信号的工作就会变得复杂得多。另外在现实中,理想的无噪声的通道是不存在的。

然而,奈奎斯特定理还是为在接收方采样信号的频率提供了一个非常有用的上限:任意一个信号通过带宽为 L 的低通通道传输,在接收方只要每秒采样 $2L$ 次就能完整地重现通过这个通道的信号;用每秒高于 $2L$ 次的速度对该线路采样是没有必要的,因为高频的分量已经被通道消除了。例如,一个无噪声的 3kHz 通道不能以高于 6000bit/s 的速率传输二元(两级)电平信号。

在现实中,通道总是有噪声的。通信系统中所遇到的噪声可以分为两类:①系统外的噪声;②系统内部产生的噪声。第一类噪声还可进一步分为人为干扰和非人为干扰。人为干扰可由电机的点火系统、换流器、开关接触不良、荧光灯等引入。非人为干扰包括各种形式的大气噪声。雷电或来自银河系的宇宙辐射是主要的大气噪声,后者又是射电天文学所研究的信号源。

限制通信系统性能的基本因素是系统本身内部的噪声。这类噪声基本上有两种成因,即任何温度在 0K 以上的物体中的电子均有随机的热运动;真空器件中的电流或半导体器件内的越结电流中均有统计起伏的变化。

1948 年,香农(Shannon)把奈奎斯特的结论进一步扩展到受随机(热)噪声影响的信号。

香农用信息论的理论推导出了带宽受限且有高斯白噪声干扰的通道的极限信息传输速率。若用公式表示，则极限数据传输速率=带宽×$\log_2(1+S/N)$。在这个公式中，带宽是通道的带宽；S/N 是信噪比；极限数据传输速率是以 bit/s 为单位表示的通道容量。注意，在香农公式中，没有信号级别的表示，这就意味着，不管使用多少个信号级别，都不可能取得大于通道容量的数据速率。换句话说，香农公式定义的是通道特征，而不是传输方法。还有，香农给出的是一个极限。实际上要接近香农极限也是很困难的。

例如，考虑一个噪声非常大的通道，信噪比几乎等于 0dB。也就是说，与噪声相比，信号很微弱。对于这样的通道，极限数据传输速率=带宽×$\log_2(1+S/N)$=带宽×$\log_2 1$=0。这就意味着无论带宽有多大，都不能够通过这个通道接收任何数据。

如果电话线路有 3000Hz 的带宽(300～3300Hz)可用于数据通信，信噪比是 3162dB，那么极限数据传输速率=带宽×$\log_2(1+S/N)$=3000×$\log_2(1+3162)$= 3000×11.62=34860(bit/s)。这表明，为了增加数据传输速率，要么增加线路的带宽，要么改善信噪比。

信噪比通常用 dB 来表示，信噪比(dB)=$10\lg S/N$。如果 S/N 为 10，则是 10dB；S/N 为 100，则是 20dB；S/N 为 1000，则是 30dB。假定信噪比(dB)=36，通道带宽是 2MHz，那么 $\lg S/N$=信噪比(dB)/10=3.6，$S/N=10^{3.6}$=3981，极限数据传输速率=带宽×$\log_2(1+S/N)$=$2×10^6$×$\log_2 3982$=24(Mbit/s)。

香农公式的推导只考虑受随机(热)噪声影响的信号，实际的通道还会受到系统外的噪声干扰，信号在传输和处理过程中也会产生失真，因此实际的数据传输速率都比按照香农公式计算的低很多。为了接近香农公式所给出的极限数据传输速率，提高比特率，需要采用多元制的调制方法。例如，采用 16 元制(16 个信号状态)，每赫兹可承载 4bit。标准电话信道的带宽是 3.1kHz，信噪比通常约等于 2500，依据香农公式，无论怎样编码，比特率都不可能超过 35000bit/s。目前的编码技术水平与此极限数值相比，差距已经很小了。

人们用波特率表示单位时间内传送的信号单元(也称码元)个数，指的是每秒信号状态变化的次数。一个以 b 波特传送信号的线路，其传送二进制数据的速率(比特率)不一定是 b bit/s，因为每个信号可以运载几比特。例如，若使用 0、1、2、3、4、5、6 和 7 共 8 个电平级，则每个信号值可代表 3bit，因而这种条件下比特率将是波特率的 3 倍。

2.2　传　输　介　质

在协议层次中，传输介质实际上位于物理层之下，直接受物理层控制。图 2-1 示出了传输介质相对于物理层的位置。

图 2-1　传输介质和物理层

数据传输的特征和质量是由传输介质的特征和信号的特征两个方面决定的。在导线介质的情况下，介质本身在确定传输限制方面起更重要的作用。对于非导线介质，由发射天线产生的信号带宽在确定数据传输特征方面比介质更为重要。由天线发射的信号的一个关键特性是方向性。一般来说，低频信号是全向的，即从天线发射的信号在所有的方向上传播。在高频的发射中，信号可以被集中到一个定向的射束。

在现实的世界中，有多种多样的物理介质，它们在带宽、延迟、成本和安装维护的难度方面都有所不同。

2.2.1　双绞线

双绞线是最常见的传输介质。它由两条相互绝缘的铜线组成，铜线的典型规格为直径 1mm。为了减少邻近线路的电气干扰，它的两条线被拧在一起，看上去像螺纹。双绞线被普遍地用于电话系统。电话通过双绞线连接电话局。在几千米的距离上，双绞线传输信号不需要再生和放大，更远的距离就要使用中继设备了。当有许多双绞线并行走线太长时，如在一座公寓里连往电话局的所有导线应扎成束，并包封在护套中。在电话线架设在地面电线杆上的地区，常常可以看到直径为几厘米的线束。

双绞线的带宽与铜线的粗细和传输距离有关，在许多情况下，几千米距离的传输速率可达几兆比特/秒。因为其性能较好，价格又低，所以双绞线很有可能在今后若干年内被继续使用。

有两种类型的双绞线，即非屏蔽双绞线(Unshielded Twisted Pair，UTP)和屏蔽双绞线 (Shielded Twisted Pair，STP)。如图 2-2 所示，非屏蔽双绞线电缆由多对双绞线和一个塑料外皮构成。非屏蔽双绞线的缺点是易受外部干扰，噪声来自周围环境的和其附近的双绞线；但是因为价格低廉且易于安装和使用，所以其应用非常广泛。为了提高信噪比，在建筑物内部，作为局域网传输介质而被普遍使用的 UTP 电缆的最大长度一般限制在 100m 之内(速率是 10～1000Mbit/s)。

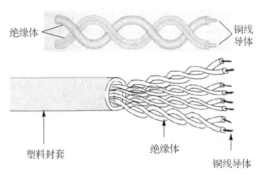

绝缘体　　　　　　　　　　　　　　　铜线导体

塑料封套　　　　　绝缘体　　　铜线导体

图 2-2　非屏蔽双绞线电缆

干扰和串音(Crosstalk)都会影响通往接收方的两根导线，在接收方产生不希望有的信号(噪声)。如果这两根导线是平行的，那么这些不希望有的信号在这两根导线上是不同的，因为这两根导线相对于噪声源或串音源处于不同的方位，例如，一根导线近一点，另一根导线远一点。这就导致在接收方产生差异。

通过把这两根导线互相螺旋式地绞合在一起，可以取得二者的平衡。例如，在一个双绞线对的某一绞合圈中，一根导线离噪声源近一点，另一根则远一点；而在另一圈中的情况会完全相反。双绞使得这两根导线有可能同等地经受外部干扰(噪声或串音)的影响(共式干扰)。这就意味着计算这两根导线之间电压差(差分)的接收方在接收的信号中可以没有不想要的信号(共式干扰)。不想要的信号绝大部分都被消除了。

从上面的讨论可以看出，每单位长度的绞合圈数对双绞线的质量有一定的影响，例如，3 类和 5 类 UTP 的主要不同点是单位距离上的螺旋数。5 类旋得较紧，通常为每英寸[1]3～4 转，而 3 类通常是每英尺[2]3～4 转；旋得越紧，价格也越贵，但性能会好得多。

如图 2-3 所示，与非屏蔽双绞线电缆一样，屏蔽双绞线电缆的内部也是双绞铜线，但外部包了一层铝箔。屏蔽双绞线在抗干扰方面优于 UTP，但它相对来说要贵一些，并且需要配有支持屏蔽功能的特殊连接器和相应的安装技术。屏蔽双绞线在低速时提供良好的性能。屏蔽双绞线除了用于 IBM 网络产品安装(主要采用 16Mbit/s 速率)外，并未流行起来。

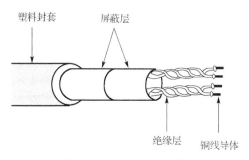

图 2-3 屏蔽双绞线电缆

2.2.2 同轴电缆

同轴电缆由绕同一轴线的两个导体组成。如图 2-4 所示，它包括硬的内导体铜质线芯(铜芯)、绝缘层(隔离材料)、网状导体屏蔽层(可屏蔽干扰信号)，以及保护性塑料封套。

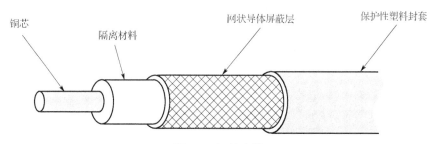

图 2-4 同轴电缆

同轴电缆的这种结构使它具有比双绞线电缆更好的抗干扰性能。它可以传输比双绞线电缆更长的距离，连接更多的工作站。同轴电缆的带宽跟电缆长度有关，通常 1km 的电缆可以支持 1～2Gbit/s 的位速率。同轴电缆曾在电路系统中广泛使用，现在已大量被光纤所

[1] 1 英寸=2.54 厘米。
[2] 1 英尺=30.48 厘米。

代替。但是，现在同轴电缆仍被广泛地用于有线电视做宽带模拟传输。

使用标准的有线电视技术的宽带电缆社区公共电视天线(Community Antenna Television，CATV)系统的频带可高达 300～450MHz，它是一个单向的节目发放系统。由于其使用模拟信号，传输距离可以达到 100km。为了在模拟线路上传输二进制数据，在计算机与同轴电缆的接口处安装一个数/模转换设备，把发往网络的比特流转换为模拟信号，并把从网络输出的模拟信号再转换成比特流。取决于这些电子设备的类型，1bit/s 占据大约 1Hz 的带宽。使用先进的调制技术，可以每赫兹调制多个比特。人们把宽带系统划分成多个通道，通常电视广播每个通道的带宽是 6MHz。每个通道可用于一个模拟电视频道广播、CD 质量的声音(1.4Mbit/s)传播，或者 3Mbit/s 的数字比特流传输。可以把电视和数据在一条电缆上混合传输。

三种革新技术把 CATV 系统从一个视频发放系统转变成一个可以提供交互式的集成服务的系统。第一种革新技术把 CATV 系统升级为一个双向通信系统；第二种革新技术引入提供用户对于共享数据链路访问的链路层功能；第三种革新技术由数字压缩机制构成，使得视频信号可以用相对低的速率传输。如今，CATV 运营者可以提供三种服务，即 Internet 访问、视频点播和电话。

图 2-5 示出了对升级后的 CATV 系统 750MHz 带宽分配的一种情况。在图中所示的例子中，50MHz 以下的频谱分配给上行通路，该通路可以支持 IP 电话、视频和数据通道的上行传输，其中的一些可以是控制信号。50～550MHz 的频谱分配给 CATV 和 FM 音频用于下行传输。这些通道可以是单播或广播的，也可以加密用于付费服务。高于 550MHz 的频谱提供给支持 IP 电话、视频或数据服务的下行数据信号。

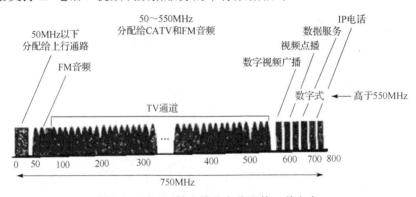

图 2-5　对于同轴电缆带宽分配的一种方案

因特网访问需要一个宽带电缆 Modem，它有两个接口，一个连接计算机，另一个连接同轴电缆。它的标准是由多媒体电缆网络系统联盟研制的电缆数据服务接口规范 (Data-Over-Cable Service Interface Specification，DOCSIS)。提出该标准的目标就是要在同轴电缆上传送 IP 流量。

每个电缆 Modem 一般都使用 1 个上行通道和 1 个下行通道。通常的方案是取每个 6(或 8)Mbit/s 的无竞争下行通道，用 QAM-64 调制，可获得大约 36Mbit/s 的数据速率，除去开销，净载荷速率为 27Mbit/s。

在上行方向使用时分多路复用(TDM)在多个用户之间共享带宽。时间被划分成小的时槽，不同的用户在不同的时槽中发送。作为一个规则，多个用户 Modem 将被系统中的头端(Headend)设备分配同一个时槽，从而导致竞争。对此有两种解决方法可供选择：一种方法是各个用户采用码分多址(Code Division Multiple Access，CDMA)编码序列同时发送；另一种方法是采用带有二进制指数退避的分槽 ALOHA 随机访问机制。采用这些方法，使用正交相移键控(Quadrature Phase Shift Keying，QPSK)调制，可获得有竞争的 9Mbit/s 上行数据速率。

2.2.3 光缆

由于光技术的发展，我们已经可以利用光脉冲来传输数据。光脉冲的出现表示其位为 1；不出现表示为 0。可见光的频率大约是 10^{14}Hz，因而光传输系统可使用的带宽范围极大。

光导纤维(简称光纤)是一种能够传导光信号的极细而柔软的通信介质，可使用玻璃或塑料作为材料来制造。如图 2-6(a)所示，光导纤维由纤芯和包层两部分构成，它的横截面为圆形。纤芯和包层的构造采用了两种光学性能不同的介质：包层较纤芯有较低的折射率，用来把光线反射到纤芯。再往外是一层薄的塑料封套，用以保护包层。实用的光缆在护套外部还须再加上一个外壳(图 2-6(b))。外壳提供必要的光缆强度，保护光纤免受外界温度、弯曲、外拉、折断等影响。通常都把多股光纤捆在一起放在光缆中心，图 2-6(b)中示出的是 3 根光纤。与铜缆相比，光纤细得多，也轻得多，比同尺寸的铜缆具有更高的吞吐率，因此光纤很适合在空间有限的环境下使用。

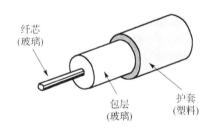
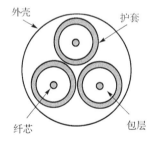

(a)单根光纤剖面图　　　　　　(b) 内含3根光纤的截面图

图 2-6　光导纤维

光通过一种介质而进入另一种介质时，就会发生折射(弯曲)。例如，在空气/二氧化硅界面上(图 2-7(a))，光线以 21°射入，以 31°射出。折射量取决于两种介质的特性(折射率)。如果入射角大于某一临界值，光线将完全反射回二氧化硅，而不会漏射入空气中。因此，光的入射角等于或大于临界值时，如图 2-7(b)所示，光线将完全被限制在光纤中，而无损耗地传播若干千米。

光纤传输信号正是利用了全内反射的形式。全内反射可出现在折射率大于周围介质的折射率的任意透明介质中。图 2-8 进一步示出了光导纤维传输的模式。来自光源的光进入圆柱形玻璃或塑料纤芯。大角度的入射光线被反射并沿光纤传播，其余光线被周围介质所吸收。这种传播方式因有多个反射角而称为多模传输(图 2-8(a))。当纤芯半径减小时，被反射的角度增大。当将纤芯半径降低到波长的量级时，只有单个角度(轴向)光束能通过，此时光纤如同一个波导，这种传播方式称为单模传输(图 2-8(b))。

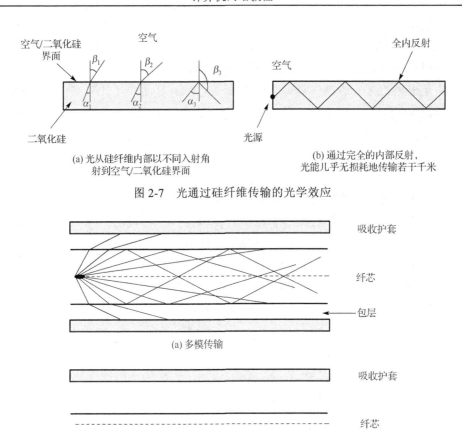

空气/二氧化硅
界面
空气
β1
β2
β3
α1
α2
α3
二氧化硅
(a) 光从硅纤维内部以不同入射角
射到空气/二氧化硅界面
空气
全内反射
光源
(b) 通过完全的内部反射，
光能几乎无损耗地传输若干千米

图 2-7　光通过硅纤维传输的光学效应

吸收护套
纤芯
包层
(a) 多模传输
吸收护套
纤芯
包层
(b) 单模传输

图 2-8　光纤传输模式

在多模传输时，存在多个传输路径，每一路径的长度不同，因此越过光纤的时间不同。这使相继比特信号在到达时间上有不等的偏离，限制了能准确接收的数据速率。由于单模传输时只存在单个传输途径，因此不会出现这种失真情况。

与多模光纤相比，单模光纤的容量更大，但成本要比多模光纤的高。当前最常使用的多模光纤的规格是 62.5μm 纤芯/125μm 包层；最常使用的单模光纤的规格是 8.3μm 纤芯/125μm 包层。

因为每根光纤在任何时候都只能单向传输，所以要实行双向通信，必须成对使用，一个用于输入，另一个用于输出。将光纤两端接到光学接口上。对于每一条光纤线缆的连接都需要小心地磨光端头，并通过电烧烤或化学环氯工艺将其与光学接口连在一起。

光纤的衰减率低，传输距离长。它既不容易泄漏信号，也不受电磁波和高频失真的影响，因此适合在有危险、高压和干扰很强的环境中使用。

2.2.4　无线传输

无线电波在自由空间或大气中传播，不需要敷设电缆或光纤就能进行通信。由于这种通信方式不使用前面介绍的各种导线传输介质,因此无线传输介质属于无导线介质。常用的无线传输介质包括无线电波、微波、红外线和激光。

无线电波和微波的电磁频谱被划分成如下 8 个称为频带的范围。

(1) 甚低频(VLF),3~30kHz,地面传播,用于远程无线电导航。

(2) 低频(LF),30~300kHz,地面传播,用于无线电信标和导航定位器。

(3) 中频(MF),300kHz~3MHz,空中传播,用于调幅(AM)收音机。

(4) 高频(HF),3~30MHz,空中传播,民用波段(电台)。

(5) 甚高频(VHF),30~300MHz,空中和视线传播,用于甚高频电视和调频收音机。

(6) 特高频(UHF),300MHz~3GHz,视线传播,用于特高频电视、蜂窝电话、呼机、卫星。

(7) 超高频(SF),3~30GHz,视线传播,用于卫星。

(8) 极高频(EHF),30~300GHz,视线传播,用于雷达、卫星。

通常把在 3kHz~1GHz 的频率范围内的电磁波称为无线电波,把在 1~300GHz 的频率范围内的电磁波称为微波。然而人们更加关注的是电磁波的性能,而不是频率。

电话公司使用无线通信建立了蜂窝网络,便携式计算机和手机与因特网的连接促进了数字式无线移动通信的普及。普遍安装的无线局域网(WLAN)允许在办公楼内和居家住所连接互联网。

微波主要使用 2~40GHz 的频率范围。因为微波波段频率很高,其频段范围也很宽,因此通道容量很大。例如,一个带宽为 2MHz 的频段可支持 500 条语音线路(4kHz×500=2MHz);若传输数字信号,则可实现高达若干兆比特/秒的比特率。

微波主要以直线方式传播。微波会穿透电离层进入宇宙空间,它不像短波可以经电离层反射传播到地面上很远的地方。因为地球表面是个曲面,所以微波在地面的传播距离有限,一般仅 50km 左右。直线传播的距离与天线的高度有关,天线越高,传播距离越远。为实现更远距离的通信,必须在无线通道的两个终端之间部署若干个中继站来接力。

红外通信和激光通信也像微波通信一样,有很强的方向性,都是沿直线传播的。

卫星通信是微波通信的一种特殊形式,它利用地球同步卫星作为中继站来转发微波信号。卫星通信可以克服地面直线传播对距离的限制,通信距离远。如图 2-9 所示,在采用卫星通信的发送方和接收方之间的通道分成上行通道和下行通道两个部分,前者用于地面站向卫星发送,后者用于由卫星向地面站转发。

和地面微波接力通信相似,卫星通信的频带很宽,通信容量很大,信号所受到的干扰也较小;缺点是具有较大的传播时延。从一个地面站经卫星到另一个地面站的传播时延大约为 270ms。相比之下地面电缆传播时延约 6μs/km,相距 1000km 也只有 6ms 左右。

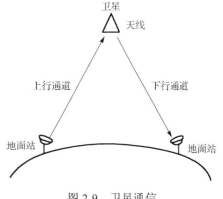

图 2-9 卫星通信

2.3 数据编码技术

数据无论是数字的还是模拟的，为了传输的目的都必须转变成信号。信号和数据有互相对应的关系，但又互不相同。用于在介质上传输的信号是数据的具体表示形式。在实际的通信中，可以用模拟信号传输模拟数据，也可以用数字信号传输模拟数据；类似地，可以用数字信号传输数字数据，也可以用模拟信号传输数字数据。数据信息所对应的具体传输信号状态称为数据编码。

2.3.1 模拟信号传输模拟数据

作为示例，在电话机和电话端交换机之间的本地回路上传输信号的编码方式就是模拟信号传输模拟数据。连续变化的载波信号被声音曲线调制后再被放到本地回路中传输。

模拟信号传输模拟数据的另一个例子是无线电台的语音广播。有效的传输需要使用比较高的频率。结合输入信号 $r(t)$ 和频率为 f_z 的载波产生传输信号 $c(t)$ 的过程称为调制。结果所得到的信号 $c(t)$ 的带宽通常在以 f_z 为中心的有限范围内，并且该范围跟输入信号 $r(t)$ 的带宽有关。

注意，无线传输介质几乎是不可能传送基带信号(数字化脉冲)的，因为那将需要采用直径为几千米的天线。无线最佳效果传输条件是天线尺寸约等于波长，中长波段的波长很长，而基带信号的频谱覆盖范围又很大，中、低频不满足条件就会严重失真。另外，调制有助于频分复用。

2.3.2 模拟信号传输数字数据

采用模拟信号传输数字数据的典型例子是使用调制解调器通过电话线路传输计算机数据。作为端点设备的计算机是数字设备，只能处理数字信号，而其所连接的传统的电话线路只能传输模拟信号。因此必须将数字数据变换(调制)成模拟信号后才能发送；在接收端须进行相反的变换，才能恢复数字数据的原形(解调)。

用作载波的正弦交流信号可表示成 $a=A\sin(2\pi ft+\phi)$，其中，A 是振幅；ω是角频率；ϕ是相位。它们的任何变化都会引起信号波形的改变，因此把它们称为正弦波的控制参数。可以通过改变这 3 个控制参数来产生不同的波形，特别地，可以用此改变来产生表示 0 和 1 的不同波形，故这 3 个参数又称为调制参数。依据信号所采用的不同调制参数，可把调制分为 3 个基本的类别，即幅度调制、频率调制和相位调制。通常通信都是全双工的，故两端都有调制与解调的问题，执行这一任务的硬件称为调制解调器。

在实际的数据通信中还常使用联合调制的技术，即对两个或两个以上的参量同时进行调制。图 2-10 示出的是一个幅相联合调制的例子。在图 2-10(a)中有 8 种幅相组合，每波特可以传输 3bit。在图 2-10(b)中信号的相位可以取 12 个电信号状态，其中的 4 个相位值又都可以取两个幅度值，这样一共有 16 种电信号状态，每个电信号就能表示 4 位二进制数据。

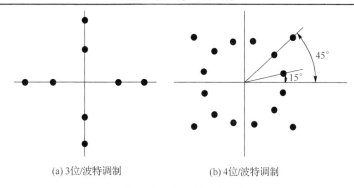

(a) 3位/波特调制   (b) 4位/波特调制

图 2-10   幅相联合调制

2.3.3   数字信号传输数字数据

按照数字信号传输数字数据的编码方式,通信的源端所发出的、中间介质所传输的以及目的端所接收的信号都是数字信号,即离散的脉冲序列。简单来说,编码就是确定用什么样的数字信号表示 0 和 1。尽管编码的规则多种多样,但原则上只要能把 1 和 0 区分开即可。作为示例,图 2-11 示出了不归零(Non-Return-to-Zero,NRZ)编码、曼彻斯特编码和差分曼彻斯特编码等常用的编码方案。

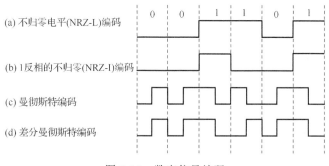

图 2-11   数字信号编码

不归零编码比较简单,如图 2-11(a)所示,它用负电压表示一种二进制值,用正电压表示另一种二进制值,也称为不归零电平编码。

1 反相的不归零编码是 NRZ 编码的一个变种。与 NRZ-L 相同,NRZ-I 在 1 比特时间内为一恒定电压。如图 2-11(b)所示,判定数据是 1 还是 0 的依据是在 1 比特时间的开始有无信号变迁。有变迁(低到高或高到低)表示二进制 1,无变迁表示二进制 0。

在曼彻斯特编码中,每比特期间中央有一变迁。这一比特中间的变迁可用作时钟,也可用于表示数据:高到低的变迁表示 1;低到高的变迁表示 0(图 2-11(c))。在差分曼彻斯特编码中(图 2-11(d)),这种比特中间的变迁仅用来提供时钟。0 和 1 的编码则由比特开始有无变迁来表示:有变迁表示 0;无变迁表示 1。这两种编码因为每一比特时间具有可预计的变迁,接收器可依靠该变迁来进行位同步。因此这类编码又称自带时钟的编码。

另外,4b/5b 也是一种常用的数字信号传输数字数据的编码方案。它用 5 比特的码组(也称为码字)来编码 4 比特的输入数据。5 比特有 32 个组合,选用其中的 16 个表示数据。

为了防止时钟问题，在选用的每个 5 比特码组中要求 1 的个数不少于 2，连续出现的 0 的个数不超过 3。对 5 比特码组中的每一个比特都采用 NRZ-I 编码，使得在每比特 1 的持续期间的开始处都有信号变迁。由于 NRZ-I 编码是一种差分方式，所以 4b/5b 编码具有较好的抗干扰性；由于 5 比特码组中至少有两个 1，这就又保证在 5 比特码组的持续期间内至少有两次信号变迁，接收器在此期间可进行两次位同步。表 2-1 示出了从 4 比特到 5 比特的映射。

表 2-1　从 4 比特到 5 比特的映射

数据(4 位)	码字(5 位)	数据(4 位)	码字(5 位)
0000	11110	1000	10010
0001	01001	1001	10011
0010	10100	1010	10110
0011	10101	1011	10111
0100	01010	1100	11010
0101	01011	1101	11011
0110	01110	1110	11100
0111	01111	1111	11101

4b/5b 编码效率比较高，若要达到 100Mbit/s 的数据速率，只需在线路上有 125Mbit 的波特率。作为例子，该编码方法已广泛用于 100Mbit/s 以太网和 FDDI 环形网（令牌环的光纤版本，其速率为 100Mbit/s）。

2.3.4　数字信号传输模拟数据

数字信号传输模拟数据的典型例子是在电话局之间的主干线路上传输语音数据所采用的脉冲编码调制（Pulse Code Modulation，PCM，本书简称脉码调制）。它是为了使电话局之间的一条中继线不是只传送一路电话而是通过时分多路复用传送许多路电话而开发出来的。

为了把模拟数据编码成数字信号，必须对电话信号进行采样。根据采样定理，只要采样频率不低于电话信号最高频率的两倍，就可以从采样脉冲信号无失真地恢复原来的电话信号。对于最高频率不超过 4kHz 的电话信号，抽样频率被设置成 8kHz，相当于 125μs 的采样周期。连续的电话信号经过采样就成为离散脉冲信号，其振幅对应采样时刻电话信号的数值。这是量化过程的一部分。

在我国使用的 PCM 体制中，把采样后的模拟电话信号量化成 256 个等级中的一个等级，也就是说，每个采样都可以用 8 比特表示。这需要在量化过程中先把测得的抽样值取近似变成可用二进制表示的整数。然后，编码就把连续变化的模拟电话信号转换为二进制位流。为简单说明，在图 2-12 给出的示例中，采用 16 个量化级把每次的电话信号采样值转换成 4 比特数据。

这样，1 路模拟电话信号，经模/数转换后就成为每秒 8000 个脉冲信号，每个脉冲信号被编码成表示 8 比特数据。因此在电话局之间的主干线路上对应 1 个电话线路的 PCM 数字信号速率就是 64Kbit/s。在接收端进行解码的过程与上述编码过程相反，解码后得到

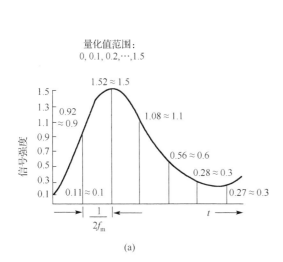

数字	等价二进制位	脉码波形
0	0000	
1	0001	
2	0010	
3	0011	
4	0100	
5	0101	
6	0110	
7	0111	
8	1000	
9	1001	
10	1010	
11	1011	
12	1100	
13	1101	
14	1110	
15	1111	

(a)　　　　　　　　　　　　　　　(b)

图 2-12　脉码调制方法

原先的模拟电话信号。在电话局内执行这种模/数转换和数/模转换的设备称为编码解码器（Codec）。

多年来，大多数用户都通过模拟语音 Modem 从居家得到因特网访问，这种 Modem 在模拟本地回路上传输它们的数据。该回路的带宽被限制到 4kHz 以下。在用户端，Modem 把表示二进制数据的离散信号转换成调制载波后形成的模拟信号。在本地中心局，该离散信号被当作模拟曲线从模拟信号中取出并采样，编码成 64Kbit/s 的数字信号（模/数转换）。本地中心局产生的 64Kbit/s 的数字信号通过电话网络的交换机传送，到达本地中心局后该数字信号再被转换成模拟信号（数/模转换）并在另一个本地回路上发送。该模拟信号被服务器 Modem 接收后，原先的二进制数据被恢复。反方向的传输也类似。图 2-13 示出了这一过程。

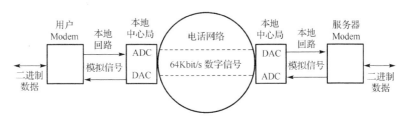

图 2-13　Modem 和数/模转换设备在网络中的配置

注：ADC—模/数转换；DAC—数/模转换

2.4　多路复用技术

在传输介质的能力超过来自单一信息源需求的情况下，多路复用技术使用单一的传输设备把多路信号在一个大容量的传输线路上传输。采用多路复用技术可以提高通信线路的利用率，减少线缆的安装和维护代价。

频分多路复用(FDM)技术和时分多路复用技术是常用的两种多路复用技术。后者又可进一步划分为同步时分多路复用技术和异步时分多路复用技术两个类别。

2.4.1 频分多路复用

频分多路复用把 1 个物理通道的总带宽按频率划分成若干个子通道，每个子通道都具有 1 个子频带，传输 1 路信号。频分复用的所有用户在同样的时间占用不同的频段。频分多路复用可以通过在调制时让各路信号采用不同的载波频率来实现，即把各路信号的频谱搬移到物理通道的不同频谱段上。在图 2-14 中给出的示例把 3 路音频原始信号频分多路复用到一个带宽为 12kHz(60～72kHz)的物理通道上。

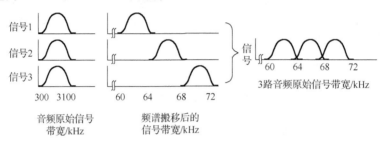

图 2-14　频分多路复用示例

2.4.2 时分多路复用

时分多路复用在一条物理通道上划分时间片，并把这些时间片分配给参加复用的多个信号源。每一时间片可由一个信号源占用。

在同步时分多路复用中，时间片的分配是固定不变的，时间片与信息源有固定的对应关系。在输出线路上，任意一个用户所占用的时间片都是周期性地出现，而不管此时该用户是否有数据要发送。在接收端，根据大周期(称为 1 个帧时)内的时间片序号便可判断该数据是哪一路信息，从而被送给正确的目的地用户。

异步时分多路复用不是固定地分配时间片，而是按需动态地分配时间片。参加这种复用的各个用户有数据就随时发送到输入缓存，然后多路复用器按顺序扫描输入缓存，将已经放到缓存开头位置的 1 个数据单元在输出线路上发送出去。对没有数据的缓存就跳过去，转向有数据的缓存。由于在输出线路上，某一个用户所占用的时间片不是周期性地出现(这就是异步时分名称的来源)，接收端无法根据时间片的位置来断定接收的数据来自哪一个用户，因此，需要在所传输的数据中附加地址信息。异步 TDM 可减少时间片的浪费，但实现起来要比同步 TDM 复杂一些。图 2-15(a)和(b)分别给出了同步时分多路复用和异步时分多路复用的示例。

时分多路复用可用来传输数字信号，也可用来传输模拟信号。对于模拟信号，还可以把 TDM 和 FDM 结合起来一起使用，即把传输线路频分成许多子通道，每个子通道再利用时分复用来进一步细分。对于数字信号，由于其占用的频带很宽，一般不采用频分复用。

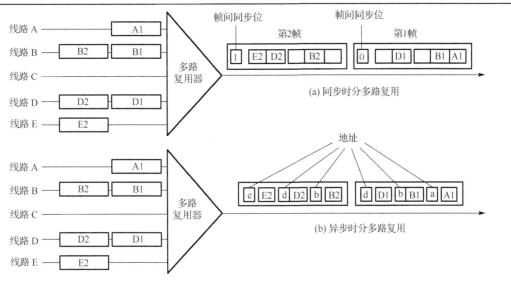

图 2-15 同步时分多路复用和异步时分多路复用

2.4.3 波分多路复用

波分多路复用实际上就是光的频分复用。使用传统的频分复用的概念，就能在一根光纤上同时传输多个频率的光载波信号。由于光载波的频率很高，因此通常都用波长而不用频率来表示所使用的光载波。这就是波分多路复用这一名词的来源。不过光复用采用的技术和设备与电复用不同。不同光纤上的输入光波信号是通过无源的棱柱或衍射光栅复用到一根长距离传输的输出光纤上的。无源的设备通常运行得更可靠。由于光波在频谱上位于高频段，有很高的带宽，因此可以实现非常多路的波分复用。另外，利用光耦合器和可调的光滤波器还可以实现光交换，或把在一条光纤上输入的光信号转发到多条输出光纤。目前的技术已经能够让输出光纤的数目达到上百条。

2.5 物理层协议示例

作为物理层协议的示例，本节简要地介绍 T1/ E1 和 SONET/SDH，第 3 章将专门介绍当前广泛使用的 ADSL 接入网络标准。

2.5.1 T1/E1

随着数字计算机和集成电路芯片价格的不断下降，数字传输以及相应的交换设备比模拟传输便宜得多。当连接数字端局的一个电话用户打电话时，在他的本地回路上传输的语音信号是普通的模拟信号，这个模拟信号在数字端局被编码器数字化，产生由 7 比特或 8 比特组成的二进制位串。就功能而言，编码解码器的编码器和调制解调器的调制器相反：后者将数字位串转换为被调制的模拟信号；前者将连续的模拟信号转化为数字位串。编码器每秒进行 8000 次抽样(125μs/样本)，根据奈奎斯特定理，这个抽样速率足以从 4kHz 的带宽中捕获所有的信息。这个技术称为脉码调制。

贝尔系统的 T1 载波能处理复用在一起的 24 条语音通道。轮流对各通道的模拟信号进行周期性采样，模拟信号串就被输入 1 个(而不是 24 个)编码解码器中进行数字化，再将数字输出合成一串。24 条通道轮流将其采样的 8 比特插入输出串。其中，7 比特是数据；1 比特是控制信号，从而每条通道获得 7×8000 即 56Kbit/s 的数据传输和 1×8000 即 8Kbit/s 的控制信号传输。1 帧包含 24×8=192(bit) 和 1 个附加的帧位，这样每 125μs 有 193bit，总的数据率为 1.544Mbit/s，第 193 位用于帧同步，其出现模式是 0101010101… 。通常，接收器不断检查此位以保证没有失步，如果失步，接收器能够扫寻这一模式重新获得同步。

CCITT 有一个 2.048Mbit/s 脉码调制载波的推荐标准，称为 E1。这个载波将 32 个 8 位数据样本组成 1 个 125μs 的基本帧，8×32=256(bit)。总速率 256×8000=2048(Kbit/s)=2.048(Mbit/s)。32 个通道中，每个通道获得 8×8000 即 64Kbit/s 的位传输。30 个通道用于传信息，2 个通道用于传控制信号。每个基本帧提供 16 个控制位。每 4 帧为一组，16×4=64，提供 64 个控制信息位。其中一半用于与通道有关的控制信号；另一半用于帧同步或留给各国自己安排。

除北美和日本外，2.048Mbit/s 的载波得到广泛的使用。

虽然 PCM 广泛用于电话网的局间干线，但计算机却不能直接利用它的优越性。使用电话网通信的计算机必须将所有的数据以调制的模拟正弦波的形式送到端局。如果本地回路也是数字信号，计算机就可以用 1.544Mbit/s 或 2.048Mbit/s 的速率直接把数字数据送上本地回路。很可惜，本地回路不能够以这样高的速率传输这么远的距离。

时分复用允许多个 T1 载波复用到更高级别的载波，例如，4 个 T1 通道复用到一个 T2 通道。前面介绍的 T1 复用是以字节为单位进行的，24 个语音通道组成一个 T1 帧。T2 和比 T2 更高层次的复用则以位为单位进行。4 个速率都是 1.544Mbit/s 的 T1 流应该产生 6.176Mbit/s，但 T2 实际上是 6.312Mbit/s，多余的位用于成帧(物理层划分通道的帧，不同于链路帧)和恢复功能。

在下一级别的复用中，6 个 T2 流结合形成一个 T3 流。然后，7 个 T3 流又一起加入一个 T4 流。在每一步的复用中，都有少量开销用于成帧和恢复。Ti 载波有时也称为 DSi，如 DS1、DS2、DS3。

与基本载波情况一样，在怎样把基本载波复用到更宽频带的载波方面，贝尔和 CCITT 同样没有达成协议。贝尔系统 T2、T3 和 T4 标准的传输率分别为 6.312Mbit/s、44.736Mbit/s 和 274.176Mbit/s，而 CCITT 的推荐标准是 8.848Mbit/s、34.304Mbit/s、139.264Mbit/s 和 565.148Mbit/s。

2.5.2　SONET/SDH

T1/E1 系统曾经很好地服务于工业界。然而，它们提供的管理服务相当有限。而且，这些老的技术使用落后的多路复用机制。由于它们采用的是准同步方式(每台机器运行它自己的时钟，而不是让在网络中的所有机器都使用一个中心时钟)，在机器之间的定时差异要靠在流中定期地填充附加的位(位填充)来排解。当这种流量从较高位速率分离成较低位速率时，这些附加位去除不了。实际上，为了使得载荷可被访问和做进一步处理，这些流量必须在复用器或交换机处被完全解复用。

SONET 是一个 ANSI 标准(SDH，即同步数字体系，是一个 ITU 标准)。它把位流编码成在光导纤维上传播的光信号。SONET 的高速度和帧结构允许它支持一组非常灵活的承载服务。该标准规定了帧结构，也规定了光信号的特征。该标准最重要的特征是网络中所有的时钟都锁定一个共同的主时钟，以便可以使用简单的时分多路复用方案。

SONET 是一个同步的光纤网络。这里同步的含义是指用以结合许多通道到一个 SONET 网络的复用方法。取得同步复用的方法确保在复用器的输入端的所有时钟都在一个确定的容差之内，这个容差的要求比对 T1 网络的要求高得多。这种时钟允许 SONET 在整个体系结构中都采用字节复用。已有的 T1 载波网络就不是这样的，它仅在 T1 级采用字节复用，T3 级复用则采用位复用，也就是说，取来自一个输入流的单个位跟来自另一输入流的单个位交错在一起。

SONET 最重要的一点是输出流准确地等于输入流的 n 倍，如 $51.84 \times 3 = 155.52$(Mbit/s)。这在一般情况下对于整个 SONET 都是成立的；较高层次对输入流没有附加开销。而 T 载波系统则显然并非如此。表 2-2 示出了 SONET 的数字体系结构。

表 2-2　SONET 数字体系结构

SONET 电信号	光信号	位速率/(Mbit/s)	SDH 电信号
STS-1	OC-1	51.84	—
STS-3	OC-3	155.52	STM-1
STS-9	OC-9	466.56	STM-3
STS-12	OC-12	622.08	STM-4
STS-18	OC-18	933.12	STM-6
STS-24	OC-24	1244.16	STM-8
STS-36	OC-36	1866.24	STM-12
STS-48	OC-48	2488.32	STM-16
STS-192	OC-192	9953.28	STM-64

同步传输信号第 1 级(STS-1，即同步传输信号-1)是 SONET 体系结构的基本建筑块。在该体系中更高层次上的信号通过字节交织来自较低层次的成分信号取得。每个 STS-n 电信号都有一个对应的光载体 n 级(OC-n)信号。除了在光信号中使用扰码外，STS-n 和 OC-n 信号的位格式是相同的。扰码把长串的 1 或 0 映射成比较均匀的 1 和 0，以便位定时的恢复。

SONET 的多路复用是以字节交织方式操作的。如果 N 个输入流中的每一个都有同样的速率 R，那么复用后的输入流具有速率 NR。因为各个源是同步的，每个输入线路的缓冲区将是很小的，它们仅需调节抖动效应。

SONET 通过让插分复用器(ADM)不用扰动中转的支流就能够插入和抽出支流，从而显著地减少了成本，SONET 通过使用指针标识支流在一个帧内的位置完成这一过程。

一个 SONET 系统被划分成 3 层：段层、线路层和通路层。段指的是在如两个中继器(也称重发器)这样的两个相邻设备之间跨越的光纤。段层处理通过物理媒体 STS-n 信号的传输。段可以始于中继器，也可以结束于中继器，中继器仅放大和再生输入的位，但对它们不加以改变或处理。线路层用于把多个称为支流的数据流复用到单个线路上，并且在另一端把它们分离开来。线路位于两个相邻的复用器之间，因此在一般情况下都包括多个段。对于线路层，中继器是透明的。当一个复用器把位流输出到光纤上时，它期待位流不做改变地到达另一个复用器，而不管在两个复用器之间有多少个中继器。因此，线路层的协议在两个复用器之间处理像怎样把若干个输入复用到一起这样的事情。通路层则处理在两个 SONET 终端之间的端到端传输。通路可以包括一个或多个线路。

　　基本的 SONET 帧由每 125μs 产生的 810 字节构成。由于同步传输，因此无论是否有数据，帧都要被发送出去。每秒传输 8000 帧，这与电话局在主干线上使用的 PCM 通道的采样频率相同。对于 810 字节的 SONET 帧通常都是用 90 列乘以 9 行的矩形来描述的，每秒传送的比特数等于 $8×810×8000=51840000$，即位速率为 51.84Mbit/s。这就是基本 SONET 通道的速率。该通道也称为同步传输信号 STS-1，在此需要说明的是，所有的 SONET 干线都是由若干条 STS-1 构成的。

　　每一个基本帧的前 3 列都被保留给系统管理信息，其中前 3 行用作段开销，后 6 行用作线路开销；剩下的 87 列是数据，称为同步载荷信封(SPE)。通路开销占用同步载荷信封的第 1 列。

　　现在考虑如何把 n 个 STS-1 信号复用进一个 STS-n 信号。首先把每个 STS-1 信号同步到多路复用器的本地 STS-1 时钟。输入的 STS-1 信号的段开销和线路开销终止，它的载荷(SPE)映射到一个新的同步到本地时钟的 STS-1 帧。必要时，还调节新的 STS-1 帧中的指针，且映射需在快速渡越的过程中被执行。这一步骤保证了所有输入的 STS-1 帧都被映射到互相同步的 STS-1 帧。STS-n 帧通过交织 n 个同步的 STS-1 帧的字节产生，实际上是产生一个具有 9 行、3n 个段、线路开销列和 87n 个载荷列的帧。为了把 k 个 STS-n 信号复用进一个 STS-kn 信号，首先要把输入信号交织成 STS-1 信号，然后应用上述步骤把这些 STS-1 信号复用进 STS-kn 信号。

　　人们还开发了一种映射，使得单个 SPE 信号可以处理一个 DS3 信号。可以把多个 STS-1 帧串接起来，以提供具有单个 STS-1 不能够处理的位速率的信号。当使用串接提供一个高于 STS-1 的位速率的信号时，在信号名称后面附加字母 c，因此，一个 STS-3c 信号被用来提供一个 CEPT-4 139.264Mbit/s 信号。串接的 STS 帧仅运载 1 列通路开销，例如，在一个 STS-3 帧中的 SPE 具有 $86×3=258$(列)用户数据，而在一个 STS-3c 帧中的 SPE 运载 $87×3-1=260$(列)用户数据。

　　在北美和日本，基本的 SONET 信号是 STS-1。它有一个 51.84Mbit/s 的位速率，更高速率的信号的速率是这个速率的整数倍。在欧洲，基本的速率是 STS-3，即 155.52Mbit/s，并且把这种起始于 155.52Mbit/s 的 STS 等级结构称为 SDH。所有上述标准从速率 155Mbit/s 处开始往上都变成兼容的了。

复习思考题

　　1.（单项选择题）在下列关于 Modem(调制解调器)和 Codec(编码解码器)的说法中，错误的是(　　)。

  A．Modem 和 Codec 是同一种设备的两个名称

  B．Modem 和 Codec 都是物理层设备

  C．Modem 的解调器和 Codec 的编码器都将模拟信号转换成数字信号

  D．Modem 的调制器和 Codec 的解码器都将数字信号转换成模拟信号

2．(单项选择题)下列关于单模光纤的描述正确的是(　　　)。

  A．单模光纤的成本比多模光纤的成本低

  B．单模光纤的传输距离比多模光纤的短

  C．光在单模光纤中通过内部反射来传播

  D．单模光纤的直径一般比多模光纤的小

3．已知同步地球轨道(Geostationary Earth Orbit，GEO)卫星的高度是 35800km，中地球轨道(Medium Earth Orbit，MEO)卫星的高度是 18000km，低地球轨道(Low Earth Orbit，LEO)卫星的高度是 750km。试分别计算使用 GEO、MEO 和 LEO 卫星转发时，一个分组端到端的通行时间。

4．在 50kHz 线路上使用 T1 载波需要多大的信噪比？

5．如果波长等于 $1\mu m$，那么在 $0.1\mu m$ 的频道中可以有多大的带宽？

6．如果一个 T1 传输系统一旦失去了同步，它就会尝试使用每一帧中的第一位重新同步。问平均要查看多少帧才能重新取得同步且保证误判率不超过 0.001？

7．SONET 时钟的漂移率大约为 10^{-9}，对于 OC-1 速率，需花多长时间才能使漂移相当于 1 比特宽？该计算结果有什么含义？

8．有 10 个信号，每个信号需要 4000Hz。它们使用 FDM 被复用到单个通道。问该复用通道所需要的最小带宽是多少？假定警戒带宽是 400Hz。

9．一个电缆公司决定在一个有 5000 家的社区中提供因特网访问。该公司使用一条同轴电缆和一种频谱分配方案，允许每条电缆有 100Mbit/s 的下行带宽。为了吸引客户，公司决定在任何时间都保证每家至少有 2Mbit/s 的下行带宽。该电缆公司需要怎样做才能提供这一保证？

10．为什么光纤的性能总是以波长而不是以频率给出？

11．如题 11 图所示，若连接 R1 链路和 R2 链路的频率带宽为 8kHz，信噪比为 30dB，该链路实际数据传输速率约为理论最大传输速率的 50%，则该链路的实际数据传输速率是多少？

题 11 图

12．若通道在无噪声情况下的极限数据传输速率不小于信噪比为 30dB 条件下的极限数据传输速率，则信号状态数至少是多少？

第 3 章　调制解调器和 ADSL

本章学习要点

(1) 调制解调器的基本概念；

(2) 调制解调器的基本成分；

(3) 语音线路的参数和信号失真问题；

(4) 三种基本的调制方式；

(5) 正交频分多路复用；

(6) 正交振幅调制；

(7) 电话 Modem；

(8) ADSL 接入网络的设备配置；

(9) ADSL 调制技术和传输机制；

(10) 数字用户线接入复用器。

电话网络的本地回路使用双绞线电缆把用户电话连接到最近的电话局。用于语音的本地回路具有 4kHz 的带宽，该带宽限制主要是由模拟交换机的模拟接口电路所引起的。根据香农关于通道容量的定理，传统的调制解调器在一般环境下有一个大约为 33.6Kbit/s 的数据速率限制；在通信的一方直接采用数字信号，另一方采用模拟信号的不对称传输情况下，一个方向上的数据速率可以达到最大值 56Kbit/s。

随着因特网应用的发展以及用户对更高速率的需求，电话公司为本地回路开发了称为数字用户线的新技术，非对称数字用户线(Asymmetric Digital Subscriber Line，ADSL)就是其典型的代表，并得到了广泛的实施。安装了 ADSL，可以在原有的电话线路上继续使用传统交换机提供语音服务的同时，使用 ADSL 交换机新设备提供对因特网和其他网络的高速接入。能够支持的数据速率与电话线路的长度有关。按照 ANSI T1.143 规范，ADSL 在传输距离范围为 2.7~3.7km 时，下行速率为 6~8Mbit/s，上行速率为 1.5Mbit/s；在传输距离范围为 4.5~5.5km 时，下行传输速率为 1.5Mbit/s，上行速率为 64Kbit/s。

本章将在深入考察现有电话线路的传输特性的基础上讨论在模拟电话线路上传送数字信号的技术和相关的网络设备，主要涉及电话拨号接入方式和 ADSL 接入方式。两种方式都使用现有的电话系统的双绞线本地回路，并且都采用调制解调器技术，但后者不受传统电话交换机低带宽滤波器的限制，可通过频分多路复用实现宽带接入的目标。

3.1　调制解调器的基本概念

如今，尽管大多数通信载体公司都采用了全数字化的传输设施，但模拟电话系统仍然是数据通信广泛使用的重要设施。由于终端和计算机产生数字脉冲，而电话线路的设计是面向模拟语音信号的，因此，为了在这样的线路上传输数据，需要有一个设备把终端和计算机的数字脉冲转换成在电话线路上传输的模拟音调。这样的一个设备就是调制解调器。

在其最基本的形式中，一个调制解调器，简称 Modem（Modulator-demodulator），由一个电源、一个发送器和一个接收器构成。电源提供运行 Modem 所需要的电压。在发送器中，调制器、放大器与过滤、整形和信号控制电路一道工作，把数字脉冲转换成可以在电话线路上传输的模拟信号。接收器包含一个解调器和把模拟信号转换成计算机或终端可接收的数字脉冲序列的相关电子器件。图 3-1 示出了这样的信号转换。

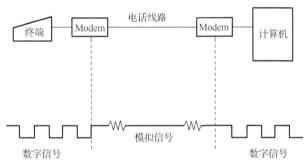

图 3-1　调制解调器执行的信号转换

3.2　语音线路的参数和信号失真问题

带宽是对一个频率范围的宽度的测量，例如，$B = f_2 - f_1$，这里的 B 是带宽；f_2 和 f_1 分别是在一个范围内的最高频率和最低频率。图 3-2 示出了与人耳可以听到的声音频谱相比较的电话通道的带宽。在这里用 Hz 为单位表示每秒周期数。

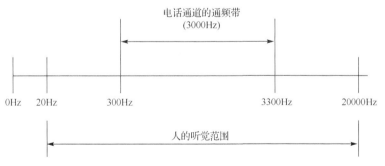

图 3-2　一个电话通道的带宽

形成电话通道的 3000Hz 带宽通常称为电话通道的通频带。通频带指的是在允许一个预定范围的频率通过的频谱中一个连续的部分。因此，一个电话通道的通频带允许 300～3300Hz 的频率通过。

电话通道取这样的通频带的理由是经济性。低于 300Hz 和高于 3300Hz 的频率对于理解电话会话基本上不是必需的，尽管在电话连接的另一端听不到说话人的最高音。仅传送 3kHz 来代替人耳可以听到的 20kHz 使得每个呼叫所需要的带宽减少大约 6 的因子。这个带宽减少使得电话公司能够更有效地采用频分多路复用，允许在电话局之间的共享线路上同时运载更多个语音呼叫。

为了建立一个电话通道的通频带，电话公司使用低通滤波器和高通滤波器，仅允许低于一个预定频率的所有信号或高于一个预定频率的所有信号通过通道。作为使用滤波器的结果，在滤波器操作的截止频率附近的振幅-频率响应曲线变成圆弧形，此后，响应曲线随着滤波器引入的急剧衰减使得振幅变成显著地趋向大的负值。图 3-3 示出了在一个电话通道上是如何使用滤波器来建立一个通频带的。

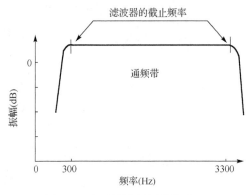

图 3-3　电话通道通频带的建立

在理想的情况下，一个电话通道的通频带上所有的频率应该经历同样数量的衰减，就像在图 3-3 中示出的在截止频率之间的直线。不幸的是，高频要比低频更快地降低强度，使得在频率向着通频带的端点增加时衰减增加。此外，当接近通频带滤波器操作频率的边缘时衰减增加。表示电话通道中信号衰减失真的振幅-频率响应曲线如图 3-4 所示。

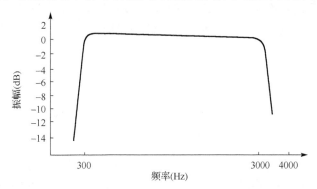

图 3-4　表示电话通道中信号衰减失真的振幅-频率响应曲线

为了把衰减失真的影响减到最小，一些 Modem 中包括一个衰减均衡器。这种类型的均衡器在通频带内引入可随频率变化的增益，补偿高频和低频的差别，也补偿在通频带边缘增加的衰减。图 3-5 示出了一个衰减均衡器的操作，它的作用是在通频带上产生接近均匀的信号电平。

影响从接收信号恢复信息的第二种类型的失真是延迟失真。在一个无失真的通道中，所有频率以同样的速度通过通道，信号的频率和相位对于时间具有恒定的线性关系（$a=A$

$\sin(2\pi ft+\phi)$，从而保证一个信号的发送不会干扰前一个已被发送的信号的接收。不过，在现实中的所有通道都有一定程度的失真。当发生失真时，在信号的相位和频率之间的关系变成非线性的。

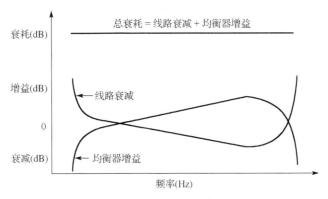

图 3-5　使用均衡器纠正衰减失真

在不同频率上测量延迟所得的包络延迟反映了相位相对于频率的曲线的斜率变化程度。这种延迟变化基于传输距离的改变。图 3-6 示出了在电话通道上发送的信号的两个典型的包络延迟曲线，其中比较陡的曲线表示在比较长的距离的线路上的包络延迟（相对于比较平缓的曲线而言）。

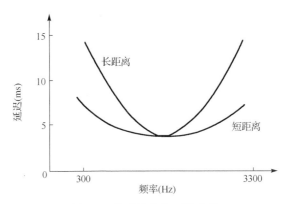

图 3-6　典型的包络延迟曲线

为了说明包络延迟对通信的潜在影响，假定一个 Modem 用两个音调之一发送：f1 表示二进制 0；f2 表示二进制 1。这种调制方法称为频移键控（Frequency Shift Keying, FSK）。由于不同的频率具有不同的延迟，现在存在着这样的可能，当音调 f1 到达接收端 Modem 时，表示不同二进制值的音调 f2 也同时到达了。这就可能导致一个接收的信号在时间上跟第二个信号重叠，由一个音调引起另一个音调失真。

虽然所有的通信线路都展示一定程度的延迟，但重要的是扁平化通过通频带的延迟，以最小化一个信号音调重叠另一个信号音调的可能性。一些 Modem 的设计使用延迟均衡器，引入跟电话通道所呈现的特征大约相反的延迟。通过使用一个延迟均衡器，在通频带内与频率相关的延迟可以变得如图 3-7 所示的那样相对扁平。这样做的结果是减少了一个音调干扰另一个音调的可能性，人们把这种干扰正式地称为符号间干扰。这里的符号是信号单元的别称。

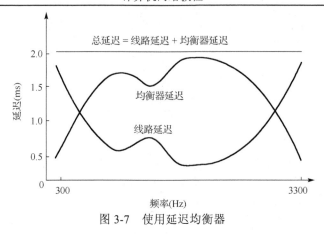

图 3-7　使用延迟均衡器

3.3　调制解调器的基本成分

图 3-8 以方框图的形式示出了一个 Modem 的基本组成元素,其中,图 3-8(a)是跟 Modem 发送器相关的成分;图 3-8(b)是跟 Modem 接收器相关的成分。需要指出的是,图 3-8 表示的是一种通用的 Modem,用虚线画出的成分仅适用于同步设备。此外,为了把重点放到数据的调制和解调上,图中故意省略了如微处理器、ROM 和 RAM 等为 Modem 提供智能的其他成分。

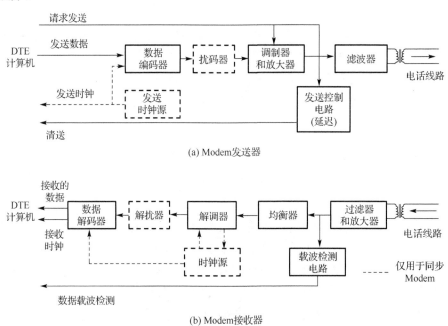

(a) Modem发送器

(b) Modem接收器

图 3-8　调制解调器的基本成分

Modem 发送器的关键成分包括数据编码器、扰码器、调制器和放大器、滤波器、发送时钟源和发送控制电路。在这些成分中,扰码器和由时钟源提供的发送时钟源仅用于同步 Modem(信号自带时钟)。

　　数据编码器是一个选项,在许多 Modem 中使用,使得每次信号变化可以表示多于 1 位的信息。

　　同步 Modem 在 RS-232 接口的 15 针(发送时)和 17 针(接收时)上提供时钟信号。当一个 Modem 接收一个调制的同步数据流,并把调制后的数据传递给附接的终端设备时,它也给数据终端提供一个时钟信号。这个时钟信号由 Modem 从接收的数据中产生,告诉终端设备什么时候在针 3(接收数据电路)上采样。因此,接收时钟信号也常称为衍生时钟信号,因为它是从接收的数据中产生的。

　　为了让一个同步 Modem 的接收时钟正确地起作用,必须使它保持跟接收的数据同步。这就要求在数据组成中有足够数量的信号跳变,从而允许接收方 Modem 的电路从接收的数据取得定时信息。由于数据流可以由任意的位组合模式构成,数据很可能随机地包含长串的 0 或 1。当发生这样的数据序列时,数据就不能给接收方提供时钟恢复所需要的足够数量的信号跳变,这就是在同步 Modem 中结合进扰码器的缘由。

　　扰码器根据预定的算法修改待调制的数据。这类算法通常使用一个反馈移位寄存器实现,它检查位序列,修改其组成,保证每种可能的位组合都同样可能发生。在接收 Modem 处,一个解扰器采用与发送方相反的算法过程,把数据恢复成原先的串行数据流。

　　在本质上,扰码器的操作是为了使得数据看上去更加随机。扰码和解扰过程可以用多项式来表示,例如,取多项式 $P=1+x^{-3}+x^{-5}$,用它表示的二进制数据去除一个输入序列就产生被扰后的序列。在接收器中将所收到的加扰信号乘以同一多项式即可恢复原始输入序列。

　　图 3-9 中,100101 是多项式 P 所表示的二进制数据,输入序列是 101010100000111,被扰码后的发送序列是 101110001101001,它是输入除以 P(100101)的结果。当它再乘以 P 时,即可得到原始输入序列。我们可以看到,在输入序列中包含周期性序列 101010 和一个长串的 0,扰码器有效地把长串的 0 消除了,使得连续 0 的个数不超过 3。

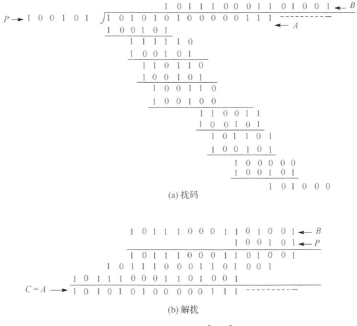

图 3-9　使用多项式 $P=1+x^{-3}+x^{-5}$ 的扰码实例

调制器根据串行数据流改变 Modem 放到通信线路上的载波的音调。

放大器提高将要在电话线路上传输的调制信号的电平，而滤波器限制放到电话线路上的音调的频率。在接收端，从电话线路上接收到的信号被滤波，消除由噪声引起的附加音调，然后被放大，以提高接收信号电平。

图 3-8(b)示出的均衡器的作用是测量接收的模拟信号的特征，并针对该信号进行自身调节，以尽量减少衰减和延迟对传送的信号的不同成分的影响。为此，Modem 的发送器在传送之前要发送一个短的训练信号。这个训练信号表示对载波的一种预先定义的调制，其理想的接收特征是为远方 Modem 接收器的均衡器所知的。因此，Modem 接收器将调节其均衡器，直到接收可能的最好信号为止。

3.4　三种基本的调制方式

语音信号是音调和强度连续变化的图案。当语音信号被一个送话器转化成电信号时，它提供连续变化的电波。这个电波匹配产生它的声音的压力图案，称为模拟信号，因为它相似于连续变化的声波。

在电话机和本地局交换机之间所传输的信号采用的是模拟信号传输模拟数据的编码方式。模拟的声音数据是加载到模拟的载波信号中传输的。载波本身是不传递任何信息的正弦波，但它的属性可以根据要传输的数据改变。被传输的数据可以是模拟的声音数据，也可以是计算机或终端产生的数字数据，如果是后者，就称为模拟信号传输数字数据的编码方式。

调制过程改变载波信号的属性。由于载波是正弦波，它可以表示成 $a=A\sin(2\pi ft+\phi)$，这里的 a 是在时间 t 时电压的瞬时值；A 是最大振幅；f 是频率；ϕ 是相位。

载波可以被改变的属性对于振幅调制是载波的振幅；对于频率调制是载波的频率；对于相位调制是载波的相位。

振幅调制最简单的方法是改变信号的振幅，用 0 电平表示二进制 0，用一个固定的峰值到峰值的电压表示二进制 1。图 3-10 使用振幅调制把一个数字数据流编码成一个适当的振幅调制信号序列。虽然纯粹的振幅调制通常只用于非常低的数据速率，但它也跟相位调制结合并普遍用于高速数字数据流的调制。

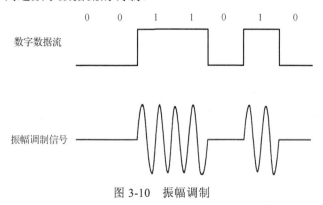

图 3-10　振幅调制

频率调制考虑的是在一个给定的振幅上信号如何频繁地自我重复。它在数字领域最早的使用是在低速 Modem 的设计中，当输入数据从二进制 1 变成二进制 0 或从二进制 0 变成二进制 1 时，发送器从一个频率转变成另一个频率。这样的频移键控主要适用于以全双工方式操作的数据速率最高达 300bit/s 的 Modem，以及以半双工方式操作的数据速率最高达 1200bit/s 的 Modem。图 3-11 示出了频率调制的信号波形。

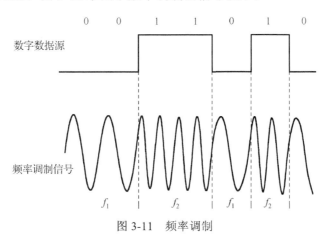

图 3-11　频率调制

贝尔系统 103/113 型 Modem 是最早使用频率调制的一个 Modem 产品实例。该 Modem 工作在两种方式之一：始发方式或应答方式。始发方式 Modem 通常连接一个发起呼叫的终端设备；而应答方式 Modem 通常连接在公用交换电话网上应答呼叫的计算机。1170Hz 和 2125Hz 是该 Modem 使用的两个中心频率，通过频率划分得到两个独立的数据通道，允许在两线的电话接入电路上进行全双工传输。

相位调制是针对信号周期的开始位置改变载波信号的过程。在 Modem 中使用多种形式的相位调制，包括单个位和多个位的相移键控（Phase Shift Keying，PSK）以及振幅调制和相移键控的结合。

在最简单的情况下，相位调制就是在输入数据从二进制 0 变成二进制 1 或从二进制 1 变成二进制 0 时，把正弦波的相位移动 180°；否则，相位不变，即相移为 0。结果产生如图 3-12 所示的波形，它也就是一般意义上的相移键控。

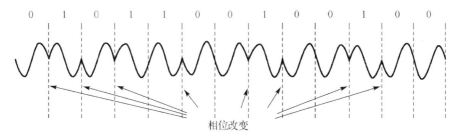

图 3-12　相移键控

在差分相移键控中，每当发送二进制 1 时，相位改变；否则相位不变。结果产生如图 3-13 所示的波形。可以看出，图 3-12 和图 3-13 的波形是一样的，但二进制位串不同。

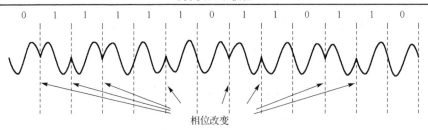

图 3-13　差分相移键控

3.5　正交频分多路复用

在正交频分多路复用(Orthogonal Frequency Division Multiplexing，OFDM)中，通道带宽被划分成许多个正交子载波，每个子载波都独立地发送数据。这些子载波在频域中是紧密地靠在一起的，因此，发自每个子载波的信号都延伸到邻近的子载波。然而，如图 3-14 所示，每个子载波的频率响应都被设计成在相邻子载波的中心频率处的值是 0。因此，这些正交子载波可以在它们的中心频率处采样，但不会干扰相邻子载波运载的数据。

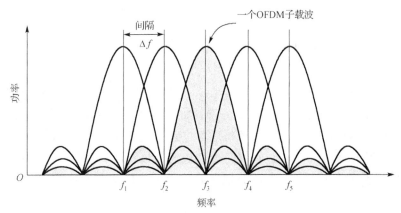

图 3-14　正交频分多路复用

OFDM 被用于 IEEE 802.11、同轴电缆网络、电源线网络和第 4 代蜂窝系统中。通常把一个高速率的数字信息流分解成许多个低速流，并把它们在许多个子载波上并行地发送。这种分解是有价值的，因为在子载波级比较容易处理通道的衰落；一些子载波噪声非常大，可以不使用。

3.6　正交振幅调制

大多数克服 Nyquist 限制的实际方法都是通过在每个信号跳变中放进更多的位来提高数据传输的速率，因此，Modem 的设计常常结合使用多种调制技术。一种普遍采用的结合调制技术涉及振幅和相位调制，并称为正交振幅调制(Quadrature Amplitude Modulation，QAM)。QAM 的首次实现有 12 个相位值，在其中 4 个相位上有两个振幅值，共产生如图 3-15 所示的 16 种可能的信号状态。早期在市场上推出的贝尔系统 209 Modem 就采用这种调制技术，用 2400 波特的信号速率实现了 9600bit/s 的数据传输。

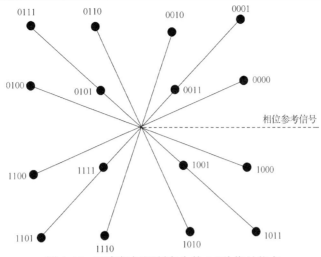

图 3-15 正交振幅调制产生的 16 种信号状态

除了结合两种调制技术，QAM 跟先前讨论过的调制技术的另一个不同点是它使用了两个载波信号，即同相（In Phase，IP）的余弦载波和作为正交成分（Quadrature Component，QC）的正弦载波，并用不同的信号电平调制正弦波和余弦波的振幅；这也是 QAM 的定义名称"正交振幅调制"的由来。因此 QAM 是一种双通道调制过程。

如果画出如图 3-15 所示的表示特定的 QAM 中所有可能的数据采样，那么所产生的点的序列就可以看成该调制技术的信号结构。这些点的另一个常用术语是星座图。

在本质上，QAM 把数据信号用相互正交的两个同频载波的幅度变化来表示，并行地传输两路数字信号，还以 16QAM 为例，把发送的 4 比特信息映射到星座图中的 16 个点之一。就 4 比特信息而言，可以把具有 16 个点的星座图中的每种比特组合都表示成 x-y 坐标系中的唯一的点，并把每个 4 比特信息组合所对应的 x 值和 y 值用作将要在通道上发送的正弦波和余弦波的振幅。在接收端，载波的正交性使得解调器能够对两路信号分别进行解调。检波器检测二维的复用信号，并把它们映射回二进制位串。

图 3-16 示出了一个采用 QAM 的 Modem 的发送器的简化方框图。编码器操作串行数据流的 4 比特信息，并产生将要被调制的两个载波，即同相的余弦载波 IP 和作为正交成分的正弦载波 QC。然后，IP 和 QC 相加，产生传送信号，在 x-y 坐标中，每个点表示对余弦载波和正弦载波的具体调制水准。

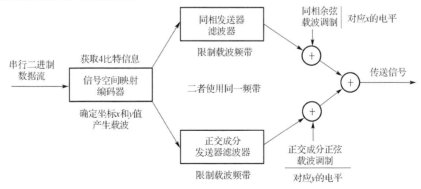

图 3-16 QAM Modem 的发送器

3.7　电话 Modem

Modem 有多个不同的种类，包括电话 Modem、数字用户线 Modem、同轴电缆 Modem和无线 Modem。

如图 3-17 所示，电话 Modem 被用来在两台计算机之间从语音级电话线路上传输比特数据流。由于使用传统的电话交换机，语音级电话线路的带宽被限制在 3100Hz。这个带宽比用于以太网或 IEEE 802.11(Wi-Fi)的带宽至少相差 4 个数量级。相应地，电话 Modem 的数据速率也比以太网或 IEEE 802.11 低 4 个数量级以上。

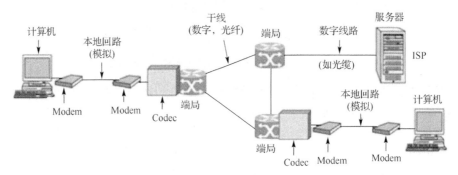

图 3-17　使用电话 Modem 进行在电话线路上的计算机之间的通信

Nyquist 定理告诉我们，即使是完美的 3000Hz 线路(电话线路肯定不是这样的)，也不要以大于 6000 波特的速率发送符号(Symbols)。实际上，大多数 Modem 都以 2400 符号/秒或 2400 波特的速率发送，并且把重点放在从每个符号得到多个比特上，还要通过在不同的方向上使用不同的频率来允许数据同时在两个方向上传输。

低档的 2400bit/s Modem 使用 0V 表示逻辑 0；1V 表示逻辑 1，每个符号编码 1 比特。若提高一步，它可以使用 4 个不同的状态，就像在正交相移键控(Quadrature Phase Shift Keying，QPSK)中所做的，从而每个符号(信号单元，也称码元)编码 2 比特(每个符号用 4个相位，它们相互差 90°，故称正交)，可以得到 4800bit/s 的数据速率。

随着技术的改善，电话 Modem 在取得较高的数据速率方面已经取得了长足的进步。较高数据速率需要使用一个大的状态集或星座图。由于使用许多个状态，即使在被检测的幅度或相位中只有少量的噪声，也可能产生差错。为了减少产生差错的可能性，较高速率的电话 Modem 标准都把一些状态用于差错纠正。

V.32 Modem 采用 32 个星座点在 2400 波特让每个符号发送 4 个数据比特和 1 个校验比特，取得带有差错纠正的数据速率为 9600bit/s。

在 9600bit/s 之上的下一台阶是 14400bit/s，它称为 V.32bis，在 2400 波特让每个符号发送 6 个数据比特和 1 个校验比特。再往后是 V.34，它通过在 2400 波特让每个符号发送 12个数据比特，取得 28800bit/s 的数据速率。在这种情况下的星座图已经有了数千个星座点。在这个序列中的最后一种 Modem 是 V.34bis，它在 2400 波特让每个符号发送 14 个数据比特，所取得的数据速率是 33600bit/s。

标准 Modem 停止在 33600bit/s 的原因是基于本地回路的平均长度和这些线路的质量计算的电话系统的 Shannon 限制是大约 35Kbit/s。使用比此更快的速率将违反物理定律（如果在 2400 波特让每个符号发送 15 个数据比特，那么所取得的数据速率将是 36Kbit/s，是不可能无错传输的）。

然而有一种方法可以改变这种情况。在电话公司的端局，数据被转换成数字形式之后再在电话网络内部传输。

35Kbit/s 的极限值针对有两个本地回路的情况，每端一个。它们中的每一个都把噪声加到信号上。如果能够除去这两个回路中的一个回路，那么就可能增加信噪比，从而提高最大数据速率。56Kbit/s Modem 就是用这个方法工作的。

在一端，典型地是一个因特网服务提供商（Internet Service Provider，ISP），它从最近的端局得到高质量的数字数据馈入。这样当连接的一端是高质量信号（就像现在的大多数 ISP）时，就可以使用 56Kbit/s Modem。然而在都使用 Modem 和模拟线路的两个家庭用户之间，最大数据速率依然是 33.6Kbit/s。

在 V.90 中，PCM 仅用于两台计算机连接中的从 ISP 到端局的下行连接（最大速率为 56Kbit/s）；而对于上行连接，从用户到端局以及从端局到 ISP 都使用模拟信号，从而把最大上行速率限制到 33.6Kbit/s。

在 V.92 中，上行连接和下行连接都使用 PCM，也就是说，除了 ISP 到端局的下行连接，对于上行连接，从端局到 ISP 也使用数字信号，从而允许 48Kbit/s 的最大上行速率。

上行速率和下行速率的不对称是因为与从用户到 ISP 相比，通常从 ISP 到用户有更多的数据要传输。这也意味着，可以把有限带宽的较多部分分配给下行通道，从而增加它实际工作在 56Kbit/s 的可能性。

3.8　ADSL 接入网络的设备配置

ADSL 利用现有的传统电话线路高速传输数字信号。它使用大部分带宽传输下行信号（对应用户从网上下载信息），只有一小部分带宽被用来传输上行信号（对应用户向服务器上传信息），因此就形成了不对称的传输模式。

电话线路接入 Modem 的数据速率被限制到一个较低水准的原因是电话系统是为传送语音设计的，整个系统都针对这一目标进行仔细优化，在本地回路终止的电话局一端，导线连一个滤波器，该滤波器滤掉了低于 300Hz 和高于 3400Hz 的所有频率。实际上，截止不是陡然发生的，300Hz 和 3400Hz 都是 3dB 点（电压或电流幅度降低到大约 0.7，对应原来 1/2 的功率），因此，虽然在这两个 3dB（$10\lg2\approx3$）点之间的距离是 3100Hz，但通常都把带宽说成 4000Hz，其中包括用于符号间隔离的警戒带。接入 Modem 的数据传输也被限制到这个窄的带宽。

ADSL 把本地回路连接到不同的交换机，其中没有上述的滤波器，因此可以使用本地回路可提供的全部带宽，大约为 1.1MHz。

ADSL 技术是一种宽带调制解调器技术。它提供 3 条信息通道，包括从电话局到用户的高速下行通道、从用户到电话局的上行通道，以及普通电话业务通道。下行信号和上行信号可与传统电话信号在同一对双绞线上共存而不互相影响。取决于距离，现实的 ADSL 通常可提供 1.5～8Mbit/s 的下行传输速率，以及 64Kbit/s～1.5Mbit/s 的上行传输速率。

有趣的是，在这种情况下，电话公司担当一个 ISP 的角色，因为电话公司本身也提供电子邮件或因特网接入这样的服务。

ANSI 的 ADSL 标准采用称为离散多音频(Discrete Multitone，DMT)的线路编码技术。它把传输频带划分成许多个子通道，并在这些子通道上并行地发送比特串。在初始化时，DMT 调制解调器在每路子通道上发送测试信号，以判断它们的信噪比。然后，它就可以为信号传输质量好的子通道多分配一些比特，而为信号传输质量差的子通道少分配一些比特。一般来说，随着频率的增大，衰减也不断增大，因而信噪比下降；其结果是频率较高的子通道承载的数据负荷量较小。当然，外部干扰也是影响子通道传输质量的重要因素。

DMT 在初始化之后，把要传输的比特流划分成若干个子比特流，并把它们分配到各个子通道。每个准备承载数据的子通道都会得到一个子比特流。所有子比特流的数据速率之和等于总比特流的数据速率。然后，每个子比特流通过 QAM 被转换成模拟信号后在子通道上传输。

如图 3-18 所示，ADSL 把在本地回路上可提供的 1.1MHz 频谱划分成 256 个独立的子通道，每个子通道的带宽为 4312.5Hz。子通道 0 用于普通电话。为了保持模拟语音信号和数字数据信号隔离，防止互相干扰，子通道 1～5 不使用。在其余的 250 个子通道中，1 个用于上行控制；1 个用于下行控制；剩下的 248 个子通道可用于用户数据。

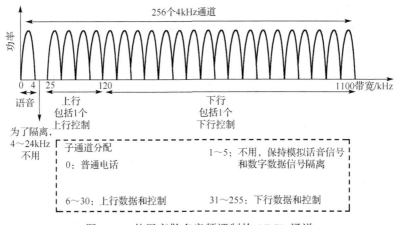

图 3-18　使用离散多音频调制的 ADSL 通道

原则上，250 个子通道中的每一个都可用于全双工数据流，但由于谐波、噪声、串音和其他效应，实际系统的带宽利用率远小于理论限制值。

在 250 个子通道中，子通道 6～30 用于上行数据传送和控制，其中，1 个子通道用于控制；24 个子通道用于数据传输。如果有 24 个子通道，每个使用 4kHz(来自 4312.5Hz 的可用带宽)，采用 QAM，每波特最多可调制 15bit，即 60Kbit/s，那么在上行方向上可以有 24×4000×15 即 1.44Mbit/s 的带宽。然而，在通常情况下速率都低于 500Kbit/s，因为一些载波所在频率附近噪声大而被取消，也就是说，有一些子通道不能使用。

子通道 31～255(225 个子通道)用于下行数据传送和控制。其中，1 个子通道用于控制；

224 个子通道用于数据传输。如果有 224 个子通道,每个使用 4kHz(来自 4312.5Hz 的可用带宽),采用 QAM,每波特最多可调制 15 比特,即 60Kbit/s,那么在下行方向上可以有 224×4000×15 即 13.4Mbit/s 的带宽。然而,在通常情况下速率都低于 8Mbit/s,因为一些载波所在频率附近噪声大而被取消,也就是说,有一些子通道不能使用。

图 3-19(a)示出了典型的 ADSL 设备配置。电话公司的技术员通过在用户室内安装一个网络接口设备(Network Interface Device,NID)来在电信部门设备与用户室内设备之间提供隔离。这个小设备(也可以是包含它的另一个设备,如分离器)标志电话公司设备的终点,也是客户设备的起始位置。紧挨着 NID 的是一个分离器,它是一个模拟滤波器,把普通电话使用的 0~4000Hz 频段与数据频段分离。电话信号被路由到现有的电话机,数据信号被路由到一个 ADSL Modem。ADSL Modem 使用 DMT 调制和解调数据,建立下行通道和上行通道。

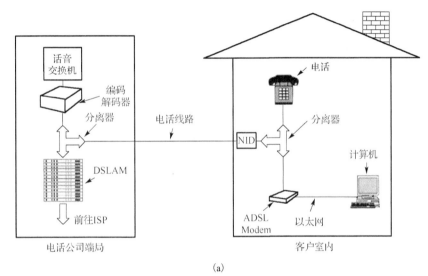

(a)

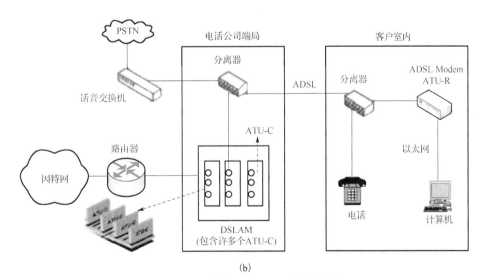

(b)

图 3-19 一个典型的 ADSL 设备配置

注:NID—网络接口设备;DSLAM—数字用户线接入复用器

由于现有的大多数 ADSL Modem 都是外接设备，计算机必须通过高速端口连接它，通常就是在计算机中插入一个以太网卡，并连接一个仅包含计算机和 ADSL Modem 的两结点以太网。

在电话线路的另一端，即电话端局，相应地也安装一个分离器。在这里，本地回路被连接到主配线架。主配线架是连接通往许多用户住处的铜线回路的中心点。对于 ADSL 来说，对应每个本地回路，都有一对导线连接电话端局一侧的分离器。端局的分离器实际上是由一组分离器构成的，具有 ADSL 服务的每个回路都使用一个分离器。从每个分离器引出两对线，第一对线接入语音交换机，提供常规的电话服务；第二对线接入端局中一个称为数字用户线接入复用器(Digital Subscriber Line Access Multiplexer，DSLAM，也称为 ADSL 交换机)的新设备(图 3-19(b))，该设备包含跟 ADSL Modem 同样种类的数字信号处理器，称为 ADSL 局端传送单元(ADSL Transmission Unit-Central office，ATU-C)。分离器把信号的语音部分过滤出来，送往常规的语音交换机，并把 25kHz 以上的信号送往 DSLAM。一旦信号被恢复成比特流，就可以从其建立分组，发往 ISP(路由器)。

3.9　ADSL 调制技术和传输机制

为了能够在较长的距离上取得较高的数据传输速率，ADSL 采用了一种模拟信号传输数字数据的编码技术，称为离散多音频调制。这里的多音频就是多载波的意思，多载波技术是一种频分复用技术。多载波技术把大的带宽分为多个子波段，产生多个平行的较窄的通道。每一子波段都采用像 QAM 这样的单载波技术，各个子波段的位流在接收器处又被结合在一起。

DMT 可以在各个子波段中基于其通道的质量实现不同的频谱效率，一些子波段可以使用比其他子波段更先进的调制方式，让每赫兹承载更多的比特。如果某一个子通道噪声干扰严重，无法承载数据，就将其关闭。由于每个通道的噪声特征可能不同，因此，每个通道的频谱效率都可以被优化。

考虑到会发生随机的脉冲干扰，在给通道分配比特时要留有一定的信噪比富余量。子通道中除了采用 QAM 技术外，通常还采用前向纠错技术和回波消除技术，以提高信号传输的质量。在信号状态很多时，QAM 对通道畸变和选择性衰减都很敏感，需要采用多种通道线性化措施和均衡措施。为获得比较理想的工作特征，一般均采用自适应均衡器补偿由传输通道引起的失真，要求在接收方解调时有与发送方相同频谱和相位特性的信号，这就造成了 ADSL 系统的高度复杂性。

在一般情况下，在发送信号和接收信号之间会产生干扰。但回波消除技术在 Modem 中注入了智能，使得 Modem 能够把其发送的信号跟接收的信号区别开，从而可以消除它本身发送的信号对其接收器的影响。回波消除电路保存发送信号的副本，可以从混合信号中消除本端的发送信号，从而可取出本端所需的接收信号。

3.10　数字用户线接入复用器

数字用户线接入复用器把一组 ATU-C 与多路复用器的功能结合起来，连接着网络的客户端和网络服务提供商的网络。在靠近本地回路的一端，DSLAM 将 ATU-C 集成在内，并通过 ATU-C 与 ADSL 远端传送单元(ADSL Transceiver Unit Remote，ATU-R)连接；而在靠近广域网的一端则以各种接口通过 TCP/IP 路由器等设备连接因特网、企业内部网，以及各种服务器。

　　在 ADSL 接入网中，DSLAM 对于 ADSL 链路操作是很重要的。如图 3-20 所示，DSLAM 使得各种数据都可以在双绞线上传输，来自远端用户的数据到达 ATU-C 之后通过 DSLAM 传输出去，来自广域网的数据也通过 DSLAM 传送到远端用户。

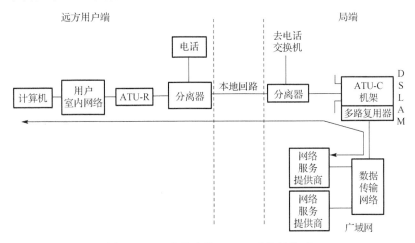

图 3-20　一个基本的 ADSL 系统的构成

　　DSLAM 至少要具有下列基本功能。

　　(1)包含一组 ATU-C 接口。

　　(2)将流量从多个 ATU-C 统计复用到一个连到广域数据网络的高速线路上，如一个 SDH 的 OC-3 线路(155Mbit/s)。

　　(3)将来自广域数据网络的多路复用的流量分接，传送给对应的 ATU-C。

　　(4)协商线路速率，ATU-C 和 ATU-R 进行协调操作(控制信息)，以判明线路特性，协商在本地回路上使用的最高比特率。

　　(5)作为一个中央管理平台。

复习思考题

　　1.(单项选择题)在无噪声情况下，若某通信链路的带宽为 3kHz，采用 4 个相位，每个相位具有 4 种振幅的 QAM 技术，则该通信链路的最大数据传输速率是(　　)。

　　A．12Kbit/s　　　B．24Kbit/s　　　C．48Kbit/s　　　D．96Kbit/s

　　2．用于语音的本地回路具有 4kHz 的带宽，该带宽限制主要是由什么引起的？

　　3．高性能微处理器价格的降低使得有可能在每个调制解调器中都装上一个微处理器，这样对电话线路的出错处理有什么样的影响？在这种情况下，在数据链路层是否就可以不需要进行差错检测或纠正了？

4．在一个星座图中（用于 Modem），所有的星座点都位于一个以原点为中心的圆上。这里使用的是哪一种调制？

5．一个全双工 QAM-64 Modem 使用多少个频率？

6．为什么 ADSL 在 1.1MHz 的带宽中可以取得高达每秒几兆比特的传送速率？

7．调制解调器可达到的 56Kbit/s 最高速率是否已突破了香农的通道极限数据传输速率？调制解调器在什么条件下可以达到 56Kbit/s 的传输速率？为什么在使用 56Kbit/s 的调制解调器上网时常常达不到这个速率？

8．如果波特率是 2400bit/s，并且不采用差错纠正机制，那么在 V.32 标准的调制解调器中可以取得的最大比特率是多少？

9．一个调制解调器的星座图在 (0,1) 和 (0,2) 处有数据点。问这个调制解调器使用的是相位调制还是振幅调制？

10．一个调制解调器的星座图在如下坐标处有数据点：(1,1)、(1,−1)、(−1,1) 和 (−1,−1)，则这个调制解调器在 1200 波特的线路上可以达到多大的数据传输速率？

11．一个使用 DMT 的 ADSL 系统把 3/4 的可用数据通道分配给下行链路。它在每个通道上都使用 QAM-64。那么，可用于数据传输的下行链路的容量是多少？

12．数字用户线接入复用器至少要具备哪些基本功能？

第4章 点对点通道的数据链路技术

本章学习要点

(1) 数据链路层的基本概念;

(2) 异步传输和同步传输;

(3) 差错检测和差错纠正;

(4) 检错码;

(5) 纠错码和汉明码;

(6) 数据成帧方法;

(7) 流量控制和窗口机制;

(8) 自动重传请求;

(9) 高级数据链路控制;

(10) 点到点协议。

在网络上,链路是从一个结点到相邻结点的一段物理线路。相邻是指两个机器实际上通过一条通道直接相连,中间没有其他交换结点。当需要在一条链路上传输数据时,还必须有一些规则和约定来支配这些数据的传输,这些规则和约定就是数据链路控制,或称数据链路协议。把实现数据链路协议的硬件和软件加到链路上,就形成了数据链路。通常使用网络适配器(俗称网卡)来实现数据链路协议的硬件和软件。一般的网络适配器都具有数据链路层和物理层的功能。

数据链路协议的目的是在一给定的通信链路上提供发送端和接收端之间的同步和无差错信息传输,并且数据在按比特顺序投递到目的地时的顺序与发送时的顺序一样。实际的通道传输有时会发生差错,而且它们的数据传输速率是有限的,数据在收与发之间还存在着传输时延。这些限制,加上有限的计算机处理速度,对数据传输都有很大的影响。数据链路层的设计必须考虑这些所有的因素,并提供适当的解决办法。

4.1 数据链路层的基本概念

数据链路层的功能建立在一条或多条物理连接之上。一般情况下,它不提供分割和重组功能,来自网络层实体的每个服务数据单元(Service Data Unit,SDU)以一对一的方式映射进数据链路协议数据单元(DL-PDU)。通常把 DL-PDU 称为帧。

数据链路层对较高层遮蔽物理传输介质的特征。如果需要,它可以为较高层提供基本上无错的可靠传输服务,尽管在物理连接的传输中可能发生错误。因此数据链路层可以具有差错检测和差错纠正的功能。

数据链路层必须负责帧的定界,实现一种能够识别帧的开始和结束的结构。帧的结构可以包含差错检测的机制，差错纠正可以通过帧的重传获得，也可以通过纠错编码得以实现。对于数据链路连接，还应该能够提供保序和流控功能，保证在数据链路层连接上收到的帧能够以和发送时同样的顺序递交给网络层实体，并协调发送方和接收方的节奏，保证发送方不会以太快的速度发送使得接收方被淹没。

现有的数据链路协议可以分为面向字节的和面向比特的两种类型。大多数字节协议的控制段位于帧内不固定的位置，而比特协议的控制段通常都处于帧内的固定位置。更重要的是，字节协议和其所用的代码有关，它用特定的代码（ASCII、EBCDIC 等）来决定控制段的含义。比特协议对代码是透明的，因为对协议控制的解释是基于一个个比特的，而不是依赖某种特别的代码。

4.1.1　异步传输和同步传输

为了能够在通道上有效地传输二进制位串，发送方和接收方必须就位传输速率达成一致，并且双方都必须有一个时钟用来测量位时。时钟普遍存在的问题是它的精确性。例如，考察在设备 A 和 B 之间的数据传输，A 的时钟标示的 1ms，可能实际上是标准时钟的 0.95ms；而 B 的时钟标示的 1ms，可能实际上是标准时钟的 1.05ms。假定 A 给 B 连续发送，每隔 1ms 发送 1 位，那么传输 10 比特后，A 和 B 的时钟差距就达 1ms，导致 B 在不正确的时间采样测量，从而就可能得到错误的比特值。

两个独立的时钟具有同样的精确度是很难做到的，因为它们都会有自己的漂移，并且这种漂移跟温度等环境条件及其变化有关。在图 4-1 给出的示例中，假定发送速率是 1000bit/s，即每隔 1ms 发送 1 位；接收方的位时值可能落在 $(0.001-\varepsilon) \sim (0.001+\varepsilon)$ s 的范围内，ε 的大小跟时钟的精确度有关。由于接收时钟与发送时钟的差异，接收方可能在信号的 1 位时间内采样两次，从而多产生 1 位，也可能少采样 1 次，少了 1 位。在图 4-1 中，发送方传送位串 0010，由于采样时钟快了或慢了，接收方错误地认为传输的数据是 00110 或 010。

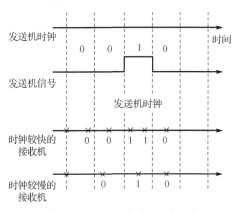

图 4-1　时钟漂移引起的问题

为了解决上述在接收方和发送方之间的同步问题，人们提出了两种方法。第一种称为异步法，它是面向字符或面向字节的，让发送方和接收方独立产生时钟，每发送 1 个字符或字节就提供 1 次同步的机会；第二种方法称为同步法，它是面向数据块的，通常是在数据信号中嵌入时钟信息，接收方时钟完全由发送方时钟控制，或者说，接收方时钟与发送方时钟是同步的。

1. 异步传输

异步传输基于一个个字符或字节进行同步和再同步，再同步通过使用启停位进行协调。也就是说，异步传输都是以字符或字节为单元发送数据的，真正的数据，即字符或字节，都是被放在开启位和停止位之间传输的。在计算机网络中，传输字符或字节用的协议数据单元通常都是 10 位的，其中包括 1 个开启位和 1 个停止位。接收方只是在检测到开启位时跟发送方同步 1 次，随后使用它自己的独立时钟。异步传输的前提是必须保证在传输 1 个字符或字节的时间内，接收方时钟与发送方的最大差异小于 10%，使得在接收第 10 位时，快的一方时钟也不会比慢的一方的时钟快出 1 个位时，从而保证在接收方不会发生采样时间的差错。

作为例子，ASCII 编码每个字符 7 比特，通常还在它的后面加上第 8 位即奇偶位，两部分结合在一起，刚好是 1 个 8 位的字节。在 8 位的字节的后面还有停止位。停止位至少 1 位，流行的实用标准有 1 位、1.5 位和 2 位最小长度规范。在发送一个稳定的字符流的情况下，两个字符之间的隔离长度保持一致，都为停止位元素。

如图 4-2 所示，当没有字符发送时，在发送方和接收方之间的线路处于空闲状态。空闲的定义等效于二进制 1 的信令元素。因此，对于 NRZ-L 编码，空闲表示在线路上存在负电压，也称标记(Mark)状态。每个异步字符以 1 个开启位起始，该位的信号电压等同于二进制 0 的值，它告诉接收设备开始测量随后的数据位串，即判定 1 和 0 的位串。接下来的就是实际地组成该字符的 8 比特，在我们的示例中采用 ASCII 编码，因此有 7 位的字符编码和 1 位的奇偶位，奇偶位的值由发送方设置。

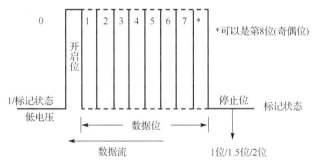

图 4-2　异步传输的启停位组帧格式

取决于所使用的规约，字符中 1 的总数目(包括奇偶位)应该保持偶数(偶检验)或奇数(奇检验)的属性。接收方可以使用奇偶位检查在传输过程中是否有差错发生。最后一个元素是停止位，它的信号电平等同于二进制的 1。

启停位使得每个被发送的字节都组成 1 个帧。标记信号用逻辑 1 数据线电压表示，在 1 位的时间周期内，数据线电压变成 0，所表示的这一位称为开启位。使用停止位的目的是允许接收方有足够的时间进行重置，准备接收信息中的下一个数据字节。

接收方的独立时钟与从标记状态到开启状态的转换同时发生，之后，在一个新的字节发送之前，让接收方时钟独立运行一个最大比特数的时间。

异步传输的最大缺点是在线路上的额外开销(在 ASCII 编码的条件下至少 20%)，每发送 8 位至少要有两个附加位(开启位和停止位)。这就使得它只能用于低速传送(110bit/s～19.2Kbit/s)。

2．同步传输

不同于异步传输，同步传输以数据块为单元传送，而不是以字符或字节为单元传送；而且它还把时钟信号编码成数据信号的一部分，允许接收方从在线路上收到的数据信号恢复出时钟信号。作为例子，在曼彻斯特或差分曼彻斯特编码的数字信号中就带有位时钟信息；另外，使用模拟信号，也可以利用载波频率本身基于载波的相位来进行同步。

同步传输可以是面向字符(或字节)的，也可以是面向比特的。前者支持特定的字符编码方案；后者不识别字符，数据块可以由任意数目的比特构成。

在计算机网络中，除了位同步，同步传输还需要做其他层次上的同步，包括字节同步和帧一级同步。前者让接收方能够确定各字节的开始和结束位置。后者使得接收设备能够确定一个称为帧的数据块什么时候开始，什么时候结束。

同步协议通过特定字符(称为同步字符)或位序列(称为标志(Flag)序列)标识数据块(称为帧)。在传输开始或再次做帧同步时，接收方搜索通道比特流，寻找同步字符或标志序列。在接收并识别出同步字符或标志序列时，接收方就可相信它已经跟发送方同步了。

图 4-3 以一般的术语示出了一种典型的面向比特的同步传输的帧格式。一般来说，帧用一个称为标志的前缀起始。同样的标志也用作后缀。接收方查看标志图案确定一个帧的开始。跟在前缀标志后面的是一定数目的控制段(说明数据链路层地址、帧的类型、数据帧的序列号等)，然后是数据段(对于大多数协议都是可变长度)。在数据段后面还可以有控制段，最后重复标志序列。

图 4-3　一种典型的同步传输的帧格式

对于可变大小的数据块，同步传输的效率比异步传输的高。异步传输的开销占总开销的 20%或更多。同步传输的控制信息、前缀和后缀加在一起通常都小于 100 位。例如，广泛使用的高级数据链路控制(High-level Data Link Control，HDLC)帧包含 48 位的控制、前缀和后缀开销。因此，对于一个包含 1000 字节的数据块，每个帧由 48 位的开销和 1000×8=8000(bit)的数据组成，开销所占的比例仅是 48/8048×100%=0.6%。

4.1.2　差错控制

在第 2 章中已经说明，传输差错是客观存在的事实。解决差错问题有两种基本方法。一种方法称为差错检测码(简称检错码)，它在要发送的数据块上加入一定数量的冗余位，使接收方能检查出是否发生了传输差错，但不知道哪些位出错，然后接收方可以请求重传。另一种方法称为差错纠正码(简称纠错码)，它在要发送的数据块上加入足够的冗余信息，使接收方不但能发现差错，而且还能推导出发送方实际送出的应该是什么数据。

与检错码比较，纠错码的优点是不需要有反向信道来传递请求重发的信息(因此实时性好)，也不需要分配实施重发的数据缓冲区。但纠错码编码效率低，通常都要使用比检错码更多的冗余位，而且纠错算法复杂，处理开销大。因此，在实际的数据通信中检错码使用得更多、更普遍。

1. 检错码

检错码的核心思想是数据块在被发送前，先按照某种关系附加一定的冗余位，构成一个符合某一规则的码字后再发送。所加的冗余位依赖于要发送的数据段，随数据段的改变而改变，但所形成的码字都遵从同一规则。接收端检查收到的码字，看它是否仍然符合原规则，如果不符合，那么就可以判定有传输差错。下面介绍两种常用的检错编码：奇偶检验码和循环冗余检验码。

奇偶检验码通过增加冗余位使得码字中 1 的个数为奇数或偶数。如果只需要检测仅有 1 位错的数据块，每块 1 个奇偶位就足够了。但如果一个数据块被一次突发性连续差错严重破坏，那么可以检测出差错的概率仅为 0.5。这是很难接受的。

改进措施是把每个数据块组织成一个 n 位宽和 k 位高的长方形矩阵，对每一列单独计算奇偶位，并附在矩阵之后作为最后一行。然后发送这个带有附加行的矩阵。当数据块到达接收方时，接收设备检查所有奇偶位。假如其中任意一个奇偶位错了，就需要重传整个块。在 n 列中任意一列奇偶性检错正确的概率是 0.5，那么一个坏数据块不应被接收但却被接收的概率是 $(1-1/2)^n=(1/2)^n=2^{-n}$。在矩阵的每一行都是一个 7 位编码的 ASCII 字符的情况下，这种检错编码的结果就是把一个附加字符放到数据块的后面。这种检错编码通常称为块检验码(BCC)，所附加的字符则称为块检验字符。

在实践中还可以把前述两种奇偶检验方法结合在一起使用。在有许多个带有奇偶位的 ASCII 字符构成的数据块后面加上一个检验字符就是这种结合的一个典型例子。在计算机网络中，这是一种更普遍的用法。

尽管上述检错方法有时已经足够了，但实际上广泛采用的是循环冗余检验码，简称 CRC 码。它漏检率低，实现起来也比较方便，下面从描述 CRC 的一般操作开始，详细介绍 CRC。

如果有效数据长度是 m 位，那么附加长度为 r 位的 CRC，就形成由 $m+r$ 位组成的帧。通常把附加的 r 位冗余位称为帧检验序列(Frame Check Sequence，FCS)。发送器对 r 的选择必须使得这个帧刚好能被某个预先确定的数整除。接收器用同一个数去除接收的帧，如果没有余数，就认为没有传输差错。

需要说明的是，上述过程所涉及的数的运算是对二进制数进行的模 2 运算。在模 2 运算中，做加法不进位，做减法不借位，这实际上就是按位进行的异或操作。在做乘除法，涉及加法或减法时都按模 2 规则进行。特别地，在做除法时，只要被除数的高位是 1，就要让商为 1，而不管后续位与除数的比较。

现在定义：F 等于要发送的 $m+r$ 比特的帧，其中，$r<m$；M 等于 m 位的报文，即 F 的前 m 比特；R 等于 r 位的 FCS，即 F 的最后 r 比特；P 等于 $r+1$ 位的位图案，即前面提到的预先确定的除数。

我们希望 F/P 无余数，显然，$F=2^r M+R$，因为 M 乘以 2^r，等效于把它向左移了 r 位，并将空位添 0，所以加 R 就是把 M 和 R 串接。用 P 去除 $2^r M$ 得 $2^r M/P=Q+R/P$。这里有 1 个商数

Q 和 1 个余数 R。因为余数总比除数少 1 位，就用这个余数作为 FCS，所以 $F=2^rM+R$。

问题在于，这个 R 满足我们的条件吗？为此考虑 $F/P=(2^rM+R)/P=2^rM/P+R/P=(Q+R/P)+R/P$，因为任何二进制数与它自身进行模 2 加都等于 0，于是 $F/P=Q+(R+R)/P=Q$，无余数存在，所以 F 刚好能被 P 整除。这样 FCS 就很容易产生：用 P 去除 2^rM，把余数作为 FCS。在接收端，接收器用 P 去除 F，如果无余数，就表明没有传输差错。

可以把位串看成系数只可以是 0 或 1 的多项式。一个 k 位帧可以看成有 k 项的多项式的系数列表，其范围为 $X^{k-1}\sim X^0$，这样的多项式称为 $k-1$ 级多项式，帧的高序位(最左边的位)是 X^{k-1} 的系数，下一位是 X^{k-2} 的系数，以此类推。例如，110001 有 6 位，可以表达出多项式 X^5+X^4+1，对应的系数是 1、1、0、0、0、1。引入多项式的概念，我们前面讨论的 CRC 过程就可以用下列公式来描述：$X^rM(X)/P(X)=Q(X)+R(X)/P(X)$，$F(X)/P(X)=Q(X)$。

下面给出计算 CRC 的一个例子。如果表示信息位串的 $M(X)=X^6+X^4+1$($M=1010001$)，表示除数的 $P(X)=X^4+X^2+X+1$($P=10111$)，那么执行该算法就得到：表示余数的 $R(X)=X^3+X^2+1$($R=1101$)；表示结果发送的帧的位串的 $F(X)=X^{10}+X^8+X^4+X^3+X^2+1$($F=10100011101$)。

最后，也是最重要的结论，就是具有 r 个检验位的多项式能检出所有长度小于或等于 r 的突发性连续差错。一个长度为 t 的突发性连续差错可以用表达式 $X^k+X^{k-1}+\cdots+X^i=X^i(X^{k-i}+X^{k-i-1}+\cdots+1)$ 来表示，其中 $t=k-i+1$，i 确定突发性连续差错距离接收帧的右端有多远，也就是说，突发性连续差错在帧中的位置范围从 X^k，X^{k-1}，X^{k-2}，…，直到 X^i。如果 $P(X)$ 中包括 $X^0=1$ 项，它将不会有 X^i 的因子，因此如果圆括号内表达式即 $X^{k-i}+X^{k-i-1}+\cdots+1$ 的阶低于 $P(X)$ 的阶，余数不可能是 0(事实上圆括号内多项式所表示的数就是它自身被 $P(X)$ 除所产生的余数)，从而可以检测出差错。

如果突发性连续差错长度为 $r+1$，当且仅当突发性连续差错和 $P(X)$ 一样时，被 $P(X)$ 除的余数才可能是 0。根据突发性连续差错的定义，其第 1 位和最后 1 位必须是 1，因此与 $P(X)$ 是否相等取决于 $r-1$ 个中间位。如果所有位上 0 或 1 出现的概率均等，则这个不正确帧被当作正确帧接收的概率等于 $1/2^{r-1}$。

下面再考虑长度大于 $r+1$ 的突发性连续差错的情况。尽管这种差错模式具有很大的随意性，差错位置不定，差错串较长且不是定值，但在接收端进行 FCS 检查时都是用 P 去除 F。如果长度为 r 的余数 R 不为 0，就能判定发生了传输差错。如果余数 R 的 r 位都是 0，就会误判成没有发生差错。显然余数 R 有 2^r 种可能的取值，都是 0 的概率仅为 $1/2^r$。因此在长度大于 $r+1$ 的突发性连续差错的情况下，不正确的帧被当作正确帧接收的概率是 $1/2^r$。

发生几个较短的突发性连续差错的情况可以把分离的差错串与中间的无错串结合在一起，作为一个长度大于 $r+1$ 的突发性连续差错进行分析，因此在此种情况下不正确的帧被当作正确帧接收的概率也是 $1/2^r$。

2. 纠错码

一般情况下，数据链路帧都由 m 个数据位(报文)和 r 个冗余位组成。如果帧的总长度为 n($n=m+r$)，那么它就是一个长度为 n 位的单元，通常称为 n 位码字。假定有两个码字，如 10001001 和 10110001，只需对它们进行异或运算就可以确定在它们之间有多少个不同的对应位。把两个码字中不同的位的数目称为汉明距离。如果两个码字的汉明距离为 d，那么只有出现 d 个单位差错才能将其中一个码字转换成另一个码字。

对应 m 个数据位，有 2^m 个可能的数据信息，但是由于加了检测位，就不会使用所有的 2^n 个码字。知道了计算检测位的算法，就可以列出全部有效码字。从所有的有效码字中找出具有最小汉明距离的两个码字，那么这两个码字之间的距离就被定义为全部码字的汉明距离。

汉明距离可以决定一种编码的检错和纠错能力。使用距离为 d+1 的编码能够检测出 d 个比特错，因为 d 个单比特错不可能把一个有效码字变成另一个有效码字。接收方看到无效码字时，就能判定发生了传输差错。类似地，使用距离为 2d+1 的编码可以纠正 d 个比特错，因为即使发生 d 个比特错，变化了的码字仍然比任何其他码字都更接近原始码字，所以能够唯一地确定原始码字。

现在要设计一种编码，它有 m 个信息位和 r 个检验位，并且能纠正所有单比特错，那么 n=m+r。对 2^m 个有效信息中的任意一个而言，有 n 个与该码字距离为 1 的无效码字，它们就是依次将该码字中 n 个比特变反所得到的 n 个码字。2^m 个有效信息中的每一个都对应 n+1 种个别的位图案(包括有效信息形成的 1 种位图案和 n 种无效信息位图案)。因为总的位图案数目是 2^n，显然下列关系必须成立：$(n+1)2^m \le 2^n$。当 n=m+r 时，这种关系便成为：$(m+r+1)2^m \le 2^{m+r}$，或 $2^r \ge n+1$。

1950 年汉明提出了纠正单比特错的编码方法。他把码字内的位从最左边开始按顺序编号：1 号，2 号，…，n 号，把其中编号为 2 的幂的位(1 号位、2 号位、4 号位等)用作校验位，其余的位被用来存放 m 位数据。该方法要求每个校验位的取值使得包括它自己在内的一些位的集合服从规定的奇偶性，如奇偶性要求 1 的个数是偶数。为了确定编号为 d 的数据位对哪些检测位有影响，需要把编号 d 改写成 2 的幂的和，例如，7=4+2+1，10=8+2。一个数据位只由扩展式中所示编号的检验位检测。例如，编号为 7 的数据位只由编号为 1、2 和 4 的校验位检测。

下面举一个 7 位 ASCII 字符使用汉明码形成 11 位码字的例子。在这里，m=7，r=4，n=11，显然 $2^r > 11+1=12(2^r \ge n+1)$，而且编号 1=1，2=2，3=2+1，4=4，5=4+1，6=4+2，7=4+2+1，8=8，9=8+1，10=8+2，11=8+2+1，于是有：

(1)——>(1)+(3)+(5)+(7)+(9)+(11)

(2)——>(2)+(3)+(6)+(7)+(10)+(11)

(4)——>(4)+(5)+(6)+(7)

(8)——>(8)+(9)+(10)+(11)

注意，在每个校验位的形成表达式中，除自身的编号外，其余的都是数据位的编号，因此只要数据位是确定的，校验位也可以唯一地确定。

图 4-4 列出了 11 个 7 位 ASCII 字符使用汉明码形成的 11 位码字，其中数据位在编号为 3、5、6、7、9、10 和 11 的位，编号为 1、2、4、8 的位是校验位。

接收方在一个码字到达时，把计数器清

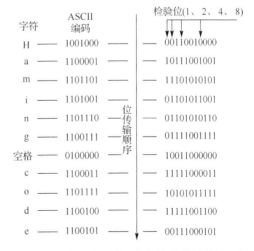

字符	ASCII 编码	检验位(1、2、4、8)
H	1001000	00110010000
a	1100001	10111001001
m	1101101	11101010101
i	1101001	01101011001
n	1101110	01101010110
g	1100111	01111001111
空格	0100000	10011000000
c	1100011	11111000011
o	1101111	10101011111
d	1100100	11111001100
e	1100101	00111000101

位传输顺序

图 4-4　使用汉明码纠正突发性连续差错的示例

0。然后检查码字的每个校验位 D，看它们是否具有正确的奇偶性，这里的 D 是校验位的编号。如果第 D 位奇偶性错误，则计数值加 D，如果所有校验位被检查后，计数器值还是 0，那么这个码字就作为有效码字被接收。如果计数器值不为 0，那么该值就是出错位的编号。例如，如果检测位 1、2 和 8 错误，则第 11 位就变反，因为它是唯一被第 1、2 和 8 位检测的位。

汉明码只能纠正单比特错。然而，有一个技巧可用来使汉明码能纠正突发性非单比特错。把 k 个码字组织成一个矩阵，每行 1 个码字。通常每次发送 1 个码字，码字按位从左到右的顺序发送。为了能够纠正突发性非单比特错，改成把数据从最左边的 1 列开始从上往下发送，每次发送 1 列，发送完 1 列 k 个比特，再发送下 1 列，以此继续下去，直到发送完矩阵中所有的列。

接收方在接收一帧时，按照每列 k 位恢复原先的矩阵，如果有 k 位连续发生错误，横向排列的 k 个码字中的每一个最多只有一位受影响，而汉明码能够纠正码字中的单比特错。因此，整个块都可以被恢复。这种方法使用 kr 个检测位，使得 km 位数据的块能恢复最大长度为 k 的突发性非单比特错。

汉明码的信息余量很大，因而编码效率低，如 7 位 ASCII 码字符要增加 4 个冗余位。这就显著增加了数据通信的开销。正因为如此，汉明码的使用不如检错码普遍，一般只限于不能有反馈通道或由于某种原因不宜重传的通信系统中，如卫星和空间通信的一些特定环境下。

4.1.3　成帧方法

在发送帧时，发送端的数据链路层在帧的前后都加入事先约定的标记，使得接收端在收到这个帧后，能够根据该标记识别帧的开头和结尾。下面介绍 4 种实用的成帧方法：字符计数法、字节填充法、位填充法和物理层编码违例法。

字符计数法在帧头部专门用一个字段表示帧内字符数(图 4-5)。该方法简单，但发生错误后再同步很困难。

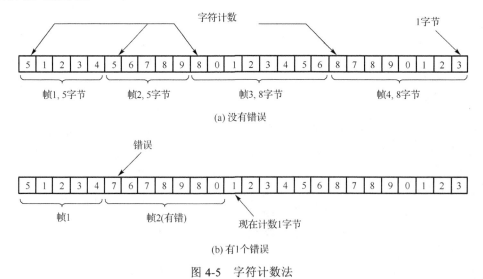

图 4-5　字符计数法

　　字节填充法使用字符或字节填充，同步字符(或字节)给帧定界，在数据中出现的同步字符(或字节)必须在前面加转义(Escape，ESC)字符(或字节)填充，在数据中出现的转义字符也必须填充(图 4-6)。该方法的缺点是填充使得帧变得比较长，但发生错误后易于恢复。

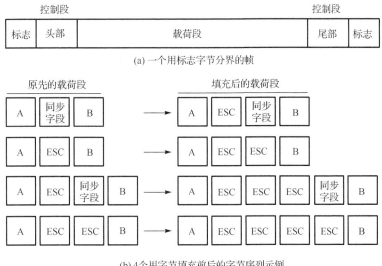

(a) 一个用标志字节分界的帧

(b) 4 个用字节填充前后的字节序列示例

图 4-6　字节填充法

　　位填充法使用 8 位标志 01111110 作为帧的开头和结尾，允许数据域包含任意个数的位。当发送方在数据段中遇到 5 个连续的 1 时，就在其后插入一个 0(图 4-7)。接收方在看到 5 个连续的 1 后面跟着一个 0 时，就将此 0 删去。正因为如此，该方法称为位填充法。

　　物理层编码违例法巧妙利用物理层的个别特征。在如 4b/5b 这样的线路编码中存在信号冗余，即某些信号不会在常规的数据中出现。因此可以利用某些保留的信号来表示帧的开头和结尾。这样做除了易于发现帧的边界，还可以免除帧对填充数据的需要。

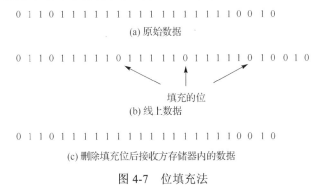

0 1 1 0 1 1 1 1 1 1 1 1 1 1 1 1 1 1 1 1 1 0 0 1 0

(a) 原始数据

0 1 1 0 1 1 1 1 1 0 1 1 1 1 1 0 1 1 1 1 1 0 1 0 0 1 0

填充的位

(b) 线上数据

0 1 1 0 1 1 1 1 1 1 1 1 1 1 1 1 1 1 1 1 1 0 0 1 0

(c) 删除填充位后接收方存储器内的数据

图 4-7　位填充法

4.1.4　流量控制和窗口机制

　　在计算机网络的分布式环境中，通信一方对传输介质的状态或对方机器上进程的状态是不可以直接获取的，这就需要在源发方和目的站之间限制未确认应答的 PDU 的数量。这样才能避免源发方以接收方不能及时处理的发送速率淹没接收设备。流量控制就是保证发送实体不会因过量的数据而把接收实体冲垮的技术。接收实体一般分配具有某个最大长度的数据缓冲区。当接收数据时，在将数据传递到较高层之前，必须进行某些处理（如分析报头，并将其从 PDU 拆走）。在无流量控制的情况下，当处理旧的数据时，接收方的缓冲区可能被新的数据填满，并引起数据溢出。

对已发出但还未得到确认的 PDU 的最大数目必须加以限制。把允许发送的未被确认的 PDU 最大数目称为窗口，w 是窗口的尺寸。对于未被确认的 PDU 数目的限制保证接收方不被发送方过快发送的过多 PDU 所淹没。这也允许接收方做两件事情：一是通过推迟对发送方的确认应答来控制信息流；二是根据窗口的大小合理地规划和分配像存储器这样的系统资源。

等待确认的 PDU 的数目不允许超过 w，接收方返回一个肯定确认将接收方期待接收 PDU 的窗口向前推进一步。发送方收到一个肯定确认也将它的窗口向前推进，从而允许它发送更多的 PDU。任何时候如果发送方未被确认的 PDU 的数目达到了最大值 w，就必须停止发送，直到它收到接收方的肯定确认将窗口再向前推进，才可以继续发送。

窗口必须足够大，使得在传输介质不拥挤的条件下以及在接收方能够以像发送方的发送速率吸收 PDU 时，PDU 的流动不会被禁止。在这样的情况下，窗口尺寸的选择目标是在发送方停止发送之前就能有确认应答返回并推进了窗口。任何迟缓的接收方确认或由于拥挤产生的传输系统时延增加都会产生我们所希望的减慢数据流的效应。在实际实施的通信协议中，PDU 的编号被限制到一定的范围，窗口也能起到避免相同编号的 PDU 之间混淆的作用。

当使用有限范围的编号时，模 n 的编号是 $0 \sim n-1$，后随 $n-1$ 号 PDU 的 PDU 编号又是 0，考虑到超时重发机制，窗口机制必须能在接收端分辨序列中预期新发来的 PDU 编号和那些重发的旧的 PDU 编号。

在数据链路协议中，传输介质的特性是可断定的。网络中相邻结点之间的传输介质本身不会引起帧的失序，也不会产生重发的帧。响应时间的最大极限可以精确地计算，从而可以设置超时值进行最佳的错误恢复。在这种情况下，由于一方面发送方接收对错误的响应，另一方面数据链路上的顺序自然得到维持，所以如果接收方仅接收按顺序到来的帧，那么只要满足 $w+1 \leq n$ 即可，也就是 $w \leq n-1$。

例如，HDLC 协议（将在 4.3 节介绍）采用可二中择一的编号方案：一个是模 8；另一个是模 128。它们对应的窗口值分别是 7 和 127。

4.2　自动重传请求

在数据链路控制中，差错控制的目标是减少传输差错和修复接收有错的帧，因此，有如下几点。

(1) 在接收方需要错误能够被检测到。

(2) 定时器可发现没有被确认的帧、太晚确认的帧，以及丢失帧的确认。

(3) 发送方重传在定时器超时之前没有被确认的帧。

(4)流量控制防止快速发送方淹没处理速度较慢的接收方。

(5)接收方给出它可以接收的数据量的反馈。

(6)由于在数据链路层很少有接收方能以网络接口卡的线性速率处理帧,流量控制使得接收方处理帧的速率能够与发送方的发送速率相匹配。

自动重传请求(Automatic Repeat Request,ARQ)是应用较广泛的一种差错控制技术,它包括对无错接收的 PDU 的肯定确认和对未确认的 PDU 的自动重传。这里所说的 ARQ 是以下列条件为前提的。

(1)有一个发送端向一个接收端发送帧。

(2)接收端能够向发送端返回接收确认信息。

(3)信息帧和确认帧都包含帧检验序列。

(4)发生了错误的信息帧和确认帧将被忽略和丢弃。

采用差错检测和 ARQ 的结果是把一条不可靠的数据链路转变成可靠的数据链路。有多种形式的 ARQ。下面将介绍三个标准的版本。

(1)停止等待式 ARQ。

(2)回退 N 式 ARQ。

(3)选择性重传 ARQ。

4.2.1　停止等待式 ARQ

在停止等待式 ARQ 中,发送方每发送完一帧后就停止发送,等待接收方的确认,在收到来自接收方的确认帧之后,才能继续发送下一帧。

在接收方,每收到一个无差错的帧,就把这个帧递交给上层协议,并向发送方发送确认帧。接收方若收到有差错的帧,就把这个帧静静地丢弃。发送方配置了计时器,在一个帧发送之后,等待确认帧;如果计时器记录的时间超过了所设置的重传时间仍未收到确认帧,则再次发送相同的帧。

另一种可能的差错是确认帧遭破坏。考虑下列情况:A 站发送一个帧,B 站正确地接收该帧,并用一个确认帧(ACK)予以响应。但 ACK 在传送过程中被破坏,使 A 不能识别,于是 A 必须重发相同的帧,重复发送的帧到达 B 后,被 B 接收,因而 B 就接收了同一帧的两个副本,但却把它们当成是互相独立的,以为后来接收的是一个新的帧。为了避免出现这样的问题,发送的帧交替地用 0 和 1 来编号,肯定确认则用 ACK1 和 ACK0 来表示。

4.2.2　回退 N 式 ARQ

为了改善传输效率,让流量充满管道,在发送方等待确认期间,必须有多个帧在传输途中流动。也就是说,需要让不止 1 个帧在发送方和接收方之间传输,才能保持在发送方等待确认期间,通道不会空闲。回退 N 式 ARQ 的关键是在接收确认之前可以发送多个帧,但接收方可以只缓存 1 个帧。我们保持已经发送出去的帧的副本,直到确认到达为止。这样在通道中就可以同时有多个数据帧和确认在传输。

协议的确认号是累积性的,它定义下一个期待接收的帧的序列号。例如,如果确认号是 7,那么意味着直到序列号为 6 的所有帧都已到达,接收方期待接收序列号为 7 的帧。

　　发送窗口覆盖可以被发送或在传输途中的数据帧的序列号。在每个窗口中，一些序列号定义已经被发送的帧；其他的序列号定义可以被发送的帧。

　　从发送方的角度看问题，实际上可以把帧的序列号划分成 4 类。第 1 类是已经被确认的帧的序列号，发送方不再保持它们的副本。第 2 类是已经被发送的未知状态的帧的序列号，发送方需要等待发现它们是被接收了还是丢失了；把这类帧称为悬而未决的帧。第 3 类是可以发送但由于还没有从上层协议得到对应的数据而尚未发送的帧的序列号。第 4 类是在窗口滑动之前不可以发送的帧的序列号。

　　我们用 3 个变量定义在任意时刻的窗口大小和位置：S_f（发送窗口，第 1 个悬而未决的帧）、S_n（发送窗口，下一个要发送的帧）、S_{size}（发送窗口，窗口大小）。变量 S_f 定义第 1 个（最老的）悬而未决的帧的序列号。变量 S_n 持有下一个将要发送的帧的序列号。最后，变量 S_{size} 定义固定的窗口大小。

　　接收窗口保证接收正确的数据帧，发送正确的确认帧。在回退 N 式 ARQ 中，接收窗口的大小总是 1。接收方总是期盼一个特定的帧的到达。任何失序的分组都被丢弃，需要重传。在这里，仅需要 1 个变量 R_n（接收窗口，期待接收的下一个帧），它定义期待接收的下一个帧的序列号。仅仅具有匹配 R_n 的值的帧才被接收和确认。接收窗口也是滑动的，但一次只推进 1 个值。

　　虽然可以为每一个发送的帧都设置一个定时器，但在回退 N 式 ARQ 中只使用 1 个。理由是为第一个悬而未决的帧设置的定时器总是先期满。在这个定时器期满时，重传所有悬而未决的帧。

　　综上所述，在回退 N 式 ARQ 中，一个站可以顺序地发送一系列的帧，其编号以某个最大值为模来计算。未处理完、未被确认的帧的数目取决于窗口大小，接收站有对每个外来的帧都进行确认或对若干个帧进行累积确认的选择权（如对 1 号帧进行确认之后，对 3 号帧进行确认意味着 2 号帧也已收到了，尽管没有单独对 2 号帧进行确认）。

　　一个值得注意的问题是序列号范围与窗口大小之间的关系。例如，帧中序列号字段为 n 位，则窗口大小应为 2^n-1，这是由差错控制及确认的相互作用决定的。为了解此点，我们考察下列情况。当 A 站和 B 站正在双向交换数据时，B 站必须在它正在发送的帧中，送出一个对 A 站发来的帧的捎带确认。即使早已发送过确认，也仍需如此，因为 B 在其数据帧的确认字段中，必须设置某些序列号。现在假设序列号规模为 3 位，某个站发送了 0 号帧，并得到应答 ACK1（期待接收的下一个帧的序列号是 1）。接着，它发送帧 1、2、3、4、5、6、7、0 并得到另一个 ACK1。这里，ACK1 可以是一个累积的确认，它意味着全部 8 个帧已被正确地收到，但它也可意味着全部 8 个帧在传送中遭破坏，接收站正重复它先前发出的 ACK1 确认帧。如果窗口大小限制为 7（2^3-1），则上述问题（帧号的二义性，也就是混帧问题）就可避免出现。

4.2.3　选择性重传 ARQ

　　跟回退 N 式 ARQ 不同，选择性重传 ARQ 仅重传被选择的帧，即实际上已经丢失了的帧。这也是它的名称的由来。

　　选择性重传 ARQ 也使用两个窗口：发送窗口和接收窗口。然而它们都不同于在回退 N 式 ARQ 中使用的窗口。首先，选择性重传 ARQ 的发送窗口的最大值要小得多，它是 2^{m-1}（这

里的 m 表示帧的序列号的位的个数)。其次，接收窗口的大小跟发送窗口相同。

选择性重传 ARQ 允许其个数多达接收窗口值的帧到达时失序，被保持在接收缓冲区中直到丢失的帧被重传到达后，再按照顺序将其递交给上层协议。

类似于回退 N 式 ARQ，选择性重传 ARQ 也设置定时器，但在对收到的帧的确认方面两个协议有很大的差别。在回退 N 式 ARQ 中，确认号是累积性的，既表示下一个期待接收的帧的序列号，也表示所有先前的帧都已正确收到。在选择性重传 ARQ 中，确认号只定义单个正确收到的帧的序列号，没有关于任何其他帧的反馈信息。例如，发送方发送了4 个帧：0 号帧、1 号帧、2 号帧和 3 号帧。假定 1 号帧在传输过程中丢失了，那么在发送方，0 号帧被发送并收到确认帧 ACK0 后，2 号帧和 3 号帧通过收到 ACK2 和 ACK3 也被确认。在定时器超时时，1 号帧(仅有的未被确认的帧)被重传和确认。

在接收方，第 1 个到达的是 0 号帧，在发送对它进行确认后被投递给上层协议。第 2个到达的 2 号帧被存储下来，但不能把它投递给上层协议，因为 1 号帧丢失了。再下一个到达的 3 号帧也被存储下来，仍然没有分组被投递给上层协议。仅在 1 号帧的副本最后到达时，才可以把 1 号、2 号和 3 号帧依次投递给上层协议。这里的关键点在于接收方必须以跟发送方发送时相同的顺序把相继序列号的帧递交给上层协议。

无序接收带来有序接收所没有的一些问题。用一个例子来说明这一点。假定使用 3 位序列号，如果还像回退 N 式 ARQ，把发送窗口的大小设置成 7，那么，发送方最多可发 7帧(0~6 号帧)，然后等待确认。与此同时，接收窗口允许接收在 0~6 号帧的任何帧。如果所有 7 个帧全部正确到达，接收方予以确认并向前移动窗口，将所有 7 个缓冲区标为空，使之允许接收 7 号、0 号、1 号、2 号、3 号、4 号、5 号帧。假定突然来临的干扰把在反向通道上传输的确认帧信号破坏，如发送方没有收到对 0 号帧的确认。这样发送方会在等待超时后重传 0 号帧。这样被重传的 0 号帧到达接收方后就被当成新一轮的帧接收，从而使得网络层得到不正确的分组，导致协议失败。

问题的关键在于接收方向前移动窗口后，新窗口序号与旧窗口序号有重叠部分。由于后一批帧可能是重复帧(如果确认丢失)，也可能是新帧，接收方无法区别这两种情况。

解决这个问题的办法在于要保证接收窗口向前移动后和原窗口没有重叠。为了保证无重叠，最大的窗口尺寸只能取序列号个数的一半，即如果使用 m 位序列号，那么窗口大小是 $2^m/2$。例如，用 4 位表示序列号，其值为 0~15，那么任何时刻，允许有 8 个帧未被确认。这样一来，如果接收方刚刚收到 0~7 号帧后，向前移动窗口，允许接收 8~15 号帧，那么，就能分辨出后继帧是重发帧(0~7 号帧)还是新帧(8~15 号帧)了。

另一个问题是接收方应该有多少个缓冲区？无论如何，接收方不能接收窗口下界以下或窗口上界以上的序列号的帧。因此所需缓冲区的数目等于窗口的大小，而不是序列号数目。

综上所述，如果使用 m 位序列号，并且用 W_T 和 W_R 分别表示发送窗口和接收窗口的大小，那么为了保证接收方向前移动窗口后，新窗口序号与旧窗口序号没有重叠部分，需要满足条件 $W_T+W_R \leq 2^m$，并且 W_R 的值不超过 W_T(否则无意义)，那么接收窗口受下列公式的约束：$W_R \leq 2^m/2$。取最大值，窗口大小 $W=W_T=W_R=2^{m-1}$。

4.3　HDLC 协议

HDLC 是由国际标准化组织制定的面向位的有序数据链路级协议。它不依赖任何一种字符编码集，采用零比特插入法保证发射的比特流具有透明性；全双工通信技术和捎带确认技术实现了较高的链路传输效率；CRC 检错编码和对信息帧做顺序编号的举措提高了传输可靠性。

HDLC 定义了两种基本配置：非平衡配置和平衡配置。前者的特点是由一个主站控制整个链路的传输。后者把位于链路两端的站称为复合站，每个复合站都可以平等地发起数据传输，而不需要得到对方站的许可。

HDLC 还定义了 3 种站类型和 3 种操作方式。3 种站类型指的是主站、次站和复合站。主站控制数据链路上的操作，主站发出的帧称为命令帧。次站受控于主站，发出的帧称为响应帧。还有些站既具有主站的功能又具有次站的功能，所以称为复合站，它们可以发送命令帧，也可以发送响应帧。

3 种操作方式指的是通常响应方式、异步平衡方式和异步响应方式。在通常响应方式中，主站控制所有的数据传送以及初始化和控制数据链路。在该方式中可能有 1 个或多个次站。次站只有在收到主站的许可后，才可以发送响应帧。在异步平衡方式中，每个复合站都可以向对方发送命令帧，也可以对另一方的命令帧进行响应。异步响应方式是一种非平衡结构的操作方式。在这种方式中，次站没有收到主站的允许就可以发送帧。当使用这种方式时，必须特别注意解决如果两个或更多个次站同时向主站发送响应帧时可能产生的竞争问题。

图 4-8 示出了 HDLC 的帧格式。所有的帧都必须以标志序列开头和结尾。连接到数据链路的站必须连续地监视标志序列。标志序列由 01111110 构成。当又一次碰到标志序列时，接收站就知道已经收到了一个完整的帧。在链路上两个 HDLC 帧之间可以连续地发送标志序列。

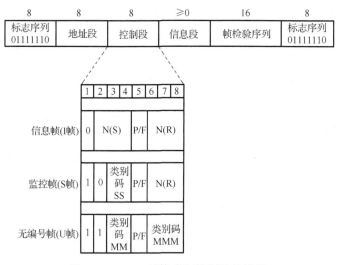

图 4-8　HDLC 帧格式和控制段的编码

　　为了保证标志序列的唯一性，发送站将不断监视正在被发送的帧中在开头和结尾的两个标志序列之间的位流，每当有 5 个连续的 1 被发送时，就插入一个附加的 0(位填充)。接收站连续地监视进来的位流，发现 5 个连续的 1 时，如果第 6 位是 0，就将其抛弃。

　　HDLC 定义了 3 种类型的帧。

　　(1)信息帧。其用于面向连接的数据传输，带有发送序号和接收序号。接收序号捎带对已收到的数据帧的确认。P/F 位在主站给次站发送的帧中表示轮询；在次站给主站发送时，该位表示这是此次发送的最后一帧。

　　(2)监控帧。其不包含数据，不带发送序号，只有接收序号，被用来控制数据流，执行对信息帧确认(通过帧的接收序号)、请求暂停发送信息帧(RNR：接收未就绪)、继续发送信息帧(RR：接收就绪)和请求重发信息帧(REJ：拒绝或 SREJ：选择性拒绝)等功能。

　　(3)无编号帧。其不带发送序号和接收序号，主要用于控制数据链路本身，其中负责建立连接的帧包括 SABM(Set Asynchronous Balanced Mode，置异步平衡方式)和 SNRM(Set Normal Response Mode，置正常响应方式)。前者用于点到点线路；后者主要用于具有一个主站和多个次站的多点线路，也可用于仅有 1 个次站的点到点线路。负责释放连接的帧是断连(Disconnect，DISC)。

　　帧的地址段中包含地址。取决于所使用的过程类别，地址可以是接收站的，也可以是发送站的。在非平衡配置中，有一个主站和一个或多个次站。每个次站都分配具唯一性的地址。此外还有组地址。使用一个组地址发送的帧将被该组中所有的站接收。全 1 被保留给表示数据链路上所有站的广播地址。发送的命令帧里总是带有接收站的地址。发送的响应帧里总是带有发送站本身的地址。

　　控制段标示帧的功能和用途。如图 4-8 所示，控制段的第一位置 0 时表示是信息帧；第一位和第二位置为 10 时表示为监控帧，置为 11 时表示是无编号帧。

　　HDLC 主要是为面向连接的数据链路设计的。在面向连接的过程中，只有在信息帧中才有信息段，在监控帧和无编号帧中没有信息段。不过，HDLC 也为无连接的数据链路提供了一个无编号信息(Unnumbered Information，UI)帧，在 UI 帧中可以包含用户数据。

　　帧检验序列用来检查在数据链路上两个站之间的传输错误。

　　控制段决定 HDLC 是如何控制通信过程的，它定义帧的功能，引入了在接收站和发送站之间控制信息流动的逻辑。在图 4-8 中的字母符号的含义如下。

　　(1)N(R)：接收计数。

　　(2)N(S)：发送计数。

　　所有的站都维持它们所发送和接收的 I 帧的序号计数器。这些计数器的值在每个 I 帧的控制段中发送。在基本格式中，计数器的值 3 比特宽，因此给出模 8 计数，窗口大小为 7。在扩展格式中，计数器的值 7 比特宽，给出模 128 计数，窗口大小为 127。

　　(3)P/F：轮询位或最后位。当在一个命令帧(由主站发往次站的帧)中使用时，该位称为轮询位，可让次站得到发送帧的许可。当在一个响应帧(由次站发往主站的帧)中使用时，该位称为最后位，可表明这是发送的最后一个帧，从而将控制权交还主站。

　　(4)SS：监控帧类型指示。它被用来标识所发送的监控帧的具体类型。00 表示接收就绪；10 表示接收未就绪；01 表示拒绝；11 表示选择性拒绝。

(5) MM、MMM：修饰段，定义所发送的无编号帧的具体类型，例如，SNRM 帧是 (00,001)；SABM 帧是 (11,100)；UI 帧是 (00,000) 等。

4.4　PPP 协议

点到点协议 (Point-to-Point Protocol，PPP) 是使用串行线路通信的面向字节的协议。它既可以在异步线路上使用，也可以在同步线路上使用；不仅用于拨号 Modem 链路，也用于路由器到路由器的线路。

PPP 协议最初的出现是用作在点到点链路上传输 IP 流量的封装协议。PPP 还建立了一套标准，以便于 IP 地址的分配和管理、网络协议的多路复用、链路配置、链路质量测试、错误检测，以及对于网络层地址和数据压缩这样的功能的选项协商。PPP 通过提供一个可扩展的链路控制协议 (Link Control Protocol，LCP) 和一个网络控制协议 (Network Control Protocol，NCP) 族来协商选项配置参数和设施。除了 IP 之外，PPP 还支持其他协议，包括曾经流行的 Novel 公司采用的互联网络分组交换 (IPX) 协议、DEC 公司采用的 DECnet 协议和苹果公司采用的 AppleTalk 协议。

PPP 协议包含三个主要成分，即 HDLC 封装协议、链路控制协议和网络控制协议。它们分别提供下列三个方面的功能。

(1) 一种成帧方法，明确地界定一个帧的结束和下一个帧的开始，其帧格式也允许进行差错检测。

(2) 一个链路控制协议，负责链路建立、测试和选项协商，并在它们不再被需要时，稳妥地把它们释放。该协议被称为链路控制协议。

(3) 一种协商网络层选项的方式，对于所支持的每一个网络层协议都有一个不同的网络控制协议，用来建立和配置不同的网络层协议。PPP 被设计成允许同时使用多个网络层协议。

为了在点到点的链路上建立通信，呼叫方 PPP 首先发送 LCP 分组，配置和 (可选的) 测试数据链路。在配置了链路并协商好 LCP 所需要的可选设施 (如载荷段最大长度) 之后，呼叫方 PPP 发送 NCP 分组选择和配置需要支持的网络层协议。在配置好网络层协议后，从上层协议传送下来的网络层协议分组就可以在链路上发送了。该链路一直处于已配置好的可用于通信的状态，直到有显式的 LCP 分组关闭链路，或者发生了某个外部事件 (如不活动期超时或用户干预) 为止。LCP 分组和 NCP 分组都封装在 PPP 帧中。

现在来考察一个家庭用户呼叫一个因特网服务提供商使一个家庭 PC 成为一个暂时的因特网主机的典型过程。PC 首先通过一个 Modem 呼叫提供者的路由器。在路由器的 Modem 回了电话并建立了一条物理层连接之后，PC 在一个或多个 PPP 帧的载荷段中发送一系列的 LCP 分组给路由器。这些分组以及对它们的响应负责选择要使用的 PPP 参数 (如使用 2 字节或 4 字节的检验和)。

一旦在这些问题上达成了一致，就需要发送一系列的 NCP 分组来配置网络层。典型地，PC 要运行一个 TCP/IP 协议栈，因此它需要一个 IP 地址。现在的 IP 地址是短缺的，因此通常每个因特网服务提供商都得到一块地址，然后在每个新连接的 PC 登录期间动态地分配给它一个地址。如果一个因特网服务提供商拥有 n 个 IP 地址，那么他最多可以让 n 台机器同时登录,但其客户基地的总的客户数可以是 n 的许多倍。服务于 IP 的 NCP 就用于做 IP 地址的分配工作。

在通信过程的这一点上,PC 已经是一台因特网主机了,并且跟经常保持硬连接到网络的主机一样,它可以发送和接收 IP 分组。当用户通信结束时,NCP 又被用来拆除网络层连接,并释放 IP 地址。然后 LCP 被用来关闭数据链路层连接。最后,计算机告诉 Modem 挂起电话,释放物理层连接。

如图 4-9 所示,所有的 PPP 帧都以标准的 HDLC 标志字节 01111110(7E)开头,如果它出现在载荷段中就要做字节填充,使用的控制转义字节是 01111101(7D)。为了实现透明传输,发送方在对帧进行检验和计算之后,要检查在头尾标志序列之间的整个帧,把可能有的每个标志字节(7E)用二字节序列 7D5E 代替;把可能有的控制转义字节(7D)用二字节序列 7D5D 代替。在接收方则要执行相反的操作(图 4-10)。

图 4-9　PPP 的帧格式(采用与 HDLC 相同的分段格式)

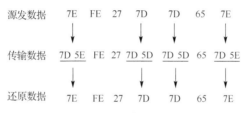

图 4-10　PPP 的字节填充示例

接在标志序列后面的是地址段,它总是被设置成二进制值 11111111,表示所有的站都要接收它。使用这个数值就避免了必须分配数据链路地址的问题。

地址段的后面是控制段,其默认值是 00000011,这个值表示一个无编号帧。换句话说,作为默认条件,PPP 不提供使用序列号和确认应答的可靠传输。在有噪声的环境中,如无线网络,可以使用编号方式的可靠传输。事实上,在 HDLC 的 8 位控制段中,从低序位往高序位数,第 1 位是 0,表示信息帧,并且第 2、3 和 4 位表示发送序号,第 6、7 和 8 位表示接收序号。第 1、2 位是 10,表示监控帧,并且第 6、7 和 8 位表示接收序号,没有发送序号。第 1、2 位是 11,表示无编号帧,其中,没有发送序号,也没有接收序号。某些无编号帧可以包含数据。

第 4 个 PPP 段是协议段,它的任务是说明在载荷段中运载的是什么种类的分组。已经为 IP、LCP、NCP、AppleTalk 和其他协议定义了代码。以比特 0 开始的协议是 IP、IPX 和 AppleTalk 这样的网络层协议。例如,0021(H)表示 IP;002b(H)表示 IPX;0029(H)表示 AppleTalk。以比特 1 开始的协议被用来协商其他协议,它们包括 LCP 以及针对所支持的每个网络层协议都有的一个不同的 NCP。例如,c021(H)表示 LCP;8021(H)表示 IP 控制协议;802b(H)表示 IPX 控制协议;8029(H)表示 AppleTalk 控制协议。协议段的默认长度是 2 字节，但它可以使用 LCP 协商变成 1 字节。

作为例子，图 4-11 示出了一个带有 IP 数据报的 PPP 帧格式。

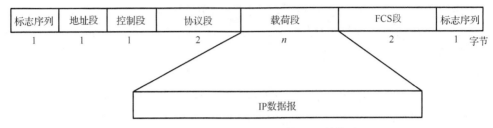

标志序列	地址段	控制段	协议段	载荷段	FCS段	标志序列
1	1	1	2	*n*	2	1　字节

IP数据报

图 4-11　一个带有 IP 数据报的 PPP 帧格式

复习思考题

1．使用电话线拨号方式传输 1MB 的文件（1M=1024×1024），其中，Modem 的数据传输率为 2400bit/s。若以异步方式传送，采用 1 位起始位和 1 位停止位，则最少需要多少时间（以秒为单位）才能将该文件传输完毕（假设线路传播延迟、误码率、网络层以上开销均忽略不计）？

2．使用 CRC 做差错检测，传送 8 位的帧序列，生成的多项式是 11001。试举一个例子说明：

(1)FCS 生成过程；

(2)FCS 检查过程。

3．在一个数据链路协议中使用下列字符编码。

　A: 01000111　　　B: 11100011　　　FLAG: 01111110　　　ESC: 11100000

在使用下列成帧方法的情况下，说明为传送由 4 个字符"A"、"B"、"ESC"和"FLAG"所组成的数据的帧实际发送的二进制位序列：

(1)字符计数；

(2)使用标志字节和字节填充；

(3)开头和结尾使用标志字节，并使用位填充。

4．在一条 HDLC 链路上，位序列 11010 11111010 111110010 11111 0110 到达接收结点，试给出发送方在进行位填充之前对应这个位序列的二进制数据。

5．一个 3000km 的 T1 干线被用来传送采取后退 *n* 帧错误重传滑动窗口协议的长度都是 64B 的数据链路帧。如果传播延迟是 6μs/km，并且最大化通道利用率，那么序列号应该是多少位？（说明：因确认帧所花的发送时间很少，可以忽略；通常所说的 T1 速率是 1.536Mbit/s）

6．一个 8 位的字节序列 10101111 使用偶检验汉明码，编码后的二进制值是什么？

7．使用在 SONET 上的 PPP 帧发送下列数据流：

ESC FLAG FLAG ESC

在载荷中传输的是什么样的字节序列？要求每个字节用 8 位表示。表示"ESC"的位序列是 01111101；表示"FLAG"的位序列是 01111110。

8. 我们知道，在数据链路控制的 ARQ 协议中，由于应答帧的丢失，接收方可能接收同一个帧的两个副本。试问，在没有帧（数据帧或应答帧）丢失的情况下，接收方是否也有可能接收同一个帧的两个副本？

9. 一个 2Mbit/s 的网络，线路长度为 1km，假定传输速度为 20m/ms，分组大小为 100 字节，应答帧的大小可以忽略。若采用简单的停止等待协议，问实际数据速率是多少？通道利用率是多少？若采用滑动窗口协议，并最大化通道利用率，问最小序号位有多大？

10. 使用一个 64Kbit/s 的无错卫星通道发送 512 字节的数据帧（在一个方向上），而在另一方向上返回很短的确认帧。对于大小为 1、7、15 和 127 的窗口最大吞吐率是多少？

11. 假定一个网络的数据链路层通过请求重传损坏帧来处理传输错误。如果一个帧被损坏的概率为 p，那么在确认帧永远不会被丢失的情况下发送一帧所需要的平均传输次数是多少？

12. 一个使用选择性重传的数据链路协议，如果采用 5 位的帧序列号，那么可以选用的最大接收窗口是多少？

第 5 章　有线局域网协议和以太网

本章学习要点

(1)传统局域网的体系结构;

(2)标准以太网;

(3)快速以太网;

(4)千兆位以太网;

(5)桥接器和局域网交换机;

(6)半双工和全双工以太网;

(7)万兆位和更高速率以太网;

(8)虚拟局域网。

局域网是为一个建筑物或园区这样的有限地理区域设计的计算机网络。虽然一个局域网可以作为一个孤立的网络连接在一个单位中的计算机,以达到共享资源的目的,但如今大多数的 LAN 都是链接到一个广域网(Wide Area Network,WAN)或因特网的。

在 20 世纪 80 年代和 90 年代,人们使用多个不同类型的 LAN。所有这些 LAN 都各自使用一种介质访问方法来解决共享介质的问题。

早先的以太网使用带冲突检测的载波监听多路访问(Carrier Sense Multiple Access with Collision Detection,CSMA/CD)算法。令牌环(Token Ring)、令牌总线(Token Bus)和光纤分布式数据接口(Fiber Distribution Data Interface,FDDI)使用令牌传递方法。在此期间,市场上也曾出现过另一种 LAN,称为异步传输方式(Asynchronous Transfer Mode,ATM),它采用高速广域网技术。

后来除了以太网,几乎每个 LAN 都从市场上消失了,其原因就是以太网能够不断更新自己来满足时代的需要,特别是随着应用的发展,用户对速率的要求不断提高。很显然,过去使用以太网的单位或机构在需要更高的速率时,通常倾向把现有的熟悉了的产品升级到新一代,而不是改用其他的可能花费更大的产品。

基于这种状况,本章对有线局域网的讨论也只限于对以太网的讨论。

本章先介绍 IEEE 局域网层次概念和早先的标准以太网,接着依次阐述快速以太网、千兆位以太网、桥接器和局域网交换机,然后讨论半双工和全双工以太网、万兆位和更高速率以太网、以太网的流量控制,最后介绍虚拟局域网。

5.1　IEEE 局域网层次概念

在讨论以太网之前,需要扼要地讨论在文献中或现实网络中常会碰到的 IEEE 局域网标准。1985 年,IEEE 的计算机学会启动了一个称为 802 的项目,为不同厂商制造的设备间的通信制定标准。802 项目指定主要 LAN 协议的物理层和数据链路层的功能。

如图 5-1 所示，在 IEEE 802 标准中，数据链路层被划分成逻辑链路控制(Logical Link Control，LLC)和介质访问控制(Medium Access Control，MAC)两个子层。LLC 和 MAC 都执行成帧任务。IEEE 还为不同的 LAN 协议建立了多个物理层标准。

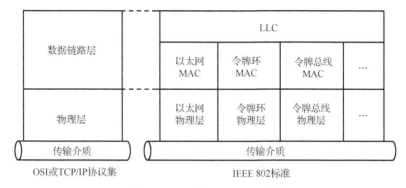

图 5-1　LAN 的 IEEE 802 标准

1. 逻辑链路控制

LLC 为所有的 IEEE LAN 提供单个链路层控制功能，它使得 MAC 子层对上层透明，并向网络层提供一个统一的接口。

在 LLC 的 PDU 格式中有两个 8 位地址段：目的服务访问点(Destination Service Access Point，DSAP)段和源服务访问点(Source Service Access Point，SSAP)段，它们被用来表示上层协议，即网络层协议。

LLC 向它的相邻上层提供 3 种形式的服务：无确认的无连接服务、连接方式服务和有确认的无连接服务。

LLC 使用无编号的信息 PDU 来支持无确认的无连接服务，它称为 1 类操作，通常依赖高层协议解决可靠性问题。特别地，1 类操作使用 UI 帧发送用户数据。

LLC 采取 HDLC 的异步平衡方式来支持连接方式服务，它称为 2 类操作。2 类操作在两个 LLC 实体之间建立一条逻辑连接。一旦建立了连接，数据就像在 HDLC 中那样，用信息 PDU 进行交换；用监控 PDU 进行确认、流量控制和差错控制(如 REJ)；用无编号帧执行连接建立、终止和重置等功能。

LLC 使用两个新的无编号 PDU 来支持有确认的无连接服务，它称为 3 类操作。用户数据以 AC0 和 AC1 命令 PDU 方式发送，并且必须分别以 AC1 和 AC0 响应 PDU 予以确认。

2. 介质访问控制

MAC 子层提供的主要功能包括：发送时把数据组装成带有地址和差错检测段的帧；接收时拆卸帧、执行地址识别和差错检测，以及管理链路上的通信。

3. 物理层

物理层上的功能包括信号的编码和解码、用于同步的前导码(包括前缀和帧起始界标(Start Frame Delimiter，SFD))的生成和除去，以及比特的发送和接收。

如今的以太网典型地使用双绞线或光纤作为物理介质，10BASE-T(在双绞线上的以太网)以 10Mbit/s 的速率发送；100BASE-T(在双绞线上的快速以太网)以 100Mbit/s 的速率发送。速率为 1000Mbit/s(1Gbit/s)的千兆位以太网以及更高速率的以太网通常运行在光纤上，并被用作企业范围的主干网络。

5.2　标准以太网

由 Xerox(施乐公司)Palo Alto 研究中心(PARC)的研究人员于 20 世纪 70 年代中期开发出来的以太网技术是过去几十年最流行的局域网技术，是通用的 CSMA/CD 算法在局域环境下工作的一个范例。它的大量使用还引发了一系列革新产品的出现，如以太网交换机、快速和千兆位以太网，以及万兆位和更高速率的以太网，它们在帧格式上都跟早期的以太网版本向后兼容。

人们把早先的数据速率为 10Mbit/s 的以太网称为标准以太网。虽然大多数的实现已经迁移到在以太网演变中的其他技术，但仍然有一些标准以太网的特征在演变期间没有改变。这里讨论标准以太网的目的是为理解其他高性能以太网技术奠定基础。

5.2.1　特征和帧格式

以太网提供一种无连接的服务，它发送的每一个帧都独立于已经发送的前一个帧和下一个要发送的帧。以太网没有连接建立阶段或连接终止阶段。发送方在发送之前不需要通知接收方做好准备，接收方事先也不知道下一个接收的帧将是谁发送的。如果接收方处理帧的速度较慢，那么发送方可能使接收方超载，从而引起帧的丢失。如果有一个帧丢失了，那么发送方也不会知道这种情况。

如图 5-2 所示，以太网的帧格式包含 7 个域。

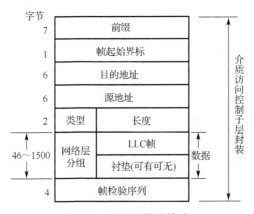

图 5-2　以太网的帧格式
注：LLC 帧封装网络层分组

1. 前缀域

前缀域包含 7 字节交替改变的 1 和 0(7 个 10101010)，其作用是提示接收方系统有一个帧到来，让它把它的时钟与接收的帧同步。实际上，该前缀是在物理层加上的。

2. 帧起始界标域

帧起始界标域(Start Frame Delimiter，SFD)的内容是 1 字节的 10101011。它警示站这是同步的最后一次机会。其最后两位 11 警示接收方下一个域就是目的地址了。该域实际上是一个标志，定义帧的开始。我们需要记住，以太网帧是可变长的帧，它需要一个标志来定义帧的开始。SFD 也是在物理层加上的。

3. 目的地址域

目的地址域是 6 字节(48 位)，包含接收该帧的目的站的数据链路层地址。当接收方看到它自己的链路层地址，或接收方是其成员的一个组的多播地址或一个广播地址时，它从该帧解封装数据，并把数据传递给上层，即网络层。

4. 源地址域

源地址域也是 6 字节的，包含帧的发送方的数据链路层地址。

5. 类型或长度域

早期以太网帧的格式(称为 DIX 格式，由 DEC、Intel 和 Xerox 三个公司联合提出，也称传统以太网格式)用此 2 字节作为类型域，表示高层(网络层)协议。DIX 以太网不使用 LLC，与 MAC 子层直接接口的上层协议是 IP、IPX 和 AppleTalk 等网络层协议。起先，类型段由 Xerox 公司负责分配值，但从 1997 年开始，这一责任被转交给了 IEEE。

如果遵循 IEEE 802.3 标准，使用 LLC，该域表示 LLC 协议数据单元的长度。如果该数目小于规定的最小值，就要在数据域后面加一个填充(PAD(衬垫))。在这种情况下，由 LLC 协议数据单元的源和目的服务访问点域指定上层(网络层)协议。

在实践中，这两种机制可以并存。2 字节的域可运载 $0 \sim 2^{16}-1(65535)$ 内的数值。由于 IEEE 802.3 数据段的最大字节数是 1500，所以长度域的最大值是 1500，因此 $1501 \sim 65535$ 内的值可用于类型域标识符，并且不会干扰长度指示对同一段的使用。事实上，$1536 \sim 65535$ 表示类型域的赋值；而 $0 \sim 1500$ 表示长度域的赋值。如今的大多数高层协议都使用 DIX 格式，该格式是 TCP/IP、IPX、DECnet Phase 4 和 LAT(DEC 的本地区域传输协议)通常采用的格式。IEEE 802.3/LLC 多用于 AppleTalk Phase 2、NetBIOS 和某些 IPX 的实现。

6. 数据域

数据域承载数据，包含上层协议数据单元(LLC 帧或网络层分组)。它最少 46 字节，最多 1500 字节。在采用 DIX 格式的以太网中，上层协议必须保证交给以太网的协议数据单元的长度不超过 1500 字节，并且不少于 46 字节。如果更上层协议(如 TCP)交给上层协议(如 IP)的数据单元较长或较短，那么由上层协议(如 IP)负责分片或填充附加的 0 的工作，以满足以太网帧对数据域的限制条件。当接收方以太网协议实体把带有填充的数据提交给它的上层时，也由上层协议实体负责除去在尾部填充的 0。因此上层协议需要知道它的数据的长度，例如，IP 分组就有表明它的总长度和头长的域。

IEEE 802.3 使用 2 字节的长度域表示包含在数据域中有效数据字节的数目。这样就免除了对高层协议提供它们自己的填充机制的要求，因为数据链路层将提供这种填充，并在长度域中表示出未加填充的数据的长度。

7. 帧检验序列

帧检验序列是帧的最后一个域，4 字节，包含错误检查信息，即 CRC-32。该 CRC 是针对地址、类型和数据域计算的。

以太网对最大帧长和最小帧长都加以限制。本节稍后部分会说明，最小帧长是 CSMA/CD 的正确运行所需要的。一个以太网帧需要有 512 位或 64 字节的最小长度。这个长度包括头部(两个地址和类型域)和尾部(FCS)。如果除去头部和尾部的 18 字节(6 字节源地址域、6 字节目的地址域、2 字节长度或类型域，以及 4 字节的帧检验序列)，那么真正的数据即上层 PDU 长度的最小值是 46 字节。如果上层 PDU 的长度小于 46 字节，那么数据段中将包含填充位。

以太网帧的最大长度是 1518 字节(不包括前缀和帧起始界标)，其中包括头部和尾部的 18 字节，因此载荷的最大长度是 1500 字节。长度限制可以防止一个站长时间独占共享介质，阻塞其他有数据要发送的站。

5.2.2 编址

在以太网上的每个站(如一个 PC、工作站计算机或打印机)都有它自己的网络接口卡(Network Interface Card，NIC)。NIC 安装在站上，给站提供一个数据链路层地址。以太网地址是 6 字节(48 位)，通常用十六进制符号表示，并在字节之间用冒号分隔。例如，以下给出的就是一个以太网 MAC 地址：

4A:30:10:21:10:1A

地址的在线发送方式不同于十六进制符号书写的方式。地址传输是从左到右逐个字节(高位置字节先发送)地进行的；但对于每个字节，最低有效位先发送(低位置位先发送)，最高有效位后发送。这就使得定义一个地址是单播或多播的位能够先到达接收方，这有助于接收方立即感知该帧是单播的还是多播的。图 5-3 的示例说明地址 47:20:1B:2E:80:EE 是如何逐个字节地从左到右传输的，而在每个字节内各个位又是如何从右到左地逐个位传输的。

十六进制	47	20	1B	2E	08	EE
二进制	01000111	00100000	00011011	00101110	00001000	11101110
传输 ←	11100010	00000100	11011000	01110100	00010000	01110111

图 5-3 示例

源地址总是一个单播地址，因为帧仅来自一个站。然而，目的地址可以是单播地址、多播地址或广播地址。图 5-4 示出如何区别单播地址和多播地址。如果一个目的地址的第一个字节的最低有效位是 0，那么该地址是单播地址，否则它就是多播地址。

图 5-4　单播地址和多播地址

注意，在一个地址中的单播/多播位是发送或接收的第一位。广播地址是多播地址的特例，接收方是 LAN 上的所有站。一个广播目的地址是 48 位 1。为了确定一个地址的类型，需要看从左数的第二个十六进制数字，如果它是偶数，那么该地址是单播地址；如果它是奇数，那么该地址是多播地址；如果一个地址所有的数字都是 F，那么该地址是广播地址。例如，地址 4A:30:10:21:10:1A 是一个单播地址，因为 A 是二进制 1010（偶数）；地址 47:20:1B:2E:80:EE 是一个多播地址，因为 7 是二进制 0111（奇数）；地址 FF:FF:FF::FF:FF:FF 是一个广播地址，因为它的所有数字都是 F。

在此需要指出的是，无论目的地址是单播地址还是多播地址或广播地址，在标准以太网中的传输总是广播。在采用同轴电缆的总线拓扑中，当站 A 给站 B 发送一个帧时，所有的站（发送站 A 除外）都将接收它。在采用双绞线或光纤的星型拓扑中，当站 A 给站 B 发送一个帧时，Hub 将接收它。由于 Hub 是一个被动器件，它不检查帧的目的地址；它再生可能已经变弱了的比特信号，然后给除 A 以外的所有站发送这些比特信号。事实上，它用该帧洪泛网络。

问题在于各个站是如何区别对待实际的单播传输、多播传输和广播传输的。答案是保持帧或丢弃帧的不同方式。

(1) 在单播传输中，所有的站（发送站除外）都接收帧，但仅匹配帧的目的地址的接收站保持和处理该帧，其余的接收站丢弃它。

(2) 在多播传输中，所有的站（发送站除外）都接收帧，但仅是目的组成员的站保持和处理该帧，其余的站丢弃它。

(3) 在广播传输中，所有的站（发送站除外）都接收帧，所有的站（发送站除外）都保持和处理该帧。

5.2.3　访问方法

由于标准以太网是一个广播网络，所以需要使用一个访问方法来控制对共享介质的访问。标准以太网采用 1 持续的 CSMA/CD 算法。1 持续就是一个有数据要发送的站发现线路空闲时，它就立即发送，发送的概率是 1。

CSMA/CD 允许两个或更多的站共享同一条物理通道。在局域网上的每个站都在监听，一个要发送的站发现通道在使用中，就推迟发送，等待通道上出现空闲期。当空闲期到来时，它就以位串的形式把信息发送出去。在负载重的 CSMA/CD 网络中，空闲期可能是很短促的，从而导致好几个站试图在同一时间进行发送，这就产生了冲突。

在基带系统中，冲突一般是通过把一个直流偏置加到信号上来实现冲突检测的。每个站都测量共享介质上的直流电平，如果直流电平超过单个站发送形成的直流电平，就说明有冲突发生。

对于一个适当长度的帧，在整个帧被发送之前，冲突就会被察觉。在这种情况下每个发现冲突的发送站立即停止发送帧的其余部分，并且故意发送一个短的阻塞(Jam)信号，使所有站都知道发生了冲突。跟随阻塞信号之后，该发送站等待一个随机指定的时间再重新尝试发送，这就保证两个或更多的站不至于继续重复地冲突。CSMA/CD 的主要目标就是要减少冲突，提高通道利用率。

假定两站正好在同一时间 t_0 处开始发送，那么需要多长时间它们才会发现产生了冲突？检测到冲突的最短时间应该是信号从一个站点传输到另一个站点所需的时间。假定任意两站之间的最大传播延迟为 τ，那么在最坏情况下，站点在 2τ 长的时间后仍未检测到冲突，才可确信自己抓住了通道。

为了使得 CSMA/CD 算法起作用，需要对帧的大小有一个限制。如果在发送的过程中存在冲突，那么发送方在发送帧的最后一位之前必须检测到冲突，并中止传输。之所以要这样做，是因为一旦发送完整个帧，发送站将不保持该帧的副本，并不再监视线路和检测冲突。因此为了能够在发送完一个帧之前检测到可能产生的冲突，帧的发送时间必须至少是最大传播延迟 τ 的 2 倍。

假定一个 CSMA/CD 网络具有 10Mbit/s 的带宽，如果最大传播时间(包括在信号中继设备中的延迟，并忽略发送一个 Jam 信号所需的时间)是 25.6μs，那么最小帧长是多少？在这里，最小帧发送时间是 $T_f=2\times\tau=2\times25.6\mus=51.2\mus$。因此最小帧长是 10Mbit/s×51.2μs=512 位，即 64 字节。

如果站 A 在发完 512 位之前检测到冲突，那么它应该停止发送，并把帧保持在缓冲区中待线路可用时重发。然而，为了通知其他站在网络中有了冲突，该站还要发送一个 32 位的 Jam 信号。在发出 Jam 信号之后该站需要增加表示尝试次数的 K 值。然后该站等待一个退避时间再尝试发送。为此，该站建立在 $0\sim2^K-1$ 的一个随机数。这就意味着，每发生一次冲突，随机数的范围指数增加。在第一次冲突之后($K=1$)，该随机数在(0,1)的范围内；第二次冲突之后($K=2$)，它在(0,1,2,3)的范围内；第三次冲突后($K=3$)，该随机数在(0,1,2,3,4,5,6,7)的范围内。因此，在每次冲突之后，退避时间变长的概率增大。这是因为，如果在甚至三次或四次尝试之后还发生冲突，那么就意味着网络是真正繁忙的，需要更长的退避时间。

5.2.4 实现

标准以太网定义了多种实现，但只有其中的 4 种在 20 世纪 80 年代和 90 年代得以流行(表 5-1)。

表 5-1 标准以太网的 4 种实现

实现	介质	介质长度	编码
10Base5	粗同轴电缆	500m	曼彻斯特编码
10Base2	细同轴电缆	185m	曼彻斯特编码
10Base-T	2 对双绞线	100m	曼彻斯特编码
10Base-F	2 根光纤	2000m	曼彻斯特编码

在 10BaseX 命名法中，号码定义数据速率(10Mbit/s)；Base 表示基带(数字)信号；X 大概地定义以 100m 为单位的线缆最大长度(如 5 表示 500m、2 表示 185m)或线缆类型。T 表示非屏蔽双绞线；F 表示光纤(Fiber-optic)。标准以太网使用基带信号，这意味着比特被编码成数字信号，并直接在线路上发送。

所有的标准实现都使用 10Mbit/s 的数字信号(基带)。在发送方，使用曼彻斯特编码把数据转换成数字信号；在接收方，接收的信号被作为曼彻斯特编码进行解释并转换成数据。曼彻斯特编码是自带时钟的，在每个比特的中间提供一个变迁。

1. 粗缆以太网

标准以太网的第一个实现是 10Base5，或称粗缆以太网。它使用总线拓扑和外部收发器(Transceiver，该名称含义是 Transmitter/Receiver)。

10Base5 使用直径为 10mm 的粗同轴电缆(图 5-5)，所有的站都经过一根粗同轴电缆连接，站间最短距离 2.5m。一条该电缆的最大长度为 500m，每段最多可以有 100 个站。每个站通过网络接口卡用 DB-15 连接器与不超过 50m 长的收发器电缆相连。收发器电缆本身又连接收发器。收发器通常采用插入式分接头，将其触针小心地插入粗同轴电缆的内芯。收发器负责在粗同轴电缆上发送信号、接收信号和检测冲突。

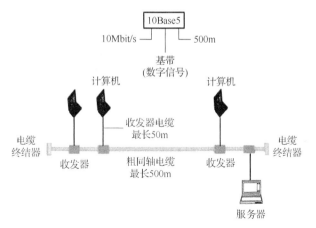

图 5-5 10Base5 的实现

10Base5 允许使用中继器来扩展网络的长度。标准允许最多使用 4 个重发器，连接 5 个电缆段，其中最多可以有 3 段粗同轴电缆，其余为链路段。链路段只能执行信号中继功能，而不能挂接任何工作站。

2. 细缆以太网

标准以太网的第二个实现是 10Base2，或称细缆以太网。它也使用总线拓扑，但同轴电缆细得多，直径为 5mm，比较柔软。该同轴电缆可以被弯曲，可以被敷设得离站的接口卡很近(图 5-6)。在这种情况下，收发器通常是网卡的一部分，就安装在站中。

10Base2 与 10Base5 相似，主要是为降低安装 10Base5 的成本和复杂性而设计的。10Base2 和 10Base5 的主要区别如下。

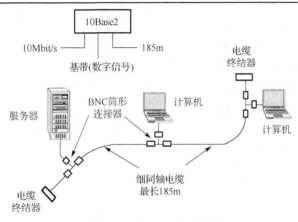

图 5-6　10Base2 的实现

(1) 10Base2 每个网络段只允许有最多 30 个结点。

(2) 10Base2 网段的最大长度降到 185m。

10Base2 仍保持 10Base5 的 4 个重发器/5 个电缆段的设计能力。但允许的最大网络直径为 5×185=925（m）。

3. 双绞线以太网

第 3 个实现称为 10Base-T 或双绞线以太网。10Base-T 使用一个星型物理拓扑（图 5-7）。站通过两对双绞线连接到集线器。两对双绞线在站和集线器之间建立两个通路，一个用于发送；另一个用于接收。在这里，任何冲突都发生在集线器中。与 10Base5 或 10Base2 相比，就访问冲突而言，集线器实际上代替了同轴电缆。双绞线的最大长度被定义成 100m，从而最小化信号在双绞线中的衰减。

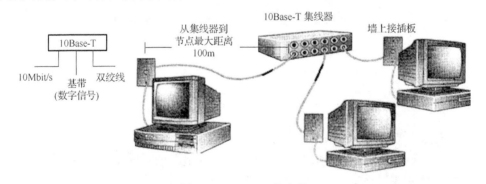

图 5-7　10Base-T 的实现

所有的集线器都按照一种方式执行转发功能，它们和 10Base2 或 10Base5 系统中可以连接许多条同轴电缆的多端口中继器一样，可实现如下功能。

(1) 一个输入端上出现的有效信号被转发到所有其他链路上。

(2) 如果同时出现两个输入，发生冲突，那么一个冲突强化信号被发送到各条链路。

(3) 如果任一输入端测得冲突强化信号，则将其发送到其他所有链路（中继到其他集线器）。

10Base-T 集线器间的链路和普通站点到集线器的链路看上去是一样的。事实上，集线器对它所连的是站点或另一个集线器不加区分。集线器到集线器的连接也限制在最大 100m 距离内。

10Base-T 保持 10Base5 的 4 个中继器/5 个电缆段的设计能力，这表示 10Base-T 局域网的最大直径为 500m。

10Base-T 使用型号是 RJ-45 的 8 针模块插头作为连接器。利用双绞线最多可以连接 64 个站点到集线器。和其他以太网介质一样，10Base-T 使用曼彻斯特编码，但为了在 UTP 上传输，电信号采用一个偏压，静止时并不总是返回 0V，信号频率是 20MHz，并且必须使用 3 类或更高类别的 UTP。

10Base-T 具有链接一体化的特征，使电缆安装和故障查找变得容易了。每隔 16ms，集线器和网卡都发出滴答(Heart-beat)信号，它们也都要察听此信号，收到滴答信号表示物理连接已经建立。大多数 10Base-T 装置都配有发光二极管(LED)来指示链路是否正常。

4. 光纤以太网

虽然有多个类型的光纤 10Mbit/s 以太网，但用得最多的是 10Base-F(图 5-8)。10Base-F 使用星型拓扑把站连接到集线器。每个站都使用两根光纤连接集线器，一根用于发送，另一根用于接收。

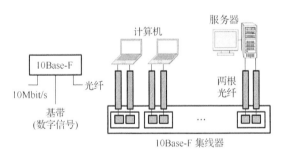

图 5-8　10Base-F 的实现

10Base-F 规范利用光纤作为介质而带来了距离上和传输特性上的优点。采用两根光纤，每条传输一个方向上的信号，而且信号采用曼彻斯特编码，每个信号元素还被转换成一个光信号元素，有光代表高，无光代表低。所以，一个 10Mbit/s 的位流在光纤上实际需要 20Mbit/s 的信号流。

5.3　快速以太网

20 世纪 90 年代，市场上出现了 FDDI 技术和光纤通道技术这样的比 10Mbit/s 更快的局域网技术。如果以太网想要存活下去，它就必须跟这些技术竞争。通过把传输速率从 10Mbit/s 增加到 100Mbit/s，以太网实现了一次飞跃。现在把这个新一代的以太网称为快速以太网。考虑到兼容性，快速以太网不改变标准以太网的帧格式以及最大帧长和最小帧长。

速率提高了，还要保持最小帧长不变，那么最大网络长度应该改变。在快速以太网中，为了保证 CSMA/CD 的正常操作，冲突需要比标准以太网快 10 倍地被检测到。为此，快速以太网提供了两个解决方案。

第一个方案完全抛弃总线拓扑，使用无源集线器和星型拓扑，把网络最大尺寸从 2500m 减少到 250m。这个方案仍然使用传统以太网的 CSMA/CD 算法。

第二个方案使用数据链路层交换机，把共享介质改变成许多个点到点的可提供全双工通信的介质，没有通道访问竞争，不需要使用 CSMA/CD 算法。

快速以太网可以选择使用上述任意一种方案工作。

加到快速以太网上的一个新特征是自动协商，该特征允许不兼容的设备互相连接。例如，一个具有 10Mbit/s 最大数据速率的设备可以跟一个具有 100Mbit/s 数据速率的设备（但它可以工作在一个较低的速率）通信。这样，如果用户买了一台快速以太网 LAN 交换机，那么他就可以在把带有 100Mbit/s 网卡的计算机连到交换机的一些端口的同时，把带有 10Mbit/s 网卡的计算机连接到交换机的另一些端口，使得以前购买的计算机还可以继续在网上工作。

100Base-T MAC 与 10Mbit/s 经典以太网 MAC 几乎完全一样，例如，两者都具有下列参数值：时隙=512 位时，重试次数极限=16，退避次数极限=10，阻塞（Jam）信号长度=32 位，地址位长度=48 位，最大帧长=1518B，最小帧长=512 位（64 字节），唯一不同的参数就是帧际间隙时间，经典以太网（10Mbit/s）是 9.6μs（最小值），快速以太网（100Mbit/s）是 0.96μs（最小值）。

100Base-T 以 10 倍速度实现了经典以太网 MAC，该标准允许包括多种物理层协议，其中最重要的并被普遍实施的是支持长度为 100m 的 5 类非屏蔽双绞线的规范。另一个重要的标准是 100Base-FX，它支持单模或多模光缆。

100Base-FX 标准规定使用 4b/5b 编码方案（用于光纤），把 4 位二进制数据一起编码，每 4 个比特使用 5 个波特信号。这样，为了得到 100Mbit/s 的数据速率，只要 125 兆波特的信号速率即可。为了保证同步，100Base-X 把 4b/5b 流的每个码字当成一个二进制值进行 NRZ-I 编码。因为 5 位信号实际表示 4 位数据，因此 32 种可能的模式中只需要使用 16 种。编码后的 5 位码组中至少有两次跳变，保持连续的 0 不会多于 3 个。那些不代表数据的码组或是无效的，或是被用作控制标志而有其特殊含义。为了能够在光纤中传输，100Base-FX 需要把 4b/5b NRZ-I 电信号转换成光信号。它采用强度调制技术，用一定强度的光脉冲表示 1；用无脉冲或极小强度的光脉冲表示 0。

4b/5b NRZ-I 编码对于光纤是有效的，但它并不适合于双绞线。其原因是这种信号（大于 32MHz 的 NRZ-I 信号）传输会在双绞线产生不希望有的电磁辐射。

100Base-TX 使用两对双绞线（5 类非屏蔽双绞线或屏蔽双绞线）电缆，最大网段长度为 100m。对于这种实现选择的编码方案是多电平传输-3（Multi-Level Transmit-3，MLT-3），因为该编码具有较好的带宽性能。然而由于 MLT-3 不是一个自我同步的线路编码，4b/5b 块编码被用来防止出现长串的 0。这样就产生 125Mbit/s 的数据速率，然后把所产生的二进制数据馈入 MLT-3 进行编码（图 5-9）。4bit×25M/s=100Mbit/s，4b/5b 编码，5bit×25M/s= 125Mbit/s。

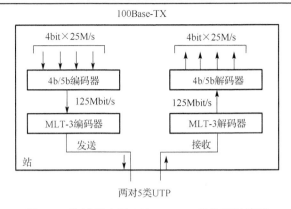

图 5-9　快速以太网 100Base-TX 的物理层编码

MLT-3 使用 3 个电平(+V、0 和–V)和 3 个变迁规则在这些电平之间移动(图 5-10)。

(1)如果下一位是 0，那么没有变迁。

(2)如果下一位是 1，并且当前的电平非 0，那么下一个电平是 0。

(3)如果下一位是 1，并且当前的电平是 0，那么下一个电平是一个跟上一个非 0 电平相反的电平。

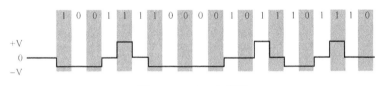

图 5-10　MLT-3 编码

显然，如果有长串的 0，MLT-3 也会失去同步，所以需要结合使用 4b/5b，使得每个 5 位码组中连续出现的 0 不会超过 3 个。

可能有些读者要问，为什么需要使用 MLT-3 而不使用 NRZ-I 来把 1 位映射到 1 个信号元素呢？MLT-3 信号速率跟 NRZ-I 一样，但具有更大的复杂性(3 个电平和复杂的变迁规则)。事实证明，MLT-3 的信号形状有助于减少所需要的带宽。让我们考察一下最坏的情况(消耗带宽最大的位模式)，即连续的 1 位序列。在这样的情况下，信号元素模式是每 4 位都重复的"+V、0、–V、0"。这是一个周期为 4 倍位长的周期信号(波特率是位速率的 1/4)。这个最坏情况(跳变最频繁)可以被仿真成频率为 1/4 位速率的模拟信号。也就是说，MLT-3 的信号速率是位速率的 1/4。还有，如果在执行 4b/5b 转换后采用 NRZ-I 编码的信号在双绞线上传输，那么频率大于 32MHz 的信号(包括 125 波特)会产生不希望有的电磁辐射。使用 MLT-3 编码就可以把传输信号的大部分能量集中在 30MHz 以下，从而减少了辐射和干扰对周围环境的有害影响。

5.4　千兆位以太网

千兆位以太网是在 100Base-T 的基础上发展起来的更高速率的网络，允许在 1Gbit/s 速率下有全双工和半双工两种工作方式。它有两个标准：一个是由 IEEE 802.3z 工作组负责制定的使用光纤和屏蔽双绞线电缆的全双工链路标准；另一个是由 IEEE802.3ab 工作组负责制定的使用 UTP 电缆的半双工链路标准。半双工方式仍然使用 CSMA/CD 算法；全双工方式不使用 CSMA/CD 算法。千兆位以太网继续使用 802.3 协议规定的帧格式，与10Base-T 和 100Base-T 技术向后兼容。

IEEE 802.3z 定义了 1000Base-X，采用光缆和短距离屏蔽双绞线电缆，8b/10b+NRZ 编码，传输速率为 1.25Gbit/s。具体地说，1000Base-X 标准使用的介质有 3 种，下面列出的是该标准的主要指标。

（1）1000Base-SX 使用直径为 62.5μm 或 50μm 的多模光纤，分别支持 275m 和 550m 的最大传输距离。这里的 SX 表示短波长，使用 850nm 激光器。

（2）1000Base-LX 使用直径为 62.5μm 或 50μm 的多模光纤，支持的最大传输距离是550m；也可使用直径为 10μm 的单模光纤，支持 5km 的最大传输距离。这里的 LX 表示长波长，使用 1300nm 激光器。

（3）1000Base-CX 使用两对短距离的特殊屏蔽双绞线电缆(CX 表示铜线)，支持 25m 的最大距离。连接器为 DB-9 型连接器，既支持半双工操作，也支持全双工操作。

8b/10b 编码类似于 4b/5b 编码，也是块编码，但现在把 8 位的组合映射成 10 个信号单元。使用两对双绞线的 STP(发送和接收各用 1 对)，每对双绞线的信号速率是 1.25 吉波特。屏蔽双绞线的屏蔽层可减少外部干扰的影响，也可以减少自身信号对外部环境的辐射强度。较短的电缆长度(25m)使得有可能提高信号速率，降低信号衰减的程度，也有利于支持 CSMA/CD 操作对网络最大跨度的限制。

802.3ab 定义了基于 5 类非屏蔽双绞线的 1000Base-T 规范，支持 100m 的最大传输距离。1000Base-T 使用 4 对 5 类 UDP 电缆，使用常规的 RJ-45 连接器；线路信号码型为PAM5×5。

采用 PAM5×5 编码(PAM 是 Pulse Amplitude Modulation 的缩写，5×5 表示有 5 个相角，每个相角有 5 个不同的幅度)，在幅相联合调制的星座图上，共有 25 个点，也称符号，其中 16 个符号用于传输数据，其他符号用于差错检测和纠正。在星座图上每个点的 x 坐标和y 坐标的值被用来调制两个相互正交的同频载波的振幅。接收方根据 1 对双绞线上接收的信号的电平值来确定信号在 PAM5×5 星座图上的位置，从而解码出每个点所表示的二进制位串。每对双绞线上的信号速率为 125 兆波特，可实现 4bit×125M/s=500Mbit/s 的数据速率，因此两对双绞线的总数据速率就达到 1000Mbit/s。这样就可以把 4 对 UDP 中的两对用于发送，另两对用于接收。

由于最小帧(64 字节)可以用比传统以太网快 100 倍的速度发送，最大距离减少到原来的 1/100，变成 25m。IEEE 802.3z 委员会认为，25m 距离是不可接受的。为了增加距离，在标准中引入了两个特征：载波延伸和帧迸发。

采用载波延伸的办法，64 字节的最小帧长限制不变，但争用期被延长到 512 字节。当发送的帧长不足 512 字节时，就要在帧的后面填充一些特殊字符，以满足 512 字节的争用期长度，但这对净负荷没有影响。

如果原来的帧长只有 64 字节，那么按照载波延伸就要填充 448 字节，这会造成很大的浪费。针对这个问题，千兆位以太网又引入了一种称为帧迸发的机制。这种机制允许发送方在单次发送中发送串接在一起的多个帧。如果总的帧进发少于 512 字节，那么硬件还要做填充。如果有足够的帧在等待发送，这一方案是高效的，优于载波延伸。

上述两个新特征把网络的跨度延伸到 200m，对于大多数办公室，可能都足够了。

5.5   桥接器和局域网交换机

桥接器把两个和两个以上的局域网连接在一起形成扩展的局域网，它在局域网之间存储转发帧，必要时还进行协议转换。

图 5-11 示出的桥连接两个使用相同的物理层和介质访问控制层协议的局域网。因为所有设备使用相同的协议，所以桥所做的处理比较小，在这种环境下，桥完成如下功能。

(1)检查在 LAN A 上传输的所有帧，接收目的地为 LAN B 中站点的帧。

(2)利用 LAN B 使用的介质访问控制协议，把这些帧重新发送到 LAN B 中。

(3)从 LAN B 到 LAN A 采取类似的处理过程。

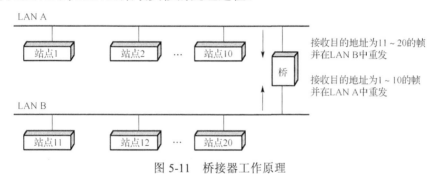

图 5-11   桥接器工作原理

5.5.1   桥的基本概念

与只工作在物理层的集线器不同，桥接器既工作在物理层，也工作在数据链路层。作为物理层设备，它再生接收的信号。作为链路层设备，它能够检查包含在帧中的 MAC 地址。桥接器具有过滤功能，能够通过检查帧的目的地址，确定应该把帧在哪个外出端口上转发，而不是像集线器把帧在除输入端口外的所有端口上转发。

透明桥接器系统使用桥接器把几个像以太网这样的相同类型的局域网连接在一起，操作比较简单，只需把它们都连接桥接器即可。透明桥接器系统必须满足下列 3 个条件。

(1)能够把帧从一个站转发到另一个站。

(2)能够通过获悉在网络中帧的移动信息自动生成桥接器的转发表。

(3)能够防止产生回路。

在透明桥接器系统中，站完全不感知桥接器的存在，把一个桥接器加入系统或从系统删除，都不需要人工的重配置。作为一个例子，我们考察图 5-12 的配置。

当从任一 LAN 上接收一帧时，对该帧是否要转发的决策是通过查阅桥接器中的一个转发表而确定的，该表列出每个可能的目的地址，并标出应该把具有该目的地址的帧往哪个端口或 LAN 转发。例如，桥接器 2 的表中列出 A 属于 LAN2，因为桥接器 2 所需要知道的就是把传递给 A 的帧送到与它直接相连的哪一个 LAN。事实上，它并不关心以后的传输。一开始，桥接器中的转发表为空，不知道任何目的地是在哪个 LAN 上，或者通过哪个 LAN 才能到达目的地。

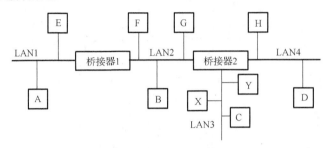

图 5-12　4 个 LAN 和两个桥接器的配置

转发表使用反向探知算法自动建立：每次从某个 LAN 收到一帧时，可以根据帧上的源地址推知经过这个 LAN 就可以到达这个地址。例如，图 5-12 中的桥接器 1 在 LAN2 上看到来自 C 的帧，那么它知道，经过 LAN2 肯定能到达 C。于是，它在转发表中添上一项，注明发往 C 的帧应选用 LAN2，以后如果收到从 LAN1 来的目的地为 C 的帧，将按该表转发；如果收到从 LAN2 来的目的地为 C 的帧，就将其丢弃。

为了适应网络拓扑可能发生的改变，在把一条路由加入转发表时，需注明帧的到达时间；此后每当接收属于该路由的帧时，就用新的时间刷新旧的时间。这样，从表项就可确定相关帧最后到来的时间。桥接器定期扫描转发表，清除过了若干分钟还没有更新的条目。这样，如果从 LAN 上取走一台计算机，把它连接到互连在一起的另一个 LAN，那么它在几分钟内就可以重新开始正常工作。

如果桥接器接收目的地 LAN 未知，在转发表中还没有其路由表项的帧时，它就把该帧向除从其进入的 LAN 以外的所有其他 LAN 转发。

5.5.2　生成树拓扑

为了增加可靠性，在一对 LAN 之间可以有多个桥接器通路。但是为了避免产生帧传送的回路，通常都用一个生成树(Spanning Tree)来覆盖实际的网络拓扑，使得在任何两个站之间只有 1 条路径。这样做的结果就是把一些桥端口设置成转发状态，而把其他的桥端口设置成被阻塞的备用状态。为了能够反映网络拓扑可能的变化，在生成树建成之后，还需定期运行该算法以更新生成树。

为了让生成树算法能在桥接器的自动配置过程中正确地工作，下列条件是必须保证满足的。

(1) 每个桥接器必须有唯一的桥标识。这种唯一的标识由一个优先级段(高有效位 16 位)和保证唯一性的第 2 个段(低有效位 48 位)组成。网桥优先级是一个常规配置参数，默认值为 0。第 2 个段也称网桥地址，正常情况下选取网桥各个接口 MAC 地址值中最小的一个。因为网络适配器的 MAC 地址具有唯一性，所以任意两个网桥都不会有相同的 ID(标识)。

(2) 在桥接的整个 LAN 上必须存在唯一的众所周知的组地址，它表示 LAN 上的所有桥。当发送一个目的地址是这个组地址的 MAC 帧时，LAN 上的所有桥都会接收这个帧，认为它是一个发给自己的帧。

(3) 每个桥接器端口必须在桥内被唯一地标识,这种标识称为端口 ID,端口 ID 是端口优先级(最高有效位 8 位)和端口地址(最低有效位 8 位)的组合。在多端口结构中,端口地址从 1 开始。当在桥的结构中增加一个端口时,端口地址就加 1。

实际的生成树计算是按下列方式进行的:首先,选择一个根(Root)桥接器(简称根桥);其次,每个桥决定它的哪个端口处在通往根桥的方向上;最后,为每个 LAN 选择一个指定桥接器,该指定桥接器为该 LAN 前往根桥提供最小代价通路。根据生成树算法的计算结果,每个桥接器都将它的根端口以及在其他端口中连到它在其上已被选择为指定桥接器的 LAN 的端口置成转发状态。剩下的桥的端口则被置成阻塞状态。

为了建造生成树,每个桥接器每隔几秒就广播自己的标识(例如,由厂家设置的保证其唯一性的序号)以及一个自己知道的在局域网上的所有其他桥接器的表。然后,用一个分布算法挑选一个桥接器作为根桥。前面已经叙述过,桥接器的标识由一个优先级段和保证唯一性的第 2 个段组成。当选为根的桥是具有最高优先级的桥,桥的优先级可以是在工厂设置好的默认值,也可以是由对桥的管理设置的。当多于一个的桥接器具有同样的最好优先级时,选择根桥的决策则完全基于取自桥的站地址的桥的标识中的第 2 个段,通常选择地址序号最小的桥接器作为根桥。如果能行,则此最小序号成功。

图 5-13 示出了一个典型的拓扑结构,每个桥的标识的相对大小用方块中表示的桥的序号说明,端口标识在靠近每个桥端口的括号中给出。在该例子中,桥 1 被选为根桥,因为它具有最小的桥标识。由于根桥在它所连接的每个 LAN 上都是指定桥接器,所以桥 1 是 LAN1、LAN2 和 LAN3 的指定桥接器。

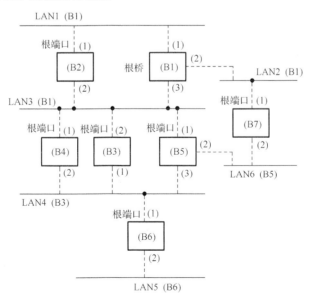

图 5-13　一个使用桥接器的局域网拓扑结构

图 5-13 还示出了其他每个局域网的正确的指定桥接器,以及每个桥的正确的根端口。一旦选定了根桥,即可按照前述算法构造生成树。在本例中,假定与每个桥端口相关联的链路代价都是相同的。桥 3 是 LAN4 上的指定桥接器,这是因为虽然 B3、B4 和 B5 三个

桥接器提供前往根桥的同样的代价的通路，但桥 3 具有最小站地址序号。桥 2 选择端口 1 作为根端口，因为通过端口 1 和端口 2 到达根桥的代价相同，所以选择哪一个端口完全取决于端口标识，结果选取具有较低端口标识的端口 1。应该指出的是根桥(桥 1)没有根端口。

图 5-14 示出了使用生成树算法配置后的拓扑结构。指定桥接器的标识在紧随每个 LAN 名字后面的括号中给出。断续线表示处于阻塞状态中的桥端口。实连线表示处在转发状态中的桥端口。如果以 LAN 作为生成树的结点，以桥接器作为生成树的连线，那么对图 5-14 的生成树配置还可以画成如图 5-15 所示的更为直观的生成树图。

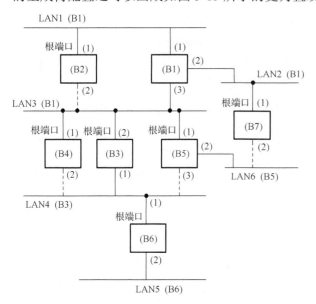

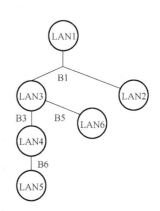

图 5-14 使用生成树算法配置后的拓扑结构   图 5-15 以 LAN 为结点、以桥接
                                                          器为连线的生成树图

5.5.3 局域网交换机

早期的 LAN 桥接器很少有超过两个端口的。这些桥接器的性能受当时原始的硬件和软件功能的限制，它们甚至在仅有两个端口的情况下都不能支持线性速率((Wire-speed)简称线速)。这里的线性速率是指对于给定的技术桥接器以可能的最大速率处理帧的能力。作为线速的例子，一个线速 10Mbit/s 以太网桥接器必须能够每秒处理 14880.9 个帧，而 100Mbit/s 线速桥接器必须能够每秒处理 148809 个帧(平均 1 帧 84B)。

到了 20 世纪 90 年代，应用专有的集成电路(ASIC)、处理器和存储器技术的快速发展使得建立具有大量端口并能在所有端口上以线速转发帧成为可能。以这种方式建立起来的桥接器称为交换机。应该指出，桥接器和交换机之间的差别是市场上的差别，而不是技术上的差别。由交换机执行的功能跟桥接器执行的功能相同。交换机就是桥接器。市场上把它们称为交换机主要是为了把它们跟早期的比较原始的桥接器区别开。

在通常的情况下，可以把桥接器和交换机这两个术语交换使用。我们把更多的注意力放到应用环境方面，而不是设备的功能特征方面。也就是说，当谈到在现代应用中使用高端口密度的桥接器时，把它们称为链路层交换机或 LAN 交换机，并把相应的环境称为交换 LAN。

共享式以太网 LAN 使用 CSMA/CD MAC 算法仲裁对于共享通道的使用。竞争对一个共享通道的访问的一组站称为一个冲突域。位于同一冲突域内的站竞争访问通道，结果引起冲突和后退。位于不同冲突域的站不竞争访问一个共同通道，在它们之间不产生冲突。

如果有一个共享 LAN 连接一个交换机的端口，那么，在这个端口上的所有站之间会发生冲突，但在该端口上的一个站不会和交换机其他端口上的站发生冲突。因此交换机分隔每个端口的冲突域。在一个交换 LAN 中，每个交换机端口都是该端口的冲突域的终点。

交换机把数据流限制在局部分段，只有帧的目的主机位于其他分段时才进行跨段传输，从而提高了速度，减少了时延。在这种情况下交换机检查目的地址，将帧仅发往目的分段，而使所有其余连至交换机的分段与此次传播无关。但是与网桥一样，交换机不阻止广播传播或多播传播。

以太网交换机就像多端口网桥一样工作，它能够"自学习"连到各个端口的每个网段上的所有计算机的 MAC 地址，并且允许每个网段上的站点数减少，甚至可以配置成一个端口上只有一个站。

随着用户应用对带宽的需求不断增加，总的趋势在向着单站点网段的方向过渡。

5.6　半双工和全双工以太网

传统以太网按半双工方式工作，一个站在发送数据时，其他所有的站只能监听或接收。对于一个站来说，发送数据和接收数据的操作不可以同时进行。10Base-T 和 100Base-T 的问世为传送和接收数据的路径分离提供了可能性。以太网交换技术的出现又使得以点到点方式连接集线器端口或主机网卡端口成为可能。

在 10Base-T 或 100Base-T LAN 中，计算机使用两根双绞线对连接集线器，一根用于发送；另一根用于接收。如果以每个端口一个站的方式连接交换式以太网，就不会有冲突发生，这就意味着可以在发送时取消监听，并代之以全双工的通信。当然，交换技术是全双工以太网的必要前提。另外还要注意，交换以太网并不一定就是全双工方式的。

当然了，即使通道能够支持双向通信，一个使用中继器 Hub 的以太网还只是以半双工的方式使用共享通道，因为在任意一个时刻仅一个网络站可以无干扰地在 LAN 上发送一个帧。多重发送会产生冲突，该冲突依靠通常方式的以太网介质访问控制予以解决。然而，采用专有的介质至少使得以全双工方式利用通道成为可能。

在 LAN 上采用全双工方式的条件如下。

(1)只有两个网络设备连接 LAN。

(2)物理介质本身必须能够支持无干扰的同时发送和接收数据。

(3)网络接口必须能够被配置成可以使用全双工方式的状态(启用可以同时发送和接收的程序)。

全双工以太网设备不使用任何介质访问控制算法，一个站使用供它专用的介质发送数据，不会有其他站的干扰。全双工以太网跟半双工以太网唯一共同的方面是以太网帧格式和对物理介质使用的编码及信号方式。

当然，支持以太网帧格式意味着提供许多重要的功能，包括地址解码以及 CRC 检验和的产生和验证，它们在全双工设备和半双工设备中都是必需的。与半双工方式相比，全双工方式在网络接口中并不需要附加额外的功能，只需简单地禁止半双工方式所需要的功能。这就意味着尽管在性能和应用能力方面有了增强，但全双工方式不会增加以太网接口的成本。

由于全双工方式不使用 CSMA/CD，跟 CSMA/CD 有关的距离限制不复成立。不管 LAN 的数据速率如何，全双工以太网链路的长度仅受介质的物理传输特征的限制。尽管对于 10Mbit/s 和 100Mbit/s 的双绞线链路能够使用的最大距离是 100m；多模光纤可达 2～3km；单模光纤可达 20～50km 或更长，但只要使用适当的线路驱动器和信号再生器，全双工以太网链路可以借助卫星、专用光纤和 SONET/SDH 等跨越国家和国际的广域范围。

5.7　万兆位和更高速率以太网

万兆位以太网主要使用光纤介质，也可以使用电缆；仅仅以全双工的方式运行，不需要竞争，不使用在千兆位以太网中还使用的 CSMA/CD。它的 5 种比较普遍的实现如下。

(1) 10GBase-S：多模，短波长 850nm，300m 距离，采用 64b/66b 线路码型，跟 8b/10b 相比，该编码的开销较少。

(2) 10GBase-L：单模，长波长 1310nm，10km 距离，采用 64b/66b 线路码型。

(3) 10GBase-E：单模，扩展波长 1550nm，40km 距离，采用 64b/66b 线路码型。

(4) 10GBase-CX：双芯同轴双绞线(其实就是一种屏蔽双绞线，每条组合电缆都有 8 个通道，在每个方向上有 4 个差分线缆对)，15m 距离，8b/10b 编码(以每通道 3.125GHz 的速率传送 2.5Gbit/s 的数据)。

(5) 10GBase-T：6a 类以上的非屏蔽双绞线，100m 距离，带有前向冗余纠错的 PAM16×16 编码(可以想象成每对双绞线每秒传输 800M 码元，每个码元有 256 个符号，可表示 8 个比特，8bit×800M=6400Mbit。实际上每个方向上的两对双绞线每秒传输数据 5000Mbit×2=10000Mbit，其余的位被用来差错检测和纠正)。

对于 10 万兆位以太网，IEEE 802.3ba 指定了三种类型的传输介质：背板铜线、双芯同轴双绞线和光纤。对于背板铜线，指定了 4 个独立的物理通道。对于光纤，根据数据速率和距离的不同，指定了 4 个或 10 个波长通道。不同标准对介质的具体选择情况如下。

(1) 40GBase-KR4：背板铜线(K)，距离 1m，速率 40Gbit/s，64b/66b 编码(R)，4 个通道。

(2) 40GBase-CR4/100GBase-CR10：双芯同轴双绞线(C)，距离 10m，速率 40Gbit/s/100Gbit/s，64b/66b 编码(R)，4 个或 10 个通道。

(3) 40GBase-SR4/100GBase-SR10：多模光纤，距离 100m，速率 40Gbit/s/100Gbit/s，64b/66b 编码(R)，4 个或 10 个通道。

(4) 40GBase-LR4/100GBase-LR4：单模光纤，距离 10km，速率 40Gbit/s/100Gbit/s，64b/66b 编码(R)，都是 4 个通道。

(5) 100GBase-ER4：单模光纤，距离 40km，速率 40Gbit/s/100Gbit/s，64b/66b 编码(R)，4 个通道。

100Gbit/s 以太网应用的一个例子是由刀片服务器机房构成的大型数据中心。刀片服务器是一种单板型态的服务器，在标准高度的机架式机箱内插装多个卡式服务器单元，是一种具有高可用性、高密度、低成本的服务器平台(图 5-16)。

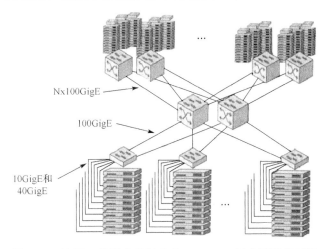

图 5-16　海量刀片服务器机房的 100Gbit/s 以太网配置示例

　　刀片服务器采用机架式主机，仿效网络及电信设备的卡板式设计，提升了性能。它有一个完整的基座，提供电源、风扇散热、网络通信等功能，在基座上可插置多张单板计算机，因状似刀片，因此称为刀片服务器，而基座则称为刀片基座。刀片服务器就像"刀片"一样，每一块"刀片"实际上就是一块系统主板。

　　在这里的一个发展趋势就是为每个服务器提供一个 10Gbit/s 端口，以支持由这些服务器产生的巨大的多媒体通信量。这样的配置给本地汇聚交换机带来了流量压力。100Gbit/s速率被建议用来提供足够的带宽来处理不断增加的聚合通信量负载。人们预期 100Gbit/s以太网不仅将在数据中心的汇聚交换机链路上应用，而且还将为企业网提供建筑物之间的、跨园区的以及对 MAN 和 WAN 的连接。

　　IEEE 802.3ba 标准使用了称为多通道分发的技术来取得所需要的速度。其基本思想是：为了支持 40Gbit/s 和 100Gbit/s 这样高的速率，端点站与以太网交换机之间的物理链路以及两台交换机之间的物理链路可以实现多条并行通道。这些并行的通道可以是独立的物理线缆，如在结点之间使用 4 条并行的全双工双绞线链路。另外，并行通道也可以是独立的频道，例如，在一条光纤上通过波分复用形成的多个通道。

5.8　以太网的流量控制

　　以太网的流量控制(简称流控)机制是在设计 100Mbit/s 的交换机的过程中提出来的。对于千兆位和更高速率的以太网，为了以合理的成本提供较好的应用性能，流控是绝对需要的。

　　在以太网中，MAC 控制是一个可选的功能。让它成为可选项就可以避免把先前的以太网设备说成与修改后的标准不兼容。MAC 控制协议典型地实现在以太网控制器中。

　　MAC 控制帧用一个独特的类型段标识符 0x8808 标识。这个类型段是专门保留给以太

网 MAC 控制的。当前仅定义了一个操作码，即全双工的暂停(PAUSE)操作，它的赋值是
0x0001。

暂停操作用以在全双工以太网链路上实现流量控制。该操作现在仅定义成用于单个全
双工链路，也就是说，它不能用于共享(半双工)LAN。另外，它的操作也不能跨越中间交
换机。它可以被用来在下列两个设备之间控制数据帧。

(1)一对端点站，即简单的两站网络。

(2)一个交换机和一个端点站。

(3)一条交换机到交换机的链路。

暂停操作阻止交换机(或端点站)在短时间的瞬态过载条件下由于缓冲区溢出而不必要
地丢弃帧。在全双工链路上的相关设备可以通过发送 PAUSE 帧给它的对等设备来防止内
部缓冲区溢出，收到对等设备的 PAUSE 帧则可以停止发送数据帧。这样，即将发生缓冲
区溢出的设备方就能够有时间采取措施，例如，通过处理在队列中的帧，或把它们转发到
其他端口，来减少缓冲区的负荷。

PAUSE 操作实现一个非常简单的停止等待式流量控制。一个要暂时禁止输入数据的站
发送 PAUSE 帧，该帧包含一个参数，指明全双工的对等通信方应该暂时停止发送数据帧
的时间长度。当一个站收到一个 PAUSE 帧时，它就在指定的时间内停止发送数据帧。在
这段时间过后，该站将从断点处开始继续发送数据帧。需要指出的是，PAUSE 操作禁止发
送数据帧，但并不禁止发送 MAC 控制帧。一个站在发出一个 PAUSE 帧后还可以通过发送
另一个包含时间参数为 0 的帧来取消剩余的暂停期。也就是说，新收到的 PAUSE 帧会覆
盖当前正在进行的任何 PAUSE 操作。类似地，在第一个 PAUSE 期未满之际，发送站可以
通过发送另一个包含非 0 时间参数的 PAUSE 帧来延长 PAUSE 期。

5.9　虚拟局域网

虚拟局域网(Virtual Local Area Network，VLAN)的思想是将多个连接若干用户站点的
LAN 交换机互连形成的交换式局域网使用软件(而不是硬件)的方式划分成多个逻辑网段(而
不是物理网段)。每个逻辑网段都称为一个 VLAN，并被分配一个标识符。从一个 VLAN 内的
任何一个站发出的帧都带有这样的一个标识符，表明它来自哪个 VLAN。通常每个 VLAN 的
端点用户都属于一个单位或组织的一个工作组。他们的个人计算机可以连接位于不同楼层甚至
不同建筑物内的交换机端口。如果由于工作任务的需要，某些用户可能从一个工作组被调配到
另一个工作组，那么此时他们也不必改变计算机的物理配置，只需改变逻辑配置即可。

虚拟局域网是利用 LAN 交换机实现的。一个 VLAN 的成员不需要地理位置上的接近，
可以跨越多个互连的建筑物。虚拟主要是指网络设备可以被虚拟地重新配置，而无须修改
网络的物理拓扑结构。VLAN 技术可以帮助网络管理员将分散的用户集中在一个逻辑工作
组中，而不管他们实际所在的地理位置和所连接的交换机端口。它把逻辑网络管理同物理
网络基础分离开，并有助于网络结点的移动、增加和修改。在一个 VLAN 中的站互相通信，
在感觉上就好像它们属于一个物理网段似的。从一个 VLAN 到另一个 VLAN 的通信则需
要经过路由器转发。

图 5-17 示出一个使用 4 个交换机的网络拓扑，其中，S0 是主干交换机，连接 3 个楼层交换机 S1、S2 和 S3。它们共连接 10 个站，分布在 3 个楼层上，组成 3 个局域网，即 LAN1:(A1,A2,B1,C1)、LAN2:(A3,B2,C2)、LAN3:(A4,B3,C3)；但这 10 个用户被划分进 3 个工作组，分别属于 3 个 VLAN，即 VLAN1:(A1,A2,A3,A4)、VLAN2:(B1,B2,B3)、VLAN3:(C1,C2,C3)。

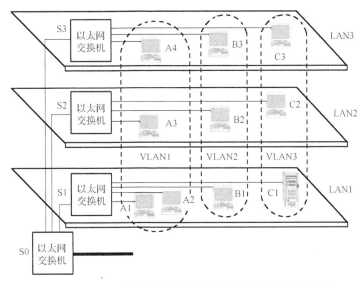

图 5-17　使用 4 个交换机的网络拓扑和虚拟局域网的划分

从图 5-17 可以看出，属于同一个 VLAN 的工作站可以连在不同的 LAN 上，也可以位于不同的楼层。

VLAN 是一个广播域，是计算机和交换机端口的一个逻辑组合。属于一个 VLAN 的所有成员都能够接收发给这个 VLAN 的广播报文。如果一个站从 VLAN1 改变到 VLAN2，那么它接收发给 VLAN2 的广播报文，但再也收不到发给 VLAN1 的广播报文。这样，虚拟局域网就限制了广播数据的传播范围，可有效避免因过多的广播(广播风暴)而引起的性能恶化。

为了把标准以太网的帧格式扩展成支持 VLAN，1998 年 IEEE 颁布了 802.1Q 标准。新的格式增加了 4 字节的 VLAN 域。因为可能有些计算机不支持 VLAN，因此让收到一个帧的第一个感知 VLAN 的交换机在帧中加上 VLAN 域，让传输途中的最后一个感知 VLAN 的交换机把 VLAN 域从帧中除去。

由于插入了 VLAN 域，802.1Q 把以太网的最大帧长从 1518 字节增加到 1522 字节。好在仅仅感知 VLAN 的计算机和交换机必须支持这些较长的帧。

现在来考察 802.1Q 帧格式。如图 5-18 所示，与 802.3 帧格式比较，仅有的改变是增加了两个 2 字节的域。第一个 2 字节域是 VLAN 协议标识，它的值总是被置成 0x8100。因为该域位于紧接源地址域后面，而且其值大于 1500，所以所有的以太网卡都把它解释成类型，而不是长度。不支持 VLAN 的网卡把该帧看成未知类型的帧，感知 VLAN 的网卡则知道这是一个具有 802.1Q 格式的以太网帧。

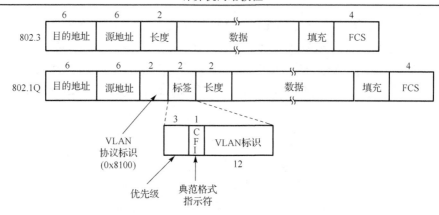

图 5-18　802.3 和 802.1Q 以太网帧格式

第二个 2 字节域包含 3 个子域。其中主要的 1 个子域是 VLAN 标识，它表示帧来自哪个 VLAN。该子域占用 12 位。3 位的优先级子域表示该帧的优先级，可用于有差别的服务，支持实时通信。最后 1 个子域只占用 1 位，称为典范格式指示符，置 1 时表示帧的载荷中包含 802.5 LAN 的帧。通过在以太网帧中封装 802.5 局域网的帧，可以把被以太网隔开的两个 802.5 局域网互联。

复习思考题

1．使用以太网技术连接两台 PC 所需要的最小数量的部件是什么？

2．若题 2 图为 10Base-T 网卡接收到的信号波形，则该网卡收到的 8 位比特串是什么？

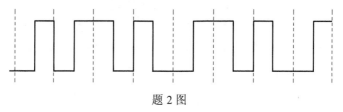

题 2 图

3．一个通过以太网发送的 IP 分组长 60 字节（包括它的所有的头），如果不使用 LLC，那么在这个以太网帧中需要填充吗？如果需要，用多少字节？

4．H1 和 H2 是连接一个 100Base-T 集线器的两台主机（题 4 图），若集线器再生比特流的过程中，会产生 1.535μs 延时，信号传播速度为 200m/μs，不考虑以太网帧的前导码，则 H1 和 H2 之间理论上可以相距的最远距离是多少米？

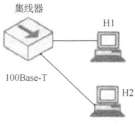

题 4 图

5.(单项选择题)根据 CSMA/CD 协议的工作原理，下列情形中需要提高最短帧长度的是( )。

    A．网络传输速率不变，冲突域的最大距离变短。

    B．冲突域的最大距离不变，网络传输速率提高。

    C．上层协议使用 TCP 的概率增加。

    D．在冲突域不变的情况下减少线路中的中继器数量。

6. 对于下列两种线缆，CSMA/CD 的竞争时槽的长度是什么？

(1)一根 2km 长的二线电缆，信号传播速度是真空中信号传播速度的 82%。

(2)40km 长的多模光缆，信号传播速度是真空中信号传播速度的 65%。

7. 考虑建立一个 CSMA/CD 网，电缆长 1km，不使用中继器，运行速率为 1Gbit/s。电缆中的信号速度是 200000km/s。问最小帧长是多少？

8. 考虑在题 8 图中使用桥接器 B1 和 B2 连接的扩展局域网。假定在两个桥接器中的转发表是空的。针对下列数据传输序列，列出分组将在其上转发的所有端口。

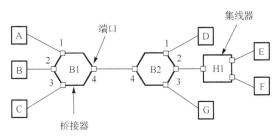

题 8 图

(1)A 给 C 发送一个分组。　　　(2)E 给 F 发送一个分组。

(3)F 给 E 发送一个分组。　　　(4)G 给 E 发送一个分组。

(5)D 给 A 发送一个分组。　　　(6)B 给 F 发送一个分组。

9.一个大学的计算机系有 3 个以太网段，使用两个透明桥接器连接成一个线性网络(题 9 图)。有一天，网络管理员离职了，仓促地请一个来自计算机中心的人替代他，他的本行是 IBM 令牌环。这个新的网络管理员注意到网络的两个端头没有连接，随即订购了一个新的透明桥接器，把两个敞开的头都连到桥，形成一个闭合环。这样做之后会发生什么现象？

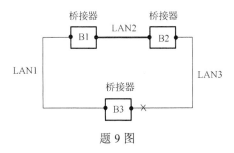

题 9 图

10. 1000Base-SX 规范要求时钟运行在 1250MHz，尽管千兆位以太网仅投送 1Gbit/s 的速率。这个更高的速率是为了提供额外的安全余地吗？如果不是，为什么要这样做呢？

11. 根据题 11 图中所示的互联 LAN，画出其生成树。

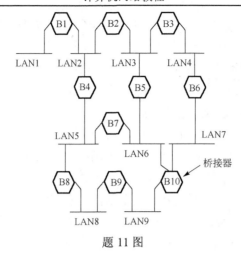

题 11 图

12．说明在桥接网络上使用 VLAN 的目的。

第6章 无线网络

本章学习要点

(1) 无线介质的特征；

(2) 扩展频谱技术；

(3) 无线局域网的协议特点；

(4) 隐藏站点和暴露站点问题；

(5) CSMA/CA；

(6) IEEE 802.11 MAC 协议；

(7) 分布式协调功能；

(8) 点协调功能；

(9) 蓝牙技术。

无线网络不使用有线介质，没有布线施工的代价，实现起来比较容易。但与在建筑物内预先敷设双绞线和光缆的企业连网方案相比，无线网络无论在性能方面还是在安全性方面，都存在着显著的差距。然而在一些情况下，例如，在缺少线缆而又不能打洞布线的历史博物馆里；在具有较大流动性的部队营房中；在建立和维护有线网投资不合算的小型办公室中；在有许多流动用户需要上网查询信息的行政服务办公楼和股票交易中心，无线网络更灵活、更方便。特别地，无线网络可以提供随时随地访问因特网的便利。通常无线网络是连接到有线网络上的。无线网络是对有线网络的重要补充。

6.1 无线介质的特征

无线系统通过在一个天线中感应足够幅度的电流让天线信号通过空间发送，并让该天线的尺寸近似地等于所产生的信号的波长，从而可获得比较好的传输效果。

典型情况下，发射的信号在发送设备和接收设备之间有一个直接通路成分。该信号可能被衰减，也可能遇到障碍。该信号的一些成分被周围的物体反射、散射或衍射，到达接收方时在幅度、相位和时间方面相对于直接通路信号都有所改变。接收方所收到的信号也可能受来自相同频道和邻近频道中其他用户的干扰。因此无线通道存在通路损失、阴影、多径衰落和干扰等不利因素。

通路损失使得接收的信号功率随发送设备和接收设备之间距离的增加而减少。在大多数无线系统中，无线电波的传输要通过比自由空间复杂的环境，受到墙壁、地势、建筑物和其他物体的反射、散射和衍射。由于通路损失减少信噪比，它限制了给定通信系统的数据速率。

发送设备和接收设备之间的传输通路常受山脉或户外建筑物的阻碍，也受家具或户内墙壁的影响。由这些阻碍物体所引起的随机信号变化称为阴影衰落。阴影衰落的随机值随着移动情况或障碍物的条件而变化。

多径产生两种显著的通道损伤：平坦衰落和符号间干扰。平坦衰落指的是在短时间内或短距离上接收信号的快速波动。这类衰落由同一信号经不同路径在不同时间到达接收方引起，容易发生增强性的和破坏性的效应。当不同多径成分的通路延迟的最大差别超过 1 位时间的显著部分时，符号间干扰的问题就变得很突出。一个运载给定发送位的多径反射会跟运载前一发送位的不同的(延迟了的)多径反射同时到达接收方。在频域中，这种自我干扰对应于非平坦频谱，因此符号间干扰也称为选频衰落。

无线通信通道可能受多种来源的干扰。蜂窝系统中的主要干扰源是频率重用。无线系统中的其他干扰源包括相邻通道干扰和窄带干扰。前者由在所分配频率范围之外的信号成分产生；后者则由工作在同一频率的其他系统的用户引起。相邻通道干扰大部分都可以通过在通道之间引入警戒带得以消除，但这会浪费带宽。窄带干扰可以采用扩展频谱(简称扩频)技术解决，但它要求信号带宽显著分散，增加了无线系统的复杂性。

6.2 无线网络中的扩展频谱技术

扩展频谱技术把发送的信息的频带通过使用伪随机码展宽到一个比信息带宽宽得多的频带，接收端通过相关接收，再将其恢复到信息带宽。这样的系统称为扩展频谱系统或扩频系统。

由于干扰信号与扩频用的伪随机码不相关，容易被排除，因此信号在扩展频谱后抗干扰能力强。由于可以用不同的扩频码组成不同的网，各网在同一时刻共用同一频段，因此扩展频谱的频谱利用率也高。因为扩频系统把传送的信息扩展到很宽的频带上，其功率密度随频谱的展宽而降低，甚至可以将信号淹没在噪声中，黑客要窃听这样的信号是困难的，所以扩频系统保密性强。因为扩频技术可以利用扩频码的相关特性来抗多径干扰，所以具有很强的抗多径能力，甚至可利用多径能量来提高系统的性能。

常用的扩频技术有两种：一种是频率跳动扩频技术，简称跳频扩频(Frequency Hopping Spread Spectrum，FHSS)技术；另一种是直接序列扩频技术，或称码分多路访问(Code Division Multiple Access，CDMA)技术。后一种用得更多一些。

6.2.1 跳频扩频技术

跳频(FH)系统的载频受伪随机码的控制，不断地、随机地跳变。它用信源产生的信息流调制频率合成器的载频，产生射频信号。在跳频系统中，发送端的伪随机码并不直接传输，而是由它控制载频的跳变。接收端也和发送端同步地从一个频率跳变到另一个频率。

由于跳频模式是用伪随机序列产生的，因此不可预测其下一个跳频位置。

在某一时刻，跳频系统是窄带的；但从整个时间看，跳频信号在整个频带内跳变，因此是宽带的。

跳频系统可以根据跳频速率(简称跳速)分为低速跳频系统、中速跳频系统和高速跳频系统。跳频速率小于 100 跳/秒的是低速跳频系统。跳速在 100~500 跳/秒的是中速跳频系统。跳速大于 500 跳/秒的是高速跳频系统。跳频系统的性能与跳频速率直接相关，特别是系统抗干扰性能。跳速越高，系统的抗干扰性能越好，但系统的复杂度和成本也越高。

作为例子，蓝牙网络在物理层使用 FHSS 以避免来自其他设备或其他网络的干扰。蓝牙每秒跳频 1600 次，即每个设备每秒都改变它的载波频率 1600 次。

6.2.2　码分多路访问

直接序列扩频技术让每一个用户在同样的时间使用同样的频带进行通信。由于各用户使用经过挑选的不同编码，因此在他们之间不会互相干扰。CDMA 最初用于军事通信，有很强的抗干扰能力，其频谱特性类似于白噪声。

使用 CDMA 技术，原始信号中的一个比特在传输信号中就变成了多个比特。这种转换是借助扩频码完成的，扩频码把信号扩展到较宽的频带范围，这个频带范围与扩频码中的位数成正比。因此，64 位的扩频码就能够把信号的带宽扩展至原信号的 64 倍。

在 CDMA 技术中，每个比特时间被分成 n 个短的时间片，称为码片。通常 n 的值是 64 或 128，但在下面原理性解说的示例中，为简明起见，取 $n=8$。

CDMA 技术给每个站都分配具有唯一性的 n 位码片序列(Chipping Sequence)。一个站如果要发送比特 1，则发送它自己的 n 位码片序列。如果要发送比特 0，则发送该码片序列的二进制反码。例如，分配给一个站的码片序列是 01011100。当该站发送比特 1 时，它就发送序列 01011100；而当该站发送比特 0 时，它就发送 10100011。

现在用双极型表示法把在一个码片时间内发送的 0 写为–1，把发送的 1 写为+1；把什么都不发送用 0 表示。这样前述的那个站的码片序列就是(–1,+1,–1,+1,+1,+1,–1,–1)。CDMA 技术要求给每个站分配的码片序列不仅必须各不相同，而且还必须互相正交。

使用数学公式，让 U 表示站 U 的码片向量；用 V 表示任一其他站的码片向量。那么两个站的码片序列正交，就是 U 和 V 的内标积(用 $U \cdot V$ 表示)为 0，即

$$U \cdot V = \frac{1}{n} \sum_{i=1}^{n} U_i V_i = 0$$

例如，设向量 U 为(–1,+1,–1,+1,+1,+1,–1,–1)，向量 V 为(–1,+1,–1,–1,–1,–1,+1,–1)，由于内标积 $U \cdot V = 1+1+1-1-1-1-1+1 = 0$，因此这两个码片向量是正交的。

按照数学运算的规则，只要 U 和 V 的内标积为 0，U 和 V 的反码的内标积也为 0，即只要 $U \cdot V = 0$，那么 $U \cdot \bar{V} = 0$。

任何一个码片向量 X 和它自身的内标积都是 1：

$$X \cdot X = \frac{1}{n} \sum_{i=1}^{n} X_i X_i = \frac{1}{n} \sum_{i=1}^{n} X_i^2 = \frac{1}{n} \sum_{i=1}^{n} (\pm 1)^2 = 1$$

一个码片向量和它的反码的向量的内标积是–1(因为求和的每一项都变成了–1)：

$$X \cdot \bar{X} = \frac{1}{n} \sum_{i=1}^{n} X_i \bar{X}_i = \frac{1}{n} \times (-n) = -1$$

在一个 CDMA 系统运行期间，所有的站发送的双极型数据信号都是同步的，即所有的码片都在同一时刻开始。在 1 比特的时间内站 S 要发送比特 1，就发送它的码片序列；

要发送比特 0, 就发送它的码片序列的反码, 或者因为没有数据要发送而沉默。如果有两个或两个以上的站点同时开始传输, 它们的双极型数据信号就会线性相加。如果站 R 要接收 S 站发送的数据, 它就必须知道分配给 S 站的码片序列。虽然在 R 接收的混合数据中, 既含有 S 站发送的双极型数据, 也含有其他站发送的双极型数据, 但如果用 S 站的码片序列与混合数据相乘计算内标积, 那么结果就能得到 1 或–1, 分别对应 S 站发送的它的码片序列或其反码。混合数据中所包含的其他站的双极型数据由于都跟 S 站的码片向量正交, 相乘的结果是 0, 所以都被过滤了。

作为示例, 假定在某个比特时间内, A、B、C、D 4 个站同时进行发送, 它们的双极型码片序列分别是: A:(–1,+1,–1,–1,–1,–1,+1,–1)、B:(–1,+1,–1,+1,+1,+1,–1,–1)、C:(–1,–1,+1,–1,+1,+1,+1,–1)和 D:(–1,–1,–1,+1,+1,–1,+1,+1)。

再假定站 A、C 和 D 发送 1, 站 B 发送 0。接收站 R 要接收 B 站发送的数据。R 收到的信号是 A 的码片序列、C 的码片序列、D 的码片序列以及 B 的码片序列的反码的和, 等于(–2,–2,0,–2,0,–2,+4,0)。R 使用 B 站的码片序列跟这个向量计算内标积的结果是(+2 –2+0–2+0–2–4+0)/8=–1, 表示它接收到的是比特 0。需要注意的是, 双极型数据序列中的每一个序列都仅占用 1 比特的时间。

6.3　无线局域网

当用户在一个小的区域, 如一个校园或一个建筑物内, 从一个地方移动到另一个地方时, 无线局域网(WLAN)提供高速数据传输。访问这些 LAN 的无线设备通常是固定的或以步行的速度移动的。

就使用而言, 无线局域网可以孤立使用, 也可以与有线局域网组合在一起使用。IEEE 802 委员会把孤立使用的 WLAN 称为自组织无线局域网(Ad-hoc 网络); 把与有线网络组合在一起使用的 WLAN 称为有基础设施的无线局域网。下面若没有特别说明, 所提到的 WLAN 均指有基础设施的无线局域网。

本节对无线局域网的讨论主要包括 3 个部分。第 1 部分介绍无线局域网的组成; 第 2 部分阐明无线局域网的协议特点; 第 3 部分具体描述 IEEE 802.11 MAC 协议。

6.3.1　无线局域网的组成

1997 年 IEEE 制定了无线局域网的协议标准 802.11。802.11 标准规定无线局域网的基本构件是基本服务集(Basic Service Set, BSS)。一个 BSS 定义为在给定的介质访问控制下互相协调对介质的访问的一组站。BSS 所覆盖的地理区域称为基本服务区(Basic Service Area, BSA), 它类似于在蜂窝通信网络中的小区。在无线局域网中, 一个基本服务区的范围在 100m 以内。在概念上, 一个 BSS 中的任意一个站都可以跟所有其他在该 BSS 中的站直接通信。注意, 两个不相关的 BSS 在位置上可以共存于一个区域。IEEE 802.11 提供这些 BSS 共存的途径。

可以使用单个 BSS 形成一个自组织网络。一个自组织网络是由一组处在互相可通达的范围内的站构成的。自组织网络在性质上是暂时的。它们可以在任何地方自发组成, 并且在有限的时间之后解散。

为了扩大无线局域网的覆盖区域，通常采用称为接入点(AP)的设备把 BSA 与称为分布系统的骨干网(固定位置的局域网，通常是有线局域网)相连接，形成扩展服务集(ESS)和扩展服务区域(ESA)。多个 BSA 中的站都可以经由各自的接入点设备连接分布系统。与有线局域网一样，ESA 的覆盖范围可达几千米。在 ESA 中，接入点设备除了具有无线或有线的桥接功能(协议翻译)外，还确定了一个 BSA 的地理位置。

在 802.11 中，一组 BSS 可以通过与一个分布系统互连形成一个扩展服务集。每个 BSS 都有一个 AP，AP 具有站功能，提供对分布系统的接入。接入点类似于在蜂窝通信网络中的基站。如图 6-1 所示，扩展服务集也可以通过称为门户的设备为无线用户提供对互联网的接入。基础网络表示 BSS、分布系统和门户的结合。

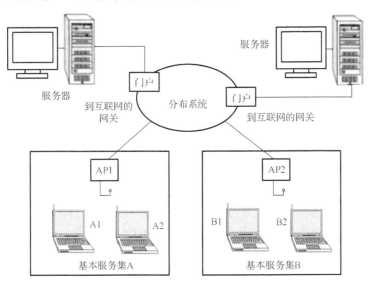

图 6-1 由 BSS、分布系统和门户组成的基础网络

分布系统提供下列分布服务。

(1)在多个 BSS 的 AP 之间传送 MAC SDU(介质访问控制服务数据单元)。这种情况通常对应的分布系统也是无线的配置(固定位置的 WLAN)，此时的分布系统称为无线分布系统(WDS)。

(2)在 ESS 内的门户和 BSS 之间传送 MSDU。

(3)当 MSDU 有一个多播地址或广播地址，或者发送站选择使用分布服务时，向目的地处同一个 BSS 内的站传输 MSDU。

分布服务的作用是要使 ESS 对 LLC 而言看起来像单个 BSS，LLC 在 ESS 的任意一站中都运行在 MAC 之上。IEEE 802.11 定义分布服务，但不定义分布系统。分布系统可以使用有线网络或无线网络实现。如果分布系统使用无线网络，那么就可以在整个 ESS 内的任意两个站点之间传输 802.11 帧，而不需要协议翻译。如果分布系统使用有线网络，那么就需要把 802.11 帧转换成有线网络帧，通常是以太网帧，并连接互联网。

当一个站加电启动时，首先应寻找自己所在的 BSA，向该 BSA 的 AP 登录，并获得该 BSA 的相关信息，如 BSA 标识、通道号等。当一个站脱离原 BSA 移至另一个新的 BSA

时，应向新的 BSA 中的 AP 重新登录，同时新的 BSA 中的 AP 应把该站移动的信息通知给原 BSA 中的 AP。

在支持移动的网络中，认证管理是网络安全所必需的，通常只有办理过入网手续的用户才可以接入网络，这样的用户称为合法用户。BSA 或 ESA 保存其服务区域内合法用户的名单。即使某站使用与合法用户一样的物理层设备与上层协议，但如果它是非法用户，它仍然不能接入相应的 BSA 或 ESA。一个站向其他站表明自己是合法用户的过程称为认证。当一个站初次登录一个 BSA 时，该 BSA 应该对该站进行认证处理。

在 IEEE 802.11 范围内 LAN 拓扑的动态特征意味着在无线 LAN 和有线 LAN 之间的几个基本的差别。在有线 LAN 中，MAC 地址指定一个站的物理位置，因为用户是固定的。在无线 LAN 中，MAC 地址标识站，但并不标识位置，因为标准假定站是可以携带的，或是移动的。

802.11 MAC 子层需要向 LLC 提供跟其他的 IEEE 802 LAN 同样的一组标准服务。这一需求意味着必须在 MAC 子层内处理移动性。当一个站在多个 BSA 之间移动，而这些 BSA 通过有线骨干网构成一个逻辑网段时，移动管理并不困难。但当这些 BSA 分属不同的子网(如 IP 子网)时，移动管理将变得十分困难。

无线局域网处理在同一逻辑网段内的移动，即解决越区切换的问题。而跨越子网的移动问题还要通过网络层(如移动 IP)来解决。

要加入一个 BSS，一个站必须选择一个 AP，并跟它建立一个关联。这一过程在站和可以把它提供给分布系统的 AP 之间建立一个映射。然后该站就可以通过该 AP 发送和接收数据报文。再关联服务允许一个已经建立了一个关联的站把它的关联从一个 AP 移动到另一个 AP。解除关联服务用以终止一个现存的关联。站可以选择使用身份认证服务执行对其他站的身份认证，还可以选择使用保密服务防止数据报文的内容被指定的接收方之外的其他人阅读。

6.3.2　无线局域网的协议特点

原则上说，无线局域网的 MAC 协议与有线局域网的并无本质上的区别。然而，无线局域网不能采用以太网的 CSMA/CD，其原因有三个方面。第一，在无线环境中检测冲突是困难的，因此不可能中止互相冲突的传输。大多数无线电波都是半双工的，它们不能够在同一频率上于发送的同时监听突发噪声。第二，无线环境不像有线广播介质一样好控制，来自其他 LAN 中的用户传输会干扰 CSMA/CD 的操作。第三，WLAN 存在隐藏站点问题。

无线局域网的一种常见配置就是一个办公大楼环境，许多发射基站合理地分布在大楼内，所有的基站都通过铜线或光纤互连。如果把基站和用户便携机的发射功率都调节成覆盖 3m 或 4m 的范围，那么每个房间就是一个独立的单元，整个大楼类似于一个大的蜂窝电话系统。与蜂窝电话系统不同的是，每个单元只有一个通道，覆盖了整个带宽，带宽通常是从 1 兆 bit/s 到数十兆 bit/s 不等。

控制无线介质访问的最简单的方法是使用 CSMA(载波监测多路访问)，监测是否有其他发送者，如果没有，自己就可以发送。但实际上该协议是行不通的，因为虽然发送方不会互相干扰，但在接收方会产生干扰。为了把这个问题解释清楚，考虑如图 6-2 所示的情况。图中画出了 4 个无线站点。其中，A 和 B 的无线电波范围互相重合并且可能互相干扰；C 可能干扰 B 和 D，但不会干扰 A。

现在假定 A 向 B 发送，如图 6-2(a)所示，C 在监听，因为 A 在 C 的范围之外，所以 C 听不到 A，它会错误地认为它也可以发送。如果 C 确实也在此时开始发送，它就会干扰 B，从而破坏了从 A 传来的帧。这表明，在无线局域网中，在发送前没有检测到介质上有信号传输，还不能保证在接收端不会发生冲突。这种在发送端介质上未能检测出在接收端已存在信号的问题称为隐藏站点问题。

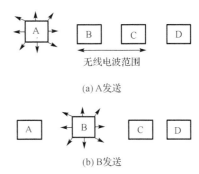

图 6-2　无线网络中的隐藏站点和暴露站点问题

图 6-2(b)示出了另一种情况。现在再假定 B 向 A 发送，此时 C 想向 D 发送；但 C 由于监测到介质上有信号，因此就认为不应向 D 发送。实际上 B 向 A 发送并不影响 C 向 D 发送。这就是暴露站点问题。在无线局域网中，在不发生互相干扰的情况下，只要多个发送者的目标均不相同，可以允许在多对站之间同时进行通信。这点与共享介质的有线局域网有很大的差别。

关键的问题是，在开始传送之前，发送站应该检测在接收站周围是否有传送活动在进行。而 CSMA 却只告诉发送站在它自己周围是否有传送活动在进行。在有线局域网下，所有的信号会传播到所有的站点，任意一站的发送都可以被所有其他站检测到。如前所述，在无线局域网的情况下，有时就不是这样的。

换一个角度看待这个问题，假设办公大楼内所有的雇员都有一台无线便携式计算机。现在李明想给王华发送一条消息。李明的计算机会监测其周围的环境，如果没有其他发送活动在进行，就开始发送。但是在王华的办分室内仍有可能会产生冲突，因为也许有第三者正在向王华发送消息，但他的位置离李明太远，李明的计算机不能监测到他的活动。

因此，无线局域网不能使用 CSMA/CD，而是使用一种称为带冲突避免的载波感应多路访问(CSMA/CA)协议。IEEE 802.11 就使用 CSMA/CA 协议。

本质上，CSMA/CA 就是一种对通道访问的预约机制。在这种机制下，源站先向终点站发送请求发送(Request To Send，RTS)帧，终点站用允许发送(Clear To Send，CTS)帧响应。RTS 的作用是警告位于源站接收范围内的所有站，有帧交换在进行中。为了避免同时传输而引起的冲突，这些站会抑制自己的传输。类似地，CTS 警告位于终点站接收范围内的所有站，有帧交换在进行中。RTS 帧和 CTS 帧中都带有本次通信(包括相应的确认帧)所需要持续的时间，该时间通常由源站在 RTS 帧填写，终点站将其复制到 CTS 帧中。因此源站和终点站周围的站都知道自己应该保持沉默的时间长度。

作为示例，在图 6-3 中，源站 A 在发送数据帧之前先发送一个 RTS 帧，如果介质空闲，则目的站 B 就发送一个 CTS 帧响应 RTS 帧。A 接收 CTS 帧后就可以发送它的数据了。下面考察在 A 和 B 两个站附近的一些站将做出的反应。

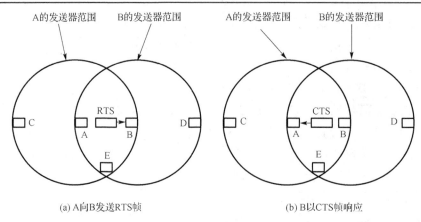

图 6-3　CSMA/CA 协议的交互过程

　　C 站在 A 的传输范围内，因此能收到 A 发送的 RTS 帧，它必须在足够长的时间内保持沉默，使 A 可以无冲突地接收 CTS 帧。D 站在 B 的传输范围内，能收到 B 发送的 CTS 帧，它必须在足够长的时间内保持沉默，使 B 可以无冲突地接收 A 发来的数据。

　　尽管采取了这些措施，但仍有可能发生冲突。在该示例中，如果 B 和 C 同时向 A 发送 RTS 帧，就会在 A 端引起冲突。此时，B 和 C 可以像传统以太网，各自推迟一段随机的时间后重新发送 RTS 帧，推迟时间的长短也是按照二进制指数后退算法计算的。

6.3.3　IEEE 802.11 MAC 协议

　　IEEE 802.11 工作组为无线局域网开发了一个 MAC 协议和物理介质标准。IEEE 802.11 MAC 协议使用协调功能，确定在 BSS 中的一个站什么时候被允许在无线介质上发送，以及什么时候可以在无线介质上接收 MAC 帧。

　　MAC 层负责通道访问规程、协议数据单元寻址、帧格式、错误检查，以及 MSDU 的分割与重组。MAC 层也提供选项，以支持通过身份认证和保密机制进行的安全性服务。还定义了 MAC 管理服务，以支持在一个 ESS 内的漫游(切换)和辅助站做电源管理。

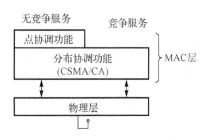

图 6-4　IEEE 802.11 协议的结构

　　图 6-4 列出了 IEEE 802.11 协议的结构。MAC 层位于物理层之上，它包括两种功能：一种是分布式协调功能(Distributed Coordination Function，DCF)，让各个站使用 CSMA 分布式访问控制，竞争对通道的使用权；另一种称为点协调功能(Point Coordination Function，PCF)，它是一个选项(自组织网络就不使用 PCF 功能)。PCF 的操作是由接入点向所有配置成轮询的站以循环的方式进行轮询，使得被轮询的站可以在给定长度的时间内获得对介质的使用权。这样，有时延敏感的通信量的站就可以不参加对通道使用权的竞争，也能得到相应的服务质量保证。

　　在采用集中式访问控制时，AP 控制着对介质的使用，因而免除了站竞争通道的需求。

　　PCF 需要跟 DCF 共存，并且在逻辑上位于 DCF 顶部的上面。为了尽量避免冲突，在一次发送完成之后，所有的站都必须保持沉默某个称为帧间空隙(Inter-frame Space，IFS)

的最小长度时间。IFS 的长度依赖于要发送的帧的类型。高优先级帧在它们竞争通道之前只需等待较短的时间。

电池生命期也总是移动无线设备的一个关注点,因此 802.11 也考虑了电源管理的问题。特别地,接入点设备可以指示一个移动站进入休眠状态,直到被接入点或用户明确地唤醒为止。告诉一个移动站进入休眠状态意味着接入点有责任在该移动站休眠期间缓存发给它的任何帧。这些帧可以让移动站在被唤醒后进行收集。

如图 6-5 所示,MAC 帧的格式由 MAC 头、帧本体和 CRC 检验和构成。

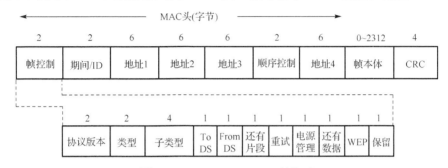

图 6-5 IEEE 802.11 MAC 帧格式
注:DS—分布系统;WEP—有线等效保密

IEEE 802.11 支持三种类型的帧:管理帧、控制帧和数据帧。

管理帧用于与 AP 的关联和解除关联、定时和同步、身份认证和解除身份认证。控制帧用于握手协议和数据交换期间的肯定确认。数据帧用于数据传输。MAC 头提供关于帧控制、设备(节电站 ID)、寻址和顺序控制(分片时)方面的信息。帧本体段包含属于在帧控制段中指定的类型和子类型的信息;对于数据类型帧,帧本体段包含 1 个 MSDU 或 MSDU 的 1 个分片。最后,CRC 段包含针对 MAC 头和帧本体段计算的 32 位循环冗余检验码。

在 MAC 头中的帧控制段长 16 位,它指定了下列内容。

(1) 802.11 协议版本。

(2) 帧类型,可以是管理(00)、控制(01)或数据(10)。

(3) 在一个帧类型内的子类型,例如,类型="管理",子类型="关联请求"(与 AP 的关联);类型="控制",子类型=RTS 或 CTS 或 ACK(握手协议)。

(4) 在目的地是分布系统的数据帧中,To DS 位置 1,这包括发自一个与 AP 关联的站(用户)带有广播地址或多播地址的数据帧。

(5) 在离开分布系统的数据帧中 From DS 位置 1。

(6) 在有当前 MSDU 的另一个片段后随的帧中的还有片段位置 1。

(7) 在属于一个早先帧的重传的数据帧或管理帧中,重试位置 1;这可以帮助接收方处理重复帧。

(8) 电源管理位的设置表示一个站的电源管理方式,如有源方式或节电方式。

(9) 还有数据位置 1 向一个处于节电方式的站表示在 AP 中还为它缓存更多的 MSDU(在该站睡眠期间接收到的帧)。

(10) 如果帧本体段包含由加密算法处理过的信息,WEP 位置 1。

在 MAC 头中的期间/ID 段长 16 位,有两种使用方式。它通常包含一个用于 MAC 算法的期间值(宣告所发送的帧及相关的 ACK 共需占用通道多长时间,它影响接收站的网络分配向量)。仅有的例外是在子类型为 PS-Poll(Power-Save Poll)的控制帧中,这里的期间/ID 段运载发送该帧的站的 ID,一个站发送该帧的目的是让 AP 知道它已准备好接收在它睡眠期间 AP 为它缓存的帧。

顺序控制段长 16 位,它提供 4 位表示一个 MSDU 中的每个片段的号码;提供 12 位编号表示 4096 空间的一个序列号(该分片中数据段在原先数据段中的位置,以字节号表示)。

4 个地址段的使用由帧控制段中的 To DS 和 From DS 段确定(表 6-1)。地址是 48 位的 IEEE 802 MAC 地址,可以是单个地址,也可以是组地址(多播/广播)。

BSS ID(BSS 标识)是一个 48 位的段,具有跟 IEEE 802 MAC 地址同样的格式,它唯一地标识 BSS,并且被赋给在 BSS 中的 AP 的 MAC 地址。目的地址是一个 IEEE MAC 单地址或组地址,它指定作为包含在帧本体段中的 MSDU 的最后的接收方。源地址是一个 MAC 单地址,它标识最初发送 MSDU 的 MAC 实体。接收地址是一个 MAC 地址,它标识在帧的本体段中的 MPDU 需要前往的直接接收站。发送地址是一个 MAC 单地址,它标识发送包含在帧本体段中的 MPDU(MAC-PDU)的站。

表 6-1　4 个地址段的使用由帧控制段中的 To DS 和 From DS 段确定

To DS	From DS	地址 1	地址 2	地址 3	地址 4	含义
0	0	目的地址	源地址	BSS ID	不可提供	在 BSS 内站到站的数据帧
0	1	目的地址	BSS ID	源地址	不可提供	离开分布系统的数据帧
1	0	BSS ID	源地址	目的地址	不可提供	前往分布系统的数据帧
1	1	接收地址	发送地址	目的地址	源地址	从 AP 到 AP 分发的 WDS 帧

(1)To DS = 0,From DS =0。这种情况对应于在同一个 BSS 中从一个站(源)往另一个站(目的地)的帧发送。在该 BSS 中的站查看地址 1 段(目的地址),确定该帧是否是发给它们的。地址 2 段包含 ACK 帧将要发往的地址(源地址)。地址 3 段指定 BSS 的标识(BSS ID,即 AP 地址)。

(2)To DS=0,From DS=1。这种情况对应从分布系统的一个站到该 BSS 内的一个站的帧传送。在 BSS 内的站查看地址 1 段(目的地址:BSS 中的一个站),确定该帧是否是发给它们的。地址 2 段包含 ACK 帧将要发往的地址(BSS ID),在这种情况下就是 AP 地址。地址 3 段指定源地址(分布系统中的一个站)。

(3)To DS=1,From DS=0。这种情况对应从在 BSS 中的一个站到分布系统的一个站的帧传送。在 BSS 中的站,包括 AP,查看地址 1 段(BSS ID),AP 接收该帧并将其转发至 DS 中。地址 2 段包含 ACK 帧将要发往的地址,在这种情况下是源地址(BSS 中的一个站)。地址 3 段指定目的地址,就是要把帧投递到的分布系统中的站的地址。

(4)To DS=1,From DS=1。这种特别的情况适用于通过无线分布系统从一个 BSS 中的一个站到另一个 BSS 中的一个站的帧传送。地址 1 段是在源发该帧的站所在的 BSS 中首先接收该帧的 AP 的站地址(AP1,接收地址)。地址 2 段包含最终目的地站所在的 BSS 中的 AP 的站地址，它是该 AP 给最终目的地站发送该帧时使用的发送地址(AP2，发送地址)，最终目的地站给 AP2 发送 ACK 帧。地址 3 段指定在 ESS 中的最终目的地站的地址(目的地址)，它接收该帧。地址 4 段指定在 ESS 中的源发该帧的站的地址(源地址)，它源发该帧。

1. 分布式协调功能

分布式协调功能是在尽力而为的基础上支持异步数据传输的基本访问方法。需要所有的站都支持 DCF。在自组织网络中的访问控制仅使用 DCF。作为基础设施的网络可以仅使用 DCF 运行，或者是 DCF 和 PCF 共存。DCF 直接位于物理层顶部之上，支持竞争服务。

DCF 基于带冲突避免的载波感应多路访问协议。图 6-6 示出了基本的 CSMA/CA 操作。在一次发射完成之后，所有的站都应该保持沉默某个最小长度的时间(IFS)。高优先级的帧在竞争通道之前只需等待短的 IFS(SIFS)。使用 SIFS 的帧类型包括 ACK 帧、CTS 帧、分片 MSDU 的数据帧、站响应来自一个 AP 的轮询的帧，以及在无竞争期(Contention Free Period，CFP)发自一个 AP 的任何帧。所有这些类型的帧都完成已经在进行之中的帧交换。PCF 帧间空隙(PCF-IFS，PIFS)在时间长度上是中等的，在 CFP 开头的时间被 PCF 用以获得对介质的优先访问。DCF 帧间空隙(DIFS)被 DCF 用以发射数据 MPDU 和管理 MPDU。

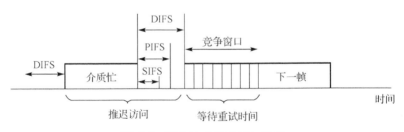

图 6-6 基本的 CSMA/CA 操作

在 DCF 方法中，如果一个站检测到介质空闲时间长度等于或大于 DIFS，该站就被允许发送一个初始 MAC PDU。然而，如果该站检测到介质忙，那么它必须计算一个随机的后退时间来安排再次尝试。已经安排了再次尝试时间的站监视介质，并且每过一个空闲的竞争时槽，就将后退计数器减 1。当在竞争期内后退计数器期满时，该站被允许发送帧。如果在竞争期内在该站之前有另一个站发送，那么该站的后退过程暂停，到下一个竞争期发生时再继续。当一个站成功地发送了一个帧，并且有另一个帧要发送时，该站必须执行上述后退过程。已经在竞争通道的站，当它们的定时器继续运转时，可能会有较短的剩余后退时间，因此跟要再次发送帧(新帧)的站相比，它们可能比较快地得到对介质的访问权。这一特征在访问通道方面引入了一定程度的公平性。

如果一个站 A 要发送一个数据帧给站 B，站 A 首先发送一个 RTS 帧。如果站 B 收到该 RTS 帧，那么站 B 发送一个 CTS 帧。B 所在范围内的所有站接收 CTS 帧，并且都知道站 A 已被给予发送许可，因此当站 A 进行数据帧发送时，它们都保持沉默。如果数据帧无差错到达，那么站 B 就用一个 ACK 应答。这样，即使在存在隐藏站点的情况下，CSMA/CA

也可以在站间协调,避免冲突的发生。但是,两个站(如 A 和 B)还有可能同时发送 RTS 帧,因此会引起冲突。在这种情况下, 相关的站必须执行后退过程,以安排再次尝试。值得注意的是,RTS 帧冲突浪费的时间比数据帧冲突浪费的时间少,因为 RTS 帧要比数据帧短得多。例如,RTS 帧的长度是 20 字节,CTS 帧的长度是 14 字节,而一个 MPDU 的长度可以是 2300 字。

源站在数据帧的 MAC 头或在 RTS 和 CTS 控制帧中设置期间段。期间段表明所发送的数据帧及相关的 ACK 共需占用通道多长时间(以微秒计)。在一个从被发射的 MPDU 中检测到一个期间段的站调整它们的网络分配向量(NAV),该 NAV 表明到当前发射及相关 ACK 的完成还有多长时间,然后可以再次采样通道以确定其是否空闲。

如果发生使用 RTS MPDU 的冲突,所浪费的带宽要比一个大的数据 MPDU 少得多。然而对于高负荷的媒体,RTS/CTS 帧发送的开销引入了附加的延迟,因此对于有实时通信需求的应用需要使用点协调功能(无需 RTS/CTS 握手过程)。

由于具有相对大的差错率,无线通道不能够处理很长的发送(如果传输 1 比特的错误率是 p,那么传输 $n$bit 的正确率将是 $[1-p]^n$)。由逻辑链路控制子层向下传给 MAC 的大的 MSDU 可能需要分割以增加传输可靠性。为了确定是否要执行分割,把 MPDU 跟可管理参数"分割_门槛值"比较。如果 MPDU 尺寸超过"分割_门槛值",那么就要把 MSDU 分割成多个片段。

分布式协调功能的操作包括处理丢失帧或差错帧的机制。如果接收的帧的 CRC 是正确的, 接收站需要发送一个 ACK。发送站期待一个 ACK 帧,并且把没有收到这样的一个帧解释成帧丢失的表示。不过,没有收到 ACK 也可能是由于 ACK 帧本身的丢失,而不是原始数据帧的丢失。发送站对每个数据帧维持一个 ACK_Timeout,它等于一个 ACK 帧的时间加上一个 SIFS。如果没有收到 ACK,站执行后退过程并安排再次尝试时间。接收站使用帧中的重试位和序列号检测重复的帧。

PCF 是一个可选的功能,通过让被轮询的站不用竞争通道就可以发送帧来提供面向连接的无竞争服务。PCF 功能由在 BSS 内 AP 中的点协调器(Point Coordinator, PC)执行。在 BSS 内能够在无竞争期运行的站称为具有无竞争功能的站。点协调器维护轮询表和确定轮询顺序的方法留待实现者决定。

2. 点协调功能

无竞争期重复周期确定点协调功能发生的频率。在一个重复周期内,一部分时间分配给无竞争流量,其余时间分配给基于竞争的流量。无竞争期重复周期由一个信标帧起始,在这里,信标帧由 AP 发送。AP 的一个主要功能是同步和定时。无竞争期重复周期是一个可管理参数,它总是整数个信标帧。

由 AP 决定在任一给定无竞争期重复周期内运行无竞争时段多长时间。无竞争期的最大长度是一个可管理参数。如果流量负载很轻,AP 可以缩短无竞争期,并把重复周期的剩余时间分配给分布式协调功能。在竞争期内至少要分配让一个 MPDU 发送的时间。

点协调器可以用连续发轮询的方式来排除所有的异步数据。为了避免发生这样的情况,IEEE 802.11 MAC 协议定义了一个超级帧。在超级帧的开始阶段,点协调器可以获得对通道的控制，以轮询的方式向所有配置成轮询的站点发送探询。在超级帧的后一阶段，停止执行点协调功能，允许执行分布式协调功能，让异步数据也有一段时间的传输机会。

6.4 蓝牙个人区域网

蓝牙技术是一种连接具有不同功能的设备的无线局域网技术，这些设备包括电话、笔记本、计算机、照相机、打印机和咖啡壶等。蓝牙 LAN 是一种自组织网络，也就是说，该网络由参与者自发形成，称为小器具(Gadgets)的设备互相寻找，建立微微网(Piconet)。如果这些小器具中的某一个具备相应的功能，蓝牙 LAN 甚至也可以连到因特网上。

蓝牙技术有多种应用，如鼠标、无线键盘等外部设备可以通过该技术跟计算机通信。在一个小的康复中心，监视设备可以跟传感器设备通信；家庭保安设备可以通过使用该技术把不同的传感器都连接到主保安控制器。会议参加者可以在一个会议上同步他们的计算机。

如今，蓝牙技术的实现都遵循由 IEEE 802.15 所定义的协议。标准定义了一种无线个人区域网(PAN)，运行在一个房间或大厅范围的空间内。

蓝牙定义了两种类型的网络：微微网和分散网。

一个蓝牙网络称为微微网或小网。一个微微网可以有多达 8 个站，其中的 1 个站称为主站，其余的站称为次站。所有的次站都把它们的时钟和跳频序列与主站同步。值得注意的是，一个微微网只能有一个主站。在主站和次站之间的通信可以是一对一的，也可以是一对多的。图 6-7 示出了一个微微网。

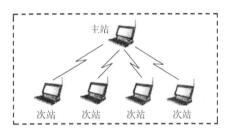

图 6-7 微微网

虽然一个微微网最多可以有 7 个次站，但还可以有附加的 8 个站处于停待状态。处在停待状态的次站与主站同步，但不能参加通信，直到它脱离停待状态为止。由于在一个微微网中只能有 8 个站处于活动状态，把一个站从停待状态激活就意味着必须有一个活动站转入停待状态。

可以把多个微微网结合在一起形成一个分散。在分散网中，一个站可以是两个微微网的成员。一个站可以同时是两个微微网的次站。在一个微微网中的次站还可以是另一个微微网中的主站，这个站以次站的身份从第一个微微网中的主站接收报文，并以主站的身份把报文投递到在第二个微微网中的次站。图 6-8 示出了一个分散网。

每个蓝牙设备都有一个内建的短距离无线发射器。当前采用的位速率是 2.4GHz 频带的 1Mbit/s。这就意味着在 IEEE 802.11b-WLAN 和蓝牙网络之间有互相干扰的可能性。

蓝牙设备是低功耗的，传输范围是 10m 内。蓝牙使用 2.4GHz ISM 频段，划分成 79 个通道，每个通道 1MHz。蓝牙设备在物理层使用跳频扩展频谱技术，以避免来自其他设备或其他网络的干扰。蓝牙设备每秒跳频 1600 次，即每个设备每秒都改变它的调制频率 1600 次。一个设备使用一个频率仅仅 625μs (1/1600s)，就要改变成另一个频率，逗留时间是 625μs。

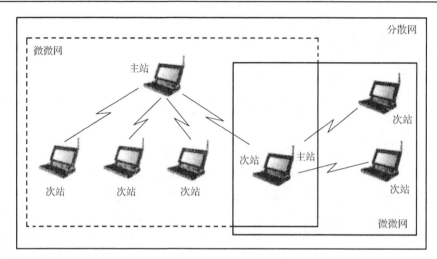

图 6-8　分散网

为了把比特转换成信号，蓝牙使用一种复杂的频移键控，称为高斯频移键控（Gussian Frequency-Shift Keying，GFSK）。GFSK 有一个载波，比特 1 用载波的一个向上偏移频率表示，比特 0 用载波的一个向下偏移频率表示。每个通道（1MHz）的频率如果以 MHz 为单位，则可以表示成下列公式：

$$F_c=2402+n$$

其中，$n=0,1,2,3,\cdots,78$。

例如，第 1 个通道使用载波频率 2402MHz（2.042GHz）；第 2 个通道使用载波频率 2403MHz（2.043GHz）。

蓝牙的访问方法是时分多路访问（Time Division Multiple Access，TDMA）。主站和次站使用时槽互相通信，时槽长度等于逗留时间 625μs，也就是说，在此时间内使用一个频率，主站给次站发送 1 个帧，或者次站给主站发送 1 个帧。值得注意的是，通信仅在主站和次站之间进行，次站之间不可以直接通信。

蓝牙使用一种形式的 TDMA，称为时分双工多路访问（Time Division Duplex-Time Division Multiple Access，TDD-TDMA）。TDD-TDMA 是一种形式的半双工通信，主站和次站都可以发送和接收数据，但不可以同时发送数据。而且，每个方向上的通信都使用不同的频率。这类似于使用不同频率的无线对讲机。

如果微微网只有 1 个次站，那么 TDMA 操作是很简单的（图 6-9）。时间被划分为 625μs 的时槽。主站使用编号是偶数的时槽（0,2,4,…）；次站使用编号是奇数的时槽（1,3,5,…）。TDD-TDMA 允许主站和次站以半双工方式通信。在时槽 0，主站发送，次站接收；在时槽 1，次站发送，主站接收，循环反复进行。

如果在微微网中有多个次站，操作过程要稍微复杂一些。在这种情况下，主站也使用编号是偶数的时槽，但对于次站，仅当在前一个时槽内的帧是发给它时（通过地址标识），才在下一个编号是奇数的时槽中发送。所有的次站都监听编号为偶数的时槽，但在任一奇数编号的时槽中，只有 1 个次站发送数据帧。图 6-10 示出了这一过程。

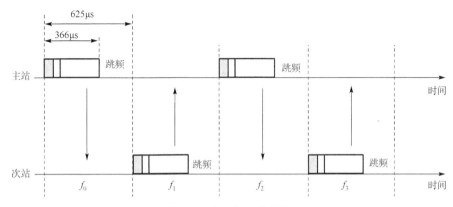

图 6-9 单个次站的通信

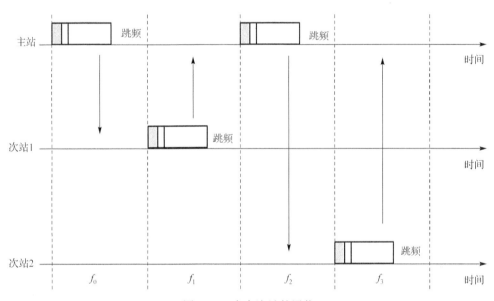

图 6-10 多个次站的通信

下面描述的是在图 6-10 中示出的微微网的详细操作过程。

(1)在时槽 0,主站给次站 1 发送一个帧。

(2)在时槽 1,仅次站 1 给主站发送一个帧,因为前一帧的地址是指向它的;其他的次站保持沉默。

(3)在时槽 2,主站给次站 2 发送一个帧。

(4)在时槽 3,仅次站 2 给主站发送一个帧,因为前一帧的地址是指向它的;其他的次站保持沉默。

(5)循环继续往下进行。

这种访问方法可以被看成类似于带有预留的轮询/选择操作。当主站选择一个次站时,它也轮询该次站。下一个时槽被预留给被轮询的站发送 1 个帧。如果被轮询的站没有帧要发送,那么通道是空闲的。

在主站和次站之间可以建立两种类型的链路:同步的面向连接的链路(Synchronous

Connection-Oriented link，SCO)和异步无连接链路(Asynchronous Connectionless Link，ACL)。

ACL 链路用于传输非均匀间隔的分组交换的数据；ACL 流量在尽力而为的基础上投递，但在这种类型的链路上，如果封装在帧中的载荷被破坏，那么帧必须重传。1 个次站对于主站只有一条 ACL 链路，仅当在前一个时槽里的帧的地址指向自己时，次站才会在可提供的奇数编号的时槽中向主站返回一个 ACL 帧。ACL 可以使用 1 个、3 个或 5 个时槽，取得 721Kbit/s 的最大数据速率。ACL 链路适合数据完整性比避免时延更为重要的应用。

SCO 链路适合避免时延(指数据投递的时延)比数据完整性(指无差错投递)更为重要的应用。这种类型的链路在每个方向上以均匀的间隔时间分配固定的时槽，连接的基本单元是两个时槽，每个方向上各 1 个。由于 SCO 链路的实时性要求，如果发送的帧被破坏，它不会重传。可以使用前向纠错编码满足某些应用的高可靠需求。1 个次站可以跟主站建立多达 3 条 SCO 链路，每条 SCO 链路都可以传送一个 64Kbit/s 的 PCM 音频。

帧类型可以是 3 种类型之一：1 个时槽、3 个时槽或 5 个时槽。1 个时槽的长度是 625μs。然而，在 1 个时槽的帧的交换中，需要把其中的 259μs 用于跳频控制机制，这就是说，1 个时槽帧只可以持续 625–259=366(μs)。对于 1MHz 带宽采用 1bit/Hz 调制，1 个时槽帧的长度是 366bit。

3 个时槽的帧，在其所占据的 3 个时槽的时间里，由于有 259μs 用于频率跳转，帧的长度是 3×625–259=1616(μs)或 1616bit。使用 3 个时槽帧的设备可以在同一跳频(同一载波频率)上逗留 3 个时槽。此时，尽管只有 1 次频跳，但要消耗 3 个跳频编号。每个帧的跳频编号对应帧的第 1 个时槽。

5 个时槽的帧也使用 259bit 执行跳频机制，帧的长度是 5×625–259=2866(bit)。图 6-11 示出了上述 3 种帧的格式。

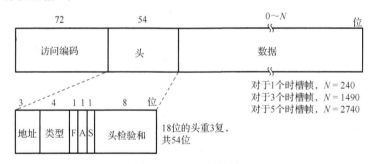

图 6-11　蓝牙帧格式
注：F—Flow(流)；A— Acknowledgement(确认)；S—Sequence(顺序)

称为访问编码(Access Code)的 72 位域通常包含同步位和主站标识符，后者可以让一个次站在有两个主站的无线环境中把接收的一个微微网的帧跟另一个微微网的帧加以区别。

54 位的头域是重复的 18 位图案。每个图案都具有下列子域。

1. 地址

3 位的地址子域可以定义多达 7 个次站(1～7)。如果该地址是 0，则表示从主站到所有次站的广播通信。

2. 类型

4 位的类型子域标识帧的类型，包括 ACL、SCO、轮询，在数据域中使用的差错纠正编码的类型，以及帧占据多少个时槽。

3. 流

流比特由一个次站在它的缓冲区已满不能接收更多数据时插入。这是一种本征形式的流量控制。

4. 确认

确认比特用以在一个帧中捎带一个 ACK。

5. 顺序

顺序比特用以给帧编号，以便检测和重传。由于该协议属于停止等待式，故使用 1bit 编号就足够了。

6. 头检验和

8bit 的头检验和子域检查在每个 18 位头中的传输差错。

整个 18 位的头重复 3 次，形成如图 6-11 所示的 54 位头。在接收方使用简单的电路检查每一比特的所有 3 个副本，如果所有 3 个副本都相同，那么该头就被接收；如果不相同，就采用多数获胜的表决法，以多数为准。这种做法实际上是使用 54 位的传输能力发送仅 10 位的头（不包括 8 位检验和），理由是在有噪声的无线环境中,使用廉价的低功耗(2.5mW) 设备，要取得传输的可靠性，就得有大量的冗余。

ACL 帧的数据域使用所有类型的格式。SCO 帧则比较简单,它的数据域总是 240 位的。它有 3 个变种，允许实际的载荷是 80 位、160 位或 240 位的；如果有剩余空间，就用于差错纠正编码。在最可靠的版本中(仅 80 位载荷)，数据被重复 3 次，类似于头的做法。

由于次站仅使用奇数号时槽，它每秒获得 800 个时槽，跟主站获得的时槽数相同。当使用 80 位载荷时，从次站到主站的通道容量是 64Kbit/s，从主站到次站的通道容量也是 64Kbit/s，刚好是单个全双工 PCM 语音通道(这也正是选择每秒 1600 次跳频的原因)。这些数字表明，尽管原始带宽是 1Mbit/s，在每个方向上都是 64Kbit/s 的全双工 PCM 语音通道饱和使用了微微网。在不要求高可靠的变种形式中，每个时槽 240 位，没有冗余编码，可以同时支持 3 个全双工通道，这就是每个次站允许最多建立 3 个 SCO 链路的原因。

复习思考题

1. 无线通道存在哪些不利因素？
2. 假定正在一个发送速率为 11Mbit/s 的无线通道上连续地传输多个 64 字节的帧，位

错率是 10^{-7}。平均每秒有多少个帧被破坏？

3．为什么在无线局域网中不能使用 CSMA/CD 协议而必须使用 CSMA/CA 协议？

4．为什么跳频机制既需要考虑频率，又需要考虑时间？

5．无线局域网使用 CSMA/CA 和 RTS/CTS 一类的协议，而不是 CSMA/CD。那么，在什么样的条件下可以使用 CSMA/CD 来替代 CSMA/CA 呢？

6．如下题 6 图中示出一个蓝牙设备可以同时在两个微微网中，为什么不可以让一个设备同时是两个微微网的主站呢？

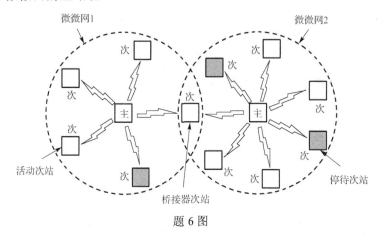

题 6 图

7．在蓝牙 1 个时槽的帧中，有多少时间用于跳频机制？帧可以持续多长时间？对于 3 个时槽的帧和 5 个时槽的帧，情况又将如何？

8．在一个 CSMA/CA 网络上，计算机 A 有一个 2 个时槽的帧间空隙；计算机 B 的帧间空隙是 6 个时槽；计算机 C 的帧间空隙是 4 个时槽。哪个设备具有最高的优先级？

9．给出一个例子，说明在 IEEE 802.11 协议中的 RTS/CTS 与在 CSMA/CA 中可以执行的操作有些不同。

10．以基本速率 1Mbit/s 运行，采用重复编码的 1 个时槽蓝牙帧的效率是 13%。如果 5 个时槽蓝牙帧也采用重复编码，并且也以基本速率 1Mbit/s 运行，那么其效率是多少？

11．在题 11 图所示的网络中，若主机 H 发送一个封装访问 Internet 的 IP 分组的 IEEE 802.11 数据帧，则帧 F 的地址 1、地址 2 和地址 3 分别是什么？

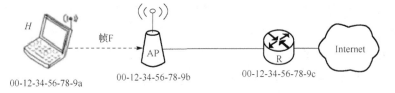

题 11 图

12．站点 A、B、C 通过 CDMA 共享链路，A、B、C 的码片序列分别是(+1,+1,+1,+1)、(+1,−1,+1,−1)和(+1,+1,−1,−1)。若 C 从链路上收到的序列是(+2,0,+2,0)、(0,−2,0,−2)、(0,+2,0,+2)，则 C 收到 A 发送的数据是什么？

第7章 网络层运行机制

本章学习要点

(1) 网络层的功能;

(2) 通信子网和资源子网;

(3) 线路交换、报文交换和分组交换;

(4) 数据报分组交换和虚电路分组交换;

(5) 非自适应和自适应路由选择;

(6) Dijkstra 最短通路搜索算法;

(7) 距离向量路由选择算法和 RIP;

(8) 链路状态路由选择算法。

网络层的主要功能是将源端发出的信息分组,经各种途径送到目的端。它负责给网络中的每个设备分配具有全局唯一性的地址,提供从网络中的任一结点到达其他任意结点的路径(也称路由)。网络层体现了网络应用环境中资源子网访问通信子网的方式。

本章先介绍传统的通信子网的概念,接着讨论在数据通信中常用的交换技术,进而阐述网络层设计中的路由选择算法。

7.1 通 信 子 网

在计算机网络中,运行用户应用程序的计算机称为主机(H)。但在主机之间传送信息的通路通常都不是直接的通信线路,而是先到达一个称为接口信息处理机(Interface Message Processor,IMP)的设备,再通过若干个 IMP 的转接到达目的主机所附接的 IMP,最后从 IMP 到达目的主机(图 7-1)。

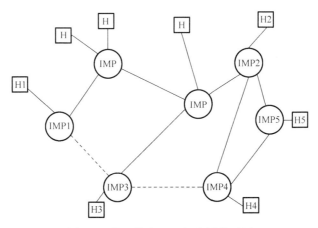

图 7-1 接口信息处理机和通信子网

　　由负责完成主机间通信任务的 IMP 和在它们之间互连的通信线路所构成的网络称为通信子网。在实际的网络中，IMP 通常就是广域网交换机或路由器。由运行用户应用程序的计算机构成的网络则称为资源子网。资源子网把软硬件资源提供给网络用户共享。

　　在采用广播型传输介质的局域网中，IMP 简化为单个芯片置于主机内部，所以总是一台主机配一个 IMP；而在广域网中，可以是多台主机共用一个 IMP。

7.2　交换技术

　　在广域范围内，数据通信典型地是把数据从源端点经过中间交换结点的网络传送到目的地。通信子网的目的就是要把数据快速地、不加改变地传输到计算机网络的任一指定场点。

　　在计算机网络中使用 3 种相当不同的技术：线路交换技术、报文交换技术和分组交换技术。这 3 种技术在沿着从源到目的地的通路上的结点把信息从一条链路交换到另一条链路的方式有明显的差异。

7.2.1　线路交换技术

　　线路交换技术在源和目的地结点之间建立一条专用的通路。该通路是连接在一起的一个网络结点间链路的序列。在进行通信以前先要建立一条通路。

　　例如，在图 7-2 中，A 站给结点 4 发送一个请求，请求到达 E 站的一条连接。典型地，从 A 至结点 4 的链路是一条专用线，因此连接的部分已经存在。结点 4 必须寻找通往结点 6 的路径中的下一条支线。基于路由选择信息以及对于可达性或许还有代价的计量，结点 4 选择了前往结点 5 的链路，在该条链路上分配一个空闲通道(使用 FDM 或者 TDM)并发送一个报文，请求连接 E 站。至此，从 A 站经过结点 4 到结点 5 已经建立起一条专用的通路。因为结点 4 可以附接多个站，它必须能够建立从多个站到达多个结点的内部通路。接着，结点 5 分配一条到达结点 6 的专用通道，并在其结点内部把该通道跟来自结点 4 的通道相关联。最后，结点 6 完成对 E 站的连接。

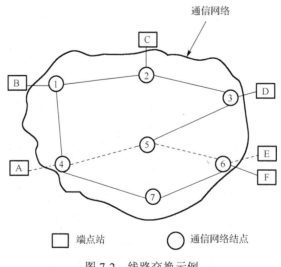

图 7-2　线路交换示例

以上叙述的内容实际上就是一个线路建立过程。在发送任何信号之前，必须建立端到端(站到站)的线路。线路交换通常包括 3 个阶段：线路建立、数据传送和线路释放。

接着前面的示例过程，现在信息可以从 A 站经过网络传送到 E 站，取决于网络的性质，数据可以是模拟的，也可以是数字的。我们的数据通路是 A 站到结点 4 的链路、通过结点 4 的内部交换、结点 4 至结点 5 通道、通过结点 5 的内部交换、结点 5 至结点 6 通道、通过结点 6 的内部交换，以及结点 6 到 E 站的链路。一般情况下，连接都是全双工的。

在经历一段时间的数据传送之后，连接被终止，通常由两个站中的一个站执行断连操作。断连信号必须传播到结点 4、5 和 6，让它们释放所分配的资源。

需要注意的是，连接通路是在数据传输开始之前建立的，必须在通路的每对结点之间保留专用于该通路的通道容量。相关的交换机必须有能力做通道分配和路由选择的工作。

7.2.2　报文交换技术

报文交换技术是网络结点以用户的整个报文作为交换单位的交换技术。例如，交换结点在收到一个完整的文件后首先检查它是否有错，若有错则要求重传，无错则向下一个结点转发，因而这种交换技术也称为存储转发技术。该交换技术由于要求网络结点有比较大的存储缓冲空间，且用户的交互性差，因而通常都被比较先进的分组交换技术所取代。

使用报文交换技术的一个例子是使用低轨地球卫星的空间网络，卫星时而通过、时而离开地面站的范围。一个给定的卫星可能仅在特别的时间能够跟一个地面站通信，在这类间断连接的网络中，通过使用报文交换技术，把数据存储在结点，并且在后来有工作链接时再对它们进行转发，最终仍然能把数据中继传送到目的地。一个网络如果其体系结构是基于这种方法的，那么该网络就称为容迟网络(Delay Tolerant Network，DTN)。

7.2.3　分组交换技术

线路交换技术最初是为了处理语音通信量而设计的，它的一个主要特点是网络为每个呼叫保留专用的资源。对于语音连接，所建立的线路会有比较高的利用率，因为在大多数时间内，通话双方总有一方在说话。但是，把线路交换技术用于数据传输，有以下两个明显的缺点。

(1)计算机通信的数据具有突发性，线路在大多数时间是空闲的。例如，一个 PC 用户登录一个远程数据库服务器时，通常在终端上输入一行字符后才做短暂的数据传输。因此，对于数据连接，线路交换技术是低效的。

(2)在线路交换中，连接的数据率是恒定的，相连的两个端点设备必须以相同的数据率发送和接收。这样在连接各种不同类型的计算机和终端设备的网络上，线路交换技术就会限制可以交互的设备类型，从而降低网络的利用率。

分组交换技术限制传输的数据块的长度，如只允许 1500 字节的最大长度。如果源端有更长的报文需要传送，那么就要把这个报文分割成一个分组序列(图 7-3)，每个分组中包含部分用户数据。分组中还包含一些控制信息，以使网络能为它们选择适当的路径，并把它们传送到正确的目的地。在路由途径的每个结点上，分组被接收，暂时保存，并被传输到下一个结点。

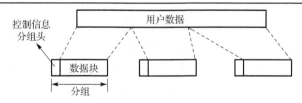

图 7-3　分组

与报文交换技术相比，分组交换技术通常都把报文划分成若干个可以存放在内存中的分组，从而提高了交换速度，适用于交互式数据传输。

分组交换技术相对于线路交换技术有以下几个优点。

(1)分组交换网络能够自动完成数据速率之间的转换。两个不同数据速率的站点可以互相交换分组，因为它们各自都以自己所连接的链路的速率发送分组。

(2)线路的效率较高，因为单条结点到结点的链路可以被许多用户的分组动态地共享。这些分组排队等候，并尽可能快地在下一条链路上被发送出去。

(3)可以使用优先级。如果一个结点有许多个分组在队列中等待传输，那么优先级较高的分组将被优先传输。

(4)当线路交换网络中的流量变得非常拥挤时，某些呼叫会被阻塞；而在分组交换网络中，当网络负荷重时，分组仍然可以被接收，只是传输延迟变大了。

在分组交换网络中，网络把用户数据以分组的形式通过一定的路径传输，直到把它们发送到最终目的地为止。具体来说，网络究竟是怎样处理这些分组流的呢？根据端点系统用户对网络服务的不同要求，目前的网络使用了两种分组交换的方式：数据报方式和虚电路方式。

在数据报方式中，发送的每个分组在网络层都被看成独立的，都在其控制域中包含目的地址，并且和之前及之后发送的分组没有关联。作为例子，图 7-4 示出了 3 个数据报分组经过分组交换网络的不同路径传输的情况。在传输的通路上，每个网络结点都为分组选

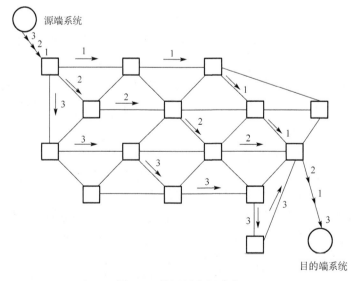

图 7-4　数据报分组交换

择下一跳段。选择下一跳段时需要考虑的因素包括有关邻居结点的流量信息和线路故障等。因此，虽然这些分组都前往同一个目的地，但由于网络状态的动态变化，并不一定走同样的路径，而且到达目的地的顺序也可能跟在源端发送它们时的顺序不同。

如果一些分组在一个结点排队等待传输的过程中，该结点突然因故障而崩溃，那么这些分组都将丢失。数据报交换机制不会尝试发现和纠正这类传输差错。因此数据报交换不提供可靠性保证。从网络层数据报的观点看问题，把报文划分成分组、顺序编号、差错纠正、按序投递和报文重组等工作都是上层协议的责任。

在虚电路方式中，发送任何一个分组之前，首先要在源端用户和目的端用户之间建立逻辑连接，确定一条传输路径，在随后通信双方之间传输的所有分组都将走这条路径前往目的地。由于在这种方式中，也有连接建立、数据传输和连接释放 3 个阶段的划分，但不为连接分配专用的带宽，所以该方式称为虚电路方式。因为在连接建立期间，在路径经过的每一条链路上都被赋给一个虚电路标识符，所以在数据传输阶段结点知道怎样根据虚电路标识符来把分组转发到正确的输出端口，不需要再做路由选择的工作。任一站点都可以有到达其他任何站点的虚电路，也可以有到达任一其他站点的多条虚电路。

由此可见，虚电路方式的主要特点是在数据传输之前，就在站点之间建立了路由。需要注意的是，这不是一条专用路径。分组还是要在每个结点被缓存，排队等待在下一条链路上继续向前移动。与此同时可能有属于其他虚电路的分组经过同一条输出链路，因此该输出链路是被多个用户共享的。虚电路方式与数据报方式的区别在于，使用虚电路方式时，结点不需要为每个分组选择路由。对于属于同一条虚电路的所有数据分组都只需要在建立连接阶段事先做 1 次路由选择。

当一个数据分组到达一个支持虚电路的结点时，虚电路标识符(通常就是一个号码)被用作一个索引，查询一个表(该表在建立连接期间事先填写了相关的虚电路表项)，确定将要使用的输出线路和将要使用的新的虚电路号。虚电路号仅具有本地意义，两个不同的结点可以在两条线路上向另一个结点送入两个具有相同虚电路号的不相关的分组，并且后者会在同一输出线路上把两个分组继续向着目的地的方向上转发。为了在另一端可被区别，虚电路号在每一跳段都必须更新。

例如，在图 7-5 中，端系统 H_1 发出呼叫请求时，请求分组中已经包含由端系统所选取的(最低的)未用过的虚电路号 N_1。F 接收请求分组后并不直接把它送给下一结点 D，而是在 F 和 D 之间所有正在使用的虚电路号之外选取一个最低号码 N_f，并将请求分组中的虚电路号 N_1 替换成 N_f，然后把分组送到下一结点 D。以后的结点也依次逐个替换分组中的虚电路号，直到目的地结点 C，把从 D 送来的请求分组中的虚电路号 N_d 替换成与目的端系统 H_4 之间的虚电路号 N_c，再把请求分组发送给端系统 H_4。这样，在虚电路所跨越的每条链路上

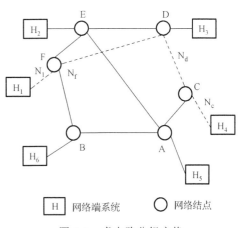

图 7-5　虚电路分组交换

的虚电路号就是唯一的。

在一条连接建立的过程中，每个结点上都记录一个打开的虚电路的信息，包括前一结点和下一结点的标识、输入端口和输出端口、输入虚电路号和输出虚电路号。数据传输是双向进行的。在我们该例中，在由结点 F 所连的端系统 H_1 和结点 C 所连的端系统 H_4 之间建立了一条虚电路。从 H_1 来看，它总是用它所选取的虚电路号 N_1 来发送和接收分组；而 H_4 也总是在虚电路 N_c 上发送与接收分组。

7.3　路由选择算法

路由器是网络层设备，其任务是转发分组。路由器通过查询路由表确定为了把分组送往目的地应该使用哪一条外出链路。而路由表又是通过路由协议执行某种路由算法产生的。

路由选择本质上是图论中的问题。我们可以把网络拓扑用一个图来表示，结点表示路由器，边代表链路，每条边都有一个代价。路由选择最基本的问题就是找出任意两个结点之间的最小代价路径。一条路径的代价等于组成这条路径的所有边的代价之和。

从能否随网络流量或拓扑结构的动态变化进行调整来划分，路由算法可分为两大类：非自适应路由算法和自适应路由算法。

非自适应路由算法指的是由网络管理员手动配置路由表。当网络拓扑或链路状态发生变化时，网络管理员需要手动修改相关的路由表项。它的缺点是：不处理结点或链路故障；不考虑新的结点或链路的增加；边的代价不能改变。大型的复杂的网络通常都不使用非自适应路由算法。一方面网络管理员难以及时、全面地了解整个网络结构的状况，包括故障链路和设备；另一方面，当网络拓扑和链路状态变化时，可能需要大范围地调整路由表中的信息，其难度和复杂度都非常高。

自适应路由算法指的是路由选择由运行在路由器之间的路由协议来实现。这些协议提供了一种分布式的、动态的方法来解决在链路或结点出现故障以及链路负载有显著变化的情况下对最小代价路径的计算问题。网络上的路由器彼此互相交换路由信息，并按照某种路由算法，自动建立和更新路由表，以适应网络的动态变化，取得最佳的选路效果。

非自适应路由算法的优点是简单，在一个具有稳定负荷的可靠网络中，它的表现良好，故现在仍用于需要高度安全性的军事系统和较小的商业网络。其缺点是缺乏灵活性，无法对网络拥塞或故障及时地做出反应。

从网络用户的角度来看，自适应路由算法能够提高网络性能。它的路由选择策略可以有助于拥塞控制，还可以实现负载平衡，减少拥塞状态发生的概率。其缺点是路由选择的判决比较复杂，增加了网络结点的处理负担；交换的路由信息本身也增加了网络流量负荷；自适应策略如果反应太快，会产生振荡，如果反应太慢又会出现由一段时间内网络路由不一致所引发的问题。因此要仔细设计自适应路由算法，以发挥其优点，克服其缺点。常用的自适应路由选择算法有距离向量路由选择算法和链路状态路由选择算法。

7.3.1　Dijkstra 最短通路搜索算法

通常在两个主机之间的通信都是把分组从源主机发送给与它直接相连的一个路由器，

该路由器为分组选择一条路径,往目的地的方向上转发。再经过可能多个路由器的转发后,分组到达目的地网络上的一个路由器。最后目的地路由器把分组投递给目的主机。

为了寻找最短通路,可以把网络表示成一个图。该图由若干个结点(通常就是路由器)和连接这些结点的边构成。实际上,可以把网络模型化成一个权重图,把每条边都跟一个代价相关联。代价可以表示链路长度或分组在该链路上传输的时延,其值跟长度或时延成正比;也可以表示链路带宽,其值与带宽成反比,但与链路上的当前流量成正比。如果仅考虑中继跳段数,则每条链路的代价都是 1。在全双工链路连接的网络上,每条链路的每一个方向上都有一个与之相关的代价。两个结点之间的一条路由的代价是它所经过的链路代价之和。

路由选择就是要在从源到目的地有可能存在的多条路由中选择最好的路由,即最小代价路由。

下面介绍的算法是 Dijkstra 于 1959 年提出的,每个结点用从源结点沿已知最佳路径到本结点的代价来标注(在圆括号内)。开始,一条路径也不知道,故所有结点都标注为∞。随着算法的进行和不断找到的路径,标注随之改变,使之反映较好的路径。一个标注可以是暂时性的,也可以是永久性的。最初,所有的标注都是暂时性的。当发现标注代表了从源结点到该结点的最短可能路径时,就使它成为永久性的,不再进行修改。

为了说明加标注算法是怎样工作的,请参考如图 7-6(a)所示的加权无向图,其中线上的标记表示代价。该示例要找出 A 到 D 的最短路径。先将 A 结点涂黑作为一个永久性的结点。接下来,检查与 A 邻接的每个结点(此时,A 是工作结点),并用它们到 A 的距离重新标注这些结点。每当重新标注一个结点时,也标注此次检查所依据的基准结点,以便可以在此后重建最终路径。检查完与 A 相邻的每个结点后,把图中所有被临时标记的结点中具有最小标记的结点变为永久性的结点。如图 7-6(b)所示,结点 B(2,A)成为新工作结点。

现在从 B 开始检查所有与它邻接的结点,如果结点 B 上的标记与 B 到某个结点的距离的和比该结点的标记要小,那么就得到了一条更短的路径,而这个结点就会被重新标记。注意,任一结点标记中的代价都是从源结点 A 起始计算的。

当所有与工作结点相邻接的结点都已检查并且可能修改的临时标记都已经重新标记之后,便在全图的临时标记结点中找到具有最小标记值的结点。该结点变为永久性的结点,并且又成为下一个检查周期的工作结点。图 7-6 给出了这个算法最初 5 步的情况,其中的箭头指示工作结点。

为了说明这种算法的正确性,再考察图 7-6(c)。在这里刚刚将 E 转变为永久性的结点。假定还有一条比 ABE 短的路径 AXYZE,那么有两种可能性:结点 Z 可能已是永久性的,或者还不是。如果 Z 已是永久性的,那么 E 必然已被检查(在 Z 结点变成永久性的结点的操作周期之后),所以在这种情况下,AXYZE 路径没有逃过我们的检查范围。

现在再考虑 Z 仍然是临时标记的情形。Z 的标记值要么比 E 的标记值大或者和它等,要么小于 E 的标记值。如果 Z 的标记值大于或等于 E 的标记值,那么路径 AXYZE 不可能比路径 ABE 短,如果 Z 的标记值小于 E 的标记值,那么是 Z 而不是 E 将首先成为永久性的结点,因为 Z 的标记值会是全图的临时标记结点中具有最小标记值的结点。既然如此,就应该允许从 Z 来检查 E。

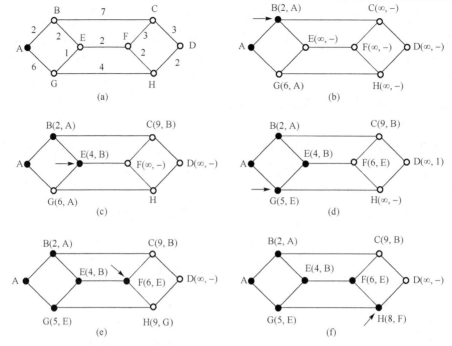

图 7-6　计算从 A 到 D 最短路径的最初 5 步

为什么一个结点只要记录最佳路由上的下一结点而非所有结点呢？这是因为在一条最佳路由上有一个最佳原理成立，即如果从结点 A 到结点 B 的最佳路由上经过了结点 C，则在该最佳路由上从结点 C 到 B 的一段也是从 C 到 B 的最佳路由，从 A 到 C 也如此，这是显而易见的。

我们的出发点是要找出从 A 到 D 的最短路径，但执行上述 Dijkstra 算法的结果，当图中所有的结点都被涂黑从而都变成永久结点时，我们同时也得到了从 A 到图中所有其他结点的最短路径(图 7-7(a))，从而可画出如图 7-7(b)所示的以 A 为根的最短通路树。

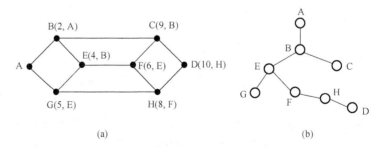

图 7-7　以 A 为源结点的最短路径和以 A 为根的最短通路树

7.3.2　距离向量路由选择算法

最早的也是比较简单的一个路由选择算法就是距离向量路由选择算法。在这个路由选择算法中，每个结点都定期地给与它直接邻接的所有其他结点发送路由信息报文。这个路由信息报文包括所有可能的目的地以及从发送该报文的结点到达每个目的地的代价。也就是说，路由信息报文含有成对的列表(V，D)，这里的 V 表示目的地(称为向量)，D 是到达该目的地的代价(称为距离)。这也正是该算法名称的来由。执行这种算法的所有结点都监听从其他结点传送来的路由选择信息。并在下列情况下更新它们的路由选择表。

(1)被通告一条新的路由,该路由在本结点的路由表中不存在,此时本地系统加入这条新的路由。

(2)发送来路由信息的结点有一条到达某个目的地的路由,该路由比当前使用的路由有更短的距离(更小的代价)。在这种情况下,就用经过发送路由信息的结点的新路由替换路由表中到达该目的地的现有路由。

(3)在本结点的现有路由表中,为了到达某一目的地,首先应前往下一结点,如果通告了一个较大的代价,就要使用这一新的代价更新从本结点前往同一目的地的代价。

距离向量路由选择算法开始假设每个结点都知道到与其直接连接的相邻结点的链路代价,而把到不相邻结点的路径代价指定为无穷大(Infinity)。在经过若干次的路由信息传送和路由表的更新后,每个结点的路由表中的无穷大都会收敛成有限值。

如果度量标准是中继段数,在相邻结点之间的距离就是 1。如果度量标准是延迟,可以通过给邻居发送回送分组来测得(接收方会对分组加上时间标记后尽快返回)。现在假定用延迟来作为度量标准,且路由器知道到每个邻居的延迟。每隔 Tms,路由器把它估计的到达各个目的地的延迟的列表发送给每个邻居。它也从各个邻居那里收到类似的列表。假定从邻居 X 刚刚收到一个表,说明 X 路由器到达 i 路由器估计的延时是 X_i,如果本路由器知道它到 X 的延迟是 $m$ms,那么它也就知道通过 X 到达 i 路由器需要花 X_i+mms 的时间。通过对每个相邻路由器进行类似的计算,本路由器就可以知道哪一个估计值最优,并且在它的新的路由选择表中使用这个估计值和相应的线路。注意,在计算过程中并不使用旧的路由选择表。

距离向量路由选择算法的实质是选代计算一条路由中的代价,从而得到到达一个目的地的最短通路。该算法要求每个结点在每次更新中都将它的全部路由表发送给它的所有相邻结点。显然,更新报文的大小跟通信子网的结点的个数成正比,大的通信子网将导致很大的更新报文。由于所有的结点都将参加路由信息交换,在通信子网上传送的路由信息的数量很容易变得非常大。

图 7-8 给出了这种更新过程的一个示例。A 认为它到 B 的延迟是 12ms;到 C 的延迟是 25ms;到 D 的延迟是 40ms 等。假定 J 测得它到相邻结点 A、I、H 和 K 的延迟分别是8ms、10ms、12ms 和 6ms。

现在考察结点 J 怎样计算到路由器 G 的新路由。它知道如果经 A 转发分组到 G,需要26ms。类似地,它能计算出经 I、H 和 K 到 G 分别需要 41(31+10)ms、18(6+12)ms 和37(31+6)ms。这些值中最好的是 18,因此,它就在路由选择表中填上到 G 的延迟为 18ms。所用的路由经过结点 H,对所有其他目的地做类似的计算,得到的路由选择表如图 7-8 中最后一列所示。

在完全静态的环境里,距离向量路由选择算法将路由传播到所有目的地。然而当路由迅速改变时,执行该算法可能会出现不平稳的状态。当一条路径改变,例如,一条新的连接出现或一条老的连接出了故障时,有关信息将缓慢地从一个结点传播到另一个结点,在这期间,某些路由器就可能拥有不正确的路由选择信息。事实上,如果路径变化了的信息

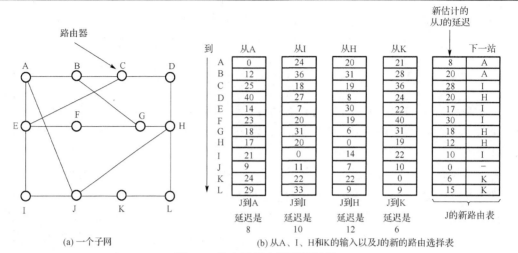

(a) 一个子网　　　　(b) 从A、I、H和K的输入以及J的新的路由选择表

图 7-8　路由选择表的更新过程

不是很快地传播到所有的结点，就会产生慢聚合。在某些情况下，通信子网内路由选择信息的不一致会持续一个相当长的时间。图 7-9 给出了一个慢聚合问题的例子。

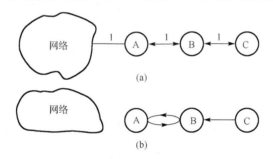

图 7-9　距离向量路由选择算法的慢聚合示例

在图 7-9(a)中，结点 A 直接连到一个以网络标示的广播型网络(如以太网)，它向邻接结点通告一条到达网络仅一个站段距离的路径。结点 B 向邻接结点通告一条到达网络有两个站段距离的路径。

如果结点 A 和网络之间的链路失效。A 将再次通告它到网络的距离为无穷大，即不可达，并将这一信息传递到 B。然而，在 A 再次通告之前，B 已发布了一个现在过时的路由信息，A 将注意到它可以经过 B 以三站段的距离抵达网络，这是通过从 B 到网络的两个站段加上从 A 到 B 的一个站段计算出来的。这样一来，任何经过 A 送往网络的信息分组都被送到 B，而到达 B 前送往网络的任何分组都被送到 A。正如图 7-9(b)所示，在结点 A 和 B 之间形成了路由选择回路。

表 7-1 列出了本例中结点 A 和 B 路由选择表变化的步骤以及在慢聚合过程中所发生的不一致性。

解决慢聚合问题的一个办法是水平分裂。水平分裂通过禁止把在一个接口上接收的关于一个目的地的路由信息再在同一接口上通告来阻止上述现象的发生。例如，假定结点 A 有 B、C 和 D 三个邻居结点(A 到达它们的代价都等于 1)，它们通告给 A 的到达一个远方结点 Z 的代价分别是 11、12 和 13。那么，由于 A 经过 B、C 和 D 前往 Z 的代价分别是 12、

表 7-1　典型的慢聚合过程

步骤	结点 A 到网络的代价	结点 B 到网络的代价
A 对网络有直接链路，路由选择信息是稳定的	1	2
A 对网络的连接失效；A 更新它的路由表	16(∞)	2
在 A 发送路由信息通告之前，B 发送它的当前路由表通告；A 获知通过 B 到达网络的一条新路由	3	2
A 通告它的新路由表，B 获知经过 A 到达网络这条路径的新的代价	3	4
B 通告它的新路由表，A 获知经过 B 到达网络这条路径的新的代价	5	4
A 和 B 互相通告路由表，增加到达网络的代价，直至在两个路由表上都达到表示无穷大的有限极值(如 16)	16(∞)	16(∞)

13 和 14，因此 A 选择的前往目的地 Z 的通路经过邻居 B。由于 A 所选择的前往目的地 Z 的路由是根据在连接 B 的接口上收到的关于 Z 的路由信息，A 就不要再把它自己到达 Z 的路由信息通告给 B。

在实际网络的实施中，如在因特网上使用距离向量路由选择算法的路由信息协议(RIP)，示例中的结点 A 在往 B 发送的通告中会把它到达 Z 的代价表示成无穷大，尽管 A 实际上还可以经过 C 和 D 以有限代价到达 Z。通常把这种解决方案称为毒性逆转(Poison Reverse)。

具体地说，RIP 使用带有毒性逆转的水平分裂来减少路由回路。距离向量路由选择算法需要一个结点给它的各个邻居发送到达所有目的地的最小代价，然而如果一个邻居是在该结点到达一个给定目的地的最短通路上的下一结点，那么该结点就要在发给这个邻居的路由信息中把到达这个给定目的地的最小代价设置成无穷大。例如，如果结点 x 认为到达结点 y 的最短通路经过邻居 z，那么结点 x 应该在把路由更新报文发送给结点 z 之前将到达 y 的最小代价设置成无穷大。在前面给出的慢聚合的例子中，A 到以太网的距离是 1，B 经过 A 到达以太网的距离是 2，因此 B 在发给邻居 A 的路由信息中把到达以太网的最小代价设置成无穷大，这样就可以避免在 A 和 B 之间形成的路由选择回路。

距离向量路由选择算法有时也称为分布式 Bellman-Ford 路由选择算法，以纪念研发出该算法的研究人员 Bellman 和 Ford。它是早先的 ARPANET 的路由选择算法，也是后来在因特网上广泛流传的 IP 路由协议 RIP 所使用的算法。RIP 运行于 UDP 之上，使用 UDP 众所周知的端口号 520。在计算通路时使用的度量典型地是跳段数。由于 RIP 的设计目标是用于本地区域环境，网络的直径通常都不大，所以最大跳段数被限制到 15。代价值 16 被保留，并且表示无穷大。

距离向量路由选择算法的主要缺点是网络规模伸展性差。它对链路状态变化的响应慢，需要使用大尺寸的路由信息报文，并且报文的长度与通信子网内结点的个数成正比，因而路由信息交换所消耗的带宽比较大。

7.3.3　链路状态路由选择算法

在链路状态路由选择算法中，一个结点检查所有直接链路的状态，并将所得的状态信息发送给网上所有其他的结点，而不是仅仅送给那些直接相连的结点。通过这种方式，每个结点从网上所有其他的结点接收包含直接链路状态的路由信息。每个结点都知道所有的结点分布在哪里，以及哪些链路将它们互连。每个结点都拥有关于整个网络的同样的视图，都可以使用 Dijkstra 算法计算从单一的报源出发到达所有目的结点的最短路径。

每当链路状态报文到达时，结点便使用这些状态信息更新自己的网络拓扑和状态视野图。一旦链路状态发生了变化，结点就对更新了的网络拓扑利用 Dijkstra 最短通路搜索算法重新计算路由。实际上，对于代价，每条链路都表示两次，两个方向各表示一次。两个值可以取平均，也可以分开用。

距离向量路由选择算法和链路状态路由选择算法的主要区别在于，前者传送的路由报文包含到达所有目的地的信息，然而它是不可靠的，因为它包含有一个结点从其他系统获悉的信息。链路状态路由选择算法的路由报文仅包含一个结点直接链路的状态，然而这个消息是可靠的，因为发送者本身可以验证它。

链路状态路由选择算法的一个主要优点是，每个路由选择结点都使用同样的原始状态数据独立地计算路径，它们不依赖中间机器的计算。因为链路状态报文不加改变地传播，采用该算法易于查找故障。当一个结点从所有其他结点接收了报文时，它可以在本地立即计算正确的通路，保证一步会聚。最后，由于链路状态报文仅运载来自单个结点关于直接链路的信息，其大小与网络中的路由结点数目无关。因此，链路状态路由选择算法比距离向量路由选择算法有更好的规模可伸展性。

链路状态路由选择算法和距离向量路由选择算法之间的差别可以用这样的比喻来说明：距离向量路由选择算法向邻居通告整个世界的情况，而链路状态路由选择算法向整个世界通告邻居的情况。链路状态路由选择算法解决了距离向量路由选择算法产生的许多收敛问题，适用可伸缩的环境。然而，它们是非常强化计算的，需要消耗机器比较多的 CPU 指令。

每个链路状态分组都包含发送方的标识符、序号、生存时间和一个关于邻居的列表。对于每一个邻居，都给出到达该邻居的链路代价。图 7-10(a)给出了一个示例子网，其代价已标在线路上。图 7-10(b)示出了所有六个路由器的对应的链路状态分组。

对于链路状态分组创建时间的选择有两种方式。一种方式是定期创建，即每隔一定时间就创建一次。另一种方式是当出现重大事件时再创建，例如，线路或邻居结点的增删，或者当线路或邻居的特征有明显变化时。

为了能够可靠地传输链路状态分组，链路状态路由选择算法利用扩散来发布链路状态分组。为了控制扩散，每个链路状态分组包含一个序号。该序号在每次发送新分组时加1。路由器记下它所见过的所有信息对(源路由器，序号)。当一个新的链路状态分组到达时，它先查看该分组是否已收到过。如果是新的，则把它再向除了进入线路之外的所有线路转发；如果是重复的，则丢弃它。如果一个链路状态分组的序号比目前为止已到达的最大的序号小，则被认为已过时而拒绝。如果序号循环使用，就会发生冲突。解决办法是使用 32 位序号。如果每秒发送一个链路状态分组，就得花 137 年才能使计数循环回来，所以避免了发生冲突。

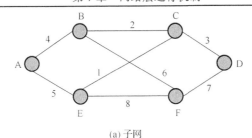

(a) 子网

A	
序号	
存活时间	
B	4
E	5

B	
序号	
存活时间	
A	4
C	2
F	6

C	
序号	
存活时间	
B	2
D	3
E	1

D	
序号	
存活时间	
C	3
F	7

E	
序号	
存活时间	
A	5
C	1
F	8

F	
序号	
存活时间	
B	6
D	7
E	8

(b) 该子网的链路状态分组

图 7-10　链路状态分组

对于生存时间字段，链路状态分组经过的每个路由器都将生存时间减 1，在队列中每停留 1s 也将生存时间减 1。当生存时间变成 0 时，就把该分组丢掉。这样就可以保证没有任何链路状态分组到不了目的地还长时间地在网络上游荡。为了预防路由器至路由器线路出问题，所有的链路状态分组都要求应答。

在实际网络中，链路状态路由选择算法被广泛应用。在互联网上运行的开放最短路径优先(Open Shortest Path First，OSPF)协议所使用的就是链路状态路由选择算法。

复习思考题

1．(单项选择题)某自治系统内采用 RIP，若该自治系统内的路由器 R1 收到其邻居路由器 R2 的距离向量，距离向量中包含信息<net1,16>，则能得出的结论是(　　)。

　　A．R2 可以经过 R1 到达 net1，跳数为 17

　　B．R2 可以到达 net1，跳数为 16

　　C．R1 可以经过 R2 到达 net1，跳数为 17

　　D．R1 不能经过 R2 到达 net1

2．(单项选择题)下列关于虚电路的说法中，正确的是(　　)。

　　A．虚电路与线路交换没有实质性的不同

　　B．在通信的两个站点之间只可以建立一条虚电路

　　C．虚电路有连接建立、数据传输和连接拆除三个阶段

　　D．在虚电路上传送的同一个会话的数据分组可以走不同的路径

3．(单项选择题)以下各项中，数据报服务是(　　)。

　　A．面向连接的、可靠的、保证分组顺利到达的网络服务

　　B．面向无连接的、不可靠的、不保证分组顺利到达的网络服务

C. 面向连接的、不可靠的、保证分组顺利到达的网络服务

D. 面向无连接的、可靠的、不保证分组顺利到达的网络服务

4. (单项选择题)下列关于链路状态路由选择算法的描述，错误的是(　　)。

A. 相邻路由器交换各自的路由表

B. 整个区域内路由器的拓扑数据库是一致的

C. 采用洪泛技术更新链路状态信息

D. 具有快速收敛的优点

5. 对于如题 5 图所示的网络中的每个结点，试列出到达每一个目的地结点的数据报转发表。图中对每条链路都已标出了相对代价，转发表应该能够把每个分组都通过最小代价通路往目的地转发。

6. 形成网络中数据传输环路的原因是什么？解决的方法是什么？

7. 跟线路交换相比，分组交换具有哪些优点？

8. 题 8 图中每个圆圈代表一个网络结点；每一条线代表一条通信线路；线上的标注表示两个相邻结点之间的代价。请根据该图回答下列问题。要求使用直接在图上加标记的方法，而且，在答案中只要求：

(1) 给出从 E 到 C 的最短通路及代价；

(2) 示出最后一步算法完成时图上每个结点(除 E 以外)的标注；

(3) 画出以 E 为根的最短通路树。

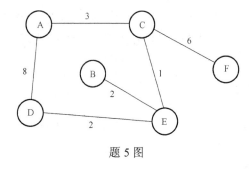

题 5 图

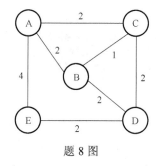

题 8 图

9. 考虑如题 9 图所示的子网。使用距离向量路由选择算法，距离用延时表示。下列向量刚刚被路由器 A 收到。

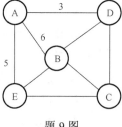

题 9 图

来自 B：(6,0,8,12,6)。

来自 D：(3,12,6,0,9)。

来自 E：(5,6,3,9,0)。

上述向量表示发送该向量的路由器分别与网络中路由器 A、B、C、D、E 之间的延时。路由器 A 测量得到的到达 B、D 和 E 的延时分别为 6、3 和 5。试问路由器 A 的新的路由表是什么？要求在路由表的每一项中都列出目的地、延时和输出线路，其中，延迟时是到达目的结点的延时；输出线路用前往目的结点所使用的邻居结点表示。

10．(1)题 10 图中，具有水平分裂的 RIP 网络收敛后，A 的以太网接口失效了。网络对此拓扑改变将做出什么样的反应？

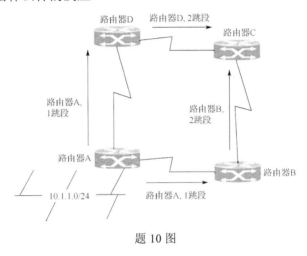

题 10 图

(2)如果采用没有水平分裂的 RIP，那么在路由器 A 的以太网接口失效后，在网络中会发生什么样的情况？

11．在链路状态路由选择算法中还使用了哪些其他的路由选择算法？

12．假设 R1、R2、R3 采用 RIP 交换路由信息，且均已收敛，见题 12 图。若 R3 检测到网络 201.1.2.0/25 不可达，并向 R2 通告一次新的距离向量，则 R2 更新后，其到达该网络的距离是多少？

题 12 图

第8章 IP网络

本章主要知识点

(1) 互联网协议；

(2) IP 地址；

(3) 子网的划分；

(4) 无类别域间路由选择；

(5) 网络地址翻译；

(6) IP 分组；

(7) IP 路由选择；

(8) OSPF 路由协议；

(9) BGP 路由协议；

(10) ICMP；

(11) ARP；

(12) DHCP；

(13) 路由表和转发表；

(14) 路由器的成分。

关于通信系统的设计有两个基本的出发点：①没有一个物理网络能够为所有用户服务；②用户希望通用的互连。说到底，我们希望在任何两个站点之间都能通信，特别是，希望一个通信系统不受物理网络范围的限制。

网络互连的目标就是要进行统一的合作网络的互连，支持一种通用的通信服务。无论各个基础网络所使用的结构和技术有多大差异，都可以通过网络连接设备把它们连接在一起，形成覆盖更大范围的网络。

把不同的网络互联有两个基本的选择：第 1 种方法是建立一个设备，让它把每种网络的分组翻译成或转换成每个其他网络的分组。第 2 种方法在不同网络的顶部加上一个间接层次，从而建立一个共同的层次。不过，上述任一种方法都需要把一个设备放在两个网络的边界。

在 1974 年，文登·瑟夫（Vinton G. Cerf）和罗伯特·卡恩（Robert E. Kahn）主张用一个共同层次隐藏现有网络的差异，这个方法取得了巨大的成功，并且他们提出的这个层次后来被正式命名为 IP。今天，IP 是现代国际互联网（因特网）的基础。因为这个成就，Kahn 和 Cerf 被授予 2004 年图灵奖，该奖被誉为"计算机界的诺贝尔奖"。

IP 提供了一种所有路由器都识别的通用分组格式，几乎可以通过每一个网络传输。现在，IP 的作用范围已经从计算机网络扩展到部分取代电话网络。它也运行在传感器网络上，以及其他曾经被看成因资源受限而不能支持的小设备（如手机）上。

IP 协议是一个无连接的数据报协议；所配置的网络连接设备是 IP 路由器，通常称为路由器，也叫做网关。IP 协议同等地看待所有网络，不论是以太网这样的局域网，SDH/SONET 这样的广域网，或者仅仅是在两台机器之间的一条点到点的链路，每一个都算作一个网络。

IP 协议模块是 TCP/IP 技术的核心，而 IP 模块的关键成分则是它的路由表。路由表放在内存储器中，IP 模块使用它为 IP 分组选择路由。

8.1　IP 地址

通常网络管理人员根据计算机所连入的 IP 单元网络分配 IP 地址。4B 的 IP 地址实际上由两部分组成：第一部分是网络号；第二部分是主机号。例如，有一个用点分十进制形式表示(每个字节用一个十进制数字表示)的 IP 地址 159.226.71.10，其网络号是 159.226，主机号是 71.10。

8.1.1　IP 地址的类别划分

IP 地址可分为五类，分别称为 A 类地址、B 类地址、C 类地址、D 类地址和 E 类地址。A 类地址的标志是最高位为 0，该位和其后随 7 位是网络号部分，其余的 24 位是网内主机号。A 类地址的网络数较少，但每个网络可以包含的主机数多。B 类地址的标志是最高 2 位为 10，该 2 位和后随 14 位是网络号部分，其余的 16 位是网内主机号。B 类地址具有中等网络数目，每个网络可以具有中等数量的主机。C 类地址的最高 3 位等于 110，该 3 位和其后随 21 位是网络号部分，其余的 8 位是网内主机号。C 类地址的网络数多，但每个网络可以包含的主机数较少。

D 类地址的最高四位为 1110；E 类地址的最高四位为 1111。由于 D 类地址仅用于主机组的特殊定义，E 类地址是保留为未来使用的地址，故具体网络只能分配 A 类地址、B 类地址、C 类地址中的一种。非常大的地区网，如历史上美国的 MILNET 和某些很大的公共服务网络，才能得到 A 类地址。B 类地址的设置旨在分配给大的单位和大的公司运营的网络。当初 C 类地址的定义则是为了分配给较小的单位和较小的公司建立的网络。

IP 地址既可以用来标识主机，也可以用来标识网络。主机号部分为 0 的 IP 地址不分配给单个主机，并用它来表示网络本身。主机号部分的二进制编码为全 1 时，该主机号解释为指定网络内的广播地址，也称定向广播地址。整个网络号部分的二进制编码为全 0 时，该网络号解释为本地网络，其网络号等于网内主机发送的 IP 分组的源地址的网络号部分。

从寻址的观点来看，定向广播的主要缺点是它需要知道目标网络的地位。还有另一种形式的广播地址，称为有限广播地址或本地网络广播地址；它由 32 个 1 构成，因此有时也称全 1 地址。作为启动过程的一部分，主机可以在获知它的 IP 地址或本地网络的 IP 地址之前使用本地网络广播地址。然而，主机一旦知道了本地网络的确切 IP 地址，就应该使用定向广播地址。

作为一种规则，IP 协议将广播限于尽可能小的范围内的主机集合。

我们最初的出发点也许是用一个 IP 地址标识一台主机，但实际上这样说并不确切。在一个 IP 地址既包括一个网络标识又包括一个主机标识的情况下，考虑一个连接两个物理网络的网关，如何为它分配单个 IP 地址呢？实际上我们做不到。网关需要多个 IP 地址。因为 IP 地址既对一个网络编码，也对该网络上的一台主机编码，所以准确地说，它们不是标识单个主机，而是标识对一个网络的一条连接。

A 类网络地址 127.0.0.0 是为回环保留的，用于本地机器上的测试和进程间通信。当任何程序使用回环地址 127.x.x.x 发送数据时，分组往下到了网络层之后，计算机中的协议软件就将它向上传输给本机内的接收进程，不在任何网络上传输。

8.1.2　子网的划分

使用有类别 IP 地址的单位可能根据下属部门的工作性质、地理位置或对带宽的不同需求，把该单位的网络划分成用路由器互连的多个局域网。我们一方面希望允许组织内部的互联局域网的结构可以任意复杂；另一方面又希望全局互联网不受急剧增长的网络数目和路由选择的复杂度影响。解决这一问题的一个办法是给这个区域内的所有局域网只设置一个网络号，再把网络地址的主机部分进一步划分为子网号和主机号两个部分，然后给每个局域网分配一个子网号。尽管在区域内部有这样的子网划分和地址配置，但对于在全局互联网中的其他成员而言，这个区域上还是只有一个网络，它们不知道这种子网的划分，从而简化了地址设置和路由选择的工作。

在划分子网的网络内部，本地路由器必须依据一个扩展网络号为 IP 分组做路由选择。该扩展网络号由网络号和子网号两部分组成。网络号部分确定目的地是否在本区域网络内，子网号部分确定目的地在本区域的哪个局域网上。例如，图 8-1 中的 B 类地址的网络号是 130.130，在该单位之外的网络仅仅知道这个网络号代表这个简单的网络，而对 130.130.11.1 和 130.130.22.3 所在的两个子网 11 和 22 不加区别，它们不关心某台主机究竟在哪个子网上。在该单位内部必须设置本地路由器，让这些路由器知道所用的子网划分方案。也就是说，在单位网络内部，IP 软件识别所有以子网为目的地的 IP 地址，将 IP 分组通过路由器从一个子网传输到另一个子网。

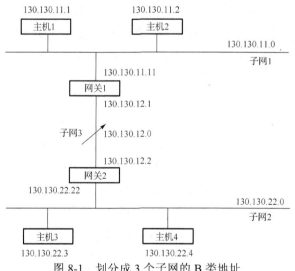

图 8-1　划分成 3 个子网的 B 类地址

为了划分子网，首先要确定每个子网最多可包含多少台主机，因为这将影响 32 位 IP 地址中子网号和主机号的分配。例如，B 类地址用开头 2 字节表示网络号，剩下 2 字节是主机号。如果拥有该 IP 网络的单位的计算机数目不超过 65504（16×4094）台，它就可以用主机号的开头 4 位作为子网号，剩下 12 位作为主机号，允许该单位有 16 个子网，每个子网最多可以挂 4094 台主机（12 位主机号）。又如，拥有 B 类地址的单位在下属部门较多、每个部门配备的计算机数量较少的情况下，也可以用主机号的开头 1 字节作为子网号，从而允许该单位有 256 个子网，每个子网最多可以挂 254 台主机(8 位主机号)。

　　划分子网后，当一个 IP 分组从一台主机送往另一台主机时，它的源 IP 地址和目的 IP 地址被一个称为子网掩码(Masking)的数码屏蔽。子网掩码的主机号部分是 0；网络号部分的二进制表示码是全 1；子网号部分的二进制表示码也是全 1。因此，使用 4 位子网号的 B 类地址的子网掩码是 255.255.240.0(240 的二进制表示：11110000)；使用 8 位子网号的 B 类地址的子网掩码是 255.255.255.0。

　　对发送的或中转的 IP 分组的 IP 地址使用子网掩码屏蔽后，将显露部分的内容跟该主机自己的 IP 地址进行比较，如果不相同，那么目的主机一定在另外一个子网或网络上，根据路由规则，就要将 IP 分组发送到适当的路由器；如果相同，目的主机就被认为与本主机在同一子网上，目的 IP 地址被屏蔽的部分就被用来形成目的主机地址。还以图 8-1 中的网络为例，假定在主机上工作，源 IP 地址是 130.130.11.1，而目的 IP 地址是 130.130.22.4，使用子网掩码 255.255.255.0 进行屏蔽，结果源 IP 地址显露部分的网络码和子网码分别是 130.130 和 11，而目的 IP 地址显露部分的网络码和子网码分别是 130.130 和 22，两者不符合，必须通过网关进行间接投递。

　　可变长子网掩码(Variable Length Subnet Mask，VLSM)是指一个网络可以用不同的子网掩码进行配置。可变长子网掩码背后的思想是在把一个网络划分成多个子网方面提供更多的灵活性，同时保持在每个子网中能够有足够数量的主机。在没有 VLSM 的情况下，一个网络只能使用一种子网掩码。这就限制了在给定所需要的子网数目条件下主机的数目。如果采用的掩码可以具有足够的子网，也许就不能够在每个子网中分配足够的主机。另外，可以在每个子网中配置足够数量主机的掩码又可能满足不了子网数目的需求。

　　作为示例，假定一个单位被分配一个 C 类地址 200.100.50.0，管理员需要把网络划分成三个子网，其中一个子网中有 100 台主机，其余的两个子网各有 50 台主机。不考虑 0 和 255 的特殊性，理论上该单位有 200.100.50.0～200.100.50.255 的 256 个可用地址。

　　不使用 VLSM，该单位的一种选择是子网掩码 255.255.255.128，把网络划分成 2 个子网，每个子网 128 个地址。另一种选择是子网掩码 255.255.255.192，把网络划分成 4 个子网，每个子网 64 个地址。很显然，这两种选择都不能满足一个子网中 100 台主机剩下的两个子网中每个 50 台主机的要求。

　　使用多重掩码，管理员可以先用 128 划分两个子网，每个子网 128 个地址，然后把对应第 2 个子网的地址空间进一步划分成两个子网，每个子网 64 个地址。图 8-2(a)和(b)示出了这种地址划分的示意图。

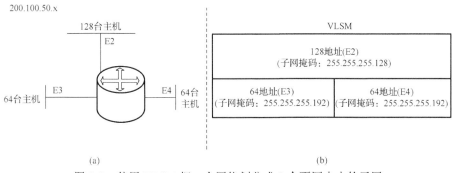

图 8-2　使用 VLSM 把一个网络划分成 3 个不同大小的子网

8.1.3　无类别域间路由选择

无类别域间路由(Classless Inter-Domain Routing, CIDR)选择技术是为了缓解 IP 地址即将耗尽和主干路由表快速增长问题而提出来的一种技术。在因特网上的主机远不到 40 亿台之前，IP 地址就会被用尽。其中的一个主要原因就是 IP 地址分配的效率低下。这个低效与 IP 地址的结构有关。A、B、C 的类别划分迫使人们以 3 个非常不同大小的固定地址数量的块的方式分配网络地址空间。一个只有两个主机的网络也需要一个 C 类地址，给出只有 $2/255=0.78\%$ 的效率。任何一个多于 255 台主机的组织就需要一个 B 类地址。

有类别地址分配的结果是，人们把对地址即将耗尽问题的关注的重点放到了 B 类网络号的短缺上。解决该问题的一个措施是不要轻易地把一个 B 类网络号分配给一个单位，除非它们能够说明确实有对接近 64KB 地址的实际需要。否则就给他们分配适当数目的 C 类地址覆盖它们期待的主机数。现在由于可以用有 256 个地址的块为单元发放网络地址空间，就能够比较精确地匹配一个单位的地址需求。对于至少有 256 台主机的单位，可以保证至少 50% 的地址利用率。

然而这个解决方案引发了一个严重的问题：对主干路由器过多的存储需求。如果一个单位被分配 16 个 C 类网络号，那就意味着在因特网的主干路由器上针对该单位需要有 16 个路由表登记项。如果把一个 B 类地址分配给该单位，那么主干路由表中仅仅有 1 个登记项即可。然而地址分配效率将只有 $16 \times 255/65535 = 6.2\%$。

在 1993 年提出的 CIDR 试图平衡最小化路由器需要知道的路由的数量和提高地址分配的效率之间的关系。为此，CIDR 聚合路由，在转发表中使用单个登记项到达许多个不同的网络。也许可以从名字中猜测到，无类别域间路由选择是通过打破地址类别之间的界限做到这一点的。假定要给一个单位分配 16 个 C 类网络号，可以不是随机地给它分配 16 个号码，而是分配一组连续的 C 类网络号，如 200.100.16～200.100.31 这个地址块。注意，所有这些地址的开头 20 位都是 11001000 01100100 0001。这样就有效地建立了一个 20 位的网络号。就能够支持的主机数目而言，该网络号位于 B 类网络号和 C 类网络号之间。也就是说，一次发放了 16 个 C 类网络号，在提高了地址利用率的同时，还可以在远程路由器的转发表中把这些地址用单个网络前缀表示。不过，为了使得这种分配机制起作用，需要让发放的这些 C 类网络号共享一个前缀，这就意味着，每个地址块包含的 C 类网络号的个数必须是 2 的整数次幂。

除了使用连续的 C 类网络块作为单元之外，C 类地址的分配规则也有所改变。世界被分成 4 个区域，分配给每个区一部分 C 类地址空间。从 1993 年开始，具体分配情况如下。

(1)欧洲：194.0.0.0～195.255.255.255。

(2)北美洲：198.0.0.0～199.255.255.255。

(3)中南美洲：200.0.0.0～201.255.255.255。

(4)亚洲和太平洋地区：202.0.0.0～203.255.255.255。

这样，每个区域都分配了人约 32×10^6 个地址，另外，204.0.0.0～223.255.255.255 内的大约 320×10^6 个 C 类地址被保留作未来使用。这种分配的好处是，现在任何位于欧洲之外的路由器得到一个发往 194.xx.yy.zz 或者 195.xx.yy.zz 的分组，可以简单地把它传给标准的欧洲网关。在效果上这等同于把 32×10^6 个地址压缩成一个路由选择表项。

　　当然，一旦 194.xx.yy.zz 分组到了欧洲，就会需要详细的路由表。当一个分组到来时，首先抽出它的目的地址，然后逐项扫描路由选择表，掩码该目的地址，并将它跟表项比较以寻找匹配。在实践中，路由器的表项往往不是顺次查对的，而是使用索引来加快搜索过程的，而且有两个或更多的表项匹配的情况也是可能的，在这种情况下应该选取其掩码中 1 的位数最多的表项（称为最长匹配法）。

8.1.4　网络地址翻译

　　网络地址翻译（NAT）通常同时使用 IP 地址和 TCP/UDP 端口号，把若干内部 IP 地址映射到外部网络一个 IP 地址上不同的传输层端口号（图 8-3）。这样做可以节约使用 IP 地址，尽管违反层次独立性。

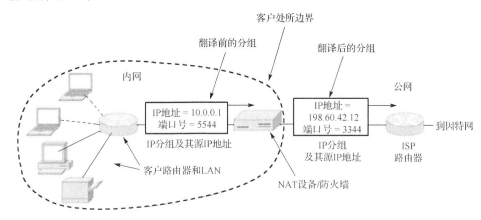

图 8-3　网络地址翻译

　　需要指出的是，该方法虽然可以节约使用有限的 IP 地址，但局限于从内网中的计算机主动发起的通信。内网中的计算机对外部是隐藏的，公网上的计算机不能够主动发起对内网中的计算机的通信。好在如今许多单位的内网也需要有这样的访问控制，所以 NAT 被广泛使用。

8.2　IP 分组

　　IP 协议的一个重要的内容是 IP 分组的格式。IP 分组由上层传递下来的数据段加上放在该数据段前面的 IP 分组头构成。图 8-4 示出了 IP 分组头的格式。以下我们对 IP 分组头中的段逐个加以解释。

　　（1）版本号（4 位）：协议支持的 IP 版本号。当前广泛使用的 IP 分组的版本号是 4。下面给出的就是对第 4 版 IP 分组的描述。

　　（2）头长（4 位）：以 4 字节为单位的 IP 分组头的长度，最小值是 5，最大值是 15。

　　（3）区分服务段（8 位）：被划分成两个子段，分别命名为区分服务子段和显式拥塞通告（Explicit Congestion Notification，ECN）子段（图 8-5）。

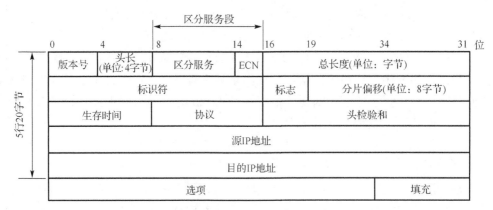

图 8-4　IP 分组头格式

图 8-5　区分服务段中两个子段的含义

开头 6 位区分服务子段用于区分具有不同实时投递需求的 IP 分组的服务类别，其值称为区分服务码点(Differentiated Services Code Point，DSCP)，支持区分服务功能。低序 2 位 ECN 子段用于拥塞控制，它使路由器能够向端结点标记正在经历拥塞的分组；值 00 表示没有使用 ECN；值 01 或 10 由数据发送方设置，表明传输层协议的端点有 ECN 的能力；值 11 由路由器设置，表示已经遇到拥塞了。

(4)总长度(16 位)：以字节为单位的 IP 分组的总长度，包括头和数据。由于该段有 16 位，所以最大 IP 分组允许有 65535 字节。

(5)标识符(16 位)：一个标识该 IP 分组的序号。源端在发送一个 IP 分组时，不管发往何处，都给它分配一个标识符，以便在网上传输时可以被识别。把这个标识符与源地址结合在一起使用，正在网上传输的每个 IP 分组就都具有唯一性。源端每发出一个 IP 分组后，都把下一次将要发送的 IP 分组的标识符值增加 1。这个标识符段与标志段和分片偏移段的设置都是为了 IP 对 IP 分组的分片和重组功能的支持。当一个 IP 分组在传输过程中经过一个路由器时，如果下一跳段链路的最大载荷长度小于该 IP 分组长度，那么该路由器就要把这个 IP 分组分片。它把源 IP 分组头中的大多数段值都复制进每个分片，其中包括标识符段的值。这样 IP 分组的各个分片到达目的端时，目的端才能知道哪个分片来自哪个 IP 分组。

(6)标志(3 位)：控制标志。目前只定义了低序 2 位。如图 8-6 所示，不可分片位置 1 时，表示不允许对该 IP 分组分片。还有分片位表示该 IP 分组中的数据是否是取自源 IP 分组数据段的尾部。

(7)分片偏移(13 位)：以 8 字节为单位计算的该 IP 分组的数据段的起始位置与源 IP 分组的数据段的起始位置之间的距离。这也表明，除了最后一个分片外，前面的分片的长度一定是 8 字节的整数倍。例如，偏移值 100(十进制)表示本分片的数据段的第 1 个字节在源 IP 分组的数据段中离起始数据字节的距离是 100×8=800(字节)。

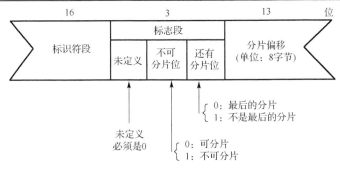

图 8-6 标志段的含义

(8) 生存时间 (8 位)：以秒为单位计算的该 IP 分组可以在互联网中存留的时间长度。IP 分组每经过一个路由器时，该值都被减 1；IP 分组在存储转发的缓冲区中每停留 1s，该值也被减 1。

(9) 协议 (8 位)：目的地系统中接收 IP 分组中的数据的上层协议。例如，值为 6 表示 TCP；值为 17 表示 UDP；值为 1 表示 ICMP；值为 89 表示 OSPF。

(10) 头检验和 (16 位)：仅仅针对 IP 分组头计算的差错检测码。由于某些头部段在传输途中可能改变 (如生存时间段以及与分片相关的段)，所以该段在每个路由器上都要进行验证和重新计算。

计算 IP 分组头检验和的方法如下：首先，把头检验和段的值置成 0，然后把 IP 分组头从头开始以每 2 字节为单位相加，如果相加的结果有进位，那么就将头检验和加 1。如此反复，直到所有 IP 分组头的内容都相加完为止，将最后的值对 1 求补，就得出 16 位的头检验和。

(11) 源 IP 地址 (32 位)：IP 分组的源发方的 IP 地址。

(12) 目的 IP 地址 (32 位)：IP 分组的目的地结点的 IP 地址。

(13) 选项 (可变)：根据实际需要选用的除上述已经定义的段的内容以外的信息。作为例子，严格源路由选项以一个序列的 IP 地址的形式给出从源到目的地的完全通路。IP 分组被要求严格地遵从该通路传输。系统管理员在路由表崩溃，需要发送紧急分组的情况下，或者在需要做时序测量时，该选项是非常有用的。相比之下，松散源路由选项尽管也要求 IP 分组必须在选项中列出依次经过的若干个路由器，但也被允许经过其他路由器，也就是说选项列表中所给出的路由器序列不是完全通路上的所有路由器。

(14) 填充 (可变)：根据选项的使用情况可能需要填写的一定长度的位串 (通常是 0)。IP 分组头长度必须是 4 字节的整数倍。填充就是为了使有选项的 IP 分组满足这个长度要求而设计的。填充的有无或所需要的长度取决于选项的使用情况。

8.3 IP 路由选择

在 IP 网络中，每个端系统和路由器都建立和维护一个路由表，该路由表为每个可能的非直接连接的目的地给出 IP 分组应当到达的下一个路由器，或者在该路由器已经在目的地结点所在的物理网络上的情况下给出直接投递的指示。另外，路由表也列出为了把 IP 分组发送到下一站应该使用的接口。注意，在一个机器的路由表上列出的所有路由器必须位于该机器直接连接的网上，因此从该机器可以直接到达。源端系统和目的地系统在同一个物理网络的情况下，在源端系统的路由表中也应该含有针对该物理网络的直接投递的表项。

当一个 IP 分组到达一个路由器时，IP 软件就找到目的 IP 地址，根据路由表中对目的地网络前缀长度的 CIDR 表示或给出的子网掩码，得到匹配的网络号或扩展网络号（也可能是默认路由的网络标识），然后路由器使用该网络标识决定路由。

作为例子，图 8-7 给出了一个连接互联网的网络拓扑；表 8-1 给出了其中的一个路由器 R1 的路由表。路由表中的前三行是精确路由，最后一行是默认路由。

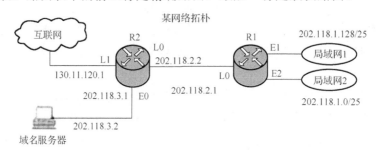

图 8-7   一个连接互联网的网络拓扑

表 8-1   图 8-7 所示网络拓扑中的路由器 R1 的路由表

目的 IP 地址	子网掩码	下一跳 IP 地址	接口
202.118.1.128/25	255.255.255.128	直接投递	E1
202.118.1.0/25	255.255.255.128	直接投递	E2
202.118.3.2/32	255.255.255.255	202.118.2.2	L0
0.0.0.0/0	0.0.0.0	202.118.2.2	L0

8.4   OSPF 路由协议

因特网是由大量独立的自治系统（Autonomous Systems，AS）构成的，这些自治系统由不同的组织运营，通常是一个公司、大学或 ISP。在自治系统中，一个组织可以把自己选择的算法用于内部路由，或称为域内路由（Intra-domain Routing）。不过在这一方面仅有少量的标准协议得以流行。域内路由协议也称内部网关协议（Interior Gateway Protocol，IGP）。本节将讨论域内路由的问题，并考察在实践中广泛使用的 OSPF 路由协议。在 8.5 节中，再讨论在独立运营的网络之间的路由，即域间路由（Inter-domain Routing）。域间路由协议也称外部网关协议（Exterior Gateway Protocol，EGP）。当前在因特网上使用的域间路由协议称为边界网关协议（Border Gateway Protocol，BGP）。

早期的域内路由协议使用距离向量路由选择算法，直到如今，RIP 是其主要的实例。它在小的系统中工作得较好，但当系统变大时运行效果欠佳。它遭受计数到无穷大的问题和总体上的慢聚合的困扰。由于这些缺点，ARPANET 从 1979 年 5 月开始转向使用链路状态路由选择算法，IETF 于 1988 年开始制定一个使用链路状态路由选择算法的域内路由协议，结果产生了 OSPF，它在 1990 年成为标准。OSPF 吸收了称为 IS-IS（中间系统到中间系统）路由协议的技术，后者是一个 ISO 标准。OSPF 和 IS-IS 之间的共同点远大于差别，也就是说，二者很类似。它们是占统治地位的域内路由协议，并且现在的大多数路由器厂商都同时支持这两个协议。不过，OSPF 更广泛地用于公司网络，而 IS-IS 更广泛地用于 ISP 网络。在下面的讨论中将只介绍 OSPF。

　　OSPF 既支持点到点链路（如 SONET），也支持广播网络（如 LAN）。OSPF 把实际的网络、路由器和链路的集合抽象成一个有向图，其中的每条连线都被赋予一个权重（距离和延迟等），或称代价（图 8-8）。在有向图中，连线用对应的路由器输出接口的代价标注。也就是说，一个代价跟每个路由器接口的输出相关联。代价越低，其接口就越有可能被用来转发前往作为下一结点的主机或路由器的数据流量。在两个路由器之间的一条点到点的连接用一对弧表示，每个方向上一条。它们的代价可以不同。一个广播网络用一个结点表示网络本身，再用一个结点表示一个路由器。从路由器到网络的弧用该路由器对应的输出接口的代价标注。从网络结点到所附接的路由器的连线的权重是 0。这个连线是重要的，因为没有它就没有通过该网络的通路。仅有主机的其他网络只有到达它们的一条连线，而没有返回的连线。这种结构给出了到达主机的路由，但没有给出通过它们的中转路由。

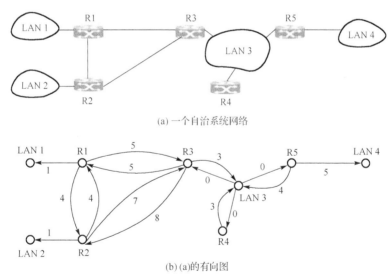

(a) 一个自治系统网络

(b) (a) 的有向图

图 8-8　一个自治系统网络及其有向图

　　图 8-8(a) 给出了一个自治系统网络。图中没有画出主机，因为它们在 OSPF 中不起作用。图中的大部分路由器都通过点到点链路连接其他路由器，以及连接可以由其到达主机的网络。然而，路由器 R3、R4 和 R5 是通过一个广播 LAN 连接的。

　　图 8-8(b) 示出了图 8-8(a) 表示的网络的有向图。OSPF 所做的基本工作是把实际的网络表示成像这样的图，然后使用链路状态路由选择算法让每个路由器计算从它自己到所有其他结点的最短通路。可能存在多条同样短的最短通路。在这种情况下，OSPF 记下这一组最短通路，并在转发分组期间让流量在它们中间分流。这有助于均衡负载，并称为等价路由（Equal Cost Multi-Path Routing，ECMP）。

　　在因特网上有许多自治系统本身就很大，管理起来不是那么容易。为了应对这样大的规模，OSPF 允许把一个自治系统划分成具有编号的区，一个区是一个网络或一组连续的网络。区不可互相重叠，但不必是无遗漏的，也就是说，一些路由器可以不属于任何区。全部位于一个区内部的路由器称为内部路由器。区是对一个具体网络的概括。在一个区之外，它的目标是可见的，但其拓扑不可见。这一特征有助于提高路由的规模可伸展性。

每个自治系统都有一个称为 0 区的主干。在这个区中的路由器称为主干路由器。所有区都连接主干区，因此，在一个自治系统中的任意一个区都可以通过主干区到达在该自治系统中的任意一个其他区。跟其他区一样，主干的拓扑在它的外面是不可见的。

连接两个或更多区的路由器称为区边界路由器。它也必须是主干区的一部分。区边界路由器的任务是概括在一个区中的目的地，并把该概要注射到它所连接的其他区。这个概要包括代价信息，但不包括在一个区内拓扑的细节。传递代价信息允许在其他区的主机寻找用以进入一个区的最好区边界路由器。不传递拓扑信息可以减少网络流量，并简化在其他区的路由器的最短通路计算。然而如果从一个区往外只有一个边界路由器（Border Router，BR），那么连概要都不需要传递。到达该区外的目的地的路由总是始于前往边界路由器的指示。这种区称为终接区。

最后一种路由器是自治系统边界路由器，该路由器把前往在其他自治系统中的外部目的地的路由注入它所在的这个区。然后这些外部路由就呈现为花费某个代价可以通过该自治系统边界路由器到达的目的地。图 8-9 示出了在自治系统、区和各种路由器之间的关系。一个路由器可以担当多个角色，如一个区边界路由器也是一个主干路由器。

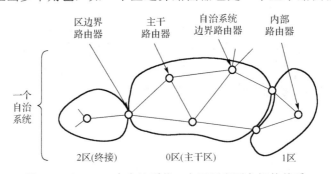

图 8-9　在 OSPF 中自治系统、主干区和区之间的关系

在正常运行期间，在一个区内的每个路由器都具有相同的有关本区拓扑结构的信息。它的主要工作是计算从它自身到整个自治系统中每个其他路由器的最短通路。一个区边界路由器需要它所连接的所有区的数据库，并且必须分别为每个区运行最短通路算法。

对于在同一区中的源和目的地，选择最好的域内路由（全部位于该区内）。对于在不同区中的源和目的地，其域内路由必须从源到主干，通过主干区到目的地区，然后到达目的地。这个算法促成一个 OSPF 星形配置，其中主干区是中轴，其他区是辐条。由于选择的是具有最小代价的路由，在网络不同部分的路由器可能使用不同的区边界路由器来进入主干区和目的地区。

当一个路由器启动时，它在它的所有点到点线路上发送 HELLO 报文，在 LAN 上则是把 HELLO 报文多播传送给 LAN 上所有其他的路由器。每个路由器从响应中获悉谁是它的邻居。在同一个 LAN 上的路由器都是邻居，但 OSPF 只在邻接路由器之间交换信息。

邻接关系跟邻居关系不一样。特别地，让在一个 LAN 上的每个路由器跟在该 LAN 上的每一个其他路由器都进行对话是低效的。为了避免这种情况，有一个路由器被选为指定路由器(Designated Router，DR)。它被称为跟在它的 LAN 上的所有其他路由器邻接，并跟它们交换信息。实际上，它所担当的角色是代表该 LAN 的单个结点。不是邻接的邻居路由器不互相交换路由信息。还需要随时都有一个备份指定路由器，使得在主指定路由器失效的情况下能够立即由它来接替工作。

在正常的运行期间，在一个区内，每个路由器定期地向它的每个邻接路由器洪泛 LINK STATE UPDATE 报文。这些报文给出它的状态，提供在拓扑数据库中使用的代价。洪泛报文需要确认应答(通过 LINK STATE ACK 报文)，这使得传输变得可靠。每个报文都有一个序列号，因此路由器可以判定收到的一个 LINK STATE UPDATE 报文比它当前所持有的旧还是新。路由器在它的一条链路启动或关闭，又或代价改变时也发送这些报文。

DATABASE DESCRIPTION 报文向邻站通告发送方当前持有的所有链路状态条目的序列号。通过把它自己的值与发送方的值进行比较，接收方就能够断定谁具有最新的值。这些报文在一条链路被卷入计算时使用。

任何一个参与方都可以使用 LINK STATE REQUEST 报文向另一方请求某些链路状态条目的详细信息。

OSPF 直接运行在 IP 之上，使用 IP 分组格式中的协议号 89。OSPF 分组报文被发送给多播地址 224.0.0.5，该地址表示在点到点链路上和广播型多路访问网络上的所有 OSPF 路由器。表 8-2 归纳了上述 5 种报文。

表 8-2　OSPF 5 种报文

名称	含义
Hello	用以发现邻居是谁
Link state update	提供发送方到它的邻居的代价
Link state ack	对 Link state update 报文做确认应答
Database description	通告发送方所持有的是什么样的更新(邻接路由器之间)
Link state request	向对方请求某些链路状态条目的详细信息

总之，每个路由器都把它到邻接路由器和网络的链路以及这些链路的代价告知它的区中的所有其他路由器。这个信息允许每个路由器构建它所在的区的拓扑图和计算最短通路。主干区也做这个工作。此外，为了计算从每个主干路由器到每个其他路由器的最短路径，主干路由器接收来自各个区边界路由器的信息。这些信息(到达所有其他路由器和网络的代价)又往回传播给区边界路由器，区边界路由器将它在它们的区内通告。使用这个信息，内部路由器可以选择到达位于它们的区的外面的目的地的最好路径，包括到主干区的最好出口路由器。

8.5　BGP 路由协议

边界网关协议的目的是使得两个不同的自治系统能够交换路由信息，以便 IP 流量可以通过自治系统边界流动。许多路由器都使用 BGP 与由不同管理当局控制的采用不同设计或来自不同厂家的路由器互相通信。在 BGP 路由器上，除了有 IGP 路由表，BGP 也有它自己的路由表。

BGP 是一个自治系统之间(或域间)的路由协议，它被用来在 BGP 路由器中间交换网络可达性信息。在一条连接上交换信息的对话双方称为对等通信者或邻居。BGP 对等通信运行在 TCP 的 179 号端口上，互相交换报文，因此可靠性是得到保证的。使用 TCP 提供可靠服务显著地简化了该协议，因为避免了复杂的超时管理。使用 TCP 也允许该协议高度自信地部分更新其路由表。

BGP 是一个通路向量协议，它通告前往目的地的一系列自治系统号，如"网络 11.11.1.0/24 可以通过 AS1、AS2、AS6 和 AS7 到达"就是一个通路向量。BGP 更新报文包括"网络号-自治系统通路"对信息，自治系统路径包括到达某个特别的网络需经过的自治系统序列。

可以使用通路向量信息阻止路由回路。当一个路由器接收一条路由时，它检查它自己的自治系统号是否已经在 AS 通路中，如果是这样的，为了避免路由回路，就要把该通告丢弃。

通过改变对前往一个目的地的不同通路的选择以及控制对路由信息的再次分发，BGP 可以实施某些策略。例如，如果一个自治系统要拒绝中转前往另一个自治系统的过境流量，那么它就可以实施一种策略，禁止这一举动。

BGP 路由通告报文除了经过两个 ISP 之间的链路传送，还需要从一个 ISP 的一个 BGP 路由器传播到同一个 ISP 的另一个 BGP 路由器，以便把它们发送到下一个 ISP。该任务可以使用 BGP 的一个变种完成，它称为 IBGP (Internal BGP，内部 BGP)，以区别于常规使用的 BGP，后者也称为 EBGP (External BGP，外部 BGP)。

当两个 BGP 邻居路由器属于同一个自治系统时，它们不必直接相连，即不必属于一个物理网。然而，两个在自治系统间互相通信的 BGP 邻居路由器必须在物理上属于一个网，必须是直接相连的。

起初，BGP 对等通信交换整个 BGP 路由表。随后仅发送增量更新(增加新的路由或撤销以前通知过的路由)，而不是像 OSPF 或 RIP 一样定期刷新。增量更新在带宽使用和处理开销方面具有优越性。定期发送保持活动报文以确保在 BGP 对等通信二者之间的 TCP 连接是活动的。该报文仅 19 字节长，典型地每隔 30s 发送一次，以消耗尽可能少的带宽。发送通知报文是对错误或某些例外情况的响应。

比较大的 ISP 在它们向其他 AS 的 BGP 通告中使用通路聚合。一个 ISP 可以使用 CIDR 把许多个客户的地址聚合成单个通告，以此来减少需要向客户提供的路由信息的数量。ISP 通过对一组通路的过滤得到聚合信息，以便在对等信息交换的过程中仅通告聚合信息，而不通告更具体的通路。

给出一个自治系统列表来指定通路是一种很粗糙的方式。一个自治系统可能是一个小的公司网络，也可能是一个跨国的主干网络。从路由中看不出它是哪种网络。BGP 甚至不试图对它们加以区分，因为不同的自治系统可能使用不同的域内路由协议，它们的代价不可比较。即使可以比较，一个自治系统也可能不想显露它的内部度量制。这是域间路由协议不同于域内路由协议的一个方面。

在一个 ISP 内部传播路由的规则是，在该 ISP 边界的每个 BGP 路由器都能获悉被所有其他的 BGP 路由器所看到的所有路由，从而取得一致性。如果在 ISP 网络上的一个 BGP 间路由器获悉一个到达 128.208.0.0/16 的 IP 前缀，那么所有其他的 BGP 路由器也知道这个前缀。因此，无论带有该前缀的分组怎样从其他自治系统进入该 ISP，该前缀从该 ISP 的所有部分都是可达的。

现在可以描述被漏掉的一个关键内容，这就是对于每个目的地，BGP 路由器如何选择使用哪条路由。对于一个给定的目的地，每个 BGP 路由器都可以从它所连接的在下一个 ISP 中的路由器获悉一条路由；它也从所有的其他边界路由器获悉到达该目的地的路由，但它们从它们所连接的在其他 ISP 中的路由器获悉的路由可能是不同的路由。每个路由器必须决定在这组路由中的哪个路由从使用角度看是最好的。最终答案是由 ISP 编写某种策略来选取所想要的路由。

8.6　Internet 控制协议

IP 协议的运行有多个控制协议辅助。

(1) ICMP，是 IP 的一个伙伴协议，它返回错误信息。该协议是必需的，也可将它用于最大通路 MTU 测试等多个方面。

(2) ARP，解析一个 IP 地址的以太网地址。这种地址映射对于发送任何 IP 分组都是必要的。过程是主机询问一个地址，由该地址的拥有者回答。

(3) DHCP(动态主机配置协议)，把一个本地 IP 地址分配给一个主机。主机启动时自动配置 IP 地址，主机向服务器发送请求，服务器准许暂时租用 IP 地址。

8.6.1　互联网控制报文协议

从本质上说，互联网控制报文协议所提供的是对通信环境中的有关情况和遇到的问题的反馈信息。例如，当 IP 分组无法抵达其终点时，或当某个路由器发现 IP 分组有一条到达目的地的更短的通路时，以及一个主机在向路由器询问它所连接的局域网的地址掩码时，都可以使用该报文。

虽然在 TCP/IP 体系结构中，ICMP 与 IP 都位于网络层，但实际上 ICMP 是 IP 的用户。ICMP 报文是被封装在 IP 分组中传输的。在许多情况下，ICMP 报文都是针对某个 IP 分组的传输情况而发送的，可能由 IP 分组途径的路由器发出，也可能由 IP 分组希望到达的目的主机发出。

每个 ICMP 报文的头部都包括标识报文的类型段。ICMP 报文类型包括回送应答(取值 0)、无法到达目的地(取值 3)、抑制报源(取值 4，要求报源降低 IP 分组发送速率，通常出现拥塞的网关每丢掉一个 IP 分组就发送一个抑制报源报文)、重定向(取值 5，当网关发现主机使用的不是最佳路由时，就向主机发送重定向报文，告诉主机改变它的路由表，同时将该 IP 分组继续发给报宿)、回送请求(取值 8)、IP 分组超时(取值 11，一种情况是 IP 分组的生存时间已变为 0，该分组必须丢弃；另一种情况是在额定时间内被分片的 IP 分组的各个分片无法重组)、参数问题(取值 12，IP 分组头中出现的任何错误都由该 ICMP 报文报告源)、时间印迹请求(取值 13)和时间印迹应答(取值 14,一台计算机在收到时间印迹请求后必须回送自己的时间标记。每个时间标记都是 32 位的,其格式按国际标准即格林尼治时的零点开始计算,以毫秒为单位)、地址掩码请求(取值 17)和地址掩码应答(取值 18,为了得到本地网络使用的子网掩码,计算机给路由器发送一个地址掩码请求,路由器在地址掩码应答报文中包含网络的子网掩码)。

回送请求和回送应答报文在 Ping 程序中使用,该程序经常用以确定远程主机是否活动。Ping 程序也常被用来估计在两台主机之间的来回路程时间。ICMP 超时报文在 traceroute(路径跟踪)程序中使用。当一个分组到达一个路由器时,如果在到达目的地之前 TTL(生命期)的值为 0 或 1,对应的路由器给源主机发送一个具有类型超时的 ICMP 报文。超时报文也包含发送该报文的路由器的 IP 地址。因此通过给目的地每发送一次报文都把 TTL 的值增 1,源主机将能够跟踪前往目的地所经过的路由器序列。

8.6.2 地址解析协议

地址解析协议让结点从它的 IP 地址找到 MAC 地址,通常就是以太网地址。该协议可用于任何广播类型的网络,一般都是局域网。局域网中的每个系统都建立和维护一个已知的 IP 地址与 MAC 地址映射关系的表,称为 ARP 表。主机或路由器要在局域网上发送一个 IP 分组,就必须首先查找到封装该分组的帧的目的 MAC 地址。

当一个结点需要把一个 IP 地址映射成 MAC 地址,而在该结点的 ARP 表中又找不到其映射关系时,它就可以使用 ARP,在局域网上广播一个 ARP 请求分组。这个放在广播 MAC 帧中传输的 ARP 请求分组包含发送方 IP 地址和 MAC 地址,以及被查询的结点的 IP 地址。

在局域网上的其他结点都能看到这个 ARP 请求分组,但仅具有被查询的 IP 地址的结点应答该请求分组。该结点在其 ARP 响应分组中包含它自己的 IP 地址和 MAC 地址,从而在发送 ARP 请求分组的结点的 ARP 表中就有了这个映射关系的条目。

ARP 请求分组包括发出请求主机的 IP 地址与 MAC 地址,ARP 响应分组包括发出响应的主机的 IP 地址及其 MAC 地址。任何感兴趣的主机都可以将这些信息复制到自己的 ARP 表中,以避免将来在需要时再用 ARP 协议来获取。在以太网帧中用值 0806 表明上层协议是 ARP。

8.6.3 动态主机配置协议

动态主机配置协议自动配置连接一个 TCP/IP 网络的主机。它向主机提供 IP 地址、子网掩码和默认路由器等信息,并使用众所周知的 67 号 UDP 端口作为服务器端口。当一个主机想得到一个 IP 地址时,它在其本地网络中广播一个 DHCPDISCOVER (DHCP 发现)报文,对应的 IP 分组的源 IP 地址是全 0,目的 IP 地址是 255.255.255.255(本地广播地址)。在本地网络中的所有主机都能够收到这个广播报文,但只有 DHCP 服务器才对此广播报文进行应答。DHCP 服务器从 IP 地址池中取一个空闲 IP 地址分配给该计算机。DHCP 服务器的应答报文称为 DHCPOFFER(DHCP 提供)报文,表示提供 IP 地址等配置信息。DHCP 报文是被封装在 UDP 数据报中传输的。DHCP 服务器分配给客户的地址是临时的,有一个租用期，在 DHCP 提供报文中给出，因此只能在有限的时间内使用。

没有必要在每个物理网络上都配置一台 DHCP 服务器，但每个物理网络上至少有一个 DHCP 中继代理，通常是一个路由器。DHCP 中继代理配置了 DHCP 服务器的 IP 地址信息。当一个 DHCP 中继代理收到物理网络上一台主机 H 以广播方式发送的 DHCP 发现报文后，就以单播方式（使用的 IP 分组的源 IP 地址是属于源物理网络的中继代理的 IP 地址，目的 IP 地址是 DHCP 服务器的 IP 地址）把该报文转发给位于另一个物理网络上的 DHCP 服务器，并等待该服务器的响应。收到 DHCP 服务器应答的 DHCP 提供报文后，DHCP 中继代理再把此提供报文发回主机 H。这样多个物理网络可以共用一个 DHCP 服务器。

8.7 路由器的功能和分组转发

笼统地说，一个路由器必须执行两个基本功能：路由选择和分组转发（图 8-10）。

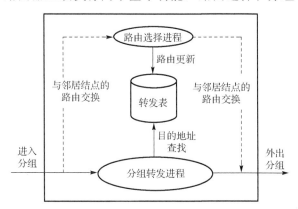

图 8-10 路由选择和分组转发进程

可以把分组转发进程的功能分成两个子组：基本转发和复杂转发。基本转发功能定义为了在接口之间传送分组路由器应该执行的最小功能集。取决于实施环境和用途；复杂转发功能表示路由器需要执行的附加处理。

为了把一个 IP 分组从进入接口转发到外出接口，路由器需要实现下列基本的转发功能。

(1) IP 头验证：这个验证保证协议的版本号是正确的，分组的头长是有效的，计算的头检验和跟在分组头中的头检验和是相同的。

(2) 分组生命期控制：路由器必须把在 IP 分组头中的生命期域减值，防止分组路由选择回路引起无休止的传输。如果 TTL 值是 0 或负数，那么分组被丢弃；在这种情况下还产生一个 ICMP 报文传给源发方。

(3) 头检验和再计算：由于 TTL 值被修改，必须更新头检验和。因为 TTL 值总是减少 1，所以也只需对头检验和做相应的改变，而不必再次计算整个头检验和。

(4) 路由查找：使用分组的目的地址搜索转发表，确定输出端口。对于路由器来说，这个搜索的结果表明分组是传给本路由器的，还是传给 1 个输出端口（单播）或多个输出端口（多播）的。

(5)分片：输出链路的最大传输单元(MTU)可能小于需要传输的分组的尺寸，这就意味着，分组在传输之前需要被分片成几个较小的片段。

(6)处理 IP 选项：IP 选项的存在表明路由器需要对分组做特别的处理。虽然这样的分组可能不是经常到达的，但路由器需要支持对这类分组的处理。当有分组本身错误或路由选择错误时，路由器使用 ICMP 报文向源通告这一情况。

随着因特网应用的不断扩展，如安全性、不同的用户需求以及基于不同服务水平协定的服务保证显得很重要。若满足这些要求，在转发分组时就要产生附加的处理，并且希望不要实质性地增加在路由器上总的分组处理时间。作为一个区别服务的例子，考虑这样一种情况，一些客户有兴趣直接在因特网上观看高分辨率的流媒体电影。这样的流媒体不仅需要高带宽，而且还需要数据的及时投递。路由器需要区别这些分组，使得它们能够被较早地转发。这就是区分服务的概念，因此需要路由器支持以下比较复杂的转发功能。

(1)分组分类：为了区分分组，路由器可能不仅需要检查目的 IP 地址，也要检查其他的域，如源 IP 地址、目的端口和源端口。区分分组并根据某些规则采取必要的动作的过程称为分组分类。

(2)分组翻译：随着公用 IPv4 地址空间的枯竭，需要把多个主机映射到单个公用地址。这样，用作前往一个网络(如公网或内网)的网关就需要支持网络地址翻译。NAT 把一个公用 IP 地址映射进一组专用 IP 地址；反之亦然。路由器维护一个连接的主机和它们的本地地址的列表，并翻译进入和外出的分组。

(3)流量优先级：为了满足服务水平协定，路由器可能需要保证一定的服务质量。这涉及把不同的优先级应用到不同的客户或数据流，提供遵从确定的服务水平协定的性能级别。例如，该协定可能指定，在一个明确定义的周期内，必须以恒定的速率投递固定数量的分组。这对于像 VoIP 这样的实时交互式应用是必要的。

除了分组转发，即数据平面功能，路由器还需要保证转发表的内容能反映当前的网络拓扑。为此，路由器需要提供控制面功能和管理面功能。特别地，路由器需要处理如下几点。

(1)路由协议：路由器需要实现不同的路由协议，如 OSPF、BGP 和 RIP，通过发送和接收前往和来自邻接路由器的路由更新分组，这些路由更新作为常规的 IP 分组发送和接收。路由更新分组的目的地是路由器。一旦接收了该路由更新分组，路由器就修改转发表，以便随后的分组能转发到正确的外出链路。

(2)系统配置：网络运营者需要配置各种各样的管理任务，如接口的配置、路由协议活动状态的保持，以及分类分组的规则。因此路由器需要实现增加、修改和删除这些配置数据的各种功能，也需要持续地存储它们，以便随后的检索。

(3)路由器管理：此外，为了能够连续运行，路由器需要被监视。这些功能包括使用像简单网络管理协议这样的协议实现的各种管理功能。

通常用分组大小和每秒分组数表示路由器的吞吐率。如果 S 是分组大小(以字节为单位)，P_s 表示每个端口传输的每秒分组数，那么以字节/秒为单位的吞吐率 $T = P \times S \times P_s$，这里的 P 表示馈入路由器的端口或接口数目。作为一种评估，现在大多数路由器设计人员都以 40 字节的最小值作为标准化的分组尺寸来做测试性计量。

8.8　路由表和转发表

分组转发功能基于查询转发表的结果把进入分组导向适当的输出接口。路由选择功能建立在构建转发表的过程中使用的路由表。

路由算法根据通过路由协议在路由器之间交换的信息构建路由表。在路由表中的每个条目把一个目的 IP 网络前缀映射到下一跳段。另外，路由器构建的转发表确定一个进入分组需要被转发到的输出接口。因此在转发表中的每个条目都把一个目的 IP 网络前缀映射到一个输出接口。取决于实现，这些条目可能包含如下一跳段的 MAC 地址以及通过使用该接口转发的分组的统计量。

大多数的实现都保持两个表分立，其原因如下：首先，转发表是针对用目的 IP 地址搜索一个目的 IP 网络前缀集合的操作进行优化的，而路由表则是针对计算网络拓扑的改变进行优化的；其次，由于每个分组都需要查询转发表，对于高速路由器，转发表是使用特别的硬件实现的，而路由表通常是用软件实现的。表 8-3 和表 8-4 分别示出了路由表和转发表的一个例子。在路由表中示出对于一个目的 IP 网络前缀（10.5.0.0/16）的下一跳段 IP 地址（192.168.5.254）。转发表告诉我们一个前往用目的 IP 网络前缀（10.5.0.0/16）标识的网络的分组应该使用哪一个输出接口（eth0）以及下一跳段的 MAC 地址（00-0F-1F-CC-F3-06）。

表 8-3　路由表

目的 IP 网络前缀	下一跳段 IP 地址
10.5.0.0/16	192.168.5.254

表 8-4　转发表

目的 IP 网络前缀	输出接口	下一跳段 MAC 地址
10.5.0.0/16	eth0	00-0F-1F-CC-F3-06

复习思考题

1. （单项选择题）下列对于 IP 分组的分片和重组的描述正确的是（　　）。

　　A. IP 分组通常都被源主机分片，并在中间路由器进行重组

　　B. IP 分组通常都被路径中的路由器分片，并在目的主机进行重组

　　C. IP 分组通常都被路径中的路由器分片，并在中间路由器上进行重组

　　D. IP 分组通常都被路径中的路由器分片，并在最后一跳的路由器上进行重组

2. 一个网络有几个子网，其中的一个已经分配了子网号 74.178.247.96/29。试问下列网络前缀中的哪些不能再分配给其他的子网？

　　(1) 74.178.247.120/29

　　(2) 74.178.247.64/29

(3) 74.178.247.108/28

(4) 74.178.247.104/29

3. 路由表和转发表有哪些不同点？

4. ICMP 主要有哪两种报文？它们各执行什么样的功能？

5. 笼统地说，一个路由器必须执行哪两个基本功能？

6. 路由器和 LAN 交换机之间的主要不同点是什么？

7. 某网络拓扑如题 7 图所示，其中路由器内网接口 A、DHCP 服务器、WWW 服务器与主机 1 均采用静态 IP 地址配置，相关地址信息见图中标注；主机 2～主机 N 通过 DHCP 服务器动态获取 IP 地址等配置信息。

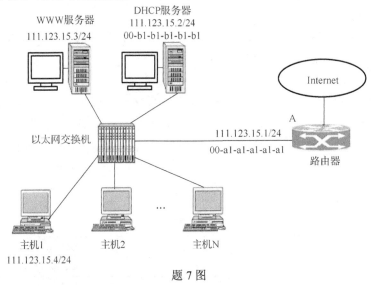

题 7 图

(1) DHCP 服务器可为主机 2～主机 N 动态分配 IP 地址的最大范围是什么？主机 2 使用 DHCP 获取 IP 地址的过程中，发送的封装 DHCP 发现报文的 IP 分组的源 IP 地址和目的 IP 地址分别是什么？

(2) 若主机 2 的 ARP 表为空，则该主机访问 Internet 时，发出的第一个以太网帧的目的 MAC 地址是什么？封装主机 2 发往 Internet 的 IP 分组的以太网帧的目的 MAC 地址是什么？

(3) 若主机 1 的子网掩码和默认网关 IP 地址分别配置为 255.255.255.0 和 111.123.15.2，则该主机是否能访问 WWW 服务器？是否能访问 Internet？请说明理由。

8. 一个路由器在它的路由表中有下列无类别域间路由选择登录项：

地址/子网掩码	输出接口
10.0.0.0/8	e0
10.0.0.0/16	e1
10.0.1.0/24	s0
10.1.1.0/24	s1
10.1.0.0/16	s0
10.1.0.0/24	e1

| 10.1.1.1/32 | e2 |
| 0.0.0.0./0 | e1 |

对于下列每一个 IP 地址,如果具有那个地址的一个分组到达,路由器将选择哪个外出接口?

(1) 10.1.1.1。

(2) 10.0.4.1。

(3) 10.0.1.7。

(4) 10.1.1.56。

(5) 10.5.6.1。

(6) 11.0.1.2。

9. 在题 9 图中，H1、H2、H3 和 H4 的默认网关 IP 地址都是 192.168.3.254，把它们的子网掩码均配置为 255.255.255.128。

(1) H1 能与 H3 进行正常 IP 通信吗?为什么?

(2) H2 能访问 Internet 吗？请说明理由。

(3) 假设连接 R1 和 R2 之间的点到点链路使用 201.1.3.x/30 地址(题 9 图)，当 H3 访问 Web 服务器 S 时，R2 转发出去的封装 HTTP 请求报文的 IP 分组的源 IP 地址和目的 IP 地址分别是什么？

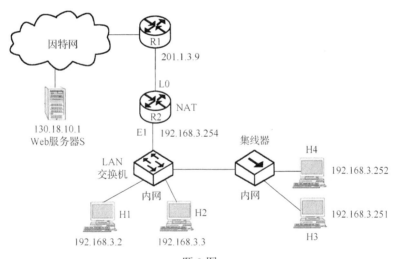

题 9 图

注：R1 和 R2—路由器；LAN 交换机—100Base-T 交换机；集线器—100Base-T 集线器

10. 一个 IPv4 分组到达一个结点时，其头部信息(以十六进制表示)如下：

45 00 00 54 00 03 58 50 20 06 FF F0 7C 4E 03 02 B4 0E 0F 02

(1) 该分组在传输过程中是否已经被破坏？

(2) 该分组是否有选项？

(3) 该分组数据域的大小如何？

(4) 该分组是否已经被分片？在以后的传输中，它是否会被再次分片？

(5) 根据该分组头中的生存时间域判断，该分组最多还可以经过多少个路由器？

(6)该分组的标识符是什么？

(7)该分组的服务类型的值和含义是什么？

(8)用点分十进制表示，该分组的源 IP 地址和目的 IP 地址各是什么？

11．若将网络 121.3.0.0/16 划分为 128 个规模相同的子网，则每个子网可分配的最大 IP 地址个数是多少？

12．在子网 192.168.4.0/30 中，能接收目的 IP 地址为 192.168.4.3 的 IP 分组的最大主机数是多少？

第 9 章　IPv6

本章学习要点

(1) IPv6 地址；

(2) IPv6 分组头和扩展头；

(3) 聚合全局单播地址；

(4) 链路本地地址和唯一本地地址；

(5) 地址自动配置；

(6) 任播和 IPv6 多播；

(7) ICMPv6；

(8) IPv6 对高层的影响；

(9) 在域名服务中的 IPv6；

(10) LLMNR 协议。

第 6 版互联网协议(Internet Protocol version 6，IPv6)是最新版本的互联网协议，是为网络上的计算机提供标识和位置信息并通过因特网转发流量的通信协议。它是因特网工程任务组(Internet Engineering Task Force，IETF)为解决早就预期的 IPv4 地址短缺问题而开发的协议。IPv6 的最终目标是代替 IPv4。

对 IP 新版本的需求首先是由在 IPv4 中 32 位地址段的限制引起的。尽管通过采用无类别的地址分配和网络地址转换措施，减缓了 IP 地址消耗的速度，但并没有从根本上解决 IP 地址即将耗尽的问题。由于网络数目的激增，IPv4 地址很快就要用完了。因此治本的方法是采用具有更大地址空间的新版本的 IP。

由于 IP 地址运载在每一个 IP 分组的头部，增加 IP 地址的尺寸势必要改变 IP 分组头。这就意味着，在因特网中的每个主机和路由器都要采用新的软件。

定义新版本 IP 的工作产生了滚雪球的效应。网络设计人员总的意见是，如果要对 IP 做这样大的改变，最好也同时尽可能多地解决已经发现的 IP 所存在的其他问题，如 IP 对多媒体通信和安全性的支持问题。

制定 IP 新版本提供了一个主要的机会来增加现在想要的而在 IPv4 中所不具备的功能特征。IETF 事先就预见了 IPv4 地址短缺的问题，以及看到了已经暴露出来的 IPv4 存在的一些其他的问题，1990 年 IETF 就着手研制一个 IP 新版本，接着广泛地征求下一代互联网协议的提案和意见。

1995 年 1 月，IETF 发表了 RFC 1752 下一代 IP 建议书，这个新一代的 IP 现在已正式称为 IPv6。IPv5 的称号已经被一个实验的称为流协议的面向连接的互联网协议占用。1996 年，从 RFC 1883(Internet Protocol，Version 6 [IPv6] Specification)开始，IETF 又发布了一系列定义 IPv6 的 RFC(Request For Comments，RFC)。除了从总体上描述 IPv6 的 RFC 1883(后更新为 RFC 2460)，还包括讨论在 IPv6 头中设置流标记域的 RFC 1809，以及有关

IPv6 编址方面的 RFC 1884、RFC 1886 和 RFC 1887。

IPv6 仍然是分组交换互联网络的网络层协议,提供通过多个 IP 网络的端到端的数据报传输,紧密地遵从在该协议的先前版本(Internet Protocol version 4,IPv4)中发展起来的设计原则。

IPv6 跟 IPv4 相比,除了有一个大的地址空间(地址域从 32 位增加到 128 位),还提供了其他的优越性,包括对分组头的简化,通过使用扩展头更好地支持选项,以及在分组头中引入流标记对实时流量的支持。特别地,它允许做等级式的地址分配,有利于通过因特网的路由聚合,从而可限制路由表的膨胀。多播地址也被扩充和简化了,嵌入了 IPv6 地址前缀和会合点(Rendezvous Points,RP),可为服务投递提供附加的优化。另外,该协议的设计还考虑了对设备移动性、自动配置和网络安全性等方面需求的支持。

IPv6 利用大的地址空间的优越性,并通过使用移动头、路由选择头和目的地选项头等扩展头更加有效地支持因特网在网络层的移动性。

在改变网络连接提供方时,IPv6 通过路由器通告简化了地址分配(无类别地址自动分配)和网络重编号的过程。通过把分组分片的责任放到端点设备,它简化了在路由器中的分组处理。IPv6 通过把主机标识符部分的大小固定为 64 位,标准化了子网的大小,方便了从数据链路层地址信息(MAC 地址)形成主机标识符的自动机制。

网络安全性是 IPv6 架构的一个设备要求,包括 IPsec 规范。

IPv6 跟 IPv4 不兼容,预期在未来相当长的时间内将同时使用 IPv4 和 IPv6。在 IPv4 和 IPv6 之间的直接通信是不可能的。然而已经设计了多个向 IPv6 过渡的机制,允许在 IPv4 和 IPv6 之间进行通信。

9.1   IPv6 分组结构

图 9-1 示出了 IPv6 数据单元(也称为分组)的一般形式。必须要有的头称为 IPv6 头,它具有 40 字节的固定长度(相比之下,IPv4 必需的头长是 20 字节)。

图 9-1   IPv6 分组的一般形式

在 IPv4 中,作为载荷的 TCP 报文段紧接在 IP 头的后面。在 IPv6 中,Internet 头和载荷之间可能插入任意数目的扩展头。每个扩展头的长度都必须是 8 字节的整数倍,以保持 8 字节的边界限制。

每个头用 1 个头类型来标识,每一个头都载有在链中随后的头的类型,在最后一个扩展头的情况下则该类型是载荷的头类型(图 9-2)。也就是说,下一个头段可以包含一个扩展头的类型,如路由选择头号码是 43;也可以包含载荷的协议类型,如 TCP 的号码是 6。

当前的 IPv6 规范定义了下列扩展头。

(1)逐跳选项:定义在每跳段都要予以处理的特别的选项。

(2)目的地选择头:目的地可以不是最终目的地,可以是存在路由选择头时的中间目的地。

(3)路由选择头:类似于 IPv4 的源路由选择,提供扩展的路由选择。

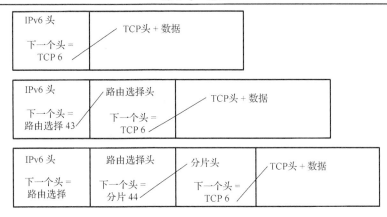

图 9-2　IPv6 扩展头示例

(4)分片头：源发方可以在必要时把分组分片。

(5)身份验证头：提供身份验证功能的扩展头。

(6)封装安全载荷头：提供加密功能的扩展头。

(7)目的地选择头：定义到达最终目的地的选项。

(8)移动头：专门为移动 IPv6 定义的扩展头。

每个扩展头都是可选的，但如果有多个扩展头，它们必须直接出现在固定头之后，并且应该按照列出的顺序排列。

9.2　IPv6 分组头

如图 9-3 所示，IPv6 分组头有固定的 40 字节长度，由下列段组成。

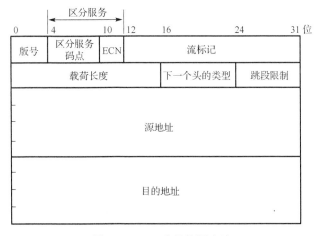

图 9-3　IPv6 分组的固定头

(1)版号(4 位)：IP 版号，对于 IPv6 其值总是 6。

(2)区分服务码点(8 位)：高序 6 位(区分服务码点)用于区分具有不同实时投递需求的分组的服务类别；低序 2 位(在最初的 IPv4 中没有使用的 2 位)用于显式拥塞通告。

(3)流标记(20 位)：为源和目的地提供了一个方法，标记具有同样需求的一个分组序列，即使在载荷被加密的情况下也可以显示它们所属的流。属于一个流的分组在网络中被同样对待，从而形成一种伪连接。例如，从某个源主机上的一个进程到一个特定的目的主机上的一个进程的一个分组流可能具有严格的时延要求，因此需要预留带宽。该流可以预先建立，当一个带有非 0 流标记的分组出现时，沿途的路由器都能够在内部表中查看它需要什么样的特别处理。在效果上，流是一种尝试，让它既有数据报网络的灵活性，又有虚电路网络的服务质量保证。没有必要让因特网上的所有分组都属于流。事实上在过渡阶段属于传统应用的大多数分组都不会明确地被标记成流，对应的分组将使用由 20 个 0 位组成的零流标记。

(4)载荷长度(16 位)：跟在固定头后面的 IPv6 分组剩余部分的长度，以字节为单位。换言之，它是所有扩展头再加上传输层协议数据单元的长度。

(5)下一个头的类型(8 位)：头可以被简化的原因是 IPv6 分组可以有附加的(可选的)扩展头。这个域表示在当前头的后面跟随哪一个扩展头(如果有)。如果当前头(包括扩展头)就是最后一个 IP 头，那么下一个头域表示要把该分组传递给哪一个传输层协议(如 TCP、UDP)。

(6)跳段限制(8 位)：该分组还可以被允许传输的跳段数。跳段限制段的值由源端设置。转发这个分组的每个结点都要把这个值减 1。如果跳段限制段的值被减少到 0，那么这个分组就要被丢弃。这要比 IPv4 的生存时间段所需要的处理简单。

(7)源地址(128 位)：分组发送方的 IP 地址。

(8)目的地址(128 位)：分组前往的目的地的地址。如果存在路由选择头，这可能不是最终目的地的地址。

采用 16 字节地址，地址空间是 IPv4 的 2^{96} 倍，相当于地球表面的每平方米都有大约 6×10^{23} 个具有唯一性的地址。无论未来怎样发展，看来这么多的地址也是够用的。

西方发达国家从 2012 年开始积极推进本国互联网向 IPv6 的转变，美国、德国、比利时、印度等国家的 IPv6 部署率已经接近或超过 40%，而 2017 年中国 IPv6 的部署率仅有约 1%。

2017 年 11 月，中国共产党中央委员会办公厅、国务院办公厅印发《推进互联网协议第六版(IPv6)规模部署行动计划》；2018 年 4 月工业和信息化部发布关于贯彻落实《推进互联网协议第六版(IPv6)规模部署行动计划》的通知，对 2018 年电信行业升级 IPv6 工作制订明确的任务目标，做出具体工作部署。中国 IPv6 规模的部署开始全面加速。

顺便说一下，所有的因特网标准都以请求评论的形式在因特网上发表。制定因特网的正式标准要经过以下 4 个阶段。

(1)因特网草案(Internet Draft)——在这一阶段还不是 RFC 文档。

(2)建议标准(Proposed Standard)——从这个阶段开始成为 RFC 文档。

(3)草案标准(Draft Standard)。

(4)因特网标准(Internet Standard)。

因特网草案的有效期只有 6 个月。只有到了建议标准才以 RFC 文档形式发表。IPv6(RFC 8200)已经于 2017 年 7 月成为因特网标准。

9.3　IP 地址

跟 IPv4 一样，IPv6 地址被分配给在结点上的具体接口，而不是结点本身。跟 IPv4 不同的是，在 IPv6 中，单个接口可以具有多个单播地址。分配给结点的任意一个接口的任意一个单播地址都可以被用来唯一地标识该结点。

IPv6 允许三种类型的地址。

(1) 单播地址标识单个接口。发送给单播地址的分组被投递给用该地址标识的接口。

(2) 多播地址标识一组接口（典型地属于不同的结点）。发送给多播地址的分组被投递给用该地址标识的所有接口。

(3) 任播地址标识一组接口（典型地属于不同的结点）。一个发送给任播地址的分组被投递给以该地址标识的所有接口中的一个接口（通常是根据路由协议测量的距离最近的一个）。

IPv6 的特征是比 IPv4 长得多的地址格式。从 32 位扩大到 128 位不仅保证我们将能够编号数以万亿计的主机，而且也为在等级结构中插入更多的层次提供了余地。在 IPv4 中，只有网络、子网和主机这 3 个基本层次。IPv6 地址的层次可以多得多。表 9-1 列出了当前基于格式前缀的地址分配。

表 9-1　IPv6 地址分配

二进制前缀	类型	地址空间的百分比/%
0000 0000	保留	0.39
0000 0001	未分配	0.39
0000 001	ISO 网络地址	0.78
0000 011	未分配	0.78
0000 1	未分配	3.12
0001	未分配	6.25
001	可聚合的全局单播地址	12.5
010	未分配	12.5
011	未分配	12.5
100	基于地理位置的单播地址	12.5
101	未分配	12.5
110	未分配	12.5
1110	未分配	6.25
1111 0	未分配	3.12
1111 10	未分配	1.56
1111 110	唯一本地地址（单播地址）	0.78
1111 1110 0	未分配	0.2
1111 1110 10	链路本地地址（单播地址）	0.098
1111 1111	多播地址	0.39

9.3.1 IPv6 地址的文本串表示形式

表示 IPv6 地址的文本串有 3 种常规的形式。

(1)可取的形式是 x: x: x: x: x: x: x: x。这里的 x 是对地址的 8 个 16 位段的十六进制表示。例如，FEDC:BA98:7654:3210:FEDC:BA98:7654:3210 和 1080:0:0:0:8:800:200C:417A。不必写出在一个具体的域中的前导 0，但在每个域中至少有一个数字。

(2)由于 IPv6 地址的一些分配方式，地址可能包含长串的 0 位。为了书写包含 0 位的地址变得容易一些，IPv6 使用 "::" 表示 1 个或更多个 16 位的 0 组。"::" 在一个地址中仅可以出现 1 次。"::" 也可以用来压缩地址中前导 0 或尾部 0，如 1080:0:0:0:8:800:200C:417A（单播地址）、FF01:0:0:0:0:0:0:101（多播地址）、0:0:0:0:0:0:0:1（回环地址）和 0:0:0:0:0:0:0:0（未指定的地址）可以表示成 1080::8:800:200C:417A、FF01::101、1 和::。

(3)当应对 IPv4 和 IPv6 结点混合环境时，更为方便的替代形式是 x:x:x:x:x:x:d.d.d.d。

这里的 x 是在地址的高序位的 6 个 16 位段的十六进制值；d 是在地址的低序位的 4 个 8 位段的十进制值（标准的 IPv4 表示）。例如，0:0:0:0:0:0:13.1.68.3 和 0:0:0:0:0:FFFF:129.144.52.38 可以用压缩的形式表示成::13.1.68.3 和::FFFF:129.144.52.38。

9.3.2 单播地址

单播地址包括下列几种结构的地址。

(1)聚合全局单播地址。

(2)链路本地地址。

(3)唯一本地地址。

(4)嵌入 IPv4 地址。

(5)回环地址。

初始的 IPv6 编址体系结构定义了前缀。其中最有意义的是可能在初始的实施阶段采用的基于提供方的地址前缀，它仅覆盖整个空间的 1/8。后来的发展修改了这个名字，把基于提供方的地址改称为聚合全局单播地址(001)。它们指的是同样的位组合，但突出对减少地址表尺寸的需求，而不强调特别的客户-提供方关系。另外等效的部分保留给地理位置地址，虽然当前尚无使用这些地址的计划。显然，有大量地址空间（多于 70%）尚未分配，留给未来的发展和新的功能。地址空间中有一部分被保留给其他（非 IP）地址方案。其中网络服务访问点(Network Service Access Point，NSAP)地址(0000001)由 ISO 的协议使用。

为 IPv6 单播地址提出的分配计划非常类似在 IPv4 中为 CIDR 实施的计划。

跟 CIDR 类似，IPv6 地址分配计划的目标是提供对路由信息的聚合，以减少域间路由器的负担。关键的思想是使用一个地址前缀（在地址最高有效位端的一组连续位）对大量的网络甚至大量的自治系统聚合可达性信息。达到这一目标的主要方法是把一个地址前缀分配给一个直接提供方；然后，该提供方把以这个前缀开头的更长的前缀分配给他的订户。因此，提供方可以向他的所有订户通告单个前缀。

与在无类别域间路由选择下的 IPv4 地址类似，IPv6 单播地址可以用任意位长度的前缀聚合。

　　聚合全局单播地址由 3 位前缀 001 后随 4 个成分组成(图 9-4)。在最初的 IPv6 编址体系结构中，所有这些成分都具有可变的长度。现在的趋势是坚持固定长度，主要考虑到这可以让再次编号容易一些。把一个 16 位值用另一个 16 位值替换比起用 15 位值或 17 位值替换要方便得多，所产生的问题也比较少。

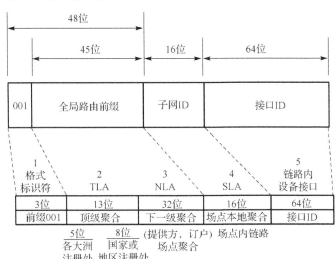

图 9-4　聚合全局单播地址

　　如果把 001 前缀也计算在内，这类地址的第 2 个成分是顶级聚合(Top Level Aggregator, TLA)。在 IPv6 编址方案的第 1 版中，紧随开头 3 位格式标识符后面的是 5 位注册处标识符，再后面是可变长度的提供方 ID。已经为 5 个注册处保留了编码，它们分别是负责北美的 Internet NIC(网络信息中心)、欧洲网络协会的 RIPE NCC(网络协调中心)、亚太互联网络信息中心 APNIC、拉丁美洲及加勒比地区的网络信息中心 LACNIC，以及非洲的网络信息中心 AFRINIC。把 TLA 的范围分配给各大洲的注册处，它们还可以进一步地把子范围分配给国家或地区注册处。

　　第 3 个地址成分标识下一级聚合(Next Level Aggregator, NLA)，它替代以前规范中的订户标识符。该成分的长度是 32 位，可以由长途提供方和交换局确定其结构。例如，分配高序 N 位标识第 2 层次的提供者，事实上，正式的术语谨慎地避免使用订户和提供者这样的词汇，而是称为等级 1 的下一级聚合和场点标识符，它们还可以进一步细分，允许多个层次级别。

　　该地址的第 4 个成分是场点本地聚合(Site Local Aggregator, SLA)。这 16 位标识符通常分配给在一个场点内的一条链路。该场点本身在 IPv6 编址体系结构中是一个原子性单元。当一个场点(如一个单位的一个园区)重新编址时，例如，在改变提供方之后，地址的 TLA 和 NLA 可能改变，但 SLA 和接口 ID 将仍然保持为常量。

　　该地址的最后一个成分是接口 ID，它对于连接该链路的接口具有唯一性。

　　从一个网络管理者或负责订户安装的网络设计人员的观点看问题，子网 ID 和接口 ID

是主要的关注点。订户可以用若干种方式处理这些段。对于订户基于局域网安装的网络的一种可能是将 IEEE 介质访问控制地址(扩展到 64 位)用于接口 ID 段。然后，其余可提供的位是子网 ID 段，标识在该订户场点的一个特别的局域网。

　　IPv6 提供本地使用的单播地址。具有这样的地址的分组仅可以在本地进行传输。已经定义的本地使用的地址是链路本地地址和唯一本地地址。

　　链路本地地址如图 9-5 所示，将用于在单个链路或子网上的寻址。它们不能够集成进全局寻址机制。它们的使用例子包括自动地址配置和邻居发现。

10位	54位	64位
1111111010	0	接口ID

图 9-5　链路本地地址

　　唯一本地地址(fc00::/7，即开头 7 位是 1111110，c—1100)如图 9-6 所示，当前主要是其中的 fd00::/8(d—1101，L=1)，用于与因特网没有直接连接的专用网络，即一个公司或单位的内部网络，也可以用于实验网络。这些地址在公网上会被提供商网络过滤。该地址在一个单位的所有场点范围内具有唯一性。L=0 尚无定义，因此现在一个单位内的唯一本地地址也可以表达成 FD00::/8。

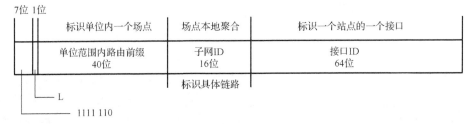

图 9-6　唯一本地地址

　　采用 IPv6 的关键问题是从 IPv4 向 IPv6 的过渡。这种过渡是不可能在短时间内完成的。取而代之的是会有一个长的过渡期；在此期间 IPv6 和 IPv4 必须共存，因此 IPv6 地址和 IPv4 地址也必须共存。嵌入 IPv4 地址适应这种共存期。

　　对于使用 IPv4 路由基础设施来运载 IPv6 分组，RFC 4213 提出了一种新的称为配置的隧道的机制。该机制把 IPv6 分组封装在 IPv4 分组中，通过 IPv4 路由拓扑区域传输。

　　配置的隧道也是一种链路(在 IPv4 基础之上的链路)，因此也有 IPv6 接口，在网络层，它必须有链路本地地址，相关的协议(如邻居发现协议和路由协议)在隧道上运行时就可以使用该地址。

　　作为网络层地址的一部分的接口标识符，可以是基于如图 9-7 所示的 32 位 IPv4 地址，或者使用其他的途径形成，只要它相对于配置的隧道的另一个端点具有唯一性就行。

　　如果基于 IPv4 地址形成 IPv6 链路本地地址，那么接口标识符(64 位)的后 32 位是 IPv4 地址，并把前 32 位置 0。注意，通用/本地位是 0，表明该接口标识符不是全局唯一的。链路本地地址通过把接口标识符后置到前缀 FE80::/64 形成。

图 9-7　链路本地地址中基于 32 位 IPv4 地址的接口标识符

一个类型的带有一个嵌入的 IPv4 地址的 IPv6 地址是称为 IPv4 映射的 IPv6 地址，它把 IPv4 结点地址表示成 IPv6 地址，并且具有如图 9-8 所示的格式。

80	16	32
00000000000000000000(十六进制)	FFFF	IPv4 地址

图 9-8　IPv4 映射的 IPv6 地址

如图 9-9 所示，链路本地地址用于配置的隧道端点，映射地址用于 IPv4 主机。仅仅 IPv6 主机使用 IPv4 映射的 IPv6 地址作为目的地址与 IPv4 网络中的双栈主机通信。两个主机使用 IPv6 分组通信，它们都使用全局单播地址，IPv4 主机使用映射地址，配置的隧道端点使用链路本地地址。

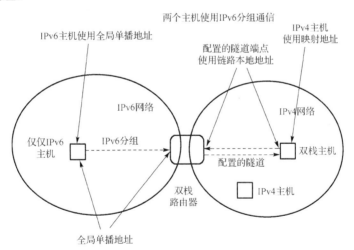

图 9-9　IPv4 网络中的双栈主机使用映射地址

过渡期间可能具有下列类型的设备。

(1)二用路由器：能够同时为 IPv6 分组和 IPv4 分组做路由选择。

(2)二用主机：同时实现 IPv6 和 IPv4；既具有 IPv6 地址，又具有 IPv4 地址。

(3)仅仅 IPv4 路由器：仅能够识别 IPv4 分组和为 IPv4 分组选择路由，并且只了解具有 IPv4 地址的主机。

(4)仅仅 IPv4 主机：仅实现 IPv4，且仅有一个 IPv4 地址。这个地址在 IPv6 领域中(路由器上)可以使用一个 IPv4 映射的 IPv6 地址表示(低序 32 位 IPv4 地址加上一个由 80 个 0 和 16 个 1 组成的前缀)。

（5）仅仅 IPv6 路由器：仅能够识别 IPv6 分组和为 IPv6 分组选择路由，并且只了解具有 IPv6 地址的主机。

（6）仅仅 IPv6 主机：仅实现 IPv6，且仅有 IPv6 地址。

仅仅 IPv6 主机与仅仅 IPv4 主机间的通信只有通过具有协议翻译功能的网关转发才能进行。

回环地址即单播地址 0:0:0:0:0:0:0:1（每一个数字表示一个 16 位的二进制数），它可以被一个结点用来发送一个 IPv6 分组给它自身。这样的分组不会被发送到该结点外部。

9.3.3 任播地址

作为例子，图 9-10 就是一种任播地址（格式上等同于一个 128 位的单播地址，即/128 地址），具有这样的一个地址的分组将被选择路由送到在一个任播组中根据路由器测量的距离是最近的接口。

n位		$128-n$位
子网前缀		$0000\cdots00$

图 9-10　子网-路由器任播地址

对任播地址的一种可能的使用是在一个路由选择头内指定沿着一条路径的一个中间地址。任播地址可以指跟一个特别的提供者或特别的子网相关的路由器组（子网-路由器任播地址，接口标识符为 0），以此来规定以最有效的方式为分组选择路由通过该提供者或互联网。另一种可能的使用是表示分组前往在一个子网上提供相同服务的一组服务器中的一个服务器，并用非 0 的只具有本地（子网内）唯一性的接口标识符表示这样的任播地址，子网内所有的路由器必须都知道该任播地址，相关的服务器都要被配置成该任播组的成员。

任播地址从跟单播地址相同的地址空间分配，因此一个任播组的成员必须配置成能识别该地址，路由器必须配置成能够把一个任播地址映射成一组单播接口地址。实际上，任播地址仅仅分配给路由器，路由器负责保存和更新一个子网上的任播组信息。

在每个子网内，接口标识符中的 7 位被保留为用于子网任播地址的 ID。具体地说，对于具有 EUI-64 格式的 64 位接口标识符的 IPv6 地址，这些保留的子网任播地址以如图 9-11 所示的方式建立。对应这些保留的子网任播地址 ID 的 IPv6 地址不可以被用于任何单播接口。把第 7 位（u 位：universal/local，通用/本地）置 0 表示局部范围，而非全局范围。

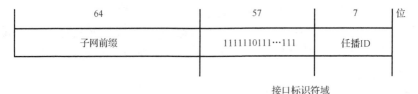

64	57	7
子网前缀	1111110111…111	任播ID

接口标识符域

图 9-11　保留的子网-任播地址格式

9.3.4 多播地址

IPv6 多播地址表示一组接口(典型地在不同的结点上)。一个接口可以是任意多个多播组的成员。图 9-12 示出了多播地址的格式。

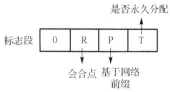

图 9-12 多播地址

在该地址开头的 8 位 11111111 是多播地址的标识。

标志段是一组 4 个标志。最高序 1 个标志保留,必须初始化成 0。

T=0 表示一个永久分配的(众所周知的)多播地址,由 IANA(因特网分配号码的权威机构)负责分配;T=1 表示一个动态分配的临时使用的非永久性的多播地址。

P=1 是一个基于网络前缀的多播,表示在多播地址中嵌入了单播前缀(图 9-13),此时 T 必须是 1(多播地址在前缀区域内有意义,非永久分配)。网络前缀部分最多 64 位。基于单播前缀的多播地址的范围必须不超过在该多播地址中嵌入的单播前缀的范围。P=0 表示所分配的多播地址不是基于网络前缀的。

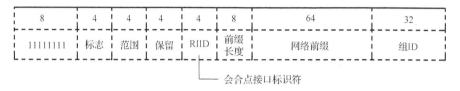

图 9-13 不采用会合点的基于单播前缀的多播地址格式

R 标志为全局路由的多播指定会合点。R=1 表示在多播地址中嵌入了会合点接口标识(图 9-14),此时,P 和 T 也必须为 1(基于网络前缀,但非永久分配)。R=0 表示在多播地址中没有嵌入会合点接口标识。

8	4	4	4	4	8	64	32
11111111	标志	范围	保留	RIID	前缀长度	网络前缀	组ID

会合点接口标识符

图 9-14 采用会合点的基于单播前缀的多播地址格式

会合点的地址可以从符合上述标准的多播地址通过执行下列两个步骤得到(该 IPv6 地址在网络前缀范围内具有唯一性,该地址从网络前缀范围内的任何主机都可达)。

(1)复制网络前缀的开头前缀长度个比特到一个 128 比特全 0 的地址结构。

（2）用 RIID 的内容代替所建立的 128 位地址结构的最后 4 位。

图 9-15 示出了会合点地址的格式。

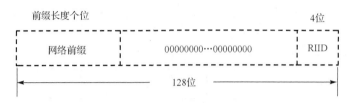

图 9-15　会合点地址的格式

在大多数重要的多播地址中，所有的标志都被置 0。

范围编码成一个 4 位整数。它用以限制多播组的范围，如保证给本地视频会议发送的分组不会泄露到全球范围的因特网。范围编码的值如表 9-2 所示。

表 9-2　范围编码

编码	类型	编码	类型
0	保留	8	组织本地范围
1	结点本地范围	9	未分配
2	链路本地范围	A	未分配
3	未分配	B	未分配
4	管理本地范围	C	未分配
5	场点本地范围	D	未分配
6	未分配	E	全局范围
7	未分配	F	保留

组 ID 表示在给定范围内的一个多播组，可以是永久的，也可以是非永久的。在永久多播地址的情况下，该地址本身独立于范围段，但被该段限制为一个特别的分组寻址的范围。

例如，如果 NTP（Network Time Protocol）被赋给一个具有组 ID 101（十六进制）的永久多播地址，可在不同范围内使用，即 FF0X:0:0:0:0:0:0:101，那么，FF05:0:0:0:0:0:0:101 表示跟发送计算机在同一场点（5）的所有支持 NTP 的系统；FF0E:0:0:0:0:0:0:101 表示在该互联网上（E 即 14）所有支持 NTP 的系统。

非永久分配的多播地址只在给定的范围内有意义，因此使得同样的组 ID 可以被再度使用，并且在不同的场点具有不同的解释。

IPv6 本身仅使用永久组标识符的一小部分，对于这部分地址所有的 IPv6 结点都应懂得。它们包括如下几点。

（1）组标识符 0 保留，不能用于任何范围。

（2）组标识符 1 定义所有的 IPv6 结点地址。它可以用于范围 1（FF01::1）标识在这个结点上的所有结点地址；或者用于范围 2（FF02::1）标识在这条链路上的所有结点地址。

（3）组标识符 2 定义所有的 IPv6 路由器地址，它可以用于范围 2（FF02::2）标识在这条链路上的所有路由器；或用于范围 5（FF05::2）标识在这个场点的所有路由器。

(4)组标识 1:3 和 1:4 被动态主机配置协议用以标识 DHCP 服务器和中继器。它们可以用于范围 2 到达在一条链路上存在的 DHCP 服务器和中继器；用于范围 5 标识一个场点所有的 DHCP 服务器和中继器。

非永久分配的多播地址在具体的范围和使用保留的区域内随机地选取。起初的规范就定义了一个这样的区段，即 FF0X:0:0:0:0:0:2:8000～FF0X:0:0:0:0:0:2:FFFF，用于多媒体会议。这些地址的唯一性由会话通告协议(Session Announcement Protocol，SAP)保证。要为一个多媒体会议分配一个多播地址的站将要：

(1)加入 SAP 组，每个申请多播地址或已经申请成功正在进行多播会议的组的地址管理站都要加入这个多播组。

(2)选取一个随机的组标识，该标识应该属于指定的范围，并且应该尚未被另一个会议使用。

(3)通过给 SAP 组发送一个报文宣告该会议及其地址。该宣告将定期重复，直至会议结束为止。在这一点上，该多播地址将被释放，可被另一个会议再度使用。

最后，为了在局域网上发送多播分组，必须从 IPv6 多播地址自动产生一个 IEEE-802 48 位多播地址。现在的方法是在 IPv6 多播地址的最后 32 位的前面附加一个固定的 16 位前缀 (33-33H)。这样也就把 IPv6 多播组的数目限制到 2^{32}，这看来即使在未来也不太可能有什么问题。例如，对应链路本地范围所有结点 IPv6 多播地址 FF02::1 的 IEEE-802 48 位多播地址是 33-33-00-00-00-01。

9.3.5　地址自动配置

地址自动配置指的是一个主机能够自动地为每个接口配置一个或多个地址。该功能的目标是支持即插即用，允许一个用户把一台主机连到一个子网时，在没有用户干预的情况下就能自动地把 IPv6 地址分配给主机的接口。

使用自动配置，一台机器或一个计算机能够自动发现和注册连接 Internet 需要的参数。在使用提供方编址的情况下仅仅为一台机器设置一次参数并永久使用是不够的，还应该让用户在改变提供方时能够动态地改变地址，而且当网络连接多个提供方时，还应该让用户能够同时得到多个地址。另外，对于安全和管理需求也应该予以考虑。一些场点需要对网络有更多的控制，它们希望能够关闭自动配置功能。自动配置可以用无状态的方式执行，也可以用有状态的方式执行。后者是使用 DHCP 的 IPv6 版本。地址仅分配给网络接口一个有限的生命期。

在 IPv4 中做自动配置也是可能的，但它需要存在一个服务器，由它负责把地址和其他配置信息发放给 DHCP 客户。IPv6 的长地址格式有助于提供新的自动配置形式，该形式可以不需要有一个服务器，称为无状态自动配置。

IPv6 单播地址是等级式的，且最低有效位是接口 ID。因此，可以把自动配置问题划分成以下两个部分。

(1)得到一个接口 ID，该接口 ID 在主机所附接的链路上是唯一的。

(2)得到这个子网正确的地址前缀。

第一部分工作是比较容易的，因为在一条链路上的每一台主机都具有唯一性的数据链路层地址；第二部分工作则依赖在同一链路上的一个路由器定期地为该链路通告适当的地址前缀。下面重点介绍主机如何能够从路由器得到它所在子网的地址前缀。

在初始化一个接口时，通过把已经知道的链路本地地址前缀跟用于该主机的在这条链路上唯一的号码串接，主机就可以建立起一个链路本地地址。

用于具有唯一性的号码的模型是 EUI-64 号码，它可以从一个 48 位的以太网衍生。这些号码将成为被用来形成链路本地地址的一个特征性成分，典型的链路本地地址取下列格式：

FE80:0:0:0:xxxx:xxxx:xxxx:xxxx

在这个地址格式中，xxxx:xxxx:xxxx:xxxx 应该用分配给该接口的 EUI-64 号码代替。

有些网络不使用 IEEE 802 地址。在这种情况下具唯一性的号码将必须从其他元素得到，例如，计算机插卡的 EUI-64 号码；或者用以把站连接到另一类链路的接口的 EUI-64 号码。最后一种可能性是随机地选取一个号码。

IPv6 结点通过加入链路上的所有结点多播组开始初始化工作。这就需要对其接口进行编程，接收对应多播地址 FF02::1 的所有分组。然后结点给在链路上的路由器发送一个征求报文，使用链路上的所有路由器多播组地址 FF02::2 作为目的地址，使用它自己的链路本地地址（IPv6 地址）作为源地址。

给在链路上的路由器发送的征求报文是类型为 133 的 ICMP 征求报文（图 9-16）。ICMP编码设置成 0，检验和按照通常的 ICMP 征求报文过程计算。征求报文可以包括选项，它用类型-长度-值的格式编写，使用 1 字节表示类型，1 字节表示长度，可变数量的字节表示值本身。在征求报文中仅有的选项是源的数据链路层地址，如它的以太网或令牌环地址。

类型 = 133	编码 = 0	检验和
保留		
选项(类型-长度-值)		

图 9-16 ICMP 征求报文格式

源的数据链路层地址选项（图 9-17）用类型 1 标识；长度用 64 位或 8 字节为单位表示。对于 IEEE 802 地址，长度将被设置成 1，该选项将由 6 字节（48 位）的地址组成。当路由器接收这样的一个征求报文时，将用一个路由器通告报文响应。这个通告报文将被发往征求方的数据链路层地址（征求报文的源的数据链路层地址选项中的内容），使用征求方的 IPv6链路本地地址作为目的 IPv6 地址。

1字节	1字节	可变数目字节
类型 = 1	长度 = 1 (以64位为单位)	数据链路层地址

图 9-17 ICMP 征求报文中的源的数据链路层地址选项格式

作为响应的路由器通告报文是类型为 134 的 ICMP 报文（图 9-18）。ICMP 编码设置为 0，检验和按照通常的 ICMP 报文过程计算。该报文包含若干个参数，它们有的出现在通告头中固定的位置，有的是作为可变长度的选项。这些参数用于自动配置的目的和邻居发现的目的，邻居发现是代替 IPv4 地址解析和路由器发现协议的 IPv6 过程。

8	8	16	位
类型 = 134	编码 = 0	检验和	
最大跳段限制	M O 保留	路由器生命期	
邻居仍然可达时间			
邻居可达重传定时器			
选项(前缀)			

图 9-18　ICMP 路由器通告报文的格式
注：M—被管理的地址配置；O—其他配置

地址配置过程使用的参数是两个称为 M 和 O 的控制位以及前缀选项。当站被授权执行无状态配置时，M 位设置成 0。如果这一位置 1，站就不应该试图自己建立地址，而应该联系一个地址配置服务器，使用有状态协议。当 O 位置 1 时，表示站可以执行无状态地址配置。不过在此情况下站应该联系一个地址配置服务器以得到除地址以外的其他参数。当 M 位是 0 时，站应该查看编码成选项的前缀列表。

如图 9-19 所示，前缀信息选项用选项类型 3 标识。在一个报文中可以有多个前缀选项，每一个编码一个 32 字节(4 个 64 位)的分立前缀。长度域总是置成 4(单位：64 位)。地址前缀用一个 128 位的地址和表示位的数量的前缀长度编码。有效的和优选的生命期表示一个地址在变成无效的或被淘汰之前持续的秒数。两个 1 位的标志描述前缀。当前缀专用于本地链路(传输本通告的链路)时，或当前缀可以进入被邻居发现使用的本地前缀列表时，链路位 L 置 1。当前缀被用于自治地址配置时，自治配置位 A 置 1。在这种情况下，站将通过用接口的具唯一性的标识符，典型地是用 48 位的 IEEE 802 地址代替前缀的后面的若干位建立一个地址。

8	8	8	8	位
选项类型 = 3	长度 = 4	前缀长度	L A 保留	
有效的生命期				
优选的生命期				
保留				
前缀				

图 9-19　在路由器通告报文中的前缀信息选项
注：L—前缀专用于本地链路；A—前缀用于自治地址配置

路由器通告报文不仅仅用于对征求报文的响应，路由器也将把这些报文以常规的重复周期发送给链路上的所有主机多播地址。如果路由器在重复周期即将期满时收到一个征求报文，它可能选择通过多播发送通告进行响应，而不是仅将通告发送给单个站。

已经发出一个征求报文的站将等待响应。考虑到征求报文可能有传输差错，发送站在一个合理的延迟之后如果还没有收到响应，如在 2s 之后，它将重复发送它的征求报文，但它的重复征求不能多于 3 次。3 次征求后仍未收到一个响应表明在该链路上可能没有路由器。值得注意的是，站仅可以跟连接同一链路的其他站通信。它应该仅使用它的链路本地地址。

获得所在子网的前缀信息，主机就可以使用自己的接口 ID 自动配置具有全局唯一性的 IPv6 地址了。

9.4 ICMP 的演变

在定义 IPv6 期间对 Internet 控制报文协议也进行了修订。删除了一些在 IPv4 ICMP 中存在但现在已经不再被使用的功能。通过结合 IPv4 组成员协议(互联网组管理协议(Internet Group Management Protocol，IGMP))，该协议变得更加完整，扩展了一些格式以运载 IPv6 比较大的域。结果，新的 ICMP 与旧的不兼容。为了避免混淆，它用一个不同的头类型(对应 IP 分组头中协议段的值)58(而不是 1)来标识。类型 2 事实上已用于 IPv4 的 IGMP。

所有的 IPv6 ICMP(ICMPv6)报文都具有同样的总格式(图 9-20)，由类型、编码、检验和以及可变长度的报文本体组成。

图 9-20 ICMP 报文的一般格式

检验和根据一般的 IPv6 规则进行计算,如图 9-21 所示,它覆盖 ICMP 报文本身和 IPv6 头中固定的几个域(伪头)。这是 IPv6 ICMP 与 IPv4 ICMP 的一个不同点，IPv4 ICMP 报文检验和计算不使用伪头。

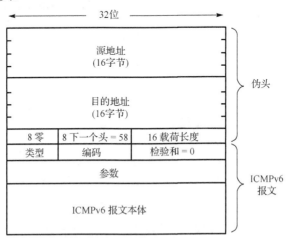

图 9-21 ICMPv6 检验和的范围

报文本体确切的格式以及不同的编码参数值取决于 ICMP 类型。现在的 IPv6 规范已经定义了 14 个不同的 ICMP 类型(表 9-3)。

表 9-3　当前定义的 ICMP 类型

类型值	含义
1	目的地不可达
2	分组太大
3	超时
4	参数问题
128	回送请求
129	回送应答
130	组成员查询
131	组成员报告
132	组成员减少
133	路由器征求
134	路由器通告
135	邻居征求
136	邻居通告
137	重定向

　　编码 1~4 描述差错报文。编码 128~129 用于回送请求和回送应答。编码 133~137 用于邻居发现和自动配置。编码 130~132 用于组成员管理。

　　类型为 133 的 ICMP 报文(路由器征求报文)由自动配置其 IP 地址的主机发给在链路上的路由器。路由器则用类型为 134 的 ICMP 报文(路由器通告报文)应答,其中包括请求站配置地址需要的前缀信息。

　　邻居征求和邻居通告 ICMP 报文用以代替 IPv4 的地址解析和路由器发现协议,并用以做重复地址检测,一旦配置了一个 IP 地址,主机就向该地址发送一个请求报文,并且等待 1s。如果另一个站配置了同样的 IP 地址,它将应答,并通告它的数据链路层地址,从而暴露出冲突。

9.4.1　差错报文

　　每当一个 IPv6 结点丢弃一个分组时,它可以给源发送方发送一个 ICMP 错误报文。然而,该结点不应对多播分组发送错误报文,因为这可能产生大量的报文流量;也不应该对 ICMP 分组发送错误报文,因为这可能产生关于 ICMP 差错报文的无限循环。具体的 ICMP 类型描述拒绝一个分组的原因是目的地不可达、分组太大、生存期超额或者参数问题。

　　编码和参数的含义取决于 ICMP 类型。

　　在目的地不可达报文的情况下,类型域设置成 1;参数域不使用,应该设置成 0;编码域表示目的地不可达的具体原因,例如以下几种情况。

　　(1)0,没有到达目的地的路径,路由器不知道如何到达目的地子网(无默认路由)。

　　(2)1,与被管理禁止的目的地通信,投递被实施管理策略的一个防火墙阻止。

　　(3)2,不是一个邻居,目的地地址超出了源地址的范围,源地址是链路本地地址,目的地地址是全局地址。

(4) 3，地址不可达，不能够把一个目的 IPv6 地址解析成一个链路地址，或者有某种链路故障。

(5) 4，端口不可达，在目的主机上的应用程序没有在分组中所列出的端口上监听。

对于分组太大的报文，类型域设置成 2；编码域不使用，应该设置成 0；参数域包含下一条链路的最大传输单元。这些报文允许主机有效地实现 MTU 发现过程。它们开头发送一个大的分组，采用本地接收许可的尺寸。如果这个尺寸对于通路中的某一个链路太大，相关结点会给出其下一跳链路的 MTU。此后发送方会立即用这个新值进行尝试。如果另一个下行链路有进一步的限制条件，发送方将收到另一个差错报文，并用这个新的 MTU 再次尝试。实践经验表明，该算法能够向着一个可接收的值迅速收敛。除了这个一般的规则，分组太大报文还可以针对一个 IPv6 多播地址。这将允许通路发现过程也适用于 IPv6 多播。

在超时报文的情况下，类型域是 3；参数域不使用，应该设置成 0；编码域的取值可以表示下列两种情况之一。

(1) 中转跳段数目超值。

(2) 分片重组超时。

跳段限制超额报文在中转过程丢弃分组时发送。

当一个 IPv6 分组使用分片头以一组分片的形式发送时，如果有分片丢失，则会发生分片重组问题。每当 IPv6 结点开始重组一个分组时，它们将启动一个定时器。超时应该安排在 1～2 分钟的时间内。如果定时器在最后一个分片到达之前期满，则要丢弃该分组。

当接收结点不能够处理一个到来的分组时，就发生了参数问题。ICMP 类型是 4；参数域包含一个指针。它标识在到来的分组内发现参数问题的字节偏移。

9.4.2 回送报文

回送请求报文和回送应答报文具有同样的格式(图 9-22)。当一个 IPv6 结点要从远方结点触发一个回送时，它发送一个回送请求报文。类型域应该设置成 128，编码域应该设置成 0。

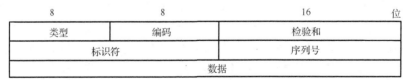

8	8	16	位
类型	编码	检验和	
标识符		序列号	
数据			

图 9-22   在 IPv6 中的 ICMP 回送报文格式

回送请求报文和回送应答报文提供一种测试在两个实体之间是否可以通信的机制。一个回送请求报文的接收方应该在一个回送应答报文中返回报文本体。结点可以选择一个标识符值，以帮助应答与请求的匹配。如果结点发送多个相继的请求给同一目的地，它将给它们分配相继的序列号。数据段中的内容(如果有)也要返回发送方。

回送应答报文发送给输入分组的源地址。ICMP 回送应答报文与输入报文几乎相同，仅有的差别是类型域(被设置成 129)和需要重新计算的检验和域。

9.5　IPv6 对高层的影响

改变 IP 对上层有一些影响。这种影响是最小的，因为 IPv6 数据报服务跟经典的 IP 数据报服务相同。然而，TCP 或 UDP 这样的传输层协议的实现将必须更新，以适应较大的 IP 地址。ICMP 报文格式的更新也类似。这些协议的规范至少在计算传输层检验和时需要考虑新的地址。

新定义的地址对应用本身也有影响。名字服务必须返回长的 IPv6 地址；应用必须把该地址通过编程接口传送给传输层协议。

9.5.1　高层检验和

像 TCP 或 UDP 这样的传输层协议附加一个检验和到它们的协议数据单元。这个检验和的目的是检测传输差错，即在链路上传输的期间或在一个路由器的存储器内被改变了的位或字节。检验和的计算基于一个想象的 PDU，它由实际要传输的传输层 PDU 跟一个伪头串接形成。

伪头的定义是 TCP 规范或 UDP 规范的一部分，事实上也是任何在其检验和计算中包括 IPv6 地址的上层协议的规范的一部分。这个部分应该更新，以反映出地址尺寸的改变。TCP 伪头和 UDP 伪头的新版本根据 IPv6 规范确定，它包括源和目的地的 IPv6 地址、下一个头类型和载荷长度(图 9-23)。在所有的情况下，这些域的值的定义都好像没有选项一样。例如，如果在初始 IPv6 头和 TCP/UDP 载荷之间有一个菊花链头，那么在伪头中载荷长度域和下一个头域的值应该设置成 TCP/UDP 协议数据单元的长度和载荷类型。类似地，如果有一个路由选择头，在伪头中的目的地址应该是最后目的地的地址。

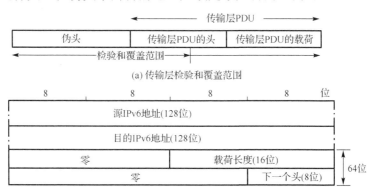

图 9-23　IPv6 计算 TCP 和 UDP 检验和时所用的伪头

跟 IPv4 的区别是，IPv6 本身不包含头检验和，因此，在上层使用检验和是必需的，即使在 UDP 的情况下也是如此。

9.5.2　在域名服务中的 IPv6

应用程序通常处理的是 ict.ac.cn 这样的域名而不是 159.226.39.1 或 1a03:9:2b:3c:5:

7ec3:de09:5b73 这样的数字地址。地址通常是通过查询域名服务得到的，DNS 是一个分布式数据库，为每个因特网域存储各种资源记录。这些资源记录用一个类型标识，类型在文献中用一个同义术语表示，而在 DNS 查询和应答分组中则用一个类型号码表示。

　　IPv4 地址存储在类型为 A 的(编码为 1)记录中，每个 A 记录包含一个 32 位的地址。为了扩展 DNS 以支持 IPv6，IETF 定义了新的资源记录类型：AAAA。因为它包含一个 128 位的地址，所以长度是 A 记录的 4 倍，其类型被设置成 AAAA(编码为 28(十进制))。

　　DNS 还包含一个数字等级结构，用以根据地址检查主机名。我们可以从 IPv4 地址导出一个域名，其方法是把其成分反序排列，并附加域名 in-addr.arpa。例如，对应 IPv4 地址 123.45.67.89 的表示是 89.67.45.123.in-ardr.arpa。服务器使用这个反序名检索跟一个地址相关联的域名。

　　IPv6 定义了类似的服务。问题是 IPv6 地址没有自然的边界。提供方和订户、网络和子网以及子网和主机之间的分隔不必落入 32 位、16 位或 8 位的边界。这样，数字名的建立可以先把地址表示成一个十六进制数字序列，然后颠倒顺序，把它们以点分隔，再附加后缀 IP6.ARPA。根据这些规则，IPv6 地址 4321:0:1:2:3:4:567:89ab 在域名系统中可以表示成 b.a.9.8.7.6.5.0.4.0.0.0.3.0.0.0.2.0.0.0.1.0.0.0.0.0.0.1.2.3.4.IP6.ARPA。

9.5.3　链路本地多播名称解析协议

　　链路本地多播名称解析(Link-Local Multicast Name Resolution，LLMNR)协议是在 RFC 4795 中定义的一个新协议，它为没有 DNS 服务器的网络提供一个附加的方法来解析邻接计算机的名字。LLMNR 可为 IPv4 主机和 IPv6 主机通过简单的请求报文和应答报文执行邻接计算机的名字解析。使用 LLMNR 的一个例子是自组织网络(ad hoc IEEE 802.11 无线网络)。

　　LLMNR 报文使用类似于 DNS 的报文格式，但它使用不同于 DNS 的端口号。LLMNR 主机发送 LLMNR 名字查询请求报文给 UDP 目的地端口 5355，LLMNR 查询的响应方则把应答报文的 UDP 源端口设置成 5355。

　　对于在 IPv6 上发送的载有被查询的计算机的名字的 LLMNR 报文，一个查询主机发送 LLMNR 名字查询请求报文给链路本地范围 IPv6 多播地址 FF02::1:3，所有基于 IPv6 的 LLMNR 主机在 IPv6 多播地址 FF02::1:3 上监听，它们指示以太网卡监听带有目的 MAC 多播地址 33-33-00-01-00-03 的以太网帧。

　　对于一个 LLMNR 多播查询请求报文，如果在该子网上的一个主机拥有被请求的名字，那么它就要用一个单播地址 LLMNR 报文响应，给出自己的 IPv6 地址。

复习思考题

　　1．一个单位被分配地址块 2000:1456:2474::/48，如果在第 3 个子网中的一个计算机的接口卡的 IEEE 物理地址是 F5-A9-23-14-7A-D2，那么该计算机对应该接口的 IPv6 链路本地地址和全局单播地址是什么？

　　2．对唯一本地前缀 FD1A:39C1:4BC2:3D80::/57 执行 4 位的子网划分可以产生哪些/61 网络前缀？

3．在 IPv4 的头中使用的协议段在 IPv6 的固定头中不复存在。试说明这是为什么。

4．当采用 IPv6 协议时，ARP 协议是否需要改变？如果需要，是概念上的改变，还是技术上的改变？

5．把下列 IPv6 地址改写成尽可能简化的格式。

（1）0000:0000:0F53:6382:AB00:67DB:BB27:7332。

（2）0000:0000:0000:0000: 0000:0000:004D:ABCD。

（3）0000:0000:0000:AF36:7328:0000:87AA:0398。

（4）2819:00AF:0000:0000: 0000:0035:0CB2:B271。

6．在 IPv6 头中没有像 IPv4 那样设立一个头检验和段，这样做的优点是什么？去除头检验的风险是什么？试对去除头检验的风险进行评估。

7．一台以太网主机加入 IPv6 多播组 FF02::101，其对应的 MAC 多播地址是什么？

8．LLMNR 报文和 DNS 报文有哪些相同点和不同点？

9．区分服务码点和流标记是如何为划分优先级的流量投递提供更好的支持的？

10．根据 IPv6 规范，TCP 伪头和 UDP 伪头包括 IPv6 分组中的哪些内容？

11．怎样区分 ICMPv6 错误报文和信息查询报文？

12．路由器是怎么知道一个任播组最近的成员的位置的？

第10章 基于IP的多协议标记交换技术

本章学习要点
(1)标记交换的基本概念;
(2)MPLS与虚线路交换的相同点和不同点;
(3)MPLS头格式;
(4)MPLS系统的操作过程;
(5)MPLS建立转发表登录项的方法;
(6)标记分配协议;
(7)显式路由选择;
(8)虚拟专用网络。

多协议标记交换(Multi-Protocol Label Switching,MPLS)基于这样一种做法,即把标记交换用作底层交换机制;名称中的多协议则意味着除了IP之外,它还支持多种其他的网络层协议。

开发MPLS的主要目的是把像ATM这样的网络采用的基于虚电路转发分组的技术跟在IP网络中运行的路由选择协议相结合。因此一个标记交换路由器(Label Switching Router,LSR)通过查看分组中一个固定长度的标记转发分组,使用该标记找到正确的输出接口,并且在发送分组前改写标记。这正是ATM交换机转发ATM信元的做法,明显地比在IP路由器中转发IP分组使用的最长匹配算法简单得多。然而与ATM交换机不同,LSR还运行像OSPF或RIP这样的路由协议建立和动态更新路由表,使用在路由表中的信息而不是使用一个显式的连接建立协议在转发表中设置登记项。

在因特网中,为IP分组选择下一跳段可以看成两个功能的组合。第一个功能把全部可能的分组划分成若干个转发等价类(Forwarding Equivalence Classes,FEC);第二个功能把每个FEC映射成下一跳段。就转发决定而言,被映射成同一个FEC的不同的分组是不可区分的。来自一个特别的结点、属于一个特别的FEC的所有分组将走同一个通路。

标记交换的一个重要特征是把基于标记的转发操作从网络层的控制功能中分离,使得网络运营者能够把若干当前的和未来的业务与一组标记相关联。MPLS网络的入口路由器可以把分组映射到不同转发等价类的任何编号上,并且可以沿着通路预留需要的资源。

与传统的网络层转发相比,MPLS具有下面列出的多个好处。

(1)MPLS转发可以由交换机执行,该交换机执行标记查找和替换,但不用分析网络层头。

(2)由于分组是在它进入网络时被分配到一个FEC的,在决定如何分配的过程中,入口路由器可以使用它所具有的关于该分组的任何信息,包括不是从网络层头得到的信息。例如,它可以把在不同端口上到达的分组分配到不同的FEC。另外,传统的转发只考虑在分组头中随分组一起传输的信息。

(3)在一个特别的路由器处进入网络的分组跟在另一个位置的路由器处进入网络的同

样的分组(目的地址相同)可以被加上不同的标记,这样入口路由器就能够比较容易地做转发决定。这一点在传统的转发中是做不到的,因为分组的入口路由器的标识不随分组传送。

(4)确定如何把分组分配到一个 FEC 的考虑可能变得越来越复杂,然而这对于仅仅转发加上标记的分组的路由器却不会有任何影响。

(5)有时,需要强使分组沿着一个特别的通路传输,该通路需要在分组进入网络之时或之前明确地指定,而不是在分组通过网络传输时由常规的动态路由选择算法选择。这可以作为一个策略来实现,或者支持流量工程。在常规的转发中,这需要分组把它的路由编码随它一起传输(源路由)。在 MPLS 中,可以使用一个标记来表示路由,因此不需要在分组中包含像通路所经过的路由器列表这样的显式路由标识。

为了支持区分服务,有些 IP 路由器通过分析分组的网络层头,确定分组的优先级或服务类别。MPLS 允许(但不是必须)把优先级或服务类别结合进标记的建立过程。在这种情况下,标记代表一个 FEC 和一个优先级或服务类别的结合。

虽然 MPLS 可应用于任何网络层协议,然而我们重点把 IP 用作网络层协议。

10.1　基　本　思　想

MPLS 的首要问题是把标记放在何处。由于 IP 分组不是为虚电路设计的,因此在 IP 分组中没有虚电路号码可以用的域。出于这个原因,必须把一个新的 MPLS 头放到 IP 头的前面。图 10-1 示出了在使用 PPP 作为成帧协议的路由器到路由器的线路上的帧格式,包括 PPP 头、MPLS 头、IP 头和 TCP 头。

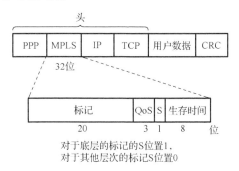

图 10-1　使用 PPP、MPLS 和 IP 发送 TCP 报文段

MPLS 头的长度是 4 字节,被划分成 4 个域。标记域存放索引。QoS 域用于服务类别。S 域跟堆叠多个标记有关。生存时间域表示分组还可以被转发多少次。它的值每经过一个路由器都减 1,当值变成 0 时分组将被丢弃。这一特征可防止在路由选择不稳定的情况产生分组传输的回路。

MPLS 位于 IP 网络层协议和 PPP 链路层协议之间。它实际上不是一个第 3 层协议,因为它不是直接根据 IP 或其他网络层地址转发分组,而是根据 IP 或其他网络层地址建立标记通路。它实际上也不是一个第 2 层协议,因为它跨越多个跳段而不是仅在单条链路上传输。由于这个原因,MPLS 有时称为 2.5 层协议。这说明真实的协议不是总可以适配我们的理想层次模型的。

MPLS 可以组合终止于一个特别的路由器或 LAN(但可能前往不同的目的主机)的多个流, 把它们划入同一个 FEC, 使用单个标记。这个 FEC 不仅涵盖分组传输的通路, 而且也可以涵盖它们的服务类型(在区分服务的意义上), 因为从转发的角度看, 它们被同样对待。

在传统的虚电路路由选择中, 不可能把具有不同终点的多个不同的通路组合进同样的虚电路(连接)标识符。对于 MPLS 分组, 除了有 MPLS 标记外, 也包含最终目的地的 IP 地址, 因此在标记路由的端点可以除去 MPLS 标记头, 接着使用网络层目的地址继续进行向前转发分组的操作。

MPLS 可以在多种网络中使用, 如先前开发和使用的 ATM 网络和帧中继网络。实际上可以建立一个 MPLS 交换机, 它既能够转发因特网的 IP 分组, 也能够转发其他网络的协议数据单元, 输入的是哪种 PDU, 就转发哪种 PDU。这一特征也正是在 MPLS 名称中多协议的来源。

在 MPLS 网络和传统的虚电路网络之间的一个重要不同点是建立转发表的方式。在传统的虚电路网络中, 当一个用户要建立一条连接时, 他首先向网络发送一个 setup(建立)分组, 确定通路, 并产生转发表登记项。MPLS 网络则不以这种方式工作, 它在连接建立阶段, 不需要用户参与操作, 因为要让用户做除了发送数据报以外的任何其他的事情, 都会对现有因特网软件做太大的改变。取而代之的是转发表通过协议建立, 该协议把连接建立协议和路由协议相结合, 通常在核心网络的 ISP 设备上运行, 而最终用户不必参与。这些控制协议很明显地跟标记转发分离, 从而允许使用多个不同的控制协议。

MPLS 网络有两种建立转发表登记项的方法: 数据驱动的方法和控制驱动的方法。

在数据驱动的方法中, 当一个分组进入网络时, 接收它的第一个路由器联系分组必须前往的下一个处于下游的路由器, 请求它为该流产生一个标记; 接着递归地使用该方法。实际上, 这是一种在需要时即时建立虚电路的方法。

控制驱动的方法有多个变种, 其中一种的工作情况如下所述。在 MPLS 网络上的一个路由器 R1 启动时, 它查看它是哪些路由在 MPLS 网络上的最终目的地, 例如, 哪些前缀属于它的接口。然后它为这些前缀建立一个或多个转发等价类, 为每个 FEC 分配一个标记。同时, R1 可以根据 IP 路由协议(如 OSPF 和 BGP)获悉网络拓扑信息和到达该 MPLS 网络内其他任意一个路由器(如 R2)的通路(最短通路)信息, 然后它就可以使用标记分配协议(Label Distribution Protocol, LDP)以下游启动的方式在从 R2 到 R1 的通路上建立一条标记交换路径(Label Switching, LSP)。这样, MPLS 域中每个路由器对于上述基于前缀的每个转发等价类都可以建立一条以 R1 为出口、以其自身为入口的 LSP。

在建立通路的过程中, 还可以预留资源, 从而保证适当的服务质量。其他的控制协议可以建立不同的通路, 例如, 流量工程通路考虑尚未被使用的容量, 并按需建立通路, 以支持提供适当的服务质量。

MPLS 可以在多个层次上运行。在最高层, 每个承载网络可以被看成有一条通过它从源到目的地的通路。这个通路可以使用 MPLS。然而, 在每个承载网络内部也可以使用 MPLS, 导致第二层标记。事实上, 一个分组可以承载整个标记栈。在图 10-2 中的 S 位允许一个(边界)路由器去除一个标记, 从而知道是否还剩别的标记。对于底层的标记 S 位置 1; 对于其他层次的标记 S 位置 0。在实践中, 这一设施大多用以实现虚拟专用网络和递归隧道。

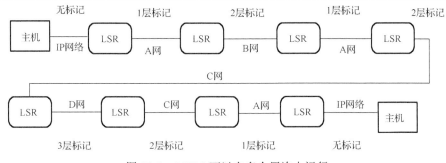

图 10-2　MPLS 可以在多个层次上运行

10.2　基本概念和转发操作

标记是一个短的固定长度的标识符，用以标识一个转发等价类，它只在本地链路上有意义。放在一个特别的分组上的标记表示分配给该分组的转发等价类。对于一个分组，通常基于它的网络层地址分配给它一个转发等价类。如果 Ru(上游)和 Rd(下游)都是标记交换路由器，那么它们可能约定，当 Ru 给 Rd 发送一个分组时，当并且仅当该分组是一个特别的 FEC F 的成员时，Ru 才会用标记值 L 标记分组。作为这样的协定的一个结果，L 成为 Ru 表示转发等价类 F 的输出标记，也成为 Rd 表示转发等价类 F 的输入标记。注意，当我们说分组是从 Ru 向 Rd 发送时，并不意味着分组源发于 Ru，也不意味着分组的最终目的地是 Rd。取而代之的是，在其含义中包括途经 Ru 和 Rd 转发的中转分组。

另外，除了从 Ru 发往 Rd 的分组，标记 L 不必表示在其他任意一对 LSR 之间与转发等价类 F 的绑定。L 是一个任意值，它与 F 的绑定限于 Ru 和 Rd 本地。

已经被加了标记的分组称为标记分组。所使用的特别的编码技术(包括标记数值范围)必须由编码标记的实体和解码标记的实体双方协定一致。

假定 Ru 和 Rd 约定对于从 Ru 向 Rd 发送的分组，把标记 L 绑定到转发等价类 F，那么对于这个绑定，Ru 是上游 LSR，Rd 是下游 LSR。对于一个给定的绑定，在我们说一个结点是上游、一个结点是下游时，这就意味着在从上游结点向下游结点传送的分组中，有一个特别的标记表示一个特别的 FEC。

在 MPLS 体系结构中，把一个特别的标记 L 绑定到一个特别的 FEC F 的决定是由处于下游的 LSR 做出的。然后下游 LSR 把这个绑定告知上游 LSR。也就是说，标记是下游分配的，标记绑定在下游至上游的方向上分发。

MPLS 体系结构允许一个 LSR 显式地从它的下一跳段请求一个特别的 FEC 和对于该 FEC 的标记绑定。这称为按需下游标记分配。MPLS 体系结构也允许一个 LSR 向没有显式地向它请求的 LSR 分发绑定。这称为未被征求的下游标记分配。

属于一个特别的 FEC 的分组在传输时所经过的一个或多个标记交换路由器所构成的通路称为标记交换通路。可以将 LSP 看作类似穿越 MPLS 核心网络的一个隧道。

由于大多数主机和路由器都不懂得 MPLS，所以就有一个什么时候和如何把标记加进分组的问题。这发生在 IP 分组抵达 MPLS 网络边缘时。标记边缘路由器(Label Edge Router,

LER) 查看目的 IP 地址和其他域，确定分组应该走哪条 MPLS 通路，并在分组的前面加上正确的标记。在 MPLS 网络内，这个标记被用来转发分组。

在 MPLS 网络的另一边，该标记已经完成了它的使命，并被移除，从而再次显露 IP 分组，进入下一网络。图 10-3 示出了这一过程。

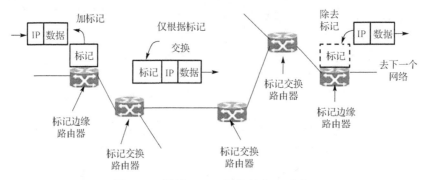

图 10-3   通过 MPLS 网络转发 IP 分组

本质上，MPLS 把路由器放到网络的边缘；把快速、简单的交换机放在网络主干；为需要转发的分组划分转发等价类，并对属于同一个转发等价类的分组实现一次路由，多次交换。其主要目的是有机地集成标记交换转发数据报的技术和为分组选择通过网络的路径的技术。

采用 MPLS 后，在数据分组进入网络时，处在边缘的支持标记交换的路由器(LSR)为其指定一个特别的 FEC，然后把这个 FEC 映射到一个定长的值，即标记。该标记随数据分组一起发送。下一个 LSR 不再查看分组头，只是根据标记来选择下一跳段地址和新的标记。

实际上，通过在分组的前面加上多个标记，MPLS 可以在多个层次上运行。例如，假定已经有了不同标记的多个分组(这些分组在当前的网络中被区别对待)，还需要再经过一个共同的通路才能到达某个目的地。在这种情况下，不必为每个不同的标记都建立一个标记交换通路，而是可以建立单个通路。当已经有了标记的分组到达这个通路的起点时，另一个标记被加到分组的前面。这称为标记堆栈。外层标记引导分组沿着这段共同的通路传输。在这段通路的终点，该标记被除去；如果还有其他标记，它将被显露，并被用来继续向前转发分组。

MPLS 头中的 S 位允许一个路由器表明在除去一个标记时是否还剩标记，该位置 1 表示除去的标记是底层标记；置 0 表示还有其他标记。

10.3   系 统 结 构

MPLS 网络的入口路由器可以把分组映射到不同 FEC 的任何编号上。例如，一个 FEC 可能是基于目的地网络、多播、一个源端/目的端地址对，一个源地址，甚至是网络入口的物理点。一个 FEC 也可以表示所有经过一个显式的非默认路径的分组。

无论为分组分配 FEC 的机制多么复杂，网络对分组的转发仍然基于标记交换。与传统的 IP 转发机制相比，MPLS 使得基于策略的选路能以一种更简单、更直接的方式进行。这样，如果需要引入新的网络层控制功能，就可以不必重新优化或升级转发通路上的组件和设备。当发生不可预见的、必要的网络层变化时，已有的投资可以得到保护。例如，当需要引入 IPv6 以获得更大的地址空间时，不需要对现有的转发通路做任何实质性的修改。

图 10-4 示出了在 MPLS 网络内部的 LSR 基于标记替换所进行的分组转发过程。

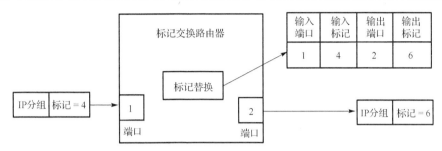

图 10-4　基于标记替换的分组转发过程

MPLS 包含一些核心组件和技术。

第一，MPLS 中的关键设备是标记交换路由器。它既能运行传统 IP 的路由选择协议，也能执行一个特定的控制协议与邻接的 LSR 协调 FEC/标记的绑定。

第二，MPLS 的一个核心技术或组件是标记。标记是包含在每个分组中的一个短的、固定长度的数码，被用作如何转发分组的依据。一对 LSR 必须就标记的代码和意义达成一致。例如，下游 LSR 可以告知上游 LSR 一个特别的标记 X 代表一个被命名为 A 的特别的FEC。因此，标记只在一对通信的 LSR 之间起作用，并用以表示一个从上游流向下游的分组属于一个特别的 FEC。标记的形式可以随着物理链路的不同而不同，例如，它可以是VPI/VCI(ATM 的虚通路标识符/虚通道标识符)或 DLCI(帧中继的数据链路连接标识符)，也可以包括服务类别。

第三，MPLS 的另一个核心技术是转发机制，即标记交换技术。标记交换技术可以实现一个简单的快速转发过程。标记由交换组件处理。当一个分组包含一个标记栈时，一个MPLS 设备仅处理该栈中的顶部标记。

入口 LSR 在分组上贴一个标记，产生一个深度为 N 的标记栈。沿着 LSP 的中间 MPLS结点接收和处理这个分组。仅该栈中的顶部标记被处理，并与对应于下一跳 LSR 的新标记进行交换。在 LSP 的出口的 LSR 根据该栈中下一个标记的内容做出转发的决定(如果分组在该 MPLS 网络中传输时只带一个标记，将基于网络层头的内容做出转发的决定)。也就是说，出口 LSR 只需弹出栈就可以得到该栈中的下一个标记(或网络层头的内容)。如果顶部标记能够在从出口结点算起的倒数第二个 LSR 处就弹出栈，那么就可以得到一个更为优化的方案。然后分组到达出口 MPLS 设备时，该栈中顶部的内容就已经是用于转发分组的标记(或者是网络层目的地址)。

MPLS 的第四个核心技术是标记分配技术。标记分配是分配FEC/标记绑定信息的过程，目的是形成一条标记交换通路，并且使用标记交换属于某个特别的 FEC 的分组。这可以通过一个单独的标记分配协议来完成，也可以利用现有的控制协议(如资源预留协议(Resource Reservation Protocol，RSVP))捎带。

　　LDP 定义一组规程，LSR 使用这些规程通知另一个 LSR 用以在它们之间转发流量的标记的含义。LDP 把每个 FEC 都与它建立的一个 LSP 相关联。与一个 LSP 相关联的 FEC 指定把哪些分组映射到该 LSP。当 LSP 通过网络伸展时，每个 LSR 对于一个给定的 FEC 都把对应该 FEC 的输入标记拼接到分配给下一跳段的对应该 FEC 的输出标记。

　　每个 FEC 都被描述成一个或多个 FEC 元素，每个 FEC 元素都标识可以映射到对应的 LSP 的一组分组。例如，地址前缀就是当前已经定义了的一个 FEC 元素类型。当且仅当一个 LSP 有一个地址前缀 FEC 元素，并且该地址前缀匹配一个分组的目的地址时，这个特别的分组才匹配该 LSP。又如，主机地址是另一个 FEC 元素类型。如果有一个 LSP，它有一个主机地址 FEC 元素，并且该主机地址等于分组的目的地址，那么就把该分组映射到该 LSP。

　　建立 MPLS 的 LSP，可以基于三种方式：特定数据流的到达、资源预留协议建立的信息或路由表更新消息。考虑到可扩展性是最主要的要求之一，以及 MPLS 是为特大型 IP 网络而设计的，拓扑驱动的基于路由表更新消息的方式是最有可能被普遍采用的方式。

10.4　标记分配协议

　　标记分配协议是一个控制协议，LSR 使用它交换和协调 FEC/标记绑定信息。具体地说，LDP 是关于报文交换和报文格式的协议，它使得对等 LSR 可以就一个特定标记的数码达成一致，这个标记指示分组所属的一个特定 FEC。为了能够按照正确的顺序可靠地传送 LDP 报文，在对等的 LSR 之间需要建立一条 TCP 连接。LDP 映射类报文可以从任何本地 LSR 发起（独立的 LSP 控制），或者从出口的 LSR 发起（有序的 LSP 控制），并从下游 LSR 流向上游 LSR。一个特别的数据流的到达、一个资源预留建立报文或路由选择更新报文都可以触发交换 LDP 报文。一旦一对 LSR 之间的交换用于特定的 FEC 的 LDP 报文，每个 LSR 都把它的标记信息库 (LIB) 中的输入标记跟输出标记相关联，之后就形成了一个从入口到出口的 LSP。

　　LDP 报文可分成三类：发现类报文、邻接类报文和映射类报文。

　　发现类报文被用来发布并维护关于网络中的 LSR 的信息。一个 LSR 可以用它广播一个 LDP Link Hello 报文给对应所有路由器的组地址，把它自己的存在通知给同一链路上其他的 LSR。一个 LSR 也可以借助一个特定的 IP 地址把一个 LDP Hello 报文发送给没有与其直接相连的 LSR，例如，如果对等 BGP 被多个中间 LSR 分开，在它们之间就可能需要这样做以交换路流/标记映射信息。

　　LSR 对等结点使用邻接类报文建立、维护和终结它们之间的临接关系。相关的操作包括建立一条 TCP 连接，然后交换对话协商的报文的过程。协商参数包括 LDP 协议版本、时间值、VPI/VCI 范围等。

　　通告类报文用于建立、修改和删除 LSR 对等结点之间的路流/标记映射信息。典型的通告类报文是一个 LDP 映射报文，它可以被一个 LSR 用以与其相邻的 LSR 交换一个路流/标记映射信息。该报文将包含一个路流标识符和一个相关联的标记，还可能有一些补充对象，如服务类别值、LSR ID 向量（用于环路预防）、跳段计数（在 LSP 中的 LSR 跳段数）和最大传输单元的尺寸等。图 10-5 给出了三个邻接 LSR 之间典型的 LDP 报文流。

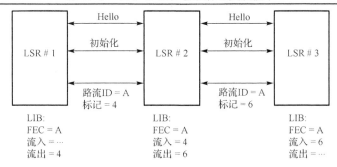

图 10-5　典型的 LDP 报文流

在图 10-5 中，每个 LSR 通过发送和接收 Hello 报文发现在同一链路上的相邻 LSR 的存在，然后在它们之间建立起一条 TCP 连接并交换初始化报文。接下来，下游 LSR 为路流 A 产生路流/标记映射，并把该映射传送给上游的相邻 LSR。

10.5　MPLS 的应用

理解 MPLS 最好的办法是查看它的一些使用范例。下面通过例子说明 MPLS 的三个方面最有意义的应用。

10.5.1　基于目的地的逐跳路由转发

MPLS 路由选择指的是为一个特别的 FEC 选择 LSP 所使用的方法。MPLS 体系结构既支持逐跳路由选择，也支持显式路由选择。

逐跳路由允许每个结点为每个 FEC 独立地选择下一跳段。这是现有的 IP 网络中通常使用的方法。一个逐跳路由的 LSP 是使用逐跳路由的方法所选择的 LSP。例如，如果一个 FEC 对应表示分组的目的地网络的一个地址前缀，那么在 LDP 为该 FEC 建立 LSP 的过程中，入口 LSR 可以通过在其 IP 路由表中查找最长匹配该地址前缀的表项确定该 LSR 的下一跳段，并请求下一个 LSR 给该 LSP 分配一个标记(如果采用按需驱动的方法)。此后，中间的各个 LSR 直到相对于出口 LSR 的前一个 LSR 也都执行类似的表查询过程和对下一跳段的确定过程，同时也为它们所在的跳段分配仅具有本地意义的标记。

为了使用 MPLS 根据对应一个地址前缀的逐跳路由转发分组，每个 LSR 必须对这个地址前缀使用标记分配协议，把一个标记对该地址前缀的绑定分发给它关于该地址前缀的每个标记分配对等实体。

如果到一个特别的地址前缀的路由是通过一个 IGP 发布的，那么对于该地址前缀的标记分配对等实体是 IGP 邻居。如果到一个特别的地址前缀的路由是通过 BGP 发布的，那么对于该地址前缀的标记分配对等实体是 BGP 对等实体。在 LSP 隧道的情况下，隧道端点是标记分配对等实体 。

考虑在图 10-6 中的网络。在最右边的两个路由器(R3 和 R4)中的每一个都连接一个网络，前缀分别是 10.1.1/24 和 10.3.3/24。其余的路由器(R1 和 R2)都有路由表，指示往这两个网络之一转发分组时每个路由器要使用哪一个外出接口。

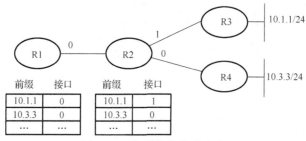

图 10-6　在网络中的路由表

当在一个路由器上实现 MPLS 时，该路由器为在它的路由表中的每个表示目标网络的目的地址前缀分配一个标记，并且向它的相邻路由器通告该标记所代表的前缀。如图 10-7(a)所示，该通告在标记分配协议中运载。路由器 R2 把标记值 15 分配给前缀 10.1.1；把标记值 16 分配给前缀 10.3.3。这些标记可以根据执行分配的路由器是否方便进行选择，并且可以看成对路由表的索引。在分配了标记之后，R2 把该标记绑定通告给它的邻居。

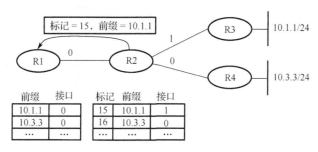

(a) R2分配标记，并把绑定通告给R1

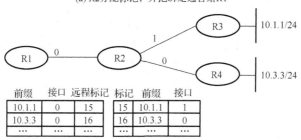

(b) R1把接收的标记存储在一个表中

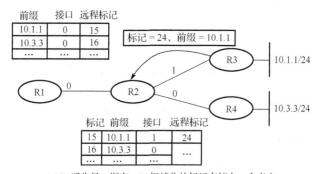

(c) R3通告另一绑定，R2把接收的标记存储在一个表中

图 10-7　标记分配协议

例如，在该示例中，R2 把在标记 15 和前缀 10.1.1 之间绑定信息通告给 R1。这样的一个通告在效果上等同于 R2 在说"请把发送给我的其目的地址前缀为 10.1.1 的所有分组都加上标记 15"。如图 10-7(b) 所示，R1 把该标记连同相应的前缀存储在一个表中，这个标记就可以被用作对于发送到该前缀的任何分组的远程标记或出口标记。

在图 10-7(c) 中，另一个对于前缀 10.1.1 的标记通告从 R3 传到 R2，R2 把从 R3 获悉的远程标记放到它的表中的适当位置。

现在可以看出分组在这个网络上是怎样转发的。假定有一个目的地是 10.1.1.5 的 IP 分组从左边到达 R1。在这种情况下 R1 称为标记边缘路由器。LER 对到达的 IP 分组执行完全的 IP 查询，然后作为查询的结果对它们使用标记。R1 发现，10.1.1.5 跟它的转发表中的前缀 10.1.1 匹配，而且这个登录项既包含外出接口，也包含远程标记值。因此 R1 在该分组发送之前给它加上远程标记 15。

当该分组到达 R2 时，R2 看到在分组中的标记。在 R2 处的转发表指明，以远程标记值 15 到达的分组应该在接口 1 送出，并且它们应该携带标记值 24(就像路由器 R3 所通告的一样)。因此 R2 改写(或称交换)标记，并把分组转发给 R3。

所有这些对标记的使用和交换究竟完成了什么样的功能呢？注意，当 R2 转发分组时，它从不需要查看 IP 地址。这样就在 MPLS 网络内部用标记查找代替了通常的目的 IP 地址查找。虽然 IP 地址都具有相同的长度，但 IP 前缀是可变长的。目的 IP 地址查找算法需要找到最长匹配，即匹配被转发分组的 IP 地址高序位的最长前缀。对比之下，标记转发机制使用一种精确匹配算法。可以实施一种非常简单的精确匹配(固定长度)算法，例如，通过使用标记作为进入一个数组的索引，在数组中的每个元素就是转发表中的一行。

虽然标记转发算法从最长匹配改成精确匹配，但是路由选择算法还是标准的 IP 路由选择算法(如 OSPF)，分组经过的通路跟没有引入 MPLS 时的通路相同，依据仍然是 IP 路由选择算法。所有改变了的就是标记转发算法。

改变标记转发算法的主要效果是使得通常不懂得如何转发 IP 分组的设备可以在 MPLS 网络中使用。最明显的例子是 ATM 交换机，它可以支持 MPLS 而不用改变其转发硬件。ATM 交换机支持标记交换转发算法，通过为这些交换机提供 IP 路由选择协议和分配标记绑定的方法，它们可以转变成标记交换路由器，LSR 运行 IP 控制协议，但使用标记交换转发算法。后来，人们还把同样的思想用于光交换。

用 LSR 代替 ATM 交换机的步骤实际上是通过改变在交换机上运行的协议取得的，典型地不需要改变转发硬件。也就是说，ATM 交换机通常仅对其软件升级就可以转变成 MPLS LSR。而且，MPLS LSR 在运行 MPLS 控制协议的同时可以继续支持标准的 ATM 功能。

现在，在不能以本征方式转发 IP 分组的设备上运行 IP 控制协议的思想已被扩展到光交换机和 SONET 多路复用器这样的 TDM 设备。这称为通用 MPLS(General Multi-Protocol Label Switching，GMPLS)。GMPLS 的部分动机是像在 ATM 中一样为路由器提供关于光网络的拓扑信息。更为重要的是，需要有一个控制光设备的标准协议，MPLS 看来是自然地适合担当这个角色。

10.5.2　显式路由选择

MPLS 为把类似于源路由选择的功能加到 IP 网络提供了一个方便的路径。不过该功能在这里称为显式路由选择而不称为源路由选择。修改名称的一个理由是，通常不由真正的分组源选择路由，更多的是由在服务提供商网络中的一个路由器选择实际的路径。

在一个显式路由 LSP 中，每个 LSR 不是独立地选择下一跳段，而是由单个 LSR，通常是 LSP 入口结点或 LSP 出口结点指定在 LSP 中的部分或所有 LSR。如果指定的是 LSP 中的所有 LSR，那么该 LSP 是严格的显式路由。如果指定的仅是 LSP 中的部分 LSR，那么该 LSP 是松散的显式路由。显式路由 LSP 所遵循的 LSR 序列还可以利用路由协议信息建立。例如，出口结点可以利用从链路状态数据库获悉的拓扑信息来计算终止于该出口结点的树的所有通路。

显式路由可以用于多个目的，如策略路由或流量工程。在 MPLS 中，显式路由 LSP 需要在分配标记时建立，但不必为每个 IP 分组重复执行这个建立过程，也不用在分组中携带该 LSP 所遵循的 LSR 序列。这使得 MPLS 显式路由比 IP 源路由更有效。图 10-8 通过一个示例说了如何应用 MPLS 的显式路由能力。

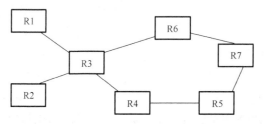

图 10-8　一个需要显式路由的网络

假定在图 10-8 中的网络的运营商决定：任何从 R1 前往 R7 的流量应该遵从通路 R1-R3-R6-R7；任何从 R2 前往 R7 的流量应该遵从通路 R2-R3-R4-R5-R7。做这样选择的一个理由是优化对沿着 R3 到 R7 的两条不同通路的可用带宽的使用率。这一目的不是采用常规的 IP 路由选择就能容易达到的，因为 R3 在做其常规转发决定时并不查看流量来自何处。

因为 MPLS 使用标记交换转发分组，如果路由器实现了 MPLS 功能，就容易取得其所希望的路由。如果在发送给 R3 之前，R1 和 R2 给分组加上不同的标记，那么 R3 就可以把来自 R1 和 R2 的分组沿着不同的通路转发。问题在于，在网络中的所有路由器怎样就如何使用什么样的标记以及如何转发带有特定标记的分组达成协定。显然，我们不可以使用跟前述逐跳路由转发相同的过程来分配标记，因为这些过程建立的标记会使得分组遵从 IP 路由选择确定的常规通路，而这正好是我们所要避免的。在这里可以看出，需要有一种新的机制。可以执行这个任务的一个协议是资源预留协议。具体的做法是沿着一个显式指定的通路(如 R1-R3-R6-R7)发送一个 RSVP 报文，并使用它沿着这条通路建立标记转发登录项。这很类似建立一条虚电路的过程。

显式路由的一个应用是流量工程，后者的任务是保证网络可提供足够的资源来满足对它的要求。控制流量准确地在哪条通路上流动是流量工程的一个重要的部分。显式路由还可以帮助网络在发生故障的情况下具有更强的鲁棒性，具体的实现是通过使用快速重新路由的功能。例如，从路由器 A 到路由器 B 可以事先计算一条显式地避免某条链路 L 的通路。在链路 L 失效的情况下，路由器 A 可以把所有前往 B 的流量都沿着事先计算好的通路发送。结合事先计算的备份路由和对分组的显式路由，A 不必等待路由协议分组在网络上的传送，也不必等待在网络的其他结点上执行路由算法。在一些情况下，这可以显著地减少绕过故障点重新选择路由的时间。

10.5.3　虚拟专用网络

因特网的一个重要目标是让不同网络上的结点能够以不受限制的方式互相通信。每个人都可以给其他任何人发送电子邮件，一个新的 Web 场点的创建者希望其发布的信息能够传达给尽可能多的观众。然而，还有许多情况又需要比较受控的连接。这种情况的一个重要的例子就是虚拟专用网络(Virtual Private Network，VPN)。

VPN 已经被滥用，定义也有所不同，但是在本来的含义上，可以通过首先考虑专用网络的思想来定义 VPN。具有许多场点的公司通常采用从电话公司租用传输线路并使用这些线路互连场点的方式建立专用网络。在这样的一个网络中，通信被限制仅在该公司的各个场点之间进行。出于安全方面的考虑，这样做是有必要的。为了使得专用网络虚拟化，租用的专用的传输线路(不跟任何其他公司共享)将被某种类型的共享线路代替。

虚电路是租用传输线路的一个非常合理的代替物，因为它在公司的场点之间仍然提供逻辑的点到点连接。例如，如果公司 x 有一条从场点 A 到场点 B 的虚电路，那么显然它可以在场点 A 和 B 之间发送分组。但是另一个公司 y 不能够在不首先建立自己到场点 A 或场点 B 的虚电路的条件下给公司 x 的场点 A 或场点 B 发送分组，并且建立这样的一条虚电路在管理上可能是被禁止的，从而防止在公司 x 和公司 y 之间产生不希望有的连接。

图 10-9(a)示出了两个公司各自独立建立的两个专用网络。在图 11-9(b)中，它们都迁移到一个虚电路网络。一个真正的专用网络要维持连接受限，但是由于现在专用网络共享相同的传输设备和交换机，所以说建立了两个虚拟专用网络。

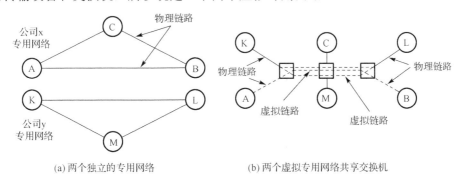

(a) 两个独立的专用网络　　　　　(b) 两个虚拟专用网络共享交换机

图 10-9　虚拟专用网络示例

从前，人们通常使用帧中继或 ATM 网络在场点之间提供受控的连接。现在也可以使用 IP 网络提供场点之间的连接。然而，不能够仅把公司的不同场点都连接到单个互联网就了事，因为这样做在类似前述的公司 x 和公司 y 之间也提供了连接。为了解决这个问题，需要引入一个新的概念——IP 隧道。

有时，一个路由器 Ru 采用显式动作促使一个特别的分组被投递到另一个路由器 Rd，尽管 Ru 和 Rd 不是该分组逐跳通路上连续的路由器，并且 Rd 不是该分组的最后目的地。例如，这可以通过把该分组封装在其目的地址是 Rd 的一个网络层分组内来实现。这就建立了从 Ru 到 Rd 的一个隧道。我们把任何以这种方式传输的分组都称为隧道分组。如果封装分组的网络层分组是因特网的 IP 分组，那么所建立的隧道就是 IP 隧道。

通过提供在隧道另一端(远处)的路由器的 IP 地址，可以在通往隧道入口处的路由器处建立在隧道两端之间的虚拟连接。每当在隧道入口处的路由器在这条虚拟连接上发送一个分组时，它把这个分组封装在一个 IP 数据报内。在 IP 头中的目的地址是在隧道另一端的路由器的地址，而源地址就是做封装操作的路由器的地址。

在隧道入口处的路由器的转发表中，虚拟连接看起来很像通常的链路。例如，考虑在图 10-10 中的网络。从 R1 到 R2 配置了一个隧道，并分配一个虚拟接口号 0。因此在 R1 中的转发表看起来可以像表 10-1 所示的一样。

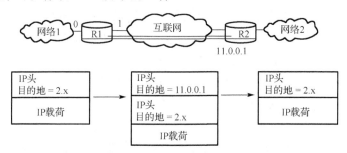

图 10-10　通过因特网的隧道

表 10-1　R1 的转发表

网络号	下一跳段
1	接口 0
2	虚拟接口 0
默认	接口 1

R1 有两个物理接口，接口 0 连接单位网络 1，接口 1 连接一个大的因特网，它也是所有不与转发表中的比较具体的登录项匹配的所有流量(目的地非网络 1，也非网络 2)的默认(Default)接口。此外，R1 还有一个虚拟接口，它是通往隧道的接口。假定 R1 从网络 1 接收一个分组，它包含的目的地址是网络 2 中的一个地址。转发表说这个分组应该在虚拟接口 0 上送出。为了在这个接口上发送一个分组，路由器取这个分组，加上前往 R2 的一个 IP 头，然后开始转发分组，就像它被刚刚收到一样。R2 的地址是 11.0.0.1；由于这个地址的网络号是 11，不是 1 或 2，发送给 R2 的分组将在默认接口上转发进因特网。

一旦分组离开 R1，它对于外部世界看起来就像一个常规的前往 R2 的分组，并相应地被投递。在因特网中的所有路由器都使用常规的手段对它进行转发。当 R2 接收该分组时，它发现它运载了自己的地址，因此它除去 IP 头，查看分组载荷。它发现的是一个内部 IP 分组，其目的地址在网络 2 中。现在 R2 就像对待收到的任何其他 IP 分组一样处理这个分组。由于 R2 直接连接网络 2，所以它在该网络上转发该 IP 分组。图 10-10 还示出了通过该网络时分组封装的改变。

虽然 R2 在起一个隧道端点的作用，但并不阻止它执行一个路由器的常规功能。例如，它可以接收一些非隧道传送的分组，但这是目的地址指向它知道如何到达的网络的分组，并且它用通常的方式转发它们。

在这里，为什么要找建立隧道并且通过因特网时还要改变封装的麻烦呢？

第一个理由是安全性。辅以加密，就可以把一个通过公用网络的隧道变成一种非常专有性的链路类型。

第二个理由是 R1 和 R2 具有某些在中介网络中没有广泛提供的功能，如多播路由选择。通过使用隧道连接这些路由器，可以建立一个虚拟网络，使得其中具有这种功能的所有路由器看起来都是直接互联的。事实上 MBone（多播主干）就是这样建立起来的。

第三个理由是建立隧道通过 IP 网络运载来自非 IP 协议的分组。只要在隧道任一端的路由器都知道如何处理这些非 IP 分组，IP 隧道在它们看来就像一条点到点的链路，可以在其上发送非 IP 分组。

隧道还提供一种机制，让人们强制把一个分组投递到一个特别的地方，尽管原先的头（封装在隧道头的内部）可能表示要去另一个地方。事实上，在移动主机中就有这种情况的应用。

隧道技术是通过因特网建立虚拟链路的一种强大而又相当通用的技术。MPLS 也是建立隧道的一个途径，因此，这使得它适合建立各种类型的 VPN。

如果一个隧道分组在从 Ru 传输到 Rd 的过程中遵从逐跳通路，我们就称它是在一个逐跳路由隧道中，该隧道的发送端点是 Ru，接收端点是 Rd。如果一个隧道分组通过一个不是逐跳通路的通路从 Ru 传输到 Rd，我们就称它是一个显式路由隧道，其发送端点是 Ru，接收端点是 Rd。例如，我们可以把一个分组封装在一个采用源路由的分组中，从而通过一个显式路由隧道发送该分组。

可以把一个隧道实现成一个 LSP，不是使用网络层封装，而是使用标记交换促使分组通过隧道传输。这样隧道将是一个 LSP <R1,…,Rn>，这里的 R1 是隧道的发送端点，Rn 是隧道的接收端点。这种隧道称为 LSP 隧道。

通过 LSP 隧道发送的一组分组组成一个 FEC，在该隧道中的每个 LSR 都赋给该 FEC 一个标记。把一个特别的分组分配给一个 LSP 隧道的标准是在发送端点跳段上的一个本地选择。为了把一个分组送进一个 LSP 隧道，发送端点把用于该隧道的一个标记推进标记栈，并把所形成的标记分组发送到在该隧道中的下一跳段。

如果隧道的接收端点不一定能够确定它接收的哪个分组来自该隧道，那么标记栈在该隧道的倒数第二个 LSR 处弹出。

逐跳路由 LSP 隧道在发送端点和接收端点之间实现成逐跳路由 LSP 的隧道。显式路由 LSP 隧道是在发送端点和接收端点之间实现成显式路由 LSP 的隧道。

考虑一个 LSP<R1,R2,R3,R4>。假定 R1 接收无标记 IP 分组，把一个标记推进它的标记栈，使它遵循这个通路，这实际上是一个逐跳通路。再进一步假定 R2 和 R3 不是直接连接的，而是借助一个 LSP 隧道的端点成为邻居。因此 IP 实际通过的 LSR 序列是

<R1,R2,R21,R22,R23,R3,R4> 。

当 IP 从 R1 向 R2 传输时，它有一个深度 1 的标记栈。交换标记的 R2 确定 IP 必须进入隧道。R2 首先用一个对 R3 有意义的标记替换输入标记，然后它又推进一个新的标记。

这个第 2 层标记有一个对 R21 有意义的值。R21、R22、R23 执行第 2 层标记替换。作为从 R2 隧道至 R3 隧道的倒数第 2 跳段，R23 在把分组转发给 R3 之前弹出标记栈。

当 R3 看到 IP 分组时，IP 仅有第 1 层标记，已经退出了隧道。由于 R3 是 IP 分组的第 1 层 LSP 的倒数第 2 跳段，它弹出标记栈，R4 接收的 IP 是无标记的。

标记栈机制允许 LSP 隧道嵌套至任意深度。

假定 IP 分组沿着第 1 层 LSP<R1,R2,R3,R4>传输，并且在从 R2 传输到 R3 时沿着第 2 层 LSP<R2,R21,R22,R3>传输。从第 1 层 LSP 的角度看，R2 的标记分配对等实体是 R1 和 R3。

一个 LSR 可以在等级结构的每一层都有一个标记分配对等实体。注意，在上面给出的例子里，R2 和 R21 必须是 IGP 邻居，但 R2 和 R3 不必是 IGP 邻居。当两个 LSR 是 IGP 邻居时，称它们是本地标记分配对等实体。当两个 LSR 可以是标记分配对等实体，但不是 IGP 邻居时，称它们是远程标记分配对等实体。在上面的例子中，R2 和 R21 是本地标记分配对等实体，但 R2 和 R3 是远程标记分配对等实体。

复习思考题

1．MPLS 名称中，多协议的含义是什么？

2．在 IP 网络中，为 IP 分组选择下一跳段可以看成哪两个功能的组合？

3．开发 MPLS 的主要目的是什么？

4．MPLS 和传统的虚电路路由选择有什么差别？

5．在建立转发表的方式上，MPLS 网络和传统的虚电路网络有什么不同点？

6．什么是标记交换通路？

7．MPLS 包含哪些核心组件和技术？

8．试比较在 MPLS 域中下列三种流的聚合程度的大小。

(1)所有的分组都流向同一台主机。

(2)所有的分组都流经同一个出口 LSR。

(3)所有的分组都具有同样的源 CIDR 地址和目标 CIDR 地址。

9．试比较时延受限的网络在以下三种情况下的可扩展性。

(1)仅使用第三层转发，每一个路由器查找最长前缀匹配以确定下一跳。

(2)结合使用第三层转发和 MPLS 转发。

(3)仅使用 MPLS 转发。

10．关于建立 MPLS 转发表登录项，什么是数据驱动的方法？什么是控制驱动的方法？

11．MPLS 的实质是什么？其主要目的又是什么？

12．怎样使用 MPLS 来建立虚拟专用网络？

第 11 章　IP 网络多播技术

本章学习要点

(1)在 IP 子网上的组地址映射;

(2)因特网组管理协议;

(3)互联网多播的基本概念;

(4)距离向量多播路由;

(5)反向通路广播算法;

(6)反向通路多播算法;

(7)链路状态多播路由;

(8)共享树算法;

(9)密集方式 PIM;

(10)稀疏方式 PIM;

(11)IP 多播地址和 MAC 多播地址。

为了能够支持像远程教学和视频会议这样的多媒体应用，网络必须实施某种有效的多播机制。使用许多个单播传送来仿真多播总是可能的，但这会引起主机上大量的处理开销和网络上大量的流量。我们所需要的多播机制是让源计算机一次发送的单个分组可以抵达用一个组地址标识的若干台目的主机，并被它们正确接收。

使用多播的缘由是有的应用程序要把一个分组发送给多个目的主机，不是让源主机给每一个目的主机都发送一个单独的分组，而是让源主机把单个分组发送给一个多播地址，该多播地址标识一组主机。网络(如因特网)把这个分组给该组中的每一个主机都投递一个副本。主机可以选择加入或离开一个组，而且一个主机可以同时属于多个组。

在 IP 网络中的多播也使用多播组的概念，每个组都有一个特别分配的地址，要给该组发送的计算机将使用这个地址作为分组的目的地址。在 IPv4 中，这些地址在 D 类地址空间中分配，而 IPv6 也有一部分地址空间保留给多播组。

在所有主机都共享一个传输通道的网络中，如在 CSMA/CD 以太网中，多播功能很容易提供，其代价与单播代价相同。链路层桥接器利用改善了的通信经济性把局域网扩展到多个物理网络，并在通过桥接器互连扩展的局域网上支持多播功能。

在发送方和接收方可能驻留在不同子网内的互联网络环境中，路由器必须实现一个多播路由协议，允许建立多播投递树，并支持多播分组转发。此外，每个路由器都需要实现一个组成员关系协议，允许它获悉在它直接附接的子网上组成员的存在。

主机使用一个称为 IGMP 的协议加入多播组。它们使用该协议通知在本地网络上的路由器关于要接收发送给某个多播组的分组的愿望。

通过扩展路由器的路由选择和转发功能，可以在许多由路由器互连的、支持硬件多播的网络上实现 IP 网络多播。

在本章中将介绍三种这样的扩展：第一种是基于距离向量的路由选择；第二种是基于链路状态的路由选择；第三种则可以建立在任何路由选择协议之上，称为协议无关多播。

11.1 局域网多播和在 IP 子网上的组管理协议

在一个 LAN 中，多播分组被发送到一个标识一组目的主机的 MAC 组地址。发送方不必知道该组的成员关系，它自己也不必是该组的成员。对于在一个组中的主机的数目或位置没有限制。主机可以随意地加入和离开组，而不必跟该组的其他成员或潜在发送方同步或协商。

在 IP 子网上的一个路由器可以向外传播多播成员信息之前，它必须确定在本地网络上已经有一个或多个主机决定加入一个多播组。为此，实现多播机制的路由器和主机必须使用 IGMP 交换组成员信息。

11.1.1 局域网多播的特征

像以太网这样的局域网的多播功能为分布式应用提供了两个重要的优越性。

(1)当一个应用必须把同样的信息发送到多个目的地时，多播比单播更有效：它减少发送方和网络的开销，也减少所有目的地都接收信息所需的时间，从而可以更加有效地支持实时应用。

(2)当一个应用必须定位、查询或发送信息到一个或多个其地址未知或可变的主机时，多播可用作一种替代配置文件、名字服务器或其他绑定机制的简单的强有力的方案。

LAN 多播具有下列重要的特征。

1. 组编址

使用组编址，可以把多播用于这样的一些目的：在其地址未知的情况下定位一个资源或服务器；在动态改变的一组信息提供方之间搜索信息；给任意大的自我选择的一组信息消费者(用户)分发信息。

2. 投递的高概率

在一个 LAN 中，一个组的一个成员成功地接收发送给该组的多播分组的概率通常跟该成员成功接收发送给它的单播地址的单播分组的概率相同。而且在没有分隔的情况下，每个成员都成功接收的概率是非常高的。这一特征允许端到端的可靠多播协议的设计者假定对多播分组做少量的重传就可以把多播分组成功地投递到处于活动状态和可达的所有的目的地组成员。在一个 LAN 中多播分组损坏、重复或失序的概率是非常低的，但不必为 0；从这些事件的恢复也是端到端的协议的责任。

3. 低延迟

LAN 对于多播分组的投递产生很小的延迟。对于许多的多播应用，如分布式会议、并行计算和资源定位，这是一个重要的特征。而且，在 LAN 上一个主机从决定加入一个组到它能够收到发送给该组的分组时的延迟(称为加入延迟)是非常小的,通常就只是更新一个本地的地址过滤器所需要的时间。低的加入延迟对于某些应用,如使用多播与迁移进程或移动主机通信的应用,是重要的。

11.1.2　单个生成树多播

链路层桥接器执行基于 LAN 地址的路由选择(链路层)功能,该 LAN 地址在一组互联的 LAN 范围内具有唯一性。

桥接器把 LAN 功能透明地扩展到互联的多个 LAN,并且有可能跨越较长的距离。为了维持透明性,桥接器通常把每个多播帧和广播帧都传播到扩展 LAN 的每个网段。这被一些人看成桥接器的一个缺点,因为在每个网段上的主机都会受到所有网段的全部广播流量和多播流量的冲击。然而这种对主机资源的威胁是由对广播帧的不当使用引起的,而不是由多播帧引起的。多播帧可以被主机接口硬件过滤。因此,对于主机遭受冲击问题的解决方案是把广播应用转换成多播应用,每个应用都使用一个不同的多播地址。

一旦把应用转变成使用多播,就有可能通过仅在为到达其目的地成员所需要的链路上传递多播帧来保护桥接器和链路资源。在小的桥接 LAN 中,通常桥接器和链路资源是丰富的。然而在包括低带宽长距离链路的大的扩展 LAN 中,或者针对在其小的子区域中驻留的组有大量的多播流量的扩展 LAN 中,避免到处都发送多播帧可能有一个很大的益处。

桥接器典型地是把所有的帧流量限制到单个生成树,可以通过禁止在物理拓扑中的回路,或者通过在多个桥接器之间运行一个分布式算法来计算一个生成树。当一个桥接器接收一个多播或广播帧时,它简单地把它转发到生成树的除了从其接收的支路以外的所有的附接支路。因为该生成树跨越所有的网段,并且没有回路,所以在没有传输差错的情况下,到达每个网段的帧仅投递 1 次。

如果桥接器知道它们的哪些附接支路到达一个给定多播组的成员,它们就能够把前往该组的帧仅在这些支路上转发。桥接器能够通过观察进入帧的源地址获悉使用哪些附接支路可以到达一个个主机。如果组成员使用组地址作为源地址并定期地发布帧,那么桥接器可以把同样的自学习算法应用到组地址。

例如,假定有一个所有桥接器组 B,所有的桥接器都属于该组。那么,属于一个组 G 的成员的每个主机可以定期地发送一个帧来向桥接器通告它的组成员关系。该帧的源地址是 G,目的地址是 B,帧类型是组成员报告,没有用户数据。

图 11-1 示出了在一个具有单个组成员的简单的桥接 LAN 中,该算法是如何工作的。LAN a、LAN b 和 LAN c 被桥接到主干 LAN d。

在 LAN a 上的一个组成员发布的任何组成员关系报告都被附接到 LAN a 的桥接器转发到主干 LAN。没有必要把组成员关系报告转发到 LAN b 或 LAN c,因为它们是生成树的叶,不到达任何附接桥接器。桥接器能够识别叶 LAN,它可以是它们建立生成树算法的结果,或者是通过定期发布关于它们在所有桥接器组中的成员关系的报告。

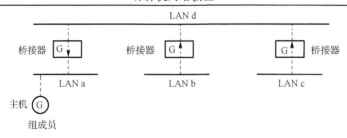

图 11-1　具有 1 个组成员的桥接 LAN

如图 11-1 所示，在组成员关系报告到达所有桥接器之后，它们都知道在哪个方向上可以到达 G 这个成员。随后前往 G 的多播帧的传输仅在这个成员关系的方向上转发。例如，一个源于 LAN b 前往 G 的多播帧将会经过 LAN d 和 LAN a，而不会经过 LAN c。源于 LAN a 发往 G 的一个多播帧就根本不会被转发。

图 11-2 示出了在 LAN b 上的第二个成员加入该组后桥接器的感知状态。现在发给组 G 的多播帧将向着 LAN a 和 LAN b 传送，而不会向 LAN c 传送。

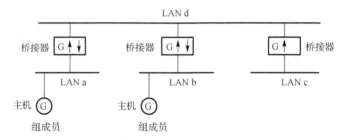

图 11-2　具有两个组成员的桥接 LAN

11.1.3　在 IP 子网上的组管理协议

IGMP 是互联网协议族系中的一个多播协议，运行在一个 IP 子网上的主机和跟它们直接相邻的多播路由器之间允许主机向本地路由器报告它的组成员关系。路由器也定期查询 IP 子网，该子网通常就是一个 LAN，确定已知的组成员是否仍然处于活动状态。如果在 LAN 上有多个路由器执行 IP 多播，那么其中的一个路由器被选为查询者，并只由该路由器负责 LAN 上的组成员查询。

IGMP 类似于 ICMP，它也使用 IP 数据报封装报文，其协议号是 2。虽然 IGMP 使用 IP 数据报运载报文，但可以把它看成 IP 整体上所需要的一个部分，而不是一个孤立的协议。而且，IGMP 是 TCP/IP 的一个标准，参与 IP 多播的所有机器都需要它。

参与 IP 多播的主机可以在任意位置、任意时间且成员总数不受限制地加入或退出多播组。多播路由器不需要也不可能保存所有主机的成员关系，它只通过 IGMP 了解在每个接口连接的网段上是否存在某个多播组的接收者，即组成员。而主机方只需要保存自己加入了哪些多播组的信息。

在概念上，IGMP 的操作可分成两个阶段。

在第一阶段，当一台主机加入一个新的多播组时，它把一个 IGMP 报文发送给所有主机组，宣告它的组成员关系。本地多播路由器接收该报文，并把该组成员信息传播给在给定范围的互联网上的其他多播路由器。

在第二阶段,因为组成员关系可能是动态变化的,所以本地多播路由器要定期地轮询在本地网络上的主机,以确定哪台主机仍然是这个组的成员。如果在几次轮询之后,没有主机报告其是这个组的成员,多播路由器就假定在该网络上没有一个主机是这个组的成员,从而停止向其他的多播路由器通告有关的组成员信息。

IGMP 被仔细设计以避免在本地网络上形成拥塞。第一,在主机和多播路由器之间的所有通信都使用 IP 多播。也就是说,当 IGMP 报文被封装在 IP 数据报中准备传输时,目的 IP 地址是所有主机组多播地址。在支持硬件多播的网络上,不参加 IP 多播的主机可以选择不接收 IGMP 报文。第二,多播路由器不必为每个多播组都发送一个单独的请求报文。取而代之的是,它可以发送单个轮询报文请求关于所有组的成员关系的信息,轮询频率限制在最多每分钟一个请求。第三,属于多个组的成员的主机不同时发送多个响应,而是在来自一个多播路由器的 IGMP 请求到达之后,主机为它是其成员的每个组分配 0~10s 之间的随机延迟,在每一个组的指定延迟之后再为这个组发送一个响应。因此主机在 10s 范围随机地把它的响应间隔开。第四,主机倾听来自其他主机的响应,并抑制任何不必要的响应。

为理解为什么一个响应可能是必要的,可回忆一下为什么多播路由器要发送一个轮询报文。因为向多播组发送的所有信息都将使用硬件多播机制发送,所以路由器不需要保持关于组成员的精确记录。实际上,多播路由器仅需知道在网络上是否至少有一台主机仍然是该组的成员。在多播路由器发送轮询报文之后,所有的主机都对它们的响应分配一个随机的延迟,当具有最小延迟的主机发送它的响应(使用多播机制)时,其他参与主机也接收一个副本。每个主机都假定,多播路由器也会接收第一个响应的一个副本,并取消它的响应。因此在实践中,每个组中仅一台主机响应来自多播路由器的轮询请求报文。

如图 11-3 所示,IGMP 报文有一个简单的格式。

图 11-3   IGMP 报文格式

版本域给出了协议版本。类型域标识多播路由器发送的是一个询问报文(1)还是一个响应报文(2)。未使用的域必须包含零值。检验和域包含该 8 字节 IGMP 报文的检验和。IGMP 检验和的计算方法与 IP 检验和的计算方法相同。最后,主机使用组地址域报告它们在一个特别的多播组中的成员关系。

在 IGMP 中,主机与路由器之间的关系是不对称的。路由器主动地定期发送组成员关系查询,主机则通常用组成员关系报告响应路由器的组成员关系查询。然后路由器根据收到的响应确定某个特定组在对应的子网上是否有主机成员;当收到一个主机退出一个组的报告时,路由器需要发出针对该组的查询,以确定该组在该子网上是否还有成员存在。

基于从 IGMP 获得的组成员关系信息,路由器就能够确定需要把哪些(如果有)多播流量转发给它的叶子网。叶子网是这样的一种子网：它没有下游路由器；它可能包含某些组的接收方，也可能不包含。多播路由器使用从 IGMP 获得的信息，连同多播路由协议一起在 IP 网络上支持多播传输。

11.2　在互联网络中的多播

当把局域网通过存储转发分组的路由器互联时，在所产生的互联网上的多播通常需要消耗附加的交换和传输资源。然而随着快速交换机(如 SDH/SONET 广域交换设备)、高性能路由器、廉价的存储器和高带宽的局部及长距离通信链路的发展，这些资源越来越丰富。在这种情况下，出于经济上的理由拒绝用户对互联网多播优越性的利用的论点不再成立。

不过，当把基于多播的应用从局域网扩展到包括网络层路由器的环境时，就需要放弃多播的效率，用比较复杂的或精致的机制来代替灵活的绑定机制。下面讨论这个问题，通过提出对网络层路由器使用的两个流行的路由选择算法(距离向量路由选择算法和链路状态路由选择算法)的扩展，在基于数据报的互联网络上提供 LAN 风格的多播，并描述如何结合各种链路层和网络层多播路由机制以支持在大的异构互联网络中的多播。

如果把多播路由方案建立在广播的基础上，那么把分组沿着生成树发送，就可以在有效地使用网络带宽的情况下，把分组投递给多播组的成员。如果多播组是密集的，那么广播是一个好的开始，因为它能有效地把分组传播到网络的所有部分。但是广播将到达某些不是组成员的路由器，这是一种浪费。解决方案是通过删除不是通向组成员的链路来修剪广播生成树。所得到的结果是一个有效的多播生成树。

作为例子，考虑在图 11-4(a)示出的网络中的两个组 1 和 2。一些路由器连接属于这些组中的一个或两个组的主机。图 11-4(b)示出了最左边的路由器 A 的一个生成树。这个树可以用于广播，但对于多播，则过多传输了，这一点可以从在图 11-4(c)、(d)中的两个经过剪枝的版本中看出。

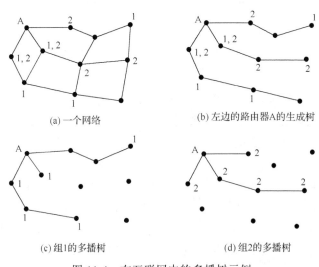

(a) 一个网络　　　　　　　(b) 左边的路由器A的生成树

(c) 组1的多播树　　　　　　(d) 组2的多播树

图 11-4　在互联网中的多播树示例

在图 11-4(c) 中，所有不是通向有组 1 的成员的主机的链路被删除。结果是路由器 A 给组 1 发送的多播生成树。分组仅沿着该多播树转发，这比广播树更有效，因为它用 7 条链路取代了 10 条链路。图 11-4(d) 示出了为组 2 剪枝后的多播树。它也是有效的，现在仅有 5 条链路。它也表明，不同多播组有不同的多播树。

修剪生成树的方法可能是多种多样的。如果使用链路状态路由选择算法，每个路由器都知道整个网络拓扑结构，包括知道哪些主机属于哪些组，那么可以使用的修剪方法最简单。为了支持多播，我们对单播链路状态路由选择算法所做的扩展就是把在一个特别的链路 (LAN) 上具有成员的若干个组加到该链路的状态上。在这种情况下，每个路由器都可以针对一个给定的组为每个发送方构建它自己修剪的生成树。为此，它只需像往常一样为该发送方构建一个沉落树，然后删除不把组成员连接到沉落结点的所有链路。多播开放最短通路优先协议 (Multicast Open Shortest Path First，MOSPF) 就是以这种方式工作的链路状态协议的一个例子。

把多播加到距离向量路由选择算法上要稍微复杂一些，因为路由器不知道互联网络的整个拓扑结构。基本的算法是反向通路转发算法，即每当路由器接收一个来自源 S 的多播分组时，当且仅当该分组是在前往 S 的最短通路上的链路上到达的情况下，它才把分组在除由其到达的链路以外的输出链路上转发。然而，每当本地没有特定组的成员并且没有再往前连接其他路由器的一个路由器接收该组的一个多播报文时，它用一个 PRUNE (剪枝) 报文响应，告诉发送该报文的邻居，以后不要把从这个发送方发给该组的多播报文再发给它。当一个本地主机中没有组成员的路由器，在它发送该多播报文的所有线路上都收到这样的剪枝报文时，它也可以用一个 PRUNE 报文响应。以这种方式，生成树被递归地剪枝。距离向量多播路由协议 (Distance Vector Multicast Routing Protocol，DVMRP) 就是以这种方式工作的多播路由协议的一个例子，它使用反向通路多播算法构建基于源的多播投递树。

11.2.1　距离向量多播

使用距离向量路由选择算法的路由器维持一个路由表，该表为在互联网络中每个可达的目的地都设立一个登记项。一个目的地可以是单个主机、单个子网或一组子网集合 (网络前缀)。一个路由表项典型地如下所示：

(目的地，距离，下一跳段地址，下一跳段链路，历时)

这里的距离指的是到达目的地的距离，典型地以跳段或某个其他的延迟单位度量。下一跳段地址是前往目的地的通路上的下一个路由器的地址，或者在目的地与该路由器共享同一链路的情况下就是目的地 (主机) 自身地址。下一跳段链路是用以到达下一跳段地址的链路的本地标识符 (如接口名)。历时表示该表项已经存在多长时间，用于将变得不可达的目的地超时 (表项需要定期刷新)。

每个路由器都在它的每条附接链路上定期地发送一个 (网络层) 路由分组。该路由分组包含取自发送方路由表的一个<目的地，距离>对 (距离向量) 列表。在从一个邻居路由器接收一个路由分组时，如果该邻居路由器提供了一个新的到达一个给定目的地的较短路由，或者该邻居不再提供接收方路由器一直在使用的一条路由，那么接收方路由器可能更新它自己的路由表。借助这样的交互，路由器就能够计算到达互联网络所有目的地的最短通路路由。

我们需要多播分组沿着从发送方到多播组成员的最短通路(或接近最短通路)树投递。就在一个距离向量路由环境中对多播路由的支持而言,从发送方达每个多播组都潜在地有一个不同的最短通路多播树。以一个给定的发送方为根的每个最短通路多播树都是单个以这个发送方为根的最短通路广播树的一个子树。以下将以此看法为基础,讨论如何利用距离向量路由环境来提供低延迟、低开销的多播路由。

1. 反向通路洪泛算法

在基本的反向通路转发算法中,当且仅当一个广播分组从路由器往回到源 S 的最短通路(反向通路)上到达时,该路由器才会转发该源于 S 的广播分组。路由器在除分组从其到达的链路以外的所有附接链路上转发分组。在两个方向上的通路长度相同的网络中,如使用跳段计数测量通路长度,该算法产生到达所有链路的最短通路广播。

为了实现基本的反向通路转发算法,一个路由器必须能够识别从它往回到达任何主机的最短通路。在使用距离向量路由作为单播流量路由的互联网络中,该信息恰好就是存储在每个路由器的路由表中的信息,而且大多数距离向量路由的实现都使用跳段计数作为它们的距离度量值。因此基本的反向通路转发算法易于实现,在大多数距离向量路由环境中在提供最短通路广播方面是有效的。另外,只要在两个方向上通路长度相等或近于相等,不使用跳段计数的距离向量路由也可以支持最短通路或近似最短通路的广播。

作为一种广播机制,基本的反向通路转发算法的主要缺点是单个广播分组可能不止 1 次地通过链路传输,最大传输次数可达到共享链路的路由器的个数(图 11-5)。其原因是来自该转发算法本身,它把分组在除从其到达的链路之外的所有链路上洪泛,而不管这些链路是否是以发送方为根的最短通路树的一部分。为了把这个基本的洪泛形式的反向通路转发算法与将要在后面介绍的优化算法相区别,我们把它称为反向通路洪泛算法,或简称 RPF(Reverse Path Flooding)算法。

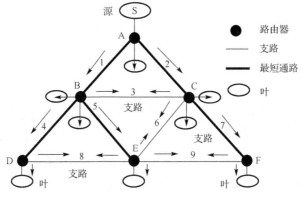

图 11-5　反向通路洪泛算法

2. 反向通路广播算法

为了避免由 RPF 算法产生的重复广播分组,需要每个路由器标识它的哪些链路在以任何给定的源 S 为根的最短反向通路树中。然后当一个源于 S 的广播分组通过往回到 S 的最短通路到达时，该路由器可以仅在 S 的孩子链路上转发(图 11-6)。这就是下面介绍的反向通路广播算法。

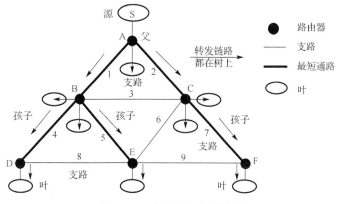

图 11-6　反向通路广播算法

为了标识孩子链路，可以使用通常在路由器之间交换的距离向量路由分组中包含的信息。通常，距离向量路由的实现在它们常规的路由分组中会为选择通过传送路由分组的链路前往的所有目的地(该路由器到目的地的最短通路使用该链路)宣告一个无穷大的距离(毒性逆转)，从而已经隐含地传达了这个下一跳段信息。这是称为水平分裂的技术的一部分，它有助于在拓扑改变时减少路由聚合的时间。在没有这样的下一跳段信息的情况下，只需在距离向量路由分组的每个<目的地，距离>对中加进一个额外的比特。这些比特标识前往哪些目的地的路径是要经过该路由分组的链路的。

总之，通过在邻居结点之间交换的路由信息分组，每个路由器都可以知道哪些链路是它的孩子链路。

为了免除重复的广播分组，父路由器选择技术需要在每个(多播)路由表项中设置一个附加的 1 比特的域——孩子(Children)。路由器在通过链路 L 向一个邻居发送的面向目的地的 1 个路由表项中，如果 L 是这个路由器源于目的地的广播(反向通路广播)的孩子链路，那么该路由表项的孩子域的位置 1。

我们把这种算法称为反向通路广播算法，或简称 RPB(Reverse Path Broadcasting)算法，因为它提供一个到达互联网的每条链路的干净、利落的广播(最短通路广播树，即以源为根的网络层的单向传播的生成树，避免了链路上的重复分组)。

3. 反向通路多播算法

RPF 算法和 RPB 算法都实现最短通路广播，它们可以把多播分组传播到互联网络中的所有链路，依赖主机地址过滤器抛弃接收的不想要的多播分组。在非频繁多播的小的互联网络中，这是一个可以接受的算法，就像链路层桥接器把多播分组发送到每个网段对于某些局域网也是可以接受的一样。然而，正像在大的扩展 LAN 中一样，为了节省网络和路由器资源，需要把多播分组仅仅发送到想要接收它们的链路。

为了把源自 S 的多播分组通过最短通路投递给组 G 的成员，必须对以 S 为根的最短通路广播树进行剪枝，使得该多播仅到达有组 G 的成员的链路。为此，需要组 G 的成员定期地沿着广播树向上往 S 的方向发送成员关系报告。没有从其接收成员报告的枝将被从该树中剪除。不幸的是，这种剪枝操作需要针对每个组在每个广播树上分别进行，结果引发大的报告流量的带宽消耗和路由器的存储需求，相当于总的组数与可能的源的总数的乘积的量级。

　　通过向着每个多播源发送成员关系报告剪枝最短通路广播树会引发很大的报告流量和路由器存储需求。我们倾向仅对在实际使用中的多播树执行剪枝操作，即按需剪枝。我们的最后一种反向通路转发算法就提供对最短通路多播树的按需剪枝，并且是完全剪枝，通常就简单地称为反向通路多播(Reverse Path Multicasting，RPM)算法。流行的 DVMRP 就使用反向通路多播算法。

　　首先，要让一个路由器放弃在一个没有组成员的叶网络上转发多播分组的操作，为此，该路由器必须能够：①识别叶；②检测组成员关系。使用算法(通过路由信息交换)，一个路由器能够识别哪些链路是对于一个给定的源的孩子链路。叶链路就是该路由器的没有其他的路由器利用其途经该路由器到达源 S 的孩子链路(图 11-7)。

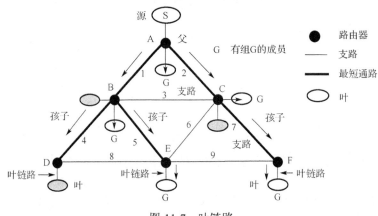

图 11-7　叶链路

　　如果每个路由器都定期地在它的每条链路上发送一个分组，说"这个链路是我到达这些目的地的下一跳段"，那么这些链路的父路由器就能够说出这些链路是否是对于每个可能的目的地的叶。例如，如果路由器 z 在 LAN a 上定期地发送这样的一个分组说"这个链路是我到达 S 的下一跳段，下一站是 x"，那么路由器 x 即 LAN a 上的父路由器，就知道 LAN a 不是一个对于 S 的叶。如果没有收到过类似这样的路由分组，那么 LAN a 就是一个对于 S 的叶。

　　在路由表中，另一个位图域——叶被加到每个登记项，标识哪个孩子链路是叶链路。

　　现在我们能够标识叶了，我们还要检查在这些叶上是否有一个给定组的成分。为此，我们让主机定期地报告它们的成员关系。我们可以用在前面介绍的组成员报告算法，让每个报告都在本地发送到正在被报告的组。

　　然后，路由器对于每条附接链路维持一个在该链路上存在哪些组的列表。如果这些列表存储为散列表(Hash Table)，以组地址进行索引，那么一个组的存在与否就可以很快确定，而不管存在多少个组。现在反向通路转发算法就变成如果一个源自 S 发给组 G 的多播分组是从前往 S 的下一跳段地址到达一个路由器的，那么就在该路由器的所有孩子链路上转发一个副本，除非是没有组 G 的成员的叶链路(没有下游路由器的链路)。

当一个源开始把一个多播分组发送给一个组时，RPM 就把多播分组沿着最短通路广播树投递到除了非成员叶链路以外的所有链路。

当该分组到达一个其所有的孩子链路及其晚辈都没有目的地组成员的路由器时，该路由器就针对(源,组)对产生一个没有组成员的报告(Non-Membership Report，NMR)，并将该报告发送给往回向着源的方向 1 个跳段的路由器。如果往回 1 跳段的路由器也从它的所有孩子路由器接收 NMR，它的这些孩子链路及其晚辈也都没有该组的成员，那么它再往回给它的前辈发送一个 NMR。以这种方式，没有组成员的信息沿着没有导向组成员的所有支路向树根方向传播。借助放在中间路由器上的 NMR，随后从同一个源发往同一组的多播分组就可以被阻止在不必要的支路上往下传输(图 11-8)。

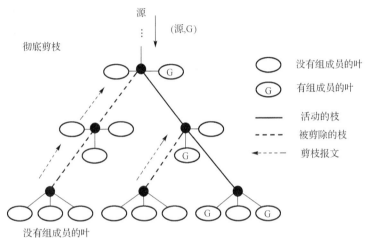

图 11-8　反向通路多播

一个没有组成员的报告包括一个历时域，当一个 NMR 的历时值达到一个门槛时，它就被丢弃。被一个没有组成员的报告剪掉的任何通路在经历门槛时间后将重新加入多播树。如果在这时仍然有来自同一个源发往同一个组的流量，那么在这个通路上仍然没有组成员的情况下，下一个多播分组将触发一个新的 NMR 的产生。当一个新的组成员在一个特别的链路上出现时，我们希望该链路立即被包括在正在给该组发送的任何源的多播树上。为了做到这一点，可以让路由器记住它发送了哪些 NMR，并在需要时发送取消报文(接枝)来达到消除 NMR 的效果。

这个称为反向通路多播的算法(按需完全剪枝)需要花费跟不在没有组成员的叶链路上传播的反向通路广播算法同样的代价(开始阶段的传输)，再加上传输、存储和处理 NMR 及取消报文的代价。

11.2.2　链路状态多播

在单播使用的链路状态路由选择算法中，每个路由器监视跟它直接相连的链路的状态，当其状态改变时，就给所有其他的路由器发送一个更新报文。由于每个路由器都收到了可以重构整个网络拓扑的足够信息，所以它们都能够使用 Dijkstra 算法计算以自己为根到达所有可能的目标的最短通路分发树。路由器使用这个树确定它转发的每个分组的下一跳段。

为了支持多播，我们对上述算法所做的扩展就是把在一个特别的链路(LAN)上具有成员的若干个组加到该链路的状态上。唯一的问题是每个路由器如何确定哪个组在哪个链路上有成员。答案是使用在 11.1.3 节中介绍的 IGMP。这个协议在每条链路上对于存在的每个组在每个报告周期内产生 1 个分组。

如果具备了哪个组在哪个链路上有成员的完全信息，那么每个路由器都能够使用 Dijkstra 算法计算任一源到任一组的最短通路多播树。不过，由于每个路由器必须潜在地为从每个路由器到每个组都保持一个单独的最短通路多播树，这显然是代价很昂贵的举措；因此取而代之的是，路由器只是计算和存储这些树的一个高速缓存，只为当前处于活动状态的每个(源,组)对缓存一个最短通路多播树。

在本节里，我们讨论基本的链路状态多播路由选择算法，它是流行的对 OSPF 的多播扩展(Multicast OSPF，MOSPF)协议的技术基础。

在一条链路上，每当一个新的组出现，或一个老的组消失时，附接到该链路的路由器就把新的状态洪泛到所有的其他路由器。如果做计算的路由器位于所计算的树内，那么它就能够确定它必须使用哪些链路转发从给定的源发往给定的组的多播分组的副本。

让每个路由器都计算和存储所有可能的多播树，在空间和处理时间方面是非常昂贵的。可取的做法是只在需要时才建立多播树。每个路由器都保持一个下列形式的多播路由记录的缓冲区：

(源，子树，(组，链路-生存时间 TTL)，(组，链路-生存时间 TTL)，…)

源是一个多播源的地址。由于多播树是针对 1 个(源,组)对建立的，所以子树是这个路由器在以源为根的最短通路多播树中所有晚辈链路的列表(图 11-9)。组是 1 个多播组地址。链路-生存时间是一个生存时间(Time To Live，TTL)的向量(多个域)，每条附接链路各有一个值，指定通过该链路可以到达该组最近的晚辈组成员(主机)所需要的最小生存时间；以无穷大表示的一个特别的 TTL 值标识从其不会到达任何晚辈成员的那些链路。该记录每个(源,组)对 1 个，1 个组可以有多个对应链路的域。

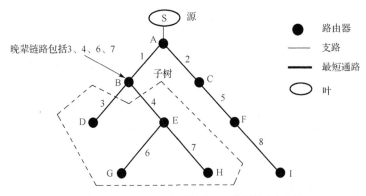

图 11-9　针对(源,组)对的(S,G)的最短通路树

当一个路由器接收一个多播分组时，它在自己的多播路由缓冲区中查找该分组的源。如果它找到一个记录，它就在(组，链路-生存时间 TTL)域中查找目的组；如果找到了这

个组，就在其链路生存时间小于或等于在分组头中的 TTL 的所有链路上转发该分组(要求分组的生存时间足够大)。

如果找到源的记录，但在记录中找不到目的组，那么路由器必须计算针对该组的输出链路和对应的 TTL。为此，它扫描在子树中的链路，查找有目的组成员的链路，并计算到达所找到的任何成员链路所需要的最小 TTL。新的组和链路-生存时间 TTL 域被加进记录，并被用以做转发决定。

最后，如果找不到一个对应一个输入多播分组的源的记录，那么必须计算关于这个源和目的组的完全的最短通路多播树。从这个树可以标识路由器的子树。然后把该源和子树作为一个新的记录安装在多播路由缓冲区中。对于目的组的链路-生存时间 TTL 域也作为计算完全树工作的一部分进行计算，并加到该记录，用以做转发决定。

缓冲区记录不必采用超时机制。当缓冲区满时，可以根据最近最少使用的原则丢弃旧的记录。每当拓扑改变时，都要丢弃所有的缓冲区记录。每当一个旧的组在一条链路上消失时，标识这个组的所有(组，链路-生存时间 TTL)域都从缓冲区中删除。

该算法的一个可能的缺点是从一个给定的源发送第一个多播分组所引起的附加延迟，在每一跳段，路由器在它们可以转发分组之前必须计算完全树。完全树计算的复杂度是在互联网络中链路数的数量级。将一个大的互联网络分解成多个路由子域是控制在任何域内链路数的一个有效的方法。

11.3　共享树算法

作为对已有算法的补充，后来提出的一种多播转发技术基于一个共享的投递树。与为每个(源,组)对建立一个基于源的树的最短通路树算法不同，共享树算法建立一个被一个组的所有成员共享的单个投递树。共享树算法非常类似于生成树算法，但它允许为每个组定义一个不同的共享树。想要接收发给一个多播组的流量的站必须明确地加入共享的投递树。不管源自何处，每个组的多播流量都在同一个投递树上发送和接收。可以让每个组指定一个路由器作为其共享树的根。共享树的根也称为多播投递树的核。

为了给一个组发送，跟其他的多播转发算法类似，共享树算法不要求多播分组的源是目的地组的成员。

就可扩展性而言，共享树对比基于源的树有多个优点。基于源的树需要在互联网络中的所有路由器要么在给定(源,组)对的投递树上，要么有对于该(源,组)对的剪枝状态，因此整个互联网络必须都参与基于源的树的协议;而共享树只需要路由器维持每个组的状态信息，而不是为每个(源,组)对维持状态信息，因此可以有效地使用路由器资源。这就改善了具有许多个处于活动状态的发送方的应用的可扩展性，因为源站的数目不再是一个影响扩展性的因素。而且，共享树算法节约网络带宽，因为它们不需要定期地把多播分组在互联网络中通过所有的多播路由器广播到每个叶的子网。这样就能够提供显著的带宽节约，特别是在跨越低带宽的 WAN 链路并且接收方稀疏地散布在运行域内的情况下。

最后，由于接收方需要显式地加入共享的投递树，数据仅在前往活动接收方的链路上流动。

除了上述优点，基于共享树算法的协议也有一些局限性。由于在接近核心时，来自所有源的流量都通过同样的一组链路，共享树可能引发在核路由器附近的流量集中和瓶颈。此外，单个共享的投递树可能建立次优的路径(该路径包括在源和共享树的根之间的最短通路，以及在多播投递树的核和接收方直接附接的路由器之间的最短通路)，引发增加的延迟，该延迟对于一些多媒体应用可能是关键的问题。模拟试验表明，在许多情况下，在共享树上的延迟可能比基于源的树的延迟大约大 10%；但同时也说明，对于许多应用这可以被忽略。

11.4　协议无关多播

协议无关多播(Protocol Independent Multicast，PIM)是为了解决已有的多播路由协议存在的可扩展性问题而提出来的协议。特别是，人们已经认识到，在只有小部分的路由器想要接收发给某个组的分组的环境中，现有协议的扩展性不是很好。例如，如果大部分路由器都不要接收这类分组，那么在它们被明确地从发送目标中删除以前一直广播给所有的路由器的做法不是一个好的设计。这种情况的存在如此普遍，以至于 PIM 把问题划分为稀疏方式(Sparse Mode，SM)和密集方式(Dense Mode，DM)两个空间。由于现有协议对稀疏环境的适应性很差，所以 PIM 的稀疏方式得到了人们普遍的关注，这也是本节讨论的重点。

PIM 名称的由来是它不依赖任何特定的单播路由协议，而可以建立在任何路由选择协议之上。然而，任何支持 PIM 的实现都还需要有一个单播路由协议来提供路由表信息和适应拓扑的改变。

11.4.1　密集方式 PIM

密集方式协议指的是这样一种协议：在其设计它所面向的运行环境中，组成员相对密集地分布，而且有丰富的带宽。稀疏方式协议的运行环境则是组成员分布在互联网络的许多个区域中，也不必在广大的范围内有较大的带宽可提供。稀疏方式并不意味着一个组只有少数几个成员，而只是表明，它们在互联网络的很大范围内散布。

DVMRP 和 MOSPF 是为组成员密集分布且带宽相对丰富的环境设计的。当组成员和发送方分布在一个广大的区域时，DVMRP 和 MOSPF 表现的效率低下。DVMRP 定期地在许多不是通往组成员的链路上发送多播分组；而 MOSPF 在可能不是通往发送方或接收方的链路上传播组成员关系信息。

虽然开发 PIM 的动力是需要提供可扩展的稀疏方式的投递树，但 PIM 也定义了一个新的密集方式协议，而不是使用已有的 DVMRP 和 MOSPF 这样的密集方式协议。开发密集方式 PIM(PIM-DM)的目的是要在像 LAN 这样的组成员分布相对密集且有可能提供较为充足的带宽的资源丰富的环境中部署。

类似 DVMRP，密集方式 PIM 也采用反向通路多播算法，然而在 PIM-DM 和 DVMRP 之间有多个重要的不同点。

(1)为了找到往回通向源的路径，PIM-DM 依赖一个已有的单播路由表。PIM-DM 独立于任何一个特定的单播路由协议。相反，DVMRP 包含一个集成(单播和多播)的路由协议，利用它自己的类似于 RIP 的交换来建立它自己的单播路由表，因此一个路由器可能针对处于活动状态的源来给自己定位。

(2)DVMRP 对于每个(源,组)对计算一组孩子接口；而 PIM-DM 简单地在所有的下游接口上转发多播流量(这一点像 RPF)，直到接收显式的剪枝报文。PIM-DM 愿意接受分组的重复，来免除对路由协议的依赖，并避免在确定父子关系过程中所固有的开销。

对于在投递树的一个已经被剪的枝上组成员突然出现的情况，类似 DVMRP，PIM-DM 也采用接枝报文把先前被剪的枝再附接到投递树。

密集方式 PIM 建立基于源的树。它使用 DVMRP 采用的 RPM 算法。因此 PIM-DM 是数据驱动的协议，把分组洪泛到 PIM-DM 的边缘，并期待在不活动的枝上返回剪枝。PIM-DM 与 DVMRP 相比，一个小的差别是 PIM-DM 把新的(源,组)对的分组洪泛到所有的非输入接口。PIM-DM 在些许额外的洪泛流量(缺点)和比较简单的协议(优点)之间进行了折中。

在 PIM-DM 中，剪枝仅通过显式的剪枝报文进行，该剪枝报文在广播链路上多播(一组路由器)传输。如果有其他路由器听到剪枝报文，并且它们希望还接收这个组的流量以支持在它们下游的活动接收方，那么这些其他的路由器必须多播发送 PIM-加入(PIM-join)分组，从而保证它们仍然附接分发树。最后，在发出一个剪枝之后，在出现新的下游组成员时，PIM-DM 使用可靠的接枝机制使得先前发送的剪枝要求被删除。

由于 PIM-DM 使用 RPM 算法，相关节点对接收的所有分组执行反向通路检查。该结点所做的检查验证收到的分组是否是在如果该节点向源的前缀所表示的网络发送分组将会使用的接口上到达的。由于跟 DVMRP 不同，PIM-DM 没有它自己的路由协议，因此它使用已经存在的单播路由协议，针对看到的多播分组的源确定自己的位置，即只根据路由表做反向通路检查和转发决定。

11.4.2　稀疏方式 PIM

与密集方式协议相比，稀疏方式协议的设计是从另一个不同的角度出发的。它们通常都不是数据驱动，而是事先建立转发状态；并且不是面向可以宽松地使用带宽的 LAN 环境，而是采用一些适应带宽紧张、昂贵的大的 WAN 环境的技术。

虽然它们的设计目的都是要在带宽紧张、组成员可能稀疏分布的广域网络上运行，但这并不意味着它们只适用于小的多播组。稀疏不是表示小，而是描写组在广大的范围内散布，因此，把它们的数据定期地在互联网络上洪泛是一种浪费。

稀疏方式 PIM(PIM-SM)的设计试图在稀疏分布的组成员之间提供高效的通信，稀疏分布的组很可能是在广域互联网络上流行的通信类型。为了应对潜在的扩展性挑战，PIM-SM 的设计让多播流量仅通过代表组成员显式地加入共享树的路由器。

虽然 PIM 也定义了一个密集方式或基于源的树的变种，但除了控制报文，稀疏方式 PIM 和密集方式 PIM 很少有共同之处。稀疏方式协议在两个主要的方面不同于已有的密集方式协议。

(1)有邻接或下游成员的路由器需要发送加入(Join)报文显式地加入一个稀疏方式投

递树。如果一个路由器不加入事先定义的多播组投递树，它将收不到发给该组的多播流量。与此相反，密集方式协议假定下游有组成员，在下游链路上转发多播流量，直到收到显式的剪枝报文为止。因此，密集方式协议的默认转发动作是转发所有的流量；而稀疏方式协议的默认动作是阻止流量，除非它被显式地请求转发。

(2) PIM-SM 是从基于核的树 (Core-Based Tree，CBT) 的方法演变来的，它也采用核的概念，在 PIM-SM 的术语中，核称为会合点，见图 11-10，接收方接收的由源发送的多播流量都是经过核中转过来的。

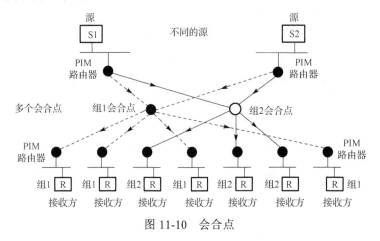

图 11-10　会合点

当加入一个组时，每个接收方使用 IGMP 通知它直接附接的路由器，后者又通过发送显式的 PIM-加入报文逐跳地向着多播组的会合点方向传送。源使用会合点宣告它的存在，并使用会合点作为到达已经加入该组的成员的渠道。这个模型需要 PIM-SM 路由器在数据到达之前维持少量的状态，记录用于该稀疏方式区域的一组会合点。

每个稀疏方式区域仅有一组会合点。通过使用一个散列函数，每个 PIM-SM 路由器都可以把一个多播组地址唯一地映射到该会合点组中的一个会合点，即确定该组的会合点。在任意一个给定的时间，每个组都有并且只有一个会合点。在有一个会合点失效的情况下，会分配一个新的会合点组，其中不包括失效了的会合点。

1. 直接附接的主机加入一个组

当有多个 PIM 路由器连接一个多路访问 LAN 时，具有最高 IP 地址的路由器被选为该 LAN 的指定路由器。该 DR 向会合点发送加入/剪枝报文。

当 DR 接收一个新组的 IGMP 报告报文时，它对该稀疏方式区域的一组会合点执行一个确定性的散列函数，唯一地确定该组的 RP。

在执行查询会合点之后，DR 为该 (*,组) 对建立一个多播转发登记项，并向这个特定组的 RP 发送一个单播 PIM-加入报文 (图 11-11)。符号 (*,组) 表示一个 (任何源,组) 对。中间的路由器转发该单播 PIM-加入报文，如果还没有对于该 (*,组) 对的多播转发登记项，就为其建立一个登记项。中间的路由器中必须有一个这样的登记项，它们随后才能够往下游向发该 PIM-加入报文的 DR 转发该多播组的流量。

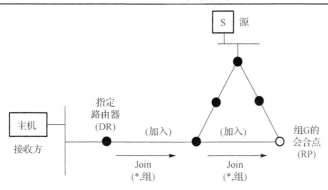

图 11-11　主机加入一个多播组

2. 直接附接的源给一个组发送

当一个源开始给一个组发送一个多播分组时，它的 DR 建立一个 PIM-SM-登记报文，在其中包含多播分组，再用单播分组封装后传送给该组的会合点。PIM-SM-登记分组通知 RP 一个新的源。然后 RP 可以选择往回向源的 DR 发送 PIM-加入报文，加入这个源的最短通路树，在源的 DR 和 RP 之间的所有路由器中建立(源,组)对状态，以允许源的 DR 随后为本地组成员向组的 RP 转发不需要封装的多播分组(图 11-12)。一旦 RP 成功地加入了源的最短通路树，它就会向源的 DR 发送 PIM-登记-停止报文。此后 DR 就可以转发不需要封装的多播分组了。

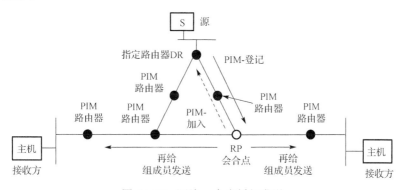

图 11-12　源给一个多播组发送

会合点树(RP-tree)为组成员提供连接性，但没有优化通过互联网络的投递通路。PIM-SM 允许路由器要么继续在共享的会合点树上接收多播流量，要么随后代表它们的附接接收方建立一个基于源的最短通路多播树。除了减少在这个路由器和多播源之间的延迟(这有利于它的附接接收方)，这个基于源的树还能减少在会合点树上的流量集中的效应。

3. 共享的会合点树和最短通路多播树

一个具有本地接收方的 PIM-SM 路由器一旦开始接收来自源的数据分组，就可以有选择地转换到源的最短通路多播树(图 11-13)。

如果一个活动的源的数据速率超过一个预先定义的门槛值,并且接收方距离源比较近,就可能触发这样的转换。本地接收方的最后一跳路由器(DR)通过向活动的源发送一个PIM-加入报文来实现转换。此后,源就会把多播分组封装在单播分组中传送给该 DR,该DR 再把多播分组传输到接收方主机。

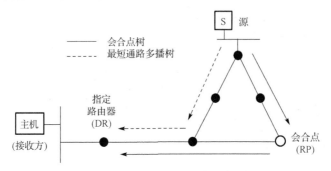

图 11-13　共享会合点树和最短通路多播树

在基于源的最短通路多播树激活之后,协议机制允许接收方的 DR 向组的会合点发送针对这个源的剪枝报文,从而把这个路由器从该活动的源的共享会合点树中删除,使得随后来自该源的经会合点转发的多播分组不再向该路由器转发(该操作只针对多播组中的单个组成员)。

最后,除了最后一跳路由器能够转换到基于源的最短通路多播树,还可以让一个源选择从一个组的会合点转换到基于源的最短通路多播树,完全不使用会合点生成树,而是从该源直接向该组地址发送多播分组。在会合点可以使用带宽门槛值和管理度量值等因素(如活动源的数量)来影响这些决定。会合点和该源之间对应于该组的相关信息交互可以通过单播传输。

需要指出的是,在稀疏方式 PIM 中,源的最短通路多播树只包含向活动的源发送过PIM-加入报文的接收方 DR,也只包括相关的通路。

在基于源的最短通路多播树激活之后,协议机制允许向组的会合点发送针对该源的删除报文,从而把这个源从共享会合点树的登记信息中删除。随后发自该源的多播分组将不再经过会合点转发。

11.5　IP 多播地址和 MAC 多播地址

IP 地址方案专门为多播地址划出一个地址范围。在 IPv4 中为 D 类地址,范围是224.0.0.0～239.255.255.255,并将 D 类地址划分为链路局部多播地址、预留多播地址、管理权限多播地址;在 IPv6 中为多播地址提供了许多新的标识功能,具体的地址结构和各个段的含义已经在第 9 章中详细地讨论过了。图 11-14 为 IPv4 多播地址格式。

图 11-14　IPv4 多播地址格式

(1)链路局部多播地址:224.0.0.0～224.0.0.255,用于局域网,路由器不转发属于此地址范围的 IP 分组。其中 224.0.0.1 是所有主机的组地址;224.0.0.2 是所有路由器的组地址。

(2)预留多播地址：224.0.1.0～238.255.255.255，用于全局范围多播传输。

(3)管理权限多播地址：239.0.0.0～239.255.255.255，用于内联网限制范围的多播传输。管理员可为具体的多播地址指定范围。

IEEE-802 MAC 层为 IPv4 多播地址保留一部分地址空间。所有这些地址都以 01-00-5E（十六进制）开头，即 01-00-5E-00-00-00～01-00-5E-FF-FF-FF 内的 MAC 地址可用于 IP 多播组。

已经有了一个简单的规程可用以把 IPv4 D 类地址映射到所预留的空间内的 MAC 地址。这就允许 IP 多播容易利用网络接口卡支持的硬件级多播功能。

为了把 IP 多播地址映射到以太网的多播地址，只需把 IPv4 多播地址的低序 23 位放入特别的以太网多播地址 01-00-5E-00-00-00（十六进制）的低序 23 位。例如，IPv4 多播地址 224.0.0.1 变成以太网多播地址便是 01-00-5E-00-00-01（十六进制，其中 224.0.0.1 的低序 23 位就是 00-00-01 的低序 23 位）。

图 11-15 示出了该转换是如何把 IP 多播地址 234.138.8.5（或用十六进制表示的 EA-8A-08-05）映射成一个以太网多播地址的。注意，IP 多播地址的高序 9 位没有映射进以太网多播地址。

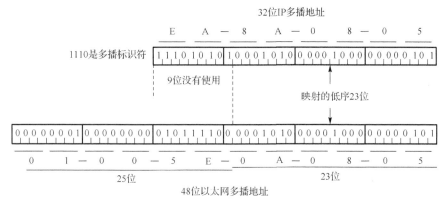

图 11-15　在 D 类地址和 IEEE-802 多播地址之间的映射

有些读者可能已经注意到，既然只把 IP 多播组标识符的 23 个低序位映射进 IEEE 802 以太网多播地址的低序 23 位，那么这种转换就可能把 $32(2^5)$ 个不同的 IP 组映射到同一个以太网多播地址，因为 IP 多播组标识符的高序 5 位被忽略了（32 位地址中高序 4 位表示多播标识符 1110，后 28 位是组标识符）。例如，224.138.8.5（E0-8A-08-05）和 225.11.8.5（E1-0A-08-05）会被映射到同一个以太网多播地址（01-00-5E-0A-08-05）。

实际上，设计者所选择的这种方案是一种折中方案。一方面，使用 28 位中的 23 位作为硬件地址意味着它包括了大多数 IP 多播地址。这一地址的范围是足够大的，使得两组选择具有低序 23 位完全相同的 IP 多播地址的概率很小。另一方面，安排 IP 去使用局域网多播地址空间的固定部分，使排除问题容易得多，并消除了 IP 与 LAN 其他协议间的干扰。这样设计的结果会使一些多播递交的 IP 分组可能被某个未被指定为接收方的主机接收。因此，IP 软件必须仔细地检查所有到来的 IP 分组的地址，丢弃任何不想要的 IP 分组。

复习思考题

1. 与单播相比，多播有哪些优越性？

2. 局域网多播具有哪些重要的特征？

3. 桥接器是如何知道经过它们的哪些附接支路就可以到达一个给定多播组的成员的？

4. 在概念上，IGMP 的运行可以划分为哪两个阶段？

5. 作为一种广播机制，基本的反向通路转发算法(洪泛)的主要缺点是什么？

6. 为了支持多播，需要对链路状态路由选择算法做怎样的扩展？为了做这样的扩展，唯一的问题是什么？如何解决？

7. 就可扩展性而言，共享树对比基于源的树有哪些优点？

8. 假定主机 A 给一个多播组发送，接收方是以 A 为根、深度为 N 的一棵树(根的深度为 0)，其中每个非叶结点都有 k 个孩子，因此共有 k^N 个叶结点孩子(组成员)。

(1)如果 A 发送一个多播报文给所有的接收方，那么要涉及多少次链路传输？

(2)如果 A 发送单播报文到每个接收方，那么要涉及多少次链路传输？

(3)假定 A 给所有的接收方发送，但一些报文丢失了，需要重传。就使用链路的次数而言，对多大比例的接收方做单播重传等同于对所有接收方的多播重传？

9. 题 9 图示出的是一个支持共享树多播的网络，R1～R9 九个路由器都附接其上有某个组的成员的局域网(图中没有都画出)，其中，R6 是会合点，并假定除了 R7 和 R4 之间的链路代价是 2 外，其余每条链路的代价都是 1。

(1)画出该网络的共享树。

(2)给出从附接到路由器 R8 的主机 H8 发送多播分组给附接到路由器 R1 的主机 H1 所经过的通路。

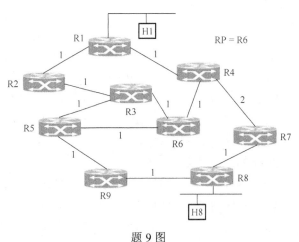

题 9 图

10. 对于在题 9 图中示出的网络，如果它是一个采用基于源的多播投递树的网络，那么从附接到路由器 R8 的主机 H8 发送多播分组给附接到路由器 R1 的主机 H1 会选取什么样的通路？要求先画出以 R8 为根的多播投递树，然后再给出具体的通路。

11. 一台以太网主机加入多播组 225.128.47.81，具有什么样的 MAC 地址的一个帧的到达将引起网络接口卡中断 CPU？

12. 考虑在题 12 图中画出的示例互联网，其中源 D 和 E 给组 G 发送分组，组 G 的成员在图中用带阴影的方块表示。试为每个源画出最短通路多播树。

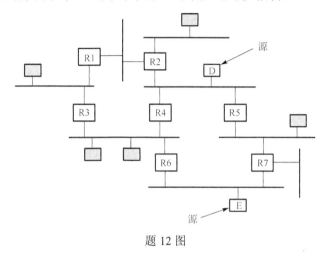

题 12 图

第 12 章　移动 IP

本章学习要点

(1) 移动 IP 的目标;

(2) 移动 IP 实现移动性协议的功能实体;

(3) 移动 IP 的工作过程;

(4) 代理发现过程和协议报文;

(5) 移动登记过程和协议报文;

(6) 三角路由问题;

(7) 移动 IPv6 绑定更新报文;

(8) 移动 IPv6 路由优化;

(9) 移动 IPv6 返回路由过程;

(10) 移动 IPv6 的快速切换;

(11) 层次式移动 IPv6。

如今，许多人持有可携带的计算机，他们希望在所处的任何地方都能够阅读他们的电子邮件以及访问他们通常使用的文件系统。这些移动主机引入了一种新的复杂性：为了把一个分组路由到主机，网络首先必须找到它的位置。

从不移动的主机称为是静止的。它们通过铜导线或光纤连接网络。迁移主机基本上是静止主机，它们不时地从一个固定场点移动到另一个固定场点，但它们仅当物理地连接网络时才会使用网络。漫游主机实际上是在运动的过程中进行计算，并且在移动时仍然维持网络连接和连续使用网络。人们把迁移主机和漫游主机统称为移动主机，即离开家乡仍然要连接网络的主机。

当人们开始需要把他们的笔记本电脑无论在什么地方都可以连接因特网时，IETF 就成立了一个工作组来寻求解决方案。该工作组很快就制定了在任何解决方案中都需要考虑的如下若干个目标。

(1) 移动主机在任何地方都能够使用它的家乡 IP 地址。

(2) 不改变固定主机的软件。

(3) 不改变路由器软件和路由表。

(4) 发给移动主机的大多数分组都不应该绕道行走。

(5) 当移动主机位于家乡时不应该有额外的开销。

图 12-1 示出了网络设计典型使用的模型。在这个模型中，有一个由路由器和链路构成的广域网，连接该广域网的有局域网、城域网和无线单元。

可以把图 12-1 中的模型在地理上划分出许多个小的单元，并把每个单元都称为一个区，典型地是一个局域网或一个无线单元。每个区有一个或多个外部代理，它们是保持跟踪访问该区的所有移动主机的进程。此外，每个区有一个家乡代理，它保持跟踪其家乡在这个区但当前已外出访问另一个区的主机。

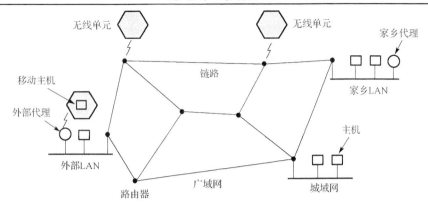

图 12-1　连接局域网、城域网和无线单元区的广域网

　　所有的主机都被假定有一个不会改变的永久的家乡位置，还有一个可以用以确定它的家乡位置的永久的家乡地址。在具有移动主机的系统中，路由选择的目标是：无论它们当前在家乡，还是在外地，都可以用它们的家乡地址给它们发送分组，而且这些分组总是能够被有效地传送给它们。

12.1　移动 IP 的功能设计和工作过程

　　移动 IP 是因特网解决结点移动性问题的网络层方案。这就意味着移动 IP 需要在适当的结点建立路由表，使得在移动主机没有连接家乡链路的情况下还能够把 IP 分组发送给它们。本质上，移动 IP 是一种具有特别目的的路由协议，可以把 IP 分组路由到有可能非常迅速地改变位置的移动结点(Mobile Node)。

　　移动 IP 定义了三个必须实现移动性协议的功能实体。

　　(1)移动结点。该结点能够在把对因特网的连接从一条链路改变到另一条链路的同时，保持正在进行的通信，并且在移动到外部链路时，仍然使用它的家乡 IP 地址。

　　(2)家乡代理。该代理是跟移动结点的家乡链路有一个接口的路由器。当移动结点连接外部链路时，它被告知移动结点的当前位置，即称为关照地址的外部代理地址；在一些情况下，它还向其他路由器通告对移动结点的家乡地址的网络前缀的可达性，使得发给移动结点家乡地址的 IP 分组能够到达家乡链路；截获该 IP 分组，并把它们通过隧道传送到移动结点的当前位置，即关照地址。

　　(3)外部代理。该代理是移动结点当前所在的外部链路上的一个路由器。它辅助移动结点向家乡代理通告它当前的关照地址；提供一个关照地址，解封由家乡代理通过隧道传输给移动结点的分组，并递交给移动接点；为连接这条外部链路的移动结点发送的分组担当默认路由器的角色。

　　图 12-2 示出了这些实体以及它们之间的关系。移动结点的家乡地址跟移动结点的家乡代理紧密相关，也跟它的家乡链路紧密相关。

　　特别地，移动结点的家乡地址的网络前缀定义了它的家乡链路。也就是说，移动结点的家乡地址和家乡链路有相同的网络前缀。移动结点的家乡代理在移动结点的家乡链路上至少有一个接口。移动结点的家乡地址是由移动结点发送的所有分组的源 IP 地址，也是所有发送给移动结点的分组的目的 IP 地址。这就需要把移动结点的家乡地址放到域名系统对应它的登记项的 IP 地址域，以便其他结点通过移动结点的主机名可以查到移动结点的家乡地址。

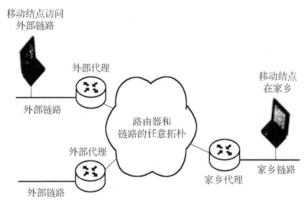

图 12-2　移动 IP 实体

对移动 IP 设计的主要要求如下。

(1)移动结点在改变了它对因特网的链路层连接点之后还能够跟其他结点通信。

在当前的因特网上采用的基于网络前缀的路由机制不能够把分组投递到没有连接其家乡链路的结点。移动 IP 的特点就是要允许结点在可能连接到任何链路的情况下还能够通信。

(2)移动结点必须能够仅使用它的永久家乡地址通信，而不管它当前对因特网的链路层连接点在哪里。

如果允许移动结点在其移动后改变 IP 地址，那会迫使它中止在旧的链路上进行的所有通信(特别是接收发给旧地址的信息)，并在移动到新的链路上重新启动通信。而且，跟一个因移动而改变了 IP 地址的结点建立联系是困难的。因此，这个必要条件排除了任何需要改变移动结点的 IP 地址的解决方案。另外，一些网络服务在软件执照和访问权限方面是基于 IP 地址的，这也需要移动结点不管是否移动仍保持它的 IP 地址不变。

(3)移动结点必须能够跟其他还没有实现移动 IP 的移动性功能的计算机通信。

移动 IP 需要不改变现有的固定主机和路由器的协议，不能指望已经大量安装的 IPv4 主机和路由器可以升级支持移动性功能。因此，需要移动 IP 的实现限于移动主机本身以及少量代表它们提供特别路由服务功能的结点。

(4)除了在因特网上已经暴露的对固定结点的安全性威胁之外，移动结点还应能够防止产生因实现移动性功能而引起的任何新的安全性威胁。

移动计算意味着新的安全性威胁，移动安全性必须考虑这些威胁。特别地，移动 IP 的设计必须阻止拒绝服务类攻击。如果对于移动结点报告它当前的所在位置的报文没有身份认证，这类攻击是可能的。

(5)笔记本电脑使得计算不局限于在桌面进行，但如果仅连接有线网络仍然限制了可以使用网络的时间和地点。一些无线网络允许计算机在任何时间和任何地点进行通信。然而许多无线网络是昂贵的，或者是低速的。路由协议需要在网络的各个结点之间传输路由更新信息。为了使得移动 IP 适合在广大范围的无线链路上使用，移动 IP 的设计要使得这些更新的数量和频度尽可能地小。

(6)移动 IP 的一个设计目标是使得它尽可能简单，以便易于实现移动结点软件，有助于移动 IP 的普及。除了全功能的笔记本电脑之外，这一目标对于像手机、掌上电脑和其他个人随身设备这类存储器和处理能力受限的装置尤为重要。

(7)最后，在因特网中，IPv4 地址是短缺的，因此移动 IP 的另一个设计目标是节约使用 IP 地址。在移动 IP 的解决方案中，不宜让移动结点使用多个 IP 地址，且不宜为移动结点准备大的 IP 地址池，除非绝对需要。

粗略地说，移动 IP 的工作过程如下。

(1)家乡代理和外部代理在它们所连接的链路上定期地多播或广播称为代理通告的移动 IP 报文。

(2)移动结点倾听这些代理通告，并检查它们的内容以确定当前连接的是家乡链路还是外部链路。如果连接的是家乡链路，那么移动结点的操作与固定结点的相同，不使用其他移动 IP 的功能。下面的步骤假定移动结点连接在外部链路上。

(3)连接外部链路的移动结点得到一个关照地址。实际上，从外部代理的代理通告报文的某个域就可以读取外部代理的关照地址。

(4)移动结点使用移动 IP 定义的一个报文交换过程向家乡代理报告和登记关照地址。在这个登记过程中，移动结点需要外部代理的辅助。为了防止拒绝服务类攻击，出于安全性方面的考虑，需要对登记报文进行身份认证。

(5)家乡代理或者在家乡链路上的其他路由器按照路由协议通告移动结点的家乡地址的网络前缀的可达性，使得发给移动结点的家乡地址的 IP 分组能够到达家乡链路。家乡代理采用代理 ARP 这样的机制截获这些 IP 分组，然后把它们通过隧道传送给移动结点的关照地址。

(6)外部代理从隧道中抽出原先的 IP 分组，然后将其投递给移动结点。

(7)在相反的方向上，由移动结点发往因特网的分组直接路由到目的地址，不需要使用隧道。外部代理为移动结点产生的所有 IP 分组担当路由器的角色。

12.2　代　理　发　现

移动结点通过代理发现过程执行以下功能。

(1)确定它当前连接在家乡链路还是外部链路上。

(2)发现它已从一条外部链路移动到另一条外部链路。

(3)当连接外部链路时得到关照地址。

移动结点、外部代理和家乡代理互相合作完成上述功能。

代理发现包括两个简单的报文。第一个是代理通告报文，家乡代理或外部代理使用它们向移动结点宣告自己的能力。在担当家乡代理或外部代理的链路上，代理以多播或广播的形式定期发送代理通告报文。这就使得连接链路的移动结点能够确定是否有代理存在；如果有，它们的 IP 地址和功能是什么。

第二个是代理征求报文，不想等到下一周期才接收代理通告的移动结点就可以发送这种报文。代理征求的唯一作用就是使得在链路上的代理立即发送一个代理通告。在代理发送通告的频率太低、移动结点改变链路迅速的情况下，这类报文是有用的。

移动 IP 定义的代理征求报文格式与 ICMP 路由器征求报文格式相同，而且必须将封装该 ICMP 报文的 IP 分组的 TTL 域置 1。图 12-3 示出了代理征求报文的格式。类型域值 10 表示该 ICMP 报文是一个代理征求报文或路由器征求报文。家乡代理或外部代理在收到一个代理征求报文后，立即发送一个代理通告报文予以响应。

图 12-3　代理征求报文

类型域的值为 9 的 ICMP 报文是一个路由器通告报文。如图 12-4(a)所示，把代码域的值置成 16 可以说明这是一个移动 IP 代理通告报文，区别于一般的路由器通告报文。对于一般的路由器通告报文，此域的值是 0。

(a)类型域的值为 9，代码域的值为 16

(b)移动代理通告扩展项的格式

图 12-4　代理通告报文

代理通告报文通过把由移动 IP 定义的扩展项附加到 ICMP 路由器通告报文构成。作为代理通告报文，必须在报文中包括移动代理通告扩展项。图 12-4(b)示出了移动代理通告扩展项的格式。

扩展项的扩展类型段表示扩展项的种类，值 16 表示移动代理通告扩展项。移动代理通告扩展项中的 F 和 H 分别表示通告的发送方是外部代理(F)和家乡代理(H)。B 位表示外部代理太忙(B)，不能接收更多的登记，移动结点应该选择另一个外部代理。R 位告诉移动结点，不管使用什么样的关照地址，它都必须通过一个外部代理做登记(R)。

12.3　移动登记

如果一个移动结点向一个外部代理做了登记，并且在指定长度的时间内没有收到该代理的通告，那么移动结点就可以认为自己已经移到了一个不同的链路，或者它的代理出了故障。不管是什么情况，该移动结点都应该向下一个它从其接收代理通告的外部代理登记。如果没有这样的通告到来，就要发送一个代理征求报文。

每当检测到对网络的连接点从一条链路改变到另一条链路时，它就要做登记。而且，这些登记仅在特定的时间内是有效的，即使没有移动，当现有的登记期满时，移动结点也要重新登记。

在移动 IP 登记过程中，移动结点进行如下操作。

(1)请求在外部链路上的外部代理的路由服务。

(2)把它当前的关照地址告知家乡代理。

(3)在登记期满时续登。

(4)回到家乡链路时解除登记。

当移动结点发现它连接一个外部链路时，它取得一个关照地址，并且向它的家乡代理登记这个关照地址。它在这样做时，可以通过一个外部代理执行相关的步骤。

移动结点、外部代理和家乡代理合作完成登记功能。

移动 IP 登记需要交换两种报文，即登记请求报文和登记应答报文。登记报文用 UDP 数据报的数据域运载，UDP 数据报再放到 IP 分组的载荷域中传送。登记过程在移动结点和它的家乡代理之间交换登记请求报文和登记应答报文，并涉及一个外部代理。具体地说，有下列两个常用的交互操作。

(1)在外部链路上，移动结点向家乡代理登记外部代理的关照地址。登记请求报文从移动结点传到外部代理，再从外部代理传到家乡代理。登记应答报文从家乡代理传到外部代理，再从外部代理传到移动结点。

(2)返回家乡链路时，移动结点执行解除登记操作。移动结点向家乡代理发送解除登记请求报文；作为响应，家乡代理向移动结点传送解除登记应答报文。

家乡代理必须包含一个表，把移动结点的家乡地址映射到它当前的关照地址。人们把这个表中的一个项称为绑定项，因此登记的主要目的是在家乡代理处建立、修改或删除一个移动结点的绑定项。值得注意的是，绑定项只在一个指定的生命期内是有效的，如果该生命期已接近期满，那么移动结点必须重新登记。

移动结点是通过外部代理做登记的。外部代理在收到登记请求报文时要做一系列的有效性检查。如果没有通过检查，外部代理将拒绝登记，并给移动结点发送一个登记应答报文，将其中的代码段内容置成表示拒绝的原因。特别地，移动结点包括一个移动的外部身份认证扩展项，如果其中的身份认证的内容是无效的，则移动结点在外部代理处的身份认证失败，登记请求被拒绝。登记可能被拒绝的其他原因包括移动代理请求的登记生命期超过了外部代理允许的最大值，或者外部代理没有足够的资源处理更多的移动结点。

如果登记请求报文通过了检查，外部代理就把该报文中继给移动结点的家乡代理。这里的中继意味着外部代理消耗了原来的封装登记请求报文的 IP 头和 UDP 头，并建立新的头。新的 UDP/IP 分组跟原来的分组具有相同的载荷，但新封装的目的 IP 地址是从登记请求报文中的家乡代理域复制而来的，源 IP 地址则是外部代理在将要发送该 IP 分组的接口上的 IP 地址。

在中继登记请求报文之前，外部代理记录某些信息。这些信息在最终给移动结点发送登记应答报文时将要被使用，在登记成功后代表移动结点路由分组时也要使用。特别地，外部代理需要记录移动结点的链路层源地址、源 IP 地址、源 UDP 端口、家乡代理地址、请求标识符和请求的生命期。

家乡代理在收到登记请求报文时，也要执行一系列的检查，其中最重要的检查是必须有的移动-家乡身份认证扩展项。如果检查证明登记请求报文是无效的，家乡代理就给移动结点发送一个登记应答报文，并在报文的代码域中表明拒绝登记的原因。

如果登记请求报文是有效的，家乡代理就建立或更新该移动结点的绑定项，其中包括指定的关照地址、家乡地址、生命期。

最后，家乡代理给移动结点发送一个登记应答报文，表明登记成功。源 IP 地址、目的 IP 地址和源 UDP 端口号、目的 UDP 端口号在登记应答报文中只把请求报文中的对应域反过来填写即可。此后，家乡代理就可以代表移动结点把收到的分组通过隧道转发给指定的关照地址了。

在收到登记应答报文时，外部代理执行一系列有效性检查。无效应答的例子有不符合规范的格式的报文、应答报文含有不可识别的扩展项或者家乡代理向外部代理的身份认证（家乡代理-外部代理身份认证）数据无效。

如果登记应答报文被认为是无效的，外部代理就建立一个新的登记应答报文发送给移动结点，并将其中的代码域设置成外部代理认为的拒绝理由。

如果登记应答报文是有效的，外部代理就更新它的已知的移动访问结点的列表，并把登记应答报文中继给移动结点。在这样做时，外部代理需要使用一些从早先的登记请求报文中记录的域的内容来发送登记应答报文。从这时开始，外部代理就可以解封隧道发给移动结点的分组，并且为移动结点产生的前往因特网的分组担当默认路由器的角色。

移动结点在收到登记应答报文时，执行自己的一系列有效性检查。如果登记应答报文是有效的，移动代理就检查代码域，查看请求的登记是否被接受。

如果代码域表明登记被拒绝了，移动主机可以尝试修正错误，再做新的登记请求报文。被拒绝的原因可以包括太长的生命期、无效的标识符（为了防止重演攻击，家乡代理期待得到一个不同于以往的值）。

如果代码域表明登记成功,那么移动结点就调整路由表,在当前的链路上开始或继续通信。而且,移动结点停止重发它的登记请求报文。

12.4　三角路由问题

当移动结点连接外部链路时,由通信方发给移动结点的分组首先被传送到移动结点的家乡代理,然后被隧道传送给移动结点的关照地址。然而由移动结点给通信方发送的分组被直接路由到通信方。这样就形成了如图 12-5 所示的三角路由。

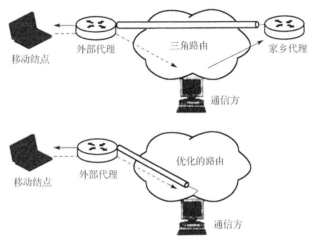

图 12-5　三角路由和优化的路由

为什么移动结点不把它的关照地址直接通知给通信方,并让它们把分组直接传到移动结点,即不经过家乡代理呢?就延迟和资源消耗而论,这种优化的路由可能比三角路由更有效,因为一般来说,分组在它们通往目的地的路径上会跨越较少的链路。

路由优化的主要障碍与安全有关。为了能够让通信方把分组通过隧道直接传送给移动结点,必须把移动结点当前的关照地址告诉通信方。这类似于移动结点向家乡代理登记关照地址的过程,在通知通信方当前的关照地址的报文中,如果没有强身份认证,针对通信方的拒绝服务攻击是可能的。

特别地,一个攻击者只需给移动结点的通信方发送一个伪造的登记报文,就可以截取在这两个结点之间的所有通信。这是任何试图优化移动 IP 路由选择的人都会面临的挑战。可以想象,为了防止伪造登记报文,网络管理员可以在移动结点和它的家乡代理之间配置一个密钥。然而要想同样地在移动结点和每个可能的通信者之间发放密钥是不现实的。在缺少自动机制的条件下,在移动结点和它的通信者之间发放密钥显然不可取。

另外,仅当移动结点远离家乡代理并且接近它的通信方时,路由优化才会提供显著的资源节约。然而在大多数情况下,要么移动结点,要么通信结点(Correspondent Node)是靠近家乡代理的,这就意味着,由直接隧道节省的网络资源跟为保证它的安全性做身份认证和密钥分发所消耗的资源相比要少得多。

12.5　移动 IPv6 综述

　　鉴于现阶段 IP 的两个版本 IPv4 和 IPv6 共存的局面，移动 IP 也有两种版本：移动 IPv4 和移动 IPv6。作为术语，当前人们通常所说的移动 IP 指的就是移动 IPv4；而对于移动 IPv6 的名称则不可以省略其中的协议版本号。

　　移动 IPv6 与移动 IPv4 相比优势明显，主要是其设计吸收了移动 IPv4 的发展经验，并结合了 IPv6 的很多新特性，特别是足够多的 IP 地址、安全数据报头的实现、目的地选项取得的路由效率的提高、地址的自动配置。

　　移动 IPv6 技术充分利用了 IPv6 对移动性的内在支持。首先，路由器可以在通告报文中表明它能否担任家乡代理。同一个子网内允许有多个家乡代理，移动结点可以向任意一个家乡代理登记。需要注意的是，在移动 IPv6 中没有移动 IPv4 使用的外部代理的设备，关照地址是分配给移动结点的 IPv6 地址，而不是外部代理的地址。

　　其次，当收到通信结点发来的 IP 分组时，移动结点可以在它给通信结点发送的分组中用关照地址作为源地址，在目的地选项中把家乡地址告诉通信结点，使得通信结点可以把随后的分组直接发给移动结点，而不必经过家乡代理转发，从而可避免使用三角路由。但通信结点将接收的数据交给上层协议时仍然使用家乡地址作为源地址。这样网络层的移动性保持对上层协议透明，应用程序不会感知所传送的 IP 分组地址的变化。通信结点发送的后续分组用移动结点的关照地址作为目的地址，并插入包含移动结点的家乡地址的路由选择头。这样，IP 分组首先沿优化路由到达移动结点的关照地址，然后在移动结点内部从关照地址传送到家乡地址。显然，移动结点将数据交给上层协议时仍然使用家乡地址作为目的地址。在这里，网络层的移动性也保持对上层协议透明。

12.6　移动 IPv6 基本原理

　　为了对上层协议透明，移动 IPv6 使用一个分配给移动结点的稳定的 IP 地址，即家乡地址。保持一个独立于移动结点位置的稳定地址，其结果是所有的通信结点都试图用该地址到达移动结点。也就是说，不管移动结点在物理上是否位于家乡链路，都由它的家乡代理把分组以隧道的方式传送到移动结点的关照地址（它的真实位置）。

　　家乡地址由在家乡链路上通告的前缀附加接口标识符形成。与任何 IPv6 结点一样，可以分配多个不同范围的地址给移动结点。这个地址的形成方法既适用于家乡地址，又适用于关照地址。

　　在家乡时，移动结点与其他的 IPv6 结点一样地运行，它接收目的地址是它的任一家乡地址的分组，通过常规的路由选择投递。移动结点仅当它不在家乡时才会引入移动 IPv6。

　　当移动结点移动到一条外部链路时，它首先基于外部链路的前缀形成一个关照地址。在自动配置地址之后，移动结点通过发送一个绑定更新（Binding Update，BU）报文向家乡代理报告它的这一次移动。绑定更新报文是多个移动 IPv6 报文中的一个，它编码成一个称为移动头的新头的选项。移动头是扩展头链中的最后一个头，呈现为上层协议，类型号码是 135。

绑定更新报文包含移动结点的家乡地址和关照地址。发送绑定更新报文的目的是把移动结点的当前地址(关照地址)告诉家乡代理,家乡代理存储这一信息,才能把发给移动结点的家乡地址的分组向移动结点转发。家乡代理有一个绑定缓存,该缓存包含其服务的可能是多个移动结点的所有绑定。在绑定缓存中的每个登记项都为一个家乡地址存储一个绑定。

家乡代理为移动结点提供转发服务。为了保证在家乡链路上的所有结点都知道它担当这个代理,家乡代理使用表示该链路上的所有结点的多播地址发送一个代理邻居通告。该通告在目的地址段中给出移动结点的家乡地址,并给出该家乡代理的数据链路层地址,使得随后发给移动结点的 IP 分组都会被转发到家乡代理的数据链路层地址。

当收到一个发送给移动结点家乡地址的分组时,家乡代理检查它的绑定缓存,查看是否有该移动结点的缓存登记项存在。家乡代理使用移动结点的家乡地址(接收的分组的目的地址)作为索引搜查该缓存。当找到一个登记项时,分组就被以隧道的方式传送给移动结点的关照地址(该地址包含在对应该移动结点的绑定缓存登记项中)。隧道入口点是家乡代理;出口点是移动结点的关照地址。隧道可以是双向的,也就是说,当移动结点发送 IP 分组时,它也可以首先把分组通过隧道传送给家乡代理,家乡代理解封装隧道分组,再把原先的分组往其目的地转发。图 12-6 示出了在移动结点和通信结点之间通信所使用的在移动结点和家乡代理之间的双向隧道。

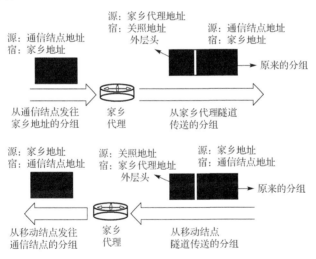

图 12-6　在移动结点和家乡代理之间的双向隧道

隧道传送可以保证由家乡代理提供的服务的透明性,从而保持在移动结点和通信结点之间交换的分组的端到端性质。家乡代理不修改在 IP 头中的源地址或目的地址,这样可保持分组的完整性,并且允许做端到端的完整性检查(如身份验证头)。实际上,隧道传送对于维持对上层协议的透明性起着重要的作用。可以设想,如果不采用隧道,让家乡代理改写在分组中的目的地址,即用关照地址取代家乡地址,那么,直接的结果是破坏了分组的完整性,引起身份验证头(如果存在)失效。还有,移动结点接收分组后把它传递给上层协议(如 TCP),上层协议处理该分组时会使用关照地址来标识连接。然而,通信结点是使用它的 IP 地址、协议号、源端口号和移动结点的家乡地址、协议号、目的端口号标识该连接的，因此，如果移动结点直接应答通信结点，会使用自己的关照地址作为源地址，那么通信结点将查找不到该连接，从而丢弃该分组。

12.7　移动 IPv6 绑定更新报文

图 12-7 示出了移动 IPv6 绑定更新报文的格式。

8	8	8	8 位
载荷协议	头长	移动头类型	保留
检验和		序列号	
A H L K　保留		生命期	

图 12-7　移动 IPv6 绑定更新报文格式

载荷协议段说明跟随在此扩展头后面的头的类型，它等同于其他 IPv6 扩展头中的下一个头的类型，只是换了一个名称而已。根据当前的规范，这个段总是设置成十进制值 59，表示移动头是最后一个头，无更高层报文。

头长段表示该扩展头的长度，以 8 字节为单位计算，并且不包括开头 8 字节。

移动头类型段说明包含在该移动头中的是什么报文。当在移动头中包含一个绑定更新报文时，该段的值置成 5。值得注意的是，同所有其他扩展头一样，移动头在由移动头类型段指明的报文后面可以运载其他选项。例如，类型为 5 的报文(绑定更新报文)也可以在绑定更新报文后面包括可替代的关照地址选项。

检验和段包括附加到 IPv6 头的整个移动头的检验和值。

序列号段包含一个 16 位的整数，用来保证绑定更新报文按照顺序接收和确认。对于每个目的地址，移动结点都存储最后一次使用的序列号。每当把一个绑定更新报文发送给一个特别的目的地时，序列号的值都增加 1。因此，这个号码表示一个循环计数器，它允许把一个窗口用于期待接收的序列号。这就意味着，由于序列号空间是有限的，它不可避免地重复。但这个段可以保证相继的绑定更新报文按照正确的顺序接收。

A 标志表示对于这个绑定更新报文是否期待有一个确认应答。当把一个绑定更新报文发往家乡代理，H 标志和 A 标志都置 1 时，表示该绑定更新报文是发给家乡代理的(H 标志)，并且需要一个确认应答(A 标志)。

L 标志供移动结点使用，当它把该位置 1 时，就向家乡代理表明它的链路本地地址的接口标识符与包括在家乡地址中的接口标识符相同。因此，家乡代理可以通过把该接口标识符附加到众所周知的链路本地前缀来定义链路本地地址。

绑定更新报文需要实施完整性保护，以避免黑客通过以移动结点的名义发送绑定更新报文来窃取它的流量。K 标志表示每当移动结点移动时，是否必须再次运行用以在移动结点和家乡代理之间建立安全关联的协议。如果 K 标志清 0，表示该协议不能保证移动过程中的安全性，安全关联需要重新建立；否则，K 标志置 1，表示该安全关联协议不受移动的影响。

生命期是一个 16 位的段，表示请求的生命期(以 4s 为单位)，该生命期用于由该绑定更新报文的接收方所建立的绑定缓存登记项。当这个值清 0 时，表示请求删除为一个家乡地址缓存的绑定缓存登记项。一个绑定缓存登记项在生命期内有效；如果移动结点不刷新该绑定缓存登记项，那么该登记项将在生命期满后被删除。

家乡代理保持接收来自移动结点的绑定更新报文，把该报文的内容复制到一个已经存在的绑定缓存登记项，或者如果是第一个绑定更新报文，就建立一个新的登记项。因此，绑定更新报文刷新一个已有的绑定，结果是对应每个家乡地址仅有单个登记项。表 12-1 给出了一个绑定缓存区内两个登记项的例子。

表 12-1 在家乡代理中的绑定缓存区内两个登记项

家乡地址	关照地址	序列号	生命期	标志
3ffe:200:8:1:A:B:C:D	3ffe:200:1:5:A:B:C:D	11	250	A/H/K/L
3ffe:200:8:1:D:E:F:9	3ffe:100:3:1:D:E:F:9	2000	400	A/H/L

家乡代理可以简单地把在 IPv6 头中的源地址(外层封装的源地址就是移动结点的关照地址)复制到绑定缓存登记项。但在一些情况下，移动 IPv6 允许移动结点把关照地址包括在一个称为可替代的关照地址选项的专门选项(说明移动结点关照地址的选项)中。图 12-8 示出了该选项的格式。

图 12-8 可替代的关照地址的选项格式

选项类型是一个号码，它告知接收方选项的内容和格式。选项长度表示在该段后面的字节的数目。

为了保证移动结点能收到家乡代理返回的绑定确认报文，发往家乡代理的绑定更新报文必须请求一个绑定应答报文。绑定应答报文包括一个状态段，向移动结点表明绑定成功或失败，小于 128 的值表示成功，其余的值表示失败的原因。该报文还包含一个 K 标志，如果清 0，则表示在家乡代理和移动结点之间运行的保证绑定更新报文安全性的协议在移动的过程中不再有效。图 12-9 示出了绑定应答报文的格式。

8	8	8	8 位
下一个头	头长	移动头类型	
检验和		状态	K	保留
序列号		生命期	

图 12-9 绑定应答报文的格式

绑定应答报文在移动结点和它的家乡代理之间同步生命期。家乡代理由于受到负载或其他策略的限制，可能需要减少移动结点在绑定更新报文中提出的生命期。因此，在绑定更新报文和绑定应答报文中的生命期段可能有不同的值。如果绑定的生命期在绑定应答报文中改变了，那么移动结点必须存储由家乡代理返回的新值，而忽略它在绑定更新报文中发送的自己的建议。

为了允许移动结点跟踪哪个绑定更新报文被应答，绑定应答报文包含被应答的绑定更新报文的序列号。例如，移动结点已经给其家乡代理发送了不止一个绑定更新报文，因此需要知道正在接收的绑定应答报文是对哪一个绑定更新报文的确认，以便存储正确的值，并在下一个发送的绑定更新报文中填写正确的序列号。

移动结点返回家乡时需要通知家乡代理停止代表它接收分组。为此，移动结点必须给家乡代理发送一个绑定更新报文，把绑定的生命期设置成 0，把关照地址设置成移动结点的家乡地址，表示家乡代理不应该再接收前往移动结点的流量。

12.8　移动 IPv6 路由优化

把在移动结点和通信结点之间传送的分组经过家乡代理转发引入了附加的延迟。最坏的情况是移动结点和通信结点位于同一链路上。较好的情况是通信结点驻留在家乡链路的附近。然而，在所有的情况下，三角路由都存在着附加延迟。

三角路由的另一个问题是引入了单点故障问题。虽然家乡代理的失效最终会被检测到，但它的失效会使移动结点丢失所有正处在会话中的连接。另外，跟在移动结点和通信结点之间的直接通信相比，三角路由消耗更多的网络带宽，降低了网络带宽的使用效率。如果所有移动结点的所有流量都经由家乡代理转发，网络管理员需要关注家乡代理的位置以及跟它连接的链路的容量，这就给网络设计增加了负担。

当移动结点接收一个从家乡代理隧道传送来的分组时，它必须决定是否需要路由优化。如果需要，移动结点就把它当前的位置告诉通信结点，这可以使用绑定更新报文完成。

当通信结点接收一个来自移动结点的绑定更新报文时，它在绑定缓存中建立一个新的登记项，或者用移动结点的新位置更新已存在的登记项。随后，通信结点就可以使用移动结点的关照地址作为分组的目的地跟移动结点直接通信。

然而，为了维持处在会话过程中的连接，必须以某种方式把移动结点的家乡地址包括在发往和发自移动结点的分组中，允许在移动结点和通信结点中的 IP 层把它呈现给上层协议。为此，移动 IPv6 定义了两个报文：一个是类型 2 路由选择头（使得目的地址仍然是移动结点的家乡地址）；另一个是称为家乡地址的目的地选项（移动结点把自己的家乡地址告诉通信结点）。它们分别包含在发往和发自移动结点的分组中。

在通信结点的绑定缓存中成功地安装了绑定之后，移动结点在发给通信结点的每个数据分组中都包括家乡地址选项。分组中的数据来自上层应用，这些应用把家乡地址当作源，把通信结点地址当作目的。家乡地址选项基本上是隧道的一个伪装形式。当通信结点接收一个包含家乡地址选项的分组时，在把该分组传递给上层协议之前，它把在分组头中的源地址用包括在家乡地址选项中的地址替换。这样，在上层协议看来，该分组就是由移动结点的家乡地址发送的，因此，移动性保持对上层协议透明。

通信结点在给有了一个绑定缓存登记项的移动结点发送分组时，它必须包括一个新的路由选择头（将其类型段设置成 2）。该路由选择头的格式跟其他的路由选择头相同，但其地址列表中只包含移动结点的家乡地址。按照常规，在 IPv6 分组头中的目的地址（如关照地址）是接收分组的第一个结点、路由的后继结点，包括分组的最终目的地（如家乡地址），都列在路由选择头的地址列表中。由此可见，移动结点在处理来自通信结点的路由选择头时，会用在路由选择头中的地址，即家乡地址，替代分组的目的(关照)地址。由于这个后继地址属于移动结点本身，移动结点实际上在结点内部转发分组。在执行这一步骤后，移动结点把分组传递给上层协议，在所提交的分组的目的地址段中包含的是移动结点的家乡地址，这样就有效地向上层协议遮蔽了在 IP 层中分组地址的改变。

12.9　移动 IPv6 返回路由过程

与家乡代理不同，通信结点不可能跟移动结点事先建立任何安全关联。这个随机结点没有跟踪移动结点的动作和报告它们的不轨行为的资源或愿望。通信结点会跟踪移动结点的动作的假定是不现实的。比较现实的考虑是假定协议会阻止相关攻击的发生。如果移动结点向通信结点证明它被授权把流量从家乡地址重定向到关照地址，那么就可以防止移动结点盗取另一个结点的流量或把流量引导到不是它自己的一个结点(防止假冒)，也就是说，移动结点必须同时拥有家乡地址和关照地址。

先假定通信结点给移动结点的家乡地址发送了一个报文，给移动结点的关照地址发送了另一个报文；再假定这些报文中的每一个都需要根据报文的内容做一个特别的应答。如果移动结点正确地回答了这两个报文，那么就认为它收到了这两个报文。如果报文是发送给移动结点所宣称的家乡地址和关照地址的，那么正确地回答了这两个报文就意味着移动结点实际上收到了这两个报文，因此拥有这两个地址。这基本上就是在没有黑客攻击的因特网上返回路由测试的工作方式。然而，由于这个理想的因特网实际上不存在，人们需要以某种方式对这些报文进行身份验证，检查它们在传输过程中是否被截取和篡改。下面说明返回路由测试是怎样工作的，以及如何使用它增强给通信结点发送绑定更新报文的安全性。

通信结点产生一个密钥 Kcn，然后跟任何移动结点通信都可以使用这个密钥。此外，通信结点以常规的间隔时间产生 nonce(随机数)。例如，通信结点可以在系统引导时产生 Kcn，然后每隔两分钟产生一个 nonce。nonce 的大小可以根据通信结点的实现有所不同，然而移动 IPv6 规范建议 nonce 是 64 位的。nonce 和 Kcn 将被用来在移动结点和通信结点之间产生安全关联。

返回路由过程的本质是移动结点请求通信结点测试它对家乡地址和关照地址的拥有关系。为此，移动结点向通信结点发送两个独立的报文：家乡地址测试启动(Home Test Init，HoTI)报文和关照地址测试启动(Care-of Test Init，CoTI)报文。通信结点产生仅仅它自己可以产生的两个令牌(Kcn 的两个函数)，然后在两个分开的报文中给每个地址各发送一个令牌，这两个报文分别是家乡测试(Home Test，HoT)报文和关照测试(Care-of Test，CoT)报文，分别发送给移动结点的家乡地址和关照地址。移动结点使用这两个令牌建立一个密钥 Kbm，随后可以用该密钥对发往通信结点的绑定更新报文加身份验证数据。由于通信结点知道产生该密钥所需的所有信息，在接收绑定更新报文时，它可以再次产生该密钥，并验证报文。同一个密钥(Kbm)也被用来对绑定应答报文加身份验证数据。图 12-10 示出了移动 IPv6 返回路由过程。

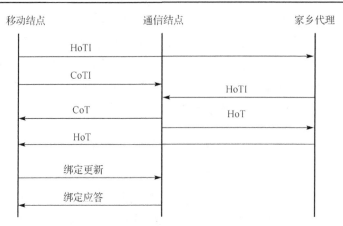

图 12-10　移动 IPv6 返回路由过程

由移动结点发送的 HoTI 报文请求对家乡地址的测试。这个报文包含一个 cookie（称为家乡启动 cookie），该 cookie 由移动结点产生，后来被通信结点返回。HoTI 报文中的 cookie 是一个随机数，包括它的目的是保证响应 HoTI 报文的实体确实接收了该报文。

当通信结点接收 HoTI 报文（源地址是家乡地址，经过家乡代理转发）时，它产生一个 64 位的基于家乡地址的令牌，就是把家乡地址跟由通信结点产生的一个 nonce 串接，将结果和密钥 Kcn 作为自变量计算一个特定函数（类似散列函数）的 64 位输出。

通信结点建立一个 HoT 报文，并把它发送给移动结点。这个报文包含原来由移动结点发送的家乡启动 cookie 和基于家乡地址的令牌。

几乎在同时，移动结点可以发送 CoTI 报文。该报文包含另一个随机 cookie（称为关照启动 cookie）。CoTI 报文中的 cookie 是一个随机数，它用来保证对 CoTI 报文的响应者确实接收了起初的 CoTI 报文。

当通信结点接收 CoTI 报文（源地址是关照地址，目的地选项中包括源家乡地址）时，它也执行类似的操作（类似 HoT）。它产生基于关照地址的令牌，就是把关照地址跟由通信结点产生的一个 nonce 串接，将结果和密钥 Kcn 作为自变量计算一个特定函数（类似散列函数）的 64 位输出。

通信结点建立一个 CoT 报文，并把它发送给移动结点。这个报文包含原来由移动结点发送的关照启动 cookie 和基于关照地址的令牌。

在接收 HoT 报文（由家乡代理隧道传送而来）和 CoT 报文之后，移动结点就能够产生一个密钥 Kbm。该 Kbm 用下列方式产生：

```
Kbm=SHA1(基于家乡地址的令牌|基于关照地址的令牌)
*******其中的 SHA1 是安全散列算法 1*********
```

注意，基于家乡地址的令牌和基于关照地址的令牌都是由通信结点产生的。

随后可以用该密钥对发往通信结点的绑定更新报文加身份验证数据。

由于通信结点知道产生该密钥所需要的所有信息（基于家乡地址的令牌和基于关照地址的令牌），在接收绑定更新报文时，它可以再次产生该密钥，并验证报文。

12.10　移动 IPv6 快速切换

移动 IPv6 使得移动结点在从一个接入路由器移动到另一个接入路由器时还能够维持对因特网的连接性。由于切换延迟，在一段时间内移动结点因为链路交换延迟和 IP 操作不能发送和接收分组。这种由包括移动检测、新的关照地址配置和绑定更新组成的标准的移动 IPv6 过程所产生的切换延迟对于 IP 语音这样的实时流量通常是不可接受的。另外，减少切换延迟对于非实时的吞吐率敏感的应用也是有益处的。

假设该移动结点检测到当前的链路在衰退，因此开始搜索可以附接的新的 AP。为此，移动结点把接收到的信号跟当前的信号比较，如果发现一个更好的信号，它就能够交换到新的 AP。然而，移动结点的链路层的实现不知道这个 AP 是否附接一个新的接入路由器，因为链路层仅知道 AP 的名字和链路层地址。尽管如此，如果移动结点知道了 AP 的名字和链路层地址，那么移动结点的 IP 层的实现可以请求当前的 AP 提供有关新的 AP 所附接的路由器的地址和前缀的信息。这里假定每个接入路由器都配置一个登记表，该表中包含它自己的链路层地址、邻居 AP 的链路层地址以及各自对应的接入路由器。

在预测到移动之后，移动结点在仍然连接当前的接入路由器（AR）的同时将知道它的新链路的前缀，并且能够形成一个新的关照地址。移动结点还需要检查这个地址在新的链路上是否有效，也就是说，要做重复地址检测。然而，这必须要在它移动到新的 AR 时才能进行。

在快速切换（Fast Handover）的情况下，移动结点可以给当前的 AR 发送一个绑定更新（F-BU）报文，让它把发送给当前的关照地址的分组通过隧道传送到新的关照地址。这就是说，当前的 AR 作为移动结点当前地址（暂时当作家乡地址处理）的临时家乡代理。然而，为了避免地址重复，当前的 AR 通过给新的 AR 发送一个切换启动（Handover Initiate，HI）报文来检查该地址的有效性。这个报文服务于两个目的：第一，它检查新的 AR 是否知道在新的链路上移动结点的关照地址是否有重复地址；第二，它在当前的 AR 和新的 AR 之间建立一条隧道。在隧道建立之后，新的 AR 用一个切换应答（Handover Acknowledge，Hack）报文回应当前的 AR。

当移动结点移动到一条新的链路时，它必须知道旧的 AR 是否已经接受了绑定，并且必须检查新的关照地址的有效性。如果移动结点在移动之前收到旧的 AR 的绑定应答（表示操作成功）报文，那么移动结点认为数据将被转发到它的新位置。然而，如果移动结点在有机会收到绑定应答报文之前就脱离了旧的链路，那么它将得不到这个应答报文。

如果移动结点在新的链路上通告自己的存在，那么新的 AR 会把所有缓存的报文（包括绑定应答报文）转发给它。移动结点发送快速邻居通告（Fast Neighbor Advertisement，F-NA）报文通知新的 AR 移动结点现在附接到它的链路，并且主要请求两件事：第一，新的 AR 转发缓存的分组（包括绑定应答报文）；第二，新的 AR 告诉移动结点新的关照地址是否有效。后者在一个路由器通告的称为邻居通告应答（Neighbor Advertisement Acknowledgement，NAAK）报文的新选项中投递给移动结点。

快速切换的设计目标是消除与移动检测和关照地址测试相关的时延，使得移动结点在关键的切换期间不必给家乡代理和通信结点发送更新报文（包括返回路由测试）。所有发给家乡代理和通信结点的移动 IPv6 信令可以从切换时间中消除，因为在移动结点更新这些结点时，流量已经可以被重路由到移动结点的新位置。

在移动结点给一个当前 AR 发送 F-BU 报文时，它使用当前的关照地址作为家乡地址，使用在新的链路上的地址作为在绑定更新报文中的关照地址。这基本上就让当前的 AR 起着临时家乡代理的作用。因此，在移动结点和该 AR 之间的关系类似于在移动结点和家乡代理之间的关系。

在接收移动结点的 F-BU 报文和新的 AR 的 Hack 报文之后，旧的 AR 开始把移动结点的分组转发到它的新位置。然而，跟常规的家乡代理操作不同，隧道终止在新的 AR，而不是移动结点。这就允许移动结点在验证新的关照地址时仍然使用它的旧的关照地址。这就意味着移动结点在新的链路上将使用拓扑上不正确的地址。因此，新的 AR 需要为这个移动结点开放它的入进过滤器。在这种情况下，移动结点的外出流量将先被隧道传送到新的 AR（外层源地址是旧的关照地址，内层源地址是家乡地址），新的 AR 再正常地转发该流量。这个过程将继续进行，直到移动结点验证了它的新关照地址并且更新了所有的通信结点和家乡代理为止。在更新了所有这些结点后，移动结点将在它的新关照地址上直接地接收流量。

12.11　层次式移动 IPv6

快速切换免除了移动检测时间和关照地址配置时间的延迟，但没有减少移动结点在无线链路上发送的报文的数量。每次移动结点移动形成新的关照地址时除了给通信结点发送返回路由信令，还要发送许多绑定更新报文，这对带宽受限的无线链路是一个很大的负担。考虑一个移动结点跟两个通信结点通信，在每次移动时，移动结点必须给家乡代理发送一个绑定更新报文，并且在给两个通信结点发送绑定更新报文之前，还要对每个通信结点都执行一次返回路由测试。即使基于家乡地址的令牌没有期满，移动结点也要针对通信结点发送和接收总计达 6 个报文（对于每个通信结点发送和接收 CoTI/CoT 报文以及绑定更新报文）。然而，基于家乡地址的令牌最终将期满，在移动结点和通信结点之间又增加两个报文（HoTI/HoT 报文），报文总数增加到 10。如果有报文丢失，那么这个数字还要增加。

出于这样的考虑，层次式移动 IPv6（Hierarchical Mobile IPv6，HMIPv6）使用一个称为移动停靠点（Mobility Anchor Point，MAP）的新的 IPv6 结点，该结点可以位于包括 AR 的层次式路由器网络的任一层次上。跟在 IPv4 中的外部代理不同，HMIPv6 不需要在每个子网上都配置 MAP。MAP 将限制在本地域之外传送的移动 IPv6 信令的数目。

采用 MAP 的解决方案是以下列方式工作的。

（1）移动结点把绑定更新报文发送给本地 MAP，而不是发送给家乡代理和通信结点。

（2）移动结点在把流量从家乡代理和所有的通信结点重路由到它的新位置之前只需要发送一个绑定更新报文。这个报文独立于移动结点与之通信的通信结点的数目。

在移动 IPv6 中引入层次式移动管理模型的目标是在提高移动 IPv6 性能的同时减少对

移动 IPv6 或其他 IPv6 协议的影响。它也支持快速移动 IPv6 切换，帮助移动结点取得无缝的移动性。而且，HMIPv6 在允许移动结点使用移动 IPv6 优化路由的同时，对通信结点和家乡代理隐蔽它的当前位置。

HMIPv6 允许在一个特别的域内移动，并且不必每次移动都更新它的家乡代理或通信结点。取而代之的是，移动结点由于和 MAP 之间已经有了安全关联，它可以给位于被访问网络中的 MAP 发送一个绑定更新报文。采用 HMIPv6 的目的是保持使用优化路由的同时把绑定更新报文的数目减少到 1。

一个 MAP 基本上是一个位于被访问的网络上的一个地区家乡代理。当一个移动结点访问一个外部网络时，它将能够发现 MAP 的 IPv6 地址。然后移动结点请求在 MAP 的链路上分配一个临时家乡地址，并请求 MAP 捍卫这个家乡地址(就像在家乡链路上家乡代理捍卫移动结点的家乡地址一样)。这个临时家乡地址称为地方关照地址(Regional Care-of-Address，RCoA)，因为它不是移动结点真正的家乡地址；同时它又是地区性的，它在多条链路上都是有效的，因此不同于通常意义上的关照地址。为了把在 MAP 链路上的移动结点的地址跟基于当前的外部链路前缀配置的关照地址相区别，通常都使用地方关照地址(在 MAP 链路上的地址)和在链路上的关照地址(on-Link Care-of-Address，LCoA)这两个不同的术语。图 12-11 示出了在网络拓扑中这些地址的配置情况。

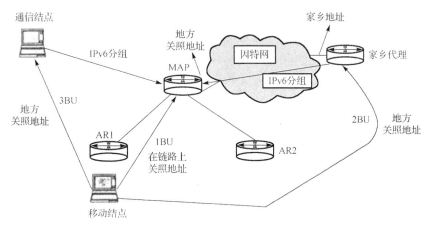

图 12-11　在 HMIPv6 中的地址配置

当一个移动结点附接一条新的链路时，它接收包括 MAP 选项的路由器通告报文。MAP 选项告知本地区 MAP 的 IP 地址。移动结点基于 MAP 的前缀和由它自己产生的接口标识符建立一个地方关照地址。然后移动结点使用它的地方关照地址作为家乡地址(在家乡地址选项中)，使用在链路上的关照地址作为关照地址(也就是 IP 头中的源地址)给 MAP 发送一个绑定更新报文。

这个绑定更新报文与发往家乡代理的绑定更新报文是相似的。就移动结点与 MAP 的通信而言，地方关照地址基本上代替家乡地址，绑定更新报文把移动结点当前真正的关照地址告诉 MAP。

如果 MAP 接收这个本地绑定更新报文，它就给移动结点发回一个绑定应答报文。在这一点上，移动结点准备好用它的当前位置更新它的家乡代理。当移动结点给家乡代理发送绑定更新报文时，它把它的地方关照地址绑定到它的家乡地址。因此，每当家乡代理接收发给移动结点的家乡地址的分组时，它将把它们截获，并将其转发给地方关照地址。由于 MAP 也为移动结点的地方关照地址起一个本地家乡代理的作用，它将截获发送给这个地方关照地址的分组，并把它们转发给移动结点的当前位置，即在 MAP 的绑定缓存中的在链路上关照地址。这个过程说明了把该机制称为层次式移动 IPv6 的原因，因为它为移动结点引入了家乡代理的等级结构。层次限于一个附加的逻辑跳段，也就是说，MAP 不会把分组通过隧道传送给在层次上较低的另一个 MAP，隧道出口点必须是移动结点的在链路上关照地址。

当移动结点开始跟一个通信结点通信时，它可以发送一个绑定更新报文，表示它的关照地址是一个地方关照地址。所以所有发给移动结点的流量都将被 MAP 截获，并被转发到移动结点在链路上关照地址。移动结点的外出流量就像把外出分组通过隧道传送给家乡地址一样被隧道传送给 MAP。

在图 12-11 中，AR1 和 AR2 属于同一个 MAP 域，也就是说，它们给移动结点通告同样的 MAP 选项。因此，当移动结点从 AR1 移动到 AR2 时，移动结点和 MAP 之间已经有了安全关联，它仅需要发送一个绑定更新报文给 MAP，通知它新的在链路上关照地址。这样做的结果是替换在 MAP 的绑定缓存中的移动结点关照地址，因此隧道出口点变成新的在链路上关照地址，该地址由 AR2 通告的前缀产生。

现在可以看出这个机制是怎样把发送的绑定更新报文的数目减少到 1 的，不管移动结点可能跟多少个通信结点通信都是如此，并且也没有丢失路由优化的好处。由于所有的通信结点和家乡代理都有移动结点的地方关照地址(在绑定缓存中)，除非地方关照地址改变了，移动结点没有必要更新任何其他结点，并且仅当 MAP 改变时地方关照地址才会改变。因此，当它在同一个 MAP 域内移动时，移动结点只需要发送一个绑定更新报文(给 MAP)就可以继续接收来自通信结点的流量。

复习思考题

1. 由 IETF 提出的在任何移动 IP 解决方案中都需要考虑的目标有哪几个？
2. 移动 IP 定义了哪几个必须实现移动性协议的功能实体？
3. 在移动 IP 登记过程中，移动结点执行哪些操作？移动 IP 登记需要交换哪两种报文？
4. 通常，当一个移动主机不在家乡时，送往它的家乡 LAN 的分组被它的家乡代理截获。对于一个在 802.3 LAN 上的 IP 网络，家乡代理如何完成这个截获任务？
5. 代理发现过程执行哪些功能？代理发现包括哪两个报文？怎样使用这两个报文？
6. 一个居住在北京的人带着他的便携式计算机到上海旅行。他没有料到的是，在上海的目的地的 LAN 是一个无线 IP LAN。那么，为了使得到达原居所的电子邮件以及其他信息在上海还能正确地接收，他仍然必须通过家乡代理和外部代理这样的一整套过程吗？
7. 在移动 IP 中路由优化的主要障碍是什么？

8．移动 IPv6 与移动 IPv4 相比有哪些优势？

9．说明在移动 IPv6 的移动结点处和通信结点处网络层的移动性是如何保持对上层协议透明的。

10．在没有黑客攻击的情况下，返回路由测试是以什么样的方式进行操作的？返回路由过程的本质是什么？

11．在移动 IPv6 中的快速切换的设计目标是什么？

12．层次式移动 IPv6 是怎样把发送的绑定更新报文的数目减少到 1 的？

第 13 章　传　输　层

本章学习要点

(1) 传输层的功能；

(2) 传输层编址与端口；

(3) 面向连接服务与无连接服务；

(4) TCP 报文段；

(5) TCP 可靠传输；

(6) TCP 流量控制与拥塞控制；

(7) 无线 TCP 及其拥塞问题；

(8) TCP 对显式拥塞通告的支持；

(9) UDP 数据报；

(10) UDP 检验和；

(11) 用于长肥网络的协议；

(12) 高速网络设计的基本原则。

在 OSI 参考模型中，传输层是一个位于中间的层次，在依赖网络的下 3 层和面向应用的上 3 层之间起着承上启下的作用。当处在网络边缘的两个主机使用网络进行通信时，只有主机的协议站才有传输层，而位于通信子网中的路由器在转发分组时只用到下 3 层的功能。在这个意义上，传输层提供的是真正的端到端的服务。

某些用户应用程序需要绝对保证所有的协议数据单元都被安全地投递到目的地，而且一个会话实体可以请求一定质量的服务，一旦传输层提供具有这种服务质量的传输连接，它就必须维持这种连接。在传输层不能再维持所提供的服务质量的情况下，它必须把这一事实明确地通知给会话实体。也许，想象传输层的最好方法是把它看成一种安全保护罩，不管下面的基础网络发生什么事件，它都要负责照料传输的数据。

因为用户不能对通信子网加以控制，故无法采用更好的通信处理机来解决网络层服务质量低劣的问题，更不可能通过改进数据链路层纠错能力来改善低层的条件。解决这一问题的唯一可行办法就是在网络层上面增加一层，即传输层。

传输层的目标是在源端机和目的地机之间提供标准的数据传输逻辑通道，而与当前实际使用的网络无关，任何用户进程或应用程序可以直接访问传输服务，而不必经过会话层和表示层，实际上，因特网的传输层协议就是以这种方式工作的。

传输层还为上层应用提供复用和分离的功能，使得发送方不同的应用进程可以使用同一个传输层协议传送数据，接收方的传输层能够把这些数据投递给正确的目的地应用进程。这是通过传输层服务访问点(TSAP)实现的。在 TCP/IP 网络中，它称为端口号。IP 地址定位到一台主机，端口号则定位到一个应用进程。

TCP/IP 网络在 IP 层之上有两个传输层协议：一个是面向连接的 TCP；另一个是无连接的 UDP。本章将主要讨论这两个协议。

13.1 传输控制协议

TCP 是互联网使用的可靠的传输层协议，它的主要特征如下。

(1) TCP 向应用提供可靠服务，它的责任是把应用数据有序地、无错地投递到最后目的地。

(2) TCP 提供全双工的面向流的通信，信息可以同时在两个通信结点之间的两个方向上流动。

(3) TCP 是面向连接的，它有 3 个不同的阶段：连接建立、数据传输和连接释放。

传输层协议一般都从其高层接收数据，把数据分割成大小适当的数据块，给数据块前置一个传输层头，形成传输层 PDU，将其传递给网络层协议。然后，网络层协议把传输层 PDU 放进网络层分组的载荷部分传输。在 TCP 的情况下，传输层头是 TCP 头，在 IP 分组的载荷中传输 TCP 报文段。图 13-1 示出了从发送方的高层协议通过 TCP 到达接收方的高层协议数据传输的完整过程。

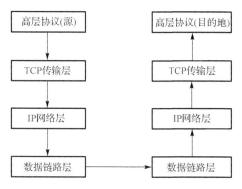

图 13-1 TCP 报文段的传输过程

13.1.1 TCP 的基本操作

本节先阐述 TCP 的许多重要属性，然后考察该协议采用的一些运行机制。

TCP 有许多属性，它们被一起使用，向应用层提供可靠的服务。下面简要地介绍这些属性中的每一个属性。

(1) 差错检测。TCP 使用检验和检测传输差错。发送方对 TCP 报文段的内容(加上部分 IP 头)计算检验和，把它放到 TCP 检验和段传输给接收方。接收方再次计算检验和，把结果跟在 TCP 报文段的检验和段中的值比较。如果它们不相同，接收方就认为有传输差错，把该分组丢弃。

(2) 差错纠正。TCP 通过确认和重传纠正差错。确认是一个报文，它通知发送方数据被接收方正确接收。如果发送方在一个合理长度的时间内没有收到确认，那么它就假定数据(或确认)已经丢失，因此应该重传数据。

问题在于，什么样的时间长度是合理的。过早重传浪费网络带宽，太晚重传又会减慢应用传输数据的速度。TCP 通过执行一个算法来估计 TCP 报文段传输的来回路程时间，该时间段包括 TCP 报文段从源传输到目的地以及确认从目的地返回源所经过的时间。TCP 根据多次测试的来回路程时间及其值的变化，执行算法的计算，确定在认为一个 TCP 报文段已经丢失之前应该等待的时间的长度。

(3)滑动窗口。TCP 是面向字节流的。当两个应用程序转移大量数据时，我们把数据看成字节流。TCP 为它的高层协议数据流中的每一字节都分配一个顺序号。

TCP 把发送方在收到一个确认之前接收方允许它发送的数据字节的范围称为窗口。在每次应答信息中，接收方都把一个新的窗口值传送给发送方。每次发送的窗口值可以跟上一次发送的相同，也可以跟上一次发送的不同。

当一个结点接收对它已经发送出去的报文段中的数据的确认时，它可以把窗口向前滑动。这样之后，该结点被允许发送更多的数据。

(4)流量控制。滑动窗口提供了一个机制，防止一个快速发送方用比接收方能够处理的还要多的数据淹没一个慢速接收方。这个过程称为流量控制。特别地，快速发送方在可以发送更多的数据之前，它必须等待慢速接收方发送确认。接收方在 TCP 头内设置窗口域的值，通知发送方它现在还愿意和能够接收多少个字节的数据。

(5)拥塞控制。拥塞是一种网络状况，路由器被分组过载，不能够再正常地转发分组。在一个拥塞的网络中，一些分组被丢弃，其他的分组经历长的延迟，实际传输的分组数量已有相当程度的下降。TCP 能够检测到拥塞，并且通过放慢发送或重传报文段的速度帮助缓解拥塞。

在对待拥塞方面，TCP 对因特网做了一个基本的假定。特别地，TCP 假定在传输和接收分组的过程中，几乎所有的分组丢失都是由网络拥塞引起的，而不是由硬件错误、传输错误或其他错误造成的。因此当 TCP 检测到一个报文段丢失(在一个合理长度的时间内没有收到确认)时，它显著地减少发送的报文段数量，并在重传没有被确认的报文段之前等待一个更长的时间。

(6)慢启动。当 TCP 检测到拥塞开始缓解时，它开始增加发送的报文段的数量，并调节等待确认的时间。如果这种增加发生得太快，考虑到在因特网上所有主机的聚合效应，那么拥塞可能很快又返回。TCP 报文段的发送方在拥塞缓解之后，以及在新的连接的开始时都缓慢地增加发送速率。后者防止主机在新的连接的开始发送太多的分组，因为在这种情况下主机不知道因特网能够投递多少个报文段，所以只能用小的窗口开始发送，然后再尝试增加窗口值。

(7)快速重传。接收方发送的确认告诉发送方从连接的开始计算已经正确地按序接收多少个字节。此外，TCP 仅当接收一个报文段时才会发送一个确认。

例如，如果接收方无错地接收到第 1~9 个报文段，那么在接收到第 9 个报文段时，它发送对所有这些报文段的确认。现在考虑如果第 10 个报文段丢失了，但第 11~13 报文段都无错到达，将会发生什么样的情况。接收方可以仍然仅对接收的第 1~9 报文段发送确认。因此，第 11~13 报文段中的每一个的到达都促使接收方发送一次仅对第 1~9 个报文段的接收确认。

发送方会查验确认，注意到有 3 个相同的确认，推测在数据中有一个"空洞"，就是说第 10 个报文段丢失了。发送方进一步推断，第 10 个报文段不是因为网络较长时间处于拥塞状态而丢失的，否则其他几个报文段及对应的确认就不可能容易地通过网络到达接收方。因此，发送方立即重传第 10 个报文段，而不用像通常一样地等待合理长度的时间。这种立即的重传就称为快速重传。

以上就是对 TCP 基本属性的描述。下面进一步介绍 TCP 的具体运行机制。

所有的网络通信都可以看作进程之间的通信。进程在调用 TCP 时，通过作为参数的数据缓冲区将数据送出。TCP 从该数据缓冲区取出数据并将其分成报文段，然后调用 IP 模块，将这些报文段依次送往目的站点的 TCP。接收方 TCP 在收到的报文段中将数据取出，装入供接收用的缓冲区，并通知接收方的用户。发送方 TCP 在段中插入了为保证可靠传输而必需的控制信息，所以接收方在收到报文段时要将这些控制信息除去，取出真正的数据。

TCP 一般是作为操作系统内部的一个模块安装的。TCP 的用户接口是通过对 TCP 连接的 OPEN、CLOSE，数据的 SEND、RECEIVE 或调用连接的状态信息来实现的。实际上，它们与文件的打开、关闭、写入、读出十分相似。在 TCP 的调用接口中，必须指定地址(端口号)、服务类型、优先级、安全性的值及其他控制信息等参数。TCP 与实际网络的接口也与普通的设备驱动模块一样。但是，TCP 不能直接调用设备驱动模块，一般通过 IP 模块来调用设备驱动模块。

在 TCP 的连接中，数据流必须以正确的顺序送达对方。TCP 的可靠性是通过顺序编号和 ACK 来实现的。数据流上的各字节都有自己的编号，各段第 1 个数据的顺序编号和该段一起传送，称它为段顺序编号。而且，在送回的 ACK 信息中，含有指示下一个应该发送的顺序编号。TCP 在开始传送一个报文段时，为准备重传而首先将该报文段插入发送队列中，同时启动时钟。其后，如果收到了该报文段的 ACK 信息，就将该报文段从队列中删去。如果在时钟规定的时间内 ACK 未返回，那么就再次送出这一个报文段。TCP 中的 ACK 应答并不保证数据已到达对方的用户进程，它仅仅是对 TCP 模块收到信息的确认。

为控制流量，TCP 模块间通信采用了称为信用量协议的窗口机制。这里，窗口是接收方接收数据的字节数量能力的表示，并且其大小不是固定不变的。在 ACK 应答信息中，TCP 把 ACK 加上接收方允许发送方发送的数据量的信息回送给发送方。发送方除非以后又收到来自接收方的允许发送的最大数据量信息，否则总是使用由接收方提供的这一范围发送数据。

TCP 为实现多路复用使用了端口号。因为端口号是在各个 TCP 实体上独立使用的，因此从网络整体来看，端口号并非具有唯一性的标识符。构造套接号后，网络上具有唯一性的 IP 地址和端口号结合在一起，才构成唯一能识别的标识符。

一个 TCP 连接由通信双方的套接号确定。而且，套接号为通信双方的输入和输出所用，因而是全双工的。从 TCP 的规定来看，端口与任何进程可自由进行连接，这是实现 TCP 的各操作系统环境自己的事情，不过还是有一些基本的约定。例如，对一些公共的服务统一规定使用固定的端口号，称为周知口。规范指定，小于 256 的端口号用于周知口，其余的端口号留给操作系统分配，用于其他任意程序。

在调用 TCP 的 OPEN 来建立连接时，应将自己的端口号和对方的套接号作为参数指定。

TCP 模块返回为标识这条连接在本地使用的名字。为了使用已连接好的套接号，必须保存一些相关的信息。为此，构造一个称为传输控制块(TCB)的数据区，并将本地使用的标识该连接的名字作为指向这个 TCB 数据区的指针。此外，在 OPEN 中还需指定连接是主动进行的还是被动进行的。

在被动的 OPEN 请求中，进程不能从自己发起连接，只能接受外来的连接请求。对于被动的 OPEN 而言，必须能接受来自任何进程的连接请求。在这种情况下，由于不必指明对方的套接号，故将目标方的套接号这个参数域全置成 0。这样的用法只能在被动的 OPEN 请求中使用。这种被动的 OPEN 请求可以用于形成为接收来自各方用户请求而提供服务的套接号。当然，在采用被动的 OPEN 请求的情形下，即使指定了对方的套接号，也没有什么关系。

在网络虚拟终端 Telnet 服务器和文件传送、远程作业访问等一般应用服务的情况下，往往需要预先定义一些端口号。在 UNIX 操作系统中，服务和端口号的对应关系通常可以从/etc/services 文件中以对照表的形式查到。

执行被动 OPEN 的进程等待来自主动 OPEN 的请求，而且即使双方同时使用主动的 OPEN 进行连接，也能保证最终连接顺利建成。这种连接的灵活性，在一些非同步的分布式环境中十分有用。

在已经建立起来的连接上的数据传输可以看成字节流的运动。发送方用户每当用 SEND 函数发送数据时，为了使它尽快到达接收方，可以使用 PUSH 标志。对于发送方的 TCP 来说，当它接收 PUSH 标志时，就立即将其发送队列中准备发送的数据全部发出。对于接收方的 TCP 来说，一旦收到 PUSH 信号，它就不再等待后续到来的数据，而直接转向接收数据的接收进程。写入一个 TCP 报文段中的数据是一次或多次 SEND 调用的结果。PUSH 的功能和 TCP/用户接口间交换数据的缓冲区的使用有关。假如收到了 PUSH 标志，TCP 模块就不管该数据区是否装满，立即将数据发送出去。相反，未收到 PUSH 标志时，只有在用户缓冲区已用完的情况下，才会向接收方发送数据。

PUSH 标志迫使 TCP 尽快将数据发送出去，而不必等待后续数据的到来。一个使用 PUSH 的典型例子是：假如有一台虚拟终端，它以网络上另一台主机作为其服务器，则该终端一般会在每一行输入回车换行符时发送 PUSH 标志，从而与服务器取得联系。

TCP 还定义了通知接收方有紧急数据到达的服务。但是，对接收的紧急数据如何进行处理，在 TCP 中并没有规定。一般推荐接收方优先对其进行处理。

13.1.2　TCP 报文段的格式

TCP 使用报文段建立连接、传输数据、发送确认、通知窗口大小，直到关闭连接。由于 TCP 使用捎带技巧，一个从机器 A 传往机器 B 的确认可能跟从机器 A 发给机器 B 的数据在同一个报文段中传输，但这个确认的对象是从机器 B 到机器 A 的数据。图 13-2 示出 TCP 报文段的格式，前面是 TCP 头，后面是数据。TCP 头的大小是 20～60 字节，不包含选项时是 20 字节；包含选项时最长可达 60 字节。下面介绍头中每个字段的含义。

(1)源端口，定义在发送该报文段的主机中应用程序的端口号。

(2)目的端口，定义在接收该报文段的主机中应用程序的端口号。

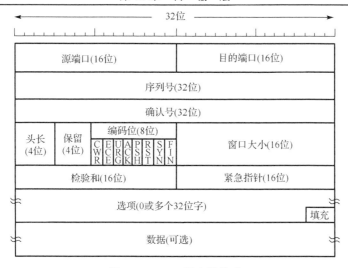

图 13-2　TCP 报文段格式

(3) 序列号，定义赋给在这个报文段中包含的数据的第一个字节的编号。由于 TCP 是一个流传输协议，在数据流中的每一个字节都有一个编号，序列号就被用来表示在一个 TCP 连接中本报文段所包含的数据在字节流中的位置。在建立连接阶段，通信的每一方都给出一个初始序列号。两个方向上的初始序列号可以不同。

(4) 确认号，定义本报文段的发送方期待接收的来自另一方的下一个字节的编号。确认可以和数据放在一起捎带传输。如果一方已经成功地接收来自另一方的编号为 x 的报文段，那么它给另一方返回的确认号是 $x+1$。

(5) 头长，表示以 4 字节为单位的 TCP 头的长度。由于头的长度是 20~60 字节，因此该段的值总是 5~15。需要这个段是因为头中的选项段长度可变，视包括哪些选项而定。因此，这个 TCP 头的长度随所选的选项而变化。

(6) 保留，留给将来使用。

(7) 编码位，定义不同的控制位或标志，解释报文段头中的其他段 (表 13-1)。

表 13-1　TCP 报文段头中编码位段各位的含义

位	含义
CWR	拥塞窗口已经减少了，告知接收方发送方已经放慢了发送速度
ECE	ECN 回送，让发送方放慢发送速度
URG	紧急指针段有效
ACK	确认段有效
PSH	本报文段请求一次推进 (PUSH)
RST	重置连接，立即无条件释放连接
SYN	同步序列号，建立连接
FIN	发送者已到达自己字节流的末尾，在一个方向上释放连接

下面对其中与拥塞控制和紧急数据有关的控制位做进一步的说明。

显式拥塞通告回送 (ECN 回送) 位和拥塞窗口已减少 (CWR) 位在采用显式拥塞通告时

被用来指示拥塞。当 TCP 接收方从网络(由下层 IP 模块通知)得到拥塞指示(Indication)时，它在自己发送的报文段中把 ECE 置 1，向 TCP 发送方表示一个 ECN 回送，让它放慢发送速度。TCP 发送方把 CWR 置 1,向 TCP 接收方表示拥塞窗口已经减少了，从而让接收方知道发送方已经放慢了速度，可以停止发送 ECN-Echo 标志。

为了提供带外信令，TCP 允许发送方把数据指定成是紧急的，意味着接收程序应被尽可能快地通知紧急数据到达，并优先处理紧急数据，而不管紧急数据处在流中的什么位置。当发现紧急数据时，接收方的 TCP 便通知与连接相关的应用程序进入紧急方式。在所有紧急数据都被消耗完毕之后，TCP 又告诉应用程序返回正常运行方式。例如，当使用 TCP 进行远程登录会话时，用户可能决定发送一个键盘序列去中断或终止在另一端的程序。当远方机器上的程序运行不正确时常常需要这样的信号。发送这样的信号就不能等待另一端的程序读取完已经处在 TCP 流中的所有字节，否则就不可能中断已经停止读取输入的程序。

当在一个报文段中发送紧急数据时，用以标志紧急数据的机制由编码位段中的 URG 位和紧急指针段组成。当 URG 置 1 时，紧急指针指出窗口中紧急数据结束的位置。紧急数据总是被放在数据段的开头位置。紧急指针的值是从序列号段值(表示本数据段的开始位置)开始算起的数据段中的正偏移。将紧急指针值与序列号相加就得到最后一个紧急数据字节的编号。

(8)窗口值，定义发送该报文段的一方允许另一方发送 TCP 数据的窗口的大小。为了控制流量，TCP 软件每次发送一个报文段时，都会根据它的缓冲区大小，在窗口大小段中通告它从确认的 ACK 字节开始愿意接收多少数据。窗口值 0 是允许的，表示直到并包括(ACK 值−1)号的字节已经收到，但接收方还没有机会消耗现有数据，暂时不愿意接收更多的数据。在处理了现有的部分或全部数据之后，接收方可以再通过发送一个带有同样的 ACK 号码和一个非 0 的窗口值的报文段来允许发送方发送更多的数据。窗口通告给出了稍带机制的另一个例子，因为它们伴随所有的 TCP 报文段，既包括运载数据的报文段，也包括仅运载应答确认的报文段。

(9)检验和，包含针对 TCP 报文段计算的检验和。检验和的覆盖范围包括头和数据中的所有 16 位字。检验和也覆盖了在概念上附加在 TCP 报文段头前面的伪头，该伪头(图 13-3)含有源 IP 地址、目的 IP 地址、协议标识符和 TCP 报文段长度。

图 13-3 计算 TCP 检验和时所用的 12 个字节的伪头

在伪头内，标有源 IP 地址和目的地 IP 地址的段分别包含报源 IP 地址和报宿 IP 地址。这两个地址在发送 TCP 报文段时都要用到。协议段包含 IP 分组头中的协议类型码，对于 TCP 是 6(对于 UDP 应该是 17)，标有 TCP 报文段长度的段含有 TCP 报文段长度(不包括伪头)。

为了计算检验和，TCP 把伪头加到 TCP 报文段上，再对全部内容(包括伪头、TCP 报文段头及用户数据)求出 16 位的反码之和，检验和的初始值设成 0，然后以每 2 字节为 1 个单位相加，若相加的结果有进位，那么将和加 1。如此反复，直到全部内容都相加完为止。将最后的和对 1 求补，即取二进制反码，便得到 16 位的检验和。

TCP 检验和的计算遵从跟 UDP 检验和计算同样的过程。然而，在 UDP 中检验和的使用是可选的，而 TCP 对检验和的使用是必需的。

(10)紧急指针，定义为了得到在报文段的数据中最后一个紧急字节的编号，必须加到报文段的序列号的值。仅当 URG 标志置位时，紧急指针才是有效的。

(11)选项，定义在 TCP 头中可能有的多达 40 字节的可选信息。

选项可分成两种类型。

(1)仅有表示选项类型的 1 字节的选项。

(2)由表示选项类型的 1 字节、表示选项长度的 1 字节以及实际的选项内容等三部分构成的选项。

选项长度包括选项中真正内容的字节数，加上表示选项种类的 1 字节，以及表示选项长度本身的 1 字节。

选项的长度是可变的，我们只要求它以字节为单位，因此有可能不一定是 32 位的整数倍。在不是 32 位的整数倍的情况下，发送方可在实际选项结束位置的后面填充一些位来满足 TCP 头长必须是 4 字节整数倍的要求。

所有 TCP 软件的实现都应该支持所有的选项。目前使用的选项包括以下几个。

(1)选项结束表示。

类型：0。

内容：00000000。

该选项表示选项结束。在选项结束位置与 TCP 报文段头结束位置要求不一致时使用。

(2)NOP(无操作)。

类型：1。

内容：00000001。

该选项可出现在选项域中的任何位置，为使选项为 32 位的整数倍，可利用它来填充。

(3)最大段长度。

类型：2。

长度：4。

内容：00000010　00000100　<2 字节表示的最大段长度>。

该选项可用于定义通信过程中最大报文段长，它只能在连接建立期间使用。

13.1.3　TCP 连接的建立、释放和重置

为建立一条连接，TCP 使用一个称为 3 次握手的过程。如图 13-4 所示，结点 1 请求跟结点 2 建立一条 TCP 连接。双方通过交换 3 个报文段来同步序列号。在该图中，时间轴下行，斜线表示两个场点间传送的报文段，SYN 报文段载送初始序列号信息。下面阐述示例中的 3 次握手过程。

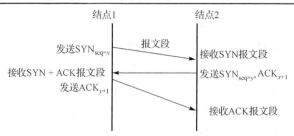

图 13-4   TCP 连接建立使用的 3 次握手过程

(1)结点 1 发送第 1 个报文段,该报文段称为 SYN 报文段,该报文段头中的 SYN 标志位置 1。结点 1 选择一个随机的号码 x 作为第 1 个序列号,将其放在该报文段头中发送给结点 2。这个序列号称为初始序列号。注意,这个报文段不包含确认号,也没有给出窗口的大小;仅当报文段包含确认号时窗口的值才有意义。实际上,这个 SYN 报文段是一个控制报文段,没有承载数据。然而,它消耗 1 个序列号,因为它需要确认。我们可以说,该 SYN 报文段承载 1 个虚构的字节。

(2)结点 2 在接收结点 1 发送的第 1 个报文段后,发送第 2 个报文段,该报文段称为 SYN+ACK 报文段,该报文段头中的 SYN 标志位和 ACK 标志位都置 1。这个报文段有两个目的。第一,它是一个在另一方向上通信的 SYN 报文段。结点 2 使用这个报文段初始化从结点 2 向结点 1 发送的序列号,在该示例中是 y。第二,结点 2 通过设置 ACK 标志位和给出它期待接收的来自结点 1 的下一个序列号(在示例中是 $x+1$)来确认对来自结点 1 的 SYN 报文段的接收。结点 2 需要在它发送的这个 SYN+ACK 报文段头中给出一个窗口尺寸,供结点 1 使用。由于该报文段也起一个 SYN 报文段的作用,因此它消耗 1 个序列号,也可以被说成承载 1 个虚构的字节。

(3)结点 1 发送第 3 个报文段。该报文段只是一个 ACK 报文段,它使用 ACK 标志位和确认号确认对节点 2 发送的 SYN+ACK 报文段的接收。在该示例中,结点 1 在它发送的这个报文段头中填写的确认号是 $y+1$。注意,如果该 ACK 报文段不承载任何数据,那么它不消耗序列号。然而某些 TCP 的实现在连接阶段允许第 3 个报文段承载来自结点 1 的第 1 个数据块。在这种情况下,第 3 个报文段将消耗序列号,其个数跟数据块中的字节个数相同。

3 次握手对于在连接的两端之间的正确同步既是必要的,也是充分的。由于 TCP 建立在一种非可靠的分组投递服务基础上,因此信息可能被丢失、延迟、重复或投递无序。TCP 必须使用一种超时机制重发丢失的请求。如果重复的请求到达时,连接仍在建立过程中;或者如果重传的请求被延迟,直到连接被建立之后才到达,那么都会引起故障。3 次握手过程(再加上一条连接建立后 TCP 就忽略要求再建立这条连接的多余请求这一规则)正是为了解决这类问题而建立的。

3 次握手完成两个重要功能:既要双方做好发送数据的准备工作(双方都知道彼此已准备好),也要允许双方就初始序列号进行协商。这个序列号在握手过程中被发送与确认。每个机器选择一个初始顺序编号,这个编号在要发送的数据流中用来标识字节。顺序编号不需要从 1 开始。当然双方都同意一个初始顺序编号是重要的,这样在确认中所使用的字节编号与数据段中使用的字节编号就一致了。

为了弄明白机器是怎样在仅仅 3 个报文段之后就可商定 2 个数据流的初始顺序编号的,我们不妨再回想一下上述 3 次握手过程。发起握手动作的计算机,如 A,把它的初始顺序编号 x 放到第 1 个 SYN 报文段的序列号域中。第 2 个计算机,如 B,收到这个 SYN,记录下这个顺序编号。B 计算机还在回答中在序列号域内给出自己的序列号以及一个确认,表明它期待字节号 $x+1$。在握手的最后一个报文段中,A 确认从 B 收到了 y,期待字节号 $y+1$。在所有情况下,确认都遵从使用所期望的下一个字节号这一约定。这样商定的结果就是在两个方向上的数据流的初始字节号分别是 $x+1$ 和 $y+1$。

使用 TCP 连接通信的任一方都可以释放连接。如今大多数 TCP 的实现都允许对连接释放方式有两种选择:3 次握手的连接释放方式和 4 次握手的连接释放方式。具体选择哪一种方式,取决于应用模式。例如,如果结点 1 是客户,结点 2 是服务器。客户向服务器请求数据,服务器向客户发送数据。在客户向服务器请求的数据都已被得到,并且客户不再发送新的请求,因此服务器也不必再给客户发送数据的情况下,就可以由结点 1 主动发起连接释放,并且采用 3 次握手的连接释放方式。

又如,在上述示例中,假定客户进程需要把许多数据传输给服务器处理,服务器把处理的结果返回。在客户进程把所有要处理的数据都发送完之后,它就可以先释放一个方向上的连接。而服务器必须在执行完它的处理并把结果传输给客户之后才能够释放另一方向上的连接。这种情况就适合使用 4 次握手的连接释放方式。

图 13-5(a)示出了 3 次握手的连接释放过程。

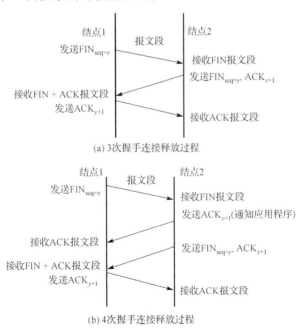

(a) 3次握手连接释放过程

(b) 4次握手连接释放过程

图 13-5　TCP 释放连接所用的握手过程

(1)在从客户进程接收一个 close 命令后,在结点 1 上的客户 TCP 发送第 1 个报文段,该报文段称为 FIN 报文段,该报文段头中的 FIN 标志位被置 1。注意,FIN 报文段可以包括客户发送的最后一块数据,或者也可以像在图 13-5 中示出的一样就是一个控制报文段。

如果它只是一个控制报文段，那么由于它需要被确认而消耗 1 个序列号。

(2)在接收 FIN 报文段之后，结点 2 上的服务器 TCP 把这种情况告知它的应用进程，并发送第 2 个报文段，该报文段称为 FIN+ACK 报文段，确认来自客户的 FIN 报文段，同时宣布释放另一方向上的连接。这个报文段也可以包含来自服务器的最后一块数据。如果它不承载数据，那么由于它需要被确认而消耗 1 个序列号。

(3)在结点 1 上的客户 TCP 发送第 3 个报文段，该报文段就是一个 ACK 报文段，确认对来自 TCP 服务器的 FIN 报文段的接收。这个报文段包含确认号，它的值等于接收的来自服务器的报文段中的序列号与 1 相加的和。该报文段不能承载数据，因此不消耗序列号。

图 13-5(b)示出了 4 次握手的连接释放过程。

在 TCP 中，一端可以停止发送数据，但还可以接收数据，这称为半释放。在该示例配置中，无论客户结点，还是服务器结点，都可以发送半释放请求。当服务器在可以开始处理前，需要得到所有的数据时，就会发生这种半释放状态。一个典型的例子是分类处理。在客户把数据发送给服务器分类时，可以开始分类之前，服务器需要接收所有的数据。这就意味着，客户在发完所有的数据之后，可以释放客户到服务器方向上的连接。然而，为了随后能够返回分类后的数据，在服务器到客户方向上的连接必须仍然保持在可用状态。

在图 13-5(b)中，结点 1 上的客户停止向服务器传输数据后，通过发送一个 FIN 报文段(第 1 个报文段)半释放连接。在结点 2 上的服务器通过发送一个 ACK 报文段(第 2 个报文段)接受这个半释放。然而，服务器仍然发送数据。当服务器发送了所有被处理过的数据后，它发送一个 FIN 报文段(第 3 个报文段)。最后，客户发送一个 ACK 报文段(第 4 个报文段)，确认对来自服务器的 FIN 报文段的接收。

在一端的 TCP 可以拒绝一个连接请求；可以中止一个现存的连接；或者可以释放一个空闲的连接。所有这些操作都使用 RST(重置)标志位完成。

为重置一条连接，一侧发送一个报文段，将其 CODE 段中的 RST 置 1，以此来启动一次终止过程。另一侧立即使连接非正常中止，以此来响应重置报文段。TCP 还通知应用程序发生了重置。重置是一种立即的非正常中止，这就意味着在两方向上的传递都立即停止，像缓冲区这样的资源也被释放。

13.1.4　TCP 拥塞控制

端到端的流量控制保证接收方缓冲区将永远不会溢出，因为发送方发送的数据不会超过在其通告窗口中指定的数量。然而，通告窗口不能防止在中间路由器上的缓冲区产生溢出，也就是说不能防止网络拥塞的发生。当路由器在其缓冲区中必须处理大量的分组时，路由器就会变得过载。因为 IP 不提供任何控制拥塞的机制，所以它依靠高层检测拥塞和采取应对措施。也可以使用 TCP 窗口机制来控制在网络中的拥塞。

TCP 拥塞控制算法的基本思想是让每个发送方仅发送正确数量的数据，保持网络资源被利用但又不会被过载。如果发送方抢占资源，发送过多的分组，网络将经历拥塞。另外，如果 TCP 发送方太保守，网络又会得不到充分利用。TCP 在不会引起网络拥塞的条件下，其发送方可以发送的最大字节数量是用另一个称为拥塞窗口的窗口指定的。为了避免网络拥塞和接收方缓冲区溢出，TCP 发送方在任一时间可以发送的最大数据量是通告窗口和拥塞窗口中的最小值。

　　TCP 拥塞控制算法根据网络状态动态地调节拥塞窗口。TCP 拥塞控制算法的操作可以划分成 3 个阶段。第一阶段在算法启动或重启动时运行，并且假定管道是空的。该技术称为慢启动，其执行过程是首先把拥塞窗口设置成一个最大尺寸的报文段（如 1024 字节），每当发送方接收来自接收方的对发出去的一个数据段的确认时，它就把拥塞窗口增加一个报文段。在发出第一个报文段之后，如果发送方在超时之前接收应答，发送方就把拥塞窗口增加到两个报文段。如果这两个报文段被应答，拥塞窗口增加到 4 个报文段等。如图 13-6 所示，在这一阶段拥塞窗口呈指数增长。指数增长的原因是慢启动需要尽快充满空的管道。

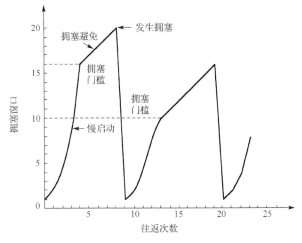

图 13-6　TCP 拥塞窗口的动态特征

　　慢启动不会长久地增加拥塞窗口，因为管道最终将被充满。特别地，当拥塞窗口达到一个称为拥塞门槛的指定值时，慢启动停止。通常拥塞门槛起初被设置成 65535 字节（在图 13-6 所示的例子中是 16 个报文段），在这一点被拥塞避免阶段取而代之，这一阶段假定管道的运行接近被充分利用。此时，该算法降低增长速率是明智的，因为这样做将不会过量超出，特别是在拥塞避免期间线性地而不是指数地增加拥塞窗口，其实现是对于每一往返时间增加拥塞窗口的一个段。

　　显然，拥塞窗口不可以无限制地增加。当 TCP 检测到网络拥塞时，拥塞窗口将停止增加，此时该算法进入第三阶段。在这一点上，首先把拥塞门槛值设置成当前窗口尺寸（拥塞窗口和通告窗口中的最小值，但至少两个报文段）的一半，接着把拥塞窗口设置成一个最大尺寸的段，然后使用这种慢启动技术重新启动。

　　TCP 如何检测网络拥塞呢？当由于段丢失在超时期满之前应答没有到达时，TCP 就假定在网络中发生了拥塞。该算法所做的基本假定是由拥塞而不是由差错引起丢失。这一假定在有线网络中相当有效，在这里传输错误引起的段丢失百分比一般较低（小于 1%）。然而这一假定在无线网络中可能无效，在这里传输差错率相对较高。解决这一问题的有效途径是在 IP 和 TCP 中实现显式拥塞通告，接收方 TCP 可以通过发送 ECN-Echo，告知发送方网络拥塞事件的发生（13.1.2 节）。

　　在图 13-6 中示出的是随时间进展的 TCP 拥塞窗口动态特征。起初，慢启动急剧上升，直至到达拥塞门槛,然后拥塞避免阶段线性地增加窗口,直至发生超时(或收到 ECE 标志),表明网络拥塞了。此时,把拥塞门槛置成 10 个报文段,把拥塞窗口置成 1 个报文段,然后该算法再次慢启动。

13.2　用户数据报协议

　　用户数据报协议是一个无连接的非可靠的传输层协议。除了提供在通信中标识应用程序的端口号的功能,它没有附加比 IP 更多的服务。UDP 是一个简单的协议,使用最小的开销。IP 对于系统管理的网络软件可以使用,一般用户无法直接使用;而 UDP 是普通用户可直接使用的,这就是 UDP 这个名称的来由。如果一个应用要发送一个小的报文,并且不太在意可靠性,它就可以使用 UDP。发送一个小的报文,与使用 TCP 相比,使用 UDP 在发送方和接收方之间的交互操作要少得多。

　　UDP 的协议数据单元称为 UDP 数据报。图 13-7 给出了 UDP 数据报的格式。目的端口允许 UDP 模块把数据报解复用到一台给定主机上的正确应用。源端口标识在源主机中接收应答的特别的应用。UDP 长度段表示 UDP 数据报(包括头和数据)字节的数目。UDP 检验和段检查在 UDP 数据报中的错误。

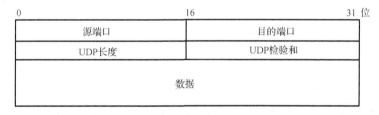

0	16	31 位
源端口	目的端口	
UDP长度	UDP检验和	
数据		

图 13-7　UDP 数据报

　　UDP 检验和段的使用是可选的。如果源主机不想计算检验和,该检验和段应该包含全 0,其目的是让目的主机知道没有计算检验和。然而,如果源主机计算检验和,而且其结果又是 0,那么又如何能够跟不计算检验和的 UDP 数据报区别开呢?答案是在计算检验和的结果是 0 的情况下将该检验和段设置成全 1。这是一种将 0 用 1 的补码表示的形式。

　　检验和计算过程具有下面叙述的两个特征。首先,如果 UDP 数据报的长度不是 16 位的整数倍,UDP 数据报应该用 0 填充,使得它是 16 位的整数倍。在这样做时,不修改实际的 UDP 数据报。填充仅用于检验和计算,但是不发送。检验和计算的方法与 IP 中所使用的相同。其次,在执行检验和计算时,UDP 在数据报的开头加了一个伪头。

　　伪头由源和目的主机仅在检验和计算期间建立,但不发送,其目的是要保证 UDP 数据报确实到达正确的目的主机和端口。如图 13-8 所示,伪头开头两段包含源 IP 地址和目的 IP 地址。协议标识符段包含 IP 分组的协议类型码,对于 UDP 应该是 17(对于 TCP 是 6)。标明 UDP 长度的段包含 UDP 数据报长度(不包括伪头)。为验证检验和,接收方必须从当前 IP 分组头中提取这些段,把它们汇集到 UDP 伪头中,再重新计算这个检验和。

图 13-8 UDP 伪头

跟 TCP 报文段不同，UDP 保留应用程序定义的报文边界，它从不把两个应用报文组合在一起，也不把单个应用报文划分成几个部分。也就是说，当应用程序把一块数据交给 UDP 发送时，这块数据将作为独立的单元到达对方的应用程序。

使用 UDP 的典型应用包括以下几个。

(1) 需要简单的请求-响应通信而不使用流量控制和差错控制的应用程序。像 FTP 这样的需要发送大块数据的应用程序一般都不使用 UDP。

(2) 本身具有内在的流量控制机制和差错控制机制的应用程序。例如，简易文件传送协议 (Trivial File Transfer Protocol，TFTP) 应用程序包括流量控制机制和差错控制机制，它就使用 UDP 作为传输层协议。

(3) 使用多播的应用程序。UDP 软件具有内嵌的多播功能，而 TCP 软件不支持多播。

(4) 像 SNMP 这样的管理程序。

(5) 像 RIP 这样的路由更新协议。

(6) 交互式实时应用程序。这些应用程序不能容忍在接收的报文的各个部分之间不均匀的延迟。

13.3 因特网关于端口号的约定

TCP 和 UDP 都具有端口号，用于标识数据交换的参与者。TCP 和 UDP 对端口号的使用是彼此独立的。在接收方，对 IP 分组协议段的检查先于对端口号的检查。不同的上层协议将走不同的通路到达应用进程，虽然同一个端口号可以用于 TCP，也可以用于 UDP。

端口号的选择是很严格的，而且受到限制。按照约定，端口号值 0~255 被分配给公用的端口号。表 13-2 列出了这些端口号的一个子集 (固定分配的端口号)。任何使用这些端口号的应用程序都必须符合相应的已有明确定义的协议。

许多操作系统都把这些公用端口号当作一些受保护的固定端口号。这些端口号只能被具有特殊操作系统权限的进程使用。剩余的端口号才能被普通的进程使用。

表 13-2 固定分配的 TCP 和 UDP 端口号示例

十进制值	关键字	描述
7	Echo	回送
13	Daytime	日时间
15	Netstat	网络状态程序
17	Quote	引用日期
20	FIP-Data	文件传输 (用于数据)

续表

十进制值	关键字	描述
21	FTP	文件传输(用于控制)
23	Telnet	终端连接
25	SMTP	简单邮件传送协议
37	Time	时间
42	Nameserver	主机名字服务器
53	Domain	域名字服务
67	Bootps	引导协议服务器
69	TFTP	简易文件传送协议
79	Finger	系统上的用户信息
80	WWW	WWW 服务器

13.4　无线 TCP 及其拥塞问题

现在广泛使用的 TCP 软件假定超时是由拥塞引起的，而不是由链路传输错误导致的分组丢失引起的。因此当发生超时事件时，TCP 放慢发送速率，发送较少的分组，其思想是减轻网络负荷，消除拥塞。

不幸的是，无线传输链路是高度不可靠的，它们在所有的时间内都丢失分组。处理分组丢失问题的适当方法是重传，并且尽快重传。放慢发送速率只会使事情变得更糟。例如，如果有 20%的分组丢失，那么当发送速率是每秒 100 个分组时，有效吞吐率是每秒 80 个分组，而当发送速率减慢到每秒 50 个分组时，有效吞吐率会下降到每秒 40 个分组。

一种解决方案由 Bakne 和 Badrinath 于 1995 年提出，称为间接 TCP，它把 TCP 连接分裂成两条隔开的连接。第 1 条连接从发送方到基站，第 2 条连接从基站到接收方。基站在两个方向上在两条连接之间复制分组。在第 1 条连接上的超时可以放慢发送方的速度，而在第 2 条连接上的超时则可以加快发送方的速度。其他参数也可以在两条连接上分开调整。

上述方案的缺点是它违反了 TCP 的语义。由于连接的每一部分都是完全的 TCP 连接，基站以通常的方式应答每一个 TCP 报文段。但此时发送方接收正确应答并不意味着真正的接收方已经收到了该报文段，只是基站收到了它而已。

对此问题比较好的解决方案是在网络层采用显式拥塞通告，并在传输层相应地启用 ECE 和 CWR 标志。

我们已经知道，在 IP 分组头的 8 位区分服务段中的低序 2 位用于显式拥塞通告，它使路由器能够向端结点标记正在经历拥塞的分组。值 00 表示没有使用 ECN；值 01 或 10 由数据发送方设置，表明传输层协议的端点有 ECN 的能力；值 11 由路由器设置，表示已经遇到拥塞了。

在 TCP 连接建立期间，当发送方和接收方都表明它们能够使用 ECN 时，在该 TCP 连接中就使用 ECN。如果使用 ECN，那么载有一个 TCP 报文段的每个 IP 分组在其头中都有 2 位标志(01 或 10)指示它能够运载一个 ECN 信号。支持 ECN 的路由器在接近拥塞时将在路过的载有 ECN 标志的 IP 分组上设置一个拥塞信号(把区分服务段中的低序 2 位都置 1),而不是在拥塞发生后丢弃该 IP 分组。

使用 ECN,在任何载有 ECN 信号的 IP 分组到达时,TCP 接收方都能够被告知拥塞的发生。然后 TCP 接收方使用 ECE 标志告诉 TCP 发送方它的分组已经经历了拥塞。发送方则使用 CWR 标志告诉接收方它已经收到了 ECE 信号。

ECN 需要主机和路由器的支持。

13.5 用于长肥网络的协议

自从 20 世纪 90 年代以来,人们建立了许多在长距离上传输数据的千兆位网络。由于其是快速网络(或粗管道)与长延迟的结合,这些网络称为长肥网络。当这些网络刚出现时,人们的第一反应是在它们上面使用现有协议,但很快就出现了各种各样的问题。

第一个问题是许多协议使用了 32 位的序号。因特网在开始时,路由器之间大多数是 56Kbit/s 的租用线路,因此如果主机用全速传输,那么要花 1 周的时间序号才会循环回来。对于 TCP 设计者说来,2^{32} 是一个近似于无穷大的数字,因为旧的分组在发送 1 周后还在网络中传输的可能性几乎是没有的。对于 10Mbit/s 线路,序号循环重复的周期是 57min,尽管短多了,但仍然可以接受。对于 1Gbit/s 以太网,序号循环重复的周期只有 34s,远小于因特网 120s 的最大分组生存时间。突然地,人们不再把 2^{32} 看成无穷大的近似值了,因为使用 1Gbit/s 的线路,快的发送方在旧的分组仍然在网络中传输时就有可能使用循环回来的重复序号了。

引发这个问题的原因在于,许多协议设计者都简单地假定,使用完整序号空间的时间会显著超过最大的分组生存时间,因此用不着担心当序号循环回来时带有旧的序号的分组仍然存在的问题。千兆位速率使得这一假定不再成立。幸运的是,通过把在每个分组的 TCP 头中作为选项承载的时戳看成序号的高序位,可以有效地扩展序号空间。这种机制称为防止序号回绕(Protection Against Wrapped Sequence number, PAWS),在 RFC 1323 中有详细描述。

第二个问题是流量控制窗口的大小必须显著增加。对于地面光缆传播延迟约 5μs/km 来说,假定发送方 A 与接收方 B 之间的距离是 4000km,那么单向传输延迟就达 20ms。如果从 A 向 B 发送 64KB 的突发数据,以填满接收方的 64KB 缓冲区(其大小就是窗口值),那么以 1Gbit/s 速率发送,起初在 $t=0$ 时,管道是空的,但仅仅过了 512μs($64×1000×8/10^9$s),所有的报文段就都被发送到光纤上了。此时,发送方必须停止发送,直到窗口得到更新为止。经过 20ms,前导报文段到达 B,并且 B 开始向 A 返回确认应答信息。最后,在 $t=40$ms 时,第 1 个确认应答信息返回发送方 A,可以开始发送第 2 批突发数据了。由于传输线路在 40ms 内传输 512μs 的数据,效率仅为 1.25%左右。这就是在千兆位线路上运行典型的老式协议的情况。

当分析网络性能时,在人们头脑中保持的一个有用的数量概念是带宽-延迟乘积。它是把带宽与往返延迟相乘得到的结果。该结果是从发送方到接收方并返回的管道容量。对于前面给出的例子,带宽-延迟乘积是 10^9bit/s$×40×10^{-3}$s=40Mbit,也就是说,发送方必须发送 40Mbit(5MB)的进发数据,才能保持以全速传输,直到第 1 个应答返回。这就是为什么大约 0.5Mbit 数据仅取得 1.25%效率，因为这仅仅是管道容量的 1.25%。

在这里我们所得到的结论是，为了取得好的性能，接收方的窗口值必须至少增大到等于带宽-延迟的乘积。更为可取的做法是让窗口比这个值再大一些，因为接收方可能不会立即应答。对于跨洲的千兆位线路，至少需要 5MB。

第三个问题是回退 N 式协议这样简单的重传机制在具有大的带宽-延迟乘积的线路上执行的效果很差。还以前面给出的使用 1Gbit/s 线路的相距 4000km 的 A 站和 B 站之间的通信为例，发送方在一个往返路程的时间内可以发送 5MB。如果有一个差错被检测到，那么发送方要过 40ms 才被告知。如果使用回退 N 式协议，那么发送方将不仅必须重传被破坏了的分组，还必须重传随后发送的分组。在最坏的情况下，重传数据的总量会达到 5MB。这是一个很严重的资源浪费现象，因而需要使用选择性重传这样的比较复杂的协议。

第四个问题是与兆位网络不同，千兆位网络的限制是延迟，而不是带宽。图 13-9 示出了 1Mbit 文件以不同的速率传输 4000km 所花的时间。在最高只有 1Mbit/s 的速率时，传输时间由发送位的速率主宰。到了 1Gbit/s，发送时间仅 1ms，而往返延迟是 40ms。进一步增加带宽对减少传输时间几乎没有效果。

图 13-9 示出的曲线对于网络协议有着不幸的含义。它表明，RPC 这样的停止-等待协议的性能存在着固有的限制。这种限制由光的速度主宰。无论在光学方面有什么样的技术进步，都不可能解决这个问题。当主机等待应答时，在快速响应方面千兆位线路不会比兆位线路好多少，只是更昂贵而已。

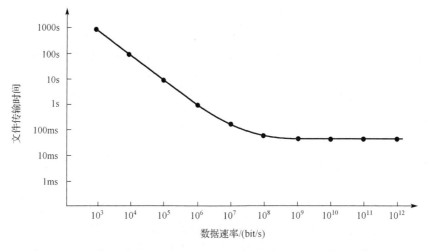

图 13-9　在 4000km 的距离上以不同的速率传输和应答 1Mbit 文件所花的时间的变化

第五个问题是通信速率比计算速率增长得快。20 世纪 70 年代，ARPANET 运行速度是 56Kbit/s，计算机运行速度约为 1MIPS。分组大小是 1008 位(约 1Kbit)，ARPANET 每秒可以投递约 56 个分组，每个分组差不多花 18ms(1000ms÷56≈18ms)的时间，在 18ms 的时间内主机可以执行 18000 (10^6/1000×18=18000)条指令。当然实际上可以为每个分组提供 9000 条指令(用于各层协议的处理)，剩下 50%的 CPU 时间用于做真正的应用计算。现在，如果使用 1000MIPS 主机在千兆位线路上交换 1500 字节的分组，分组流动速率可达每秒 80000 (10^9/8/1500≈80000)个分组，每个分组差不多花 12.5μs 的时间。如果保留一半的 CPU 时间用于应用，1 个分组处理必须在 6.25μs 内完成。在 6.25μs 内 1000MIPS 主机可执行 6250 (10⁹/10⁶×6.25=6250) 条指令。相比之下，ARPANET 主机在处理 1 个分组的时间内可以执行 9000 条指令。也就是说现在可提供的指令数显著地少于 ARPANET 主机可提供的指令数。而且当代 RISC 指令所做的工作要比旧的 CISC 指令少，因此情况会变得更糟。现在的形势是，跟通信的发展相比，计算机的发展速度较慢；由于计算机可用于协议处理的时间少了，因此传输层协议必须简化。

下面考察处理这些问题的方法。所有的高速网络设计者应该铭记的基本原则是：设计主要追求处理速度，而不是带宽的优化。

旧的协议的设计是尽可能减少在线路上传输的比特数，并且在协议数据单元中普遍使用较小的域。这种做法对于无线网络仍然有效，但对于千兆位网络不再有效。协议处理是主要的关注点，因此应该把协议设计成让这种处理工作量尽可能地少。IPv6 设计者清楚地懂得这个原则。

对于千兆位网络，分组头应包含尽可能少的域以减少处理时间。这些域还应该足够大，避免新旧序列号混淆，且接收方可以通告足够的窗口空间。它们还必须遵从字边界对准规则，以便易于处理。对于分组头和数据应该分别计算检验和，这样做一方面使得有可能只对头而不对数据做检验和；另一方面可以在把数据复制到用户空间之前验证头是正确的。最大数据块的尺寸应该很大，以允许即使面对长的延迟也能做有效的操作；而且数据块越大，总带宽中用于头的比例就越小。现在的 1500 字节太小了。另一个宝贵的特征是可以在连接请求中发送常规数量的数据，这样可节约 RTT。

现在再来分析在高速协议中反馈的问题。由于回路延迟相对较长，应该避免反馈，因为接收方向发送方返回信息所花的时间较长。反馈的一个例子是使用滑动窗口协议支配传输速率。未来的协议可能改变为基于速率的协议，以避免在接收方给发送方传送窗口更新的过程中所固有的长的延迟。在这样的一个协议中，发送方可以发送它想要发送的所有数据，只要它发送的速率不快于双方事先协定的某个速率即可。

反馈的另一个例子是 Jacobson 的慢启动算法。这个算法做多个探测，查看网络可以承受多大的负荷。对于高速网络，做或多或少的探测来观察网络的反应会浪费大量的带宽。更为有效的机制是让发送方、接收方和网络在连接建立期间都预留所需要的带宽。事先预留资源还可以容易减少抖动。简言之，走向高速网络必然会推动面向连接的操作的设计，或某种相当接近于面向连接的设计。

最后，把协议软件设计工作的重点放到成功的条件下，因为减少处理时间是首要的，而对差错处理的优化则是第二位的。对于软件工作，还应该减少复制次数和时间。在理想的情况下，硬件应该把每个入进分组以连续数据块的方式转储到内存，软件用单个块复制就可以把分组复制到用户缓冲区。

复习思考题

1. (单项选择题)在 TCP 中，发送方窗口大小是由(　　)的大小决定的。
    A．仅接收方允许的窗口　　　　B．接收方允许的窗口和发送方允许的窗口
    C．接收方允许的窗口和拥塞窗口　　D．发送方允许的窗口和拥塞窗口

2．假定一个应用程序每秒产生 60 字节的数据块，每个数据块都先被封装在一个 TCP 报文段中，然后封装在一个 IP 分组中发送。如果 TCP 报文段头和 IP 分组头都不包括选项，那么每个 IP 分组中所含有的应用层数据占多大的比例？

3．假设一台主机将 500 字节的应用层数据给传输层进行处理，序列号有 4 位，最大的 TPDU 生存周期是 30s。若使序列号不回绕，该传输层连接的最大数据速率是多少(考虑传输层头部 20 字节)？

4．设 TCP 使用的最大窗口为 64KB(64×1024B)，假定通道平均带宽为 1Mbit/s，报文段的平均往返时延为 80ms，并且不考虑误码、确认字长、头部和处理时间等开销，问该 TCP 连接所能得到的最大吞吐量是多少？此时传输效率是多少？

5．假定在一个 TCP 连接上传输一个 5000B 的文件。第 1 字节的序列号是 10001。如果把数据放在 5 个报文段中传输，每个报文段承载 1000B 的数据，那么每个报文段的序列号是什么？

6．下面列出的是用十六进制表示的一个 UDP 数据报头的内容：

CB84000D001C001C

(1)源端口号是什么？　　　　　　　　(2)目的端口号是什么？

(3)该 UDP 数据报的总长度是多少？　　(4)数据的长度是多少？

(5)发送方的应用进程是什么？

7．有时接收方 UDP 在收到的 UDP 数据报中发现检验和是全 0 或全 1，这两个值各有什么样的含义？

8．为什么在 TCP 头最开始的 4B 是 TCP 的端口号？

9．信用量协议相对于窗口大小固定的滑动窗口协议有什么优点和缺点？

10．主机 1 向主机 2 连续发送了两个 TCP 报文段，其序列号分别为 700 和 1000。

(1)第 1 个报文段携带了多少字节的数据？

(2)主机 2 收到第 1 个报文段后发回的确认中的确认号应当是多少？

(3)如果主机 2 收到第 2 个报文段后发回的确认中的确认号是 1800，试问主机 1 发送的第 2 个报文段中的数据有多少字节？

(4)如果主机 1 发送的第 1 个报文段丢失了，但第 2 个报文段达到了主机 2，主机 2 在第 2 个报文段到达后向主机 1 发送确认，试问这个确认号应该是多少？

11．下面列出的是用十六进制表示的一个 TCP 报文段头的内容：

0D 28 00 15 00 00 00 06 00 00 00 00 70 02 40 00 C0 29 00 00

(1)源端口号和目的端口号各是多少？

(2)报文段的序列号是多少？确认号是多少？

(3)TCP 报文段头的长度是多少？

(4)使用该 TCP 连接的上层协议叫什么名字？在传送这个报文段时，该 TCP 连接处于什么状态？

12．假定用户在第 1 次传输时，把 TCP 慢启动的拥塞窗口门槛值置为 8(单位是报文段)，当拥塞窗口值上升到 12 时，发生超时，TCP 接着执行慢启动和拥塞避免的过程。试问，TCP 在为该用户做第 12 次传输时，拥塞窗口的值是多少？

第 14 章　实时应用和服务质量保证机制

本章学习要点

(1) 实时应用的特征；

(2) 综合服务；

(3) 有保证的服务和受控负载服务；

(4) 服务水平协定和流量整形；

(5) 漏桶算法和令牌桶算法；

(6) 分组调度算法；

(7) 公平队列算法；

(8) 准许控制和流描述；

(9) 资源预留协议；

(10) 区分服务；

(11) 加快转发和确保转发；

(12) 实时传输协议及其控制协议。

　　多年来，人们一直在致力于让分组交换网络支持多媒体应用的工作，希望在一旦数字化以后，语音信息和视频信息也能够跟其他任何类型的数据信息一样以位流的形式在网络上传输。实现这一目标的一个障碍是需要高带宽的链路。目前在链路速率已有较大增加的同时，编码技术的改善减少了对音视频应用的带宽需求，使得这个障碍已经可以被克服。

　　然而，在网络上传送语音信息和视频信息需要有比带宽更多的参数指标。以电话为例，对话任一方都要求能够对另一方所说的内容立即做出响应，并且它能够立即被对方听到。因此，投递的实时性是非常重要的。人们把对数据传输的时延敏感的应用称为实时应用。语音和视频是典型的实时应用，但也有其他的例子，如工业控制，我们总是在机器人的手臂可能会做出错误的动作之前就要给它发命令并让其及时到达和执行。即使对于文件传送这样的应用，也可能有时间上的限制条件，例如，要求网络数据库更新必须在夜间完成，以便能够在第二天继续进行常规的事务处理。

　　实时应用的显著特征是它们需要从网络得到某种保证，使得数据可以按时到达目的地。虽然非实时应用可以使用端到端的重传策略，保证数据正确到达，但这样的策略不能提供及时性；相反，如果数据晚到了，重传只能增加网络的总体延迟。按时到达的性能必须由网络本身(路由器)提供，而不仅由网络边缘设备(主机)来支持。因此，传统的尽力而为网络模型不适合实时应用。人们需要的是一种新的服务模型，在这种模型中，具有较高的实时性需求的应用可以要求网络提供相应的保证。网络对此要求的应答可以是答应提供保证的承诺，也可以是暂时不能满足请求的拒绝。值得注意的是，这种服务模型可以覆盖当前的模型。对尽力而为、服务满意的应用也可以使用新的服务模型，只是它们的要求条件较低。这就意味着网络对不同应用的分组有不同的处理方式。人们把可以提供这些不同级别的服务的网络称为支持服务质量（Quality of Service，QoS）的网络。本章重点讨论提供与应用需求匹配的服务质量机制，这是对因特网做长期提升的一个领域。

人们对网络服务质量的要求是网络承诺性能保证，即使在网络即将用尽了容量时，也要实现所承诺的服务质量。其代价是拒绝某些请求。

没有哪种单个技术能够有效地应对所有上述要求。取而代之的是，在网络层（和传输层）开发多种多样的技术，实际的服务质量解决方案结合多方面的技术。为此，本章将介绍用于因特网的两个版本的服务质量保证机制，它们称为综合服务和区分服务。

随着因特网无线电、因特网电话、点播音乐、视频会议、视频点播和其他的网络多媒体应用越来越广泛地被采用，人们发现每种应用都需要使用或多或少同样的实时传输协议。很显然，为多种应用设计一个类属的实时传输协议是一个好的办法。在这种背景下，实时传输协议（Real-time Transport Protocol，RTP）应运而生。14.7 节考察这个协议。

14.1　应用需求和服务质量

从一个源前往一个目的地的跟单个应用相关联并且具有共同的需求的一个分组系列称为一个流。在面向连接的网络中，一个流可以是在一条连接上传输的所有分组。在无连接的网络中，流可能是从一个进程发往另一个进程的所有分组。每个流的需求可以用四个参数来特征化：带宽、延迟、抖动以及丢失。这些参数共同确定流需要的服务质量。

表 14-1 列出了一些常见的应用对服务质量需求的严格性。注意，在应用本身可以对网络提供的服务加以改善的情况下，与应用需求相比，网络需求就不那么严格。特别地，对于可靠的文件传送，网络不必是无丢失的，它们不必用与音视频播放延迟同样的延迟来投递分组。一些数量的丢失可以通过重传而得以修复，即使是实时应用，某种程度的抖动也可以通过在接收方缓存分组进而在播放时被消除。然而，如果网络提供太少的带宽或引入太大的延迟，应用就无法对它进行改善了。

表 14-1　应用对服务质量需求的严格性

应用	带宽	延迟	抖动	丢失
电子邮件	低	低	低	中等
文件共享	高	低	低	中等
Web 访问	中等	中等	低	中等
远程登录	低	中等	中等	中等
点播音频	低	低	高	低
点播视频	高	低	高	低
电话	低	高	高	低
视频会议	高	高	高	低

不同的应用在它们的带宽需求方面可能是不同的（表 14-1）。电子邮件和所有形式的音频，以及远程登录对带宽的需求都低；但文件共享和所有形式的视频都有高的带宽要求。

　　比较有趣的是延迟需求。文件传送应用，包括电子邮件和点播视频，都不是延迟敏感的。如果所有的分组都均匀地延迟几秒，那么没有什么不好的事情发生。交互式应用，如网上冲浪和远程登录对延迟是比较敏感的，像电话和视频会议这样的实时应用有很严格的时延要求。如果在一个电话呼叫中的所有谈话都延迟太长的时间，用户将认为这种连接是不可接受的。然而，从一个服务器播放音频文件或视频文件不需要低的延迟。

　　延迟或分组到达时间的变化称为抖动。在表 14-1 中，开头 3 个应用对分组到达不规则的间隔时间不敏感。远程登录对此有点敏感，因为如果连接遭受太大的抖动，那么屏幕刷新将会出现小的迸发性。视频，特别是音频，对抖动是非常敏感的。如果用户在网络上观看视频，并且所有的帧都严格地延迟 2s，那么没有什么问题。但如果传输时间在 1～2s 随机地变化，那么结果是可怕的，除非应用遮盖了抖动。对于音频，哪怕是几毫秒的抖动，也是可以被清楚地听出来的。

　　开头 4 个应用对丢失有比音频和视频应用更为严格的要求，因为所有的比特都必须正确投递。这个目标通常通过传输层对在网络中丢失的分组进行重传达到。当然了，就资源消耗来说，这是一种浪费。更好的做法是，如果网络因拥塞而有可能丢失分组，那么它应该拒绝分组，从而使得它不再丢失分组。音频和视频应用可以容忍某些分组的丢失而不用重传，因为人们感觉不到短的停顿或偶尔跳过的帧。

　　为了满足各种各样的应用的需求，网络可以支持不同种类的服务质量。一个有影响的例子来自异步传输模式（Asynchronous Transfer Mode，ATM）网络。ATM 网络曾经是网络连接领域引人注目的一个方面，但现在已经成为历史。它支持以下几种速率。

　　(1) 恒定位速率（如电话）。

　　(2) 实时可变位速率（如压缩视频会议）。

　　(3) 非实时可变位速率（如观看一部点播影片）。

　　(4) 可提供的位速率（如文件传送）。

　　这些类别对于其他目的和其他网络也是有用的。恒定位速率试图通过提供均匀的带宽来模拟一条导线。可变位速率在压缩视频时发生，让某些帧比其他帧压缩得更多（如有更多的空白）。发送一个带有大量细节的帧可能需要发送许多比特，而表示一个白墙的帧可能压缩得非常好。点播影片实际上不是实时流量，因为在播放开始以前很容易在接收方缓存几秒的视频，因此在网络上的抖动仅仅引起存储但没有播放的视频的数量发生变化。可提供的位速率适合像电子邮件这样的应用，它们对延迟或抖动不敏感，可以使用能够得到的任何种类的带宽。

　　如今的因特网和大多数其他网络所提供的是仅能满足弹性应用需求的服务模型。在弹性应用范围内也有相当不同的目标延迟。

　　在实时应用中，我们有非容忍的应用和可以容忍的应用的区别：前者不能接受数据的丢失（如包含指挥机械臂停止的命令的分组）或晚到；后者则比较容忍。

　　实时应用还有自适应和非自适应两种情况，前者又可以是速率自适应或延迟自适应。例如，许多视频编码算法可以在位速率和质量之间折中。如果发现网络可以支持某个数量的带宽，可以以此来设置相应的视频编码参数。如果后来有更多的带宽可提供，还可以改变该参数以提高质量。又如，音频应用也许能够适应分组通过网络所经历的不同延迟。如果观察到分组几乎总是在发出后 200ms 内到达，那么就可以相应地设置再放点以缓冲任何在不到 200ms 内到达的分组。假如随后又观察到所有的分组都在发出 100ms 的时间内到达。如果此时把再放点移到100ms，那么该应用的用户就有可能感受到服务质量的改善。

显然，在网络资源有限的条件下，对不同的应用区别对待和进行划分优先级的实时处理是非常重要的。IETF 综合服务工作组提出了一个增强型的因特网服务模型，该模型包含尽力而为服务和实时服务。这个模型与资源预留协议相结合，可成为在因特网上支持实时应用的一个综合解决方案。

综合服务的一个类别是为非容忍应用设计的，这些应用要求分组永远不会迟到。网络应该保证任何分组将会经历的最大延迟都有某个指定的值，那么应用就可以设置其再放点，使得没有分组会在再放时间之后到达。假定分组的较早到达总可以通过缓冲得到处理，这种服务称为有保证的服务。

除了有保证的服务，还有一种称为受控负载的服务，它满足可以容忍的自适应服务的需求。受控负载服务的目标是为请求该服务的应用仿真一个轻负载的网络，尽管事实上作为整体的网络可能是重负载的。实现这一目标的技巧是使用加权公平队列（Weighted Fair Queuing，WFQ）这样的排队机制把受控负载流量跟其他流量隔离，以及使用其他形式的准许控制限制受控负载流量的总量，使得该负载保持在合理的低水准。观察的结果表明，这种类型的现有应用在负载不是很重的网络上都运行得相当好。

14.2　流 量 整 形

本节首先讨论服务水平协定（Service Level Agreement，SLA）。服务水平协定是在一个客户和服务提供商之间达成的正式合同，指定在合同期间客户将从服务提供商得到的转发服务。

一个网络 SLA 典型地涵盖下列内容。

(1)物理网络特征：这包括服务提供商愿意提供的网络基础设施服务的类型。它用网络可提供性（系统正常运行时间）和网络容量（吞吐率）表示。虽然大多数企业要求 100%的可提供性，但在许多环境中这不是必要的。例如，在电子商务环境中，100%的可提供性是关键的；然而，对于传统的业务环境，一个平均 99.5%～99.9%的可提供性可能是可以接受的。在指定吞吐率时，网络的容量被细化成在网络核心的主干连接的容量，如 10Gbit/s。

(2)网络连接特征：SLA 的这一方面提供关于协定的带宽、可以接受的数据丢失率、差错率、端到端的延迟和抖动方面的细节。虽然大多数网络服务提供商保证 99%的分组投递速率，但对于如在 IP 上的语音（VoIP）、交互式视频等实时应用，这可能是不够的。对于占主导地位的 Web 浏览流量，多达 5%的丢失可能是可以接受的。类似于数据丢失，延迟和抖动对于 VoIP 和多媒体流量是关键的；这些应用需要 100ms 或更少的响应时间。在美国和欧洲的许多服务提供商通常保证在它们的核心网络的路由器之间 85ms 的来回路程时间。

下面给出一个网络 SLA 的例子。

一个企业客户使用 ISP 取得对它的远程场点的专用因特网连接。该客户和 ISP 协定如下网络 SLA,定义客户的服务需求和服务提供商的承诺。

(1)网络可提供性:网络将在 99.95% 的时间没有中断,可提供给客户使用,这是标准的服务级保证。在计划外停机的情况下,客户将得到 10% 的月带宽费用补偿。由于运营和网络升级,服务提供商可能偶尔暂停服务,但不能使 99.95% 的服务级保证失效。

(2)网络连接:可提供给客户的带宽数量是下行 10Mbit/s、上行 5Mbit/s。平均可用带宽数量比指定的数量不足的量每月不得多于 0.1%。

(3)分组丢失、延迟和抖动:在核心网络上平均每月分组丢失不超过 0.2%。在核心网络上每月平均延迟为 50ms 或更少,平均抖动是 250μs 或更少。在核心网络上的最大抖动为 10ms,每月不得超过 0.2%。

流量整形调节允许进入网络的单个流或聚合流的速率和容量。注意,聚合流的含义可以是从同一接口上发送出去的所有的流。虽然流量整形可用于许多情况,但其主要的使用是把流量平滑到一定速率,保证流量遵从 SLA。此外,可以使用流量整形来减轻拥塞,平滑突发流量,使得发送速率不超过目标接口的接入速率。

作为示例,考虑在图 14-1 中示出的网络。因特网服务提供商网络直接连接两个内容提供方(CP1、CP2)和一个企业客户 E 场点。此外,两个社区客户 C1 和 C2 通过一个因特网接入点(Point of Presence,POP)间接连接。

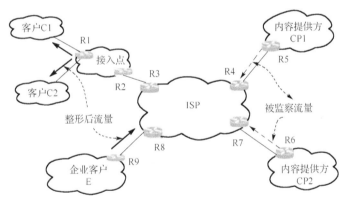

图 14-1　一个 ISP 网络

(4)控制访问带宽:考虑企业客户 E 由于跟因特网服务提供商的等级定价协定,对控制输出流量带宽感兴趣。因特网服务提供商可能提供一条像 DS3 这样的高带宽连接客户 E;然而定价可能基于对该电路的平均利用率。因此客户有在未来很快改变到高带宽的灵活性,但在短期内,为了控制费用,可能在路由器 R9 处使用流量整形,使得提交给 ISP 的流量不超过一个子速率。在图 14-1 中,经过整形的流量从 R9 到 R8 用粗箭头表示。

(5)限制每个用户的流量:假定连接 ISP 的社区客户 C1 和 C2 签署的服务提供不同的下载速度。为讨论方便,假定客户 C1 签署的服务提供 1Mbit/s 的下载速度。类似地,客户 C2 签署的服务允许 512Kbit/s 的下载速度。流量整形允许因特网服务提供商通过在路由器 R1 上配置策略,设置每个用户的流量限制,保证用户得到他付费的带宽。当以这种方式限制流量时,用户仍然可以用他们想用的速率访问,但流被平滑成指定的速率,而不是试图使用所有的或许多的可提供的总的网络容量。在图 14-1 中经过整形的从路由器 R1 到客户 C1 和 C2 的流量也使用粗箭头表示。

流量整形有两种主要的方法。

(1)流量平滑整形：消除迸发，给网络提供稳定的流量，可以使用漏桶算法实现。

(2)流量迸发整形：通过在一个时间窗口上平均来整形预定大小的迸发，可以使用令牌桶算法实现。

两种方法有不同的行为和限制速率的能力，所产生的输出流也有不同的特征。

14.2.1　漏桶算法

漏桶算法主要用以控制流量进入网络的速率。它提供一种平滑在一个流中迸发输入流量的机制，形成一种稳定的流进入网络。也就是说，漏桶算法实施一个恒定的发送速率，尽管输入流量不稳定并具有突发性。漏桶算法在概念上可以这样描述。想象每个流有一个桶，桶的底部有一个洞。在一个流中到达的未经调节的分组被放进这个桶。该分组通过在底部的孔缓慢地往外流，以 r 字节/秒的恒定速率发送进网络。桶的大小(深度)是有限的，如 b 字节。当进入桶的未经调节的分组速率大于泄漏速率 r 时，桶可能被充满。如果一个新的分组到达时桶已满，则整个分组被丢弃。图 14-2 示出了漏桶算法。

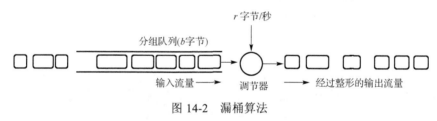

图 14-2　漏桶算法

如果发送速率是 r 字节/秒，理论上流量应该以每 $1/r$ 秒 1 字节的速率注入。由于 IP 分组有整数个字节，可能必须把许多个字节以大约理论速率一起发送，就像在较长的时间段上测量的一样。考虑一个发送速率为 1.2Mbit/s 的例子。这意味着需要每 6.7μm 发送 1 字节。因此 1500 字节分组将在 10ms 内发送，或者每 3.3ms 发送 500 字节，因此在一个较长的时间段上平均速率是 1.2Mbit/s。

漏桶算法易于使用一个有界的先进先出队列、一个定时器和一个计数器 X 实现。定时器每秒期满一次并把计数器增加 r。将在队列中第一个分组的大小 P 跟计数器的值 X 比较。如果 $X > P$，那么计数器值更新为 $X = X - P$，分组被发送。对于随后的分组，只要计数器的值 X 大于分组的大小，分组就可以发送。当计数器的值 X 小于在队列中的下一个分组的大小时，发送停止，直到下一秒。在下一秒，计数器的值更新为 $X = r$，流量的发送继续进行。

如果当一个新的分组到达时，有分组在队列中等待，该新的分组的大小 P 被加到队列中所有分组大小的和 S 中。如果 $P + S > b$，表示队列溢出(类似于桶溢出)，则该分组被丢弃；否则该分组被加入队列。

就这样，漏桶算法管理进入网络的数据流，使得分组不以大于网络能够或愿意吸收的速率转发。桶的大小 b 限制分组在这种流量整形中可能经历的延迟量。发送速率 r 和桶的大小 b 典型地是用户可配置的。

漏桶算法一个显著的特点是它严格地实施一个流的平均速率,而不管流量是如何迸发的。由于许多因特网应用在性质上就是迸发的,这有助于允许在一个流中具有某种迸发性。

14.2.2　令牌桶算法

令牌桶算法提供一种机制,它通过既限制平均速率又限制最大迸发量来允许有一个想要的迸发程度。令牌桶可以被看作传送速率的一种抽象,表示在承诺的迸发量(Committed Burst Size,CBS)B、承诺的信息速率(Committed Information Rate,CIR)和时间段 T 之间的一种关系,即 $CIR = B/T$。具体如下。

(1)承诺的信息速率指定每单位时间段可以发送的数据量,表示长时间内一个流可以把它的数据发送进网络的平均速率。有时,该参数也称为平均速率。由于 IP 分组是可变长的,平均速率用比特每秒或字节每秒指定。

(2)承诺的迸发量指定在一个非常短的时间段内可以发送进网络的最大字节数。在理论上,当时间段的长度趋于 0 时,承诺的迸发量表示瞬时发送进网络的字节数。然而在实践中,把许多个字节瞬时发送进网络是不可能的,因为物理发送速率有不可超过的上限。

(3)时间段指定每个迸发的时间。

按照定义,在任何整数倍时间段上,在网络上发送的流量速率将不超过平均速率。然而,在一个时间段内,速率可以任意地快。例如,考虑一个流,其发送数据的平均速率被限制为 12000bit/s。这个流可以在 100ms 长度的时间内发送 3000bit。当考虑这 100ms 的时间长度时,看起来其平均速率可能是 30000bit/s。然而只要在该持续时间为 1s 的时间段中,在其余的 900ms 内发送的数据不超过 9000bit,那么平均速率仍然不超过 12000bit/s。在考察令牌桶算法之前,先考虑一个如何描述令牌桶算法的例子。

假定流量需要以 2.4Mbit/s 的平均速率(CIR)发送进网络。如果需要迸发的持续时间是 10ms(0.01s),那么承诺的迸发量可以使用令牌桶定义做如下计算:

$$CBS = \frac{2400000\text{bit/s} \times 0.01\text{s}}{8\text{bit/B}}$$

结果得到 3000B。因而令牌速率是 300000 (2 400 000/8) B/s,CBS 是 3000B,令牌时间段是 10ms。因此令牌发生器给予令牌桶每 10ms 相当于 3000B 的信用量。这表明,遵从规则的流量在最坏的情况下每秒 100 次迸发,每次迸发 3000B,CIR 不超过 2.4Mbit/s。

基于令牌桶定义,可以设计一个算法,它控制流量速率,使得在长时间段上,允许的平均速率渐近地接近想要的平均速率 CIR,在短时间段上流量的以桶大小 CBS 为上限。该算法给每个流分配一个令牌桶,该令牌桶是一个可以容纳多至 CBS 个令牌的桶。每个令牌可以被看成源把一定数量的比特发送进网络的许可。这些在令牌桶中的 CBS 个令牌代表允许的迸发量。新的令牌以每个令牌间隔期 CIR 个令牌的速率加到令牌桶中。当一个新的令牌产生时,如果令牌桶包含的令牌少于 CBS 个,那么它就被加进令牌桶;否则新产生的令牌被丢弃,令牌桶依然被 CBS 个令牌充满。图 14-3 示出了令牌桶算法的概念。

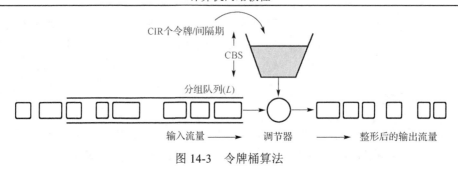

图 14-3　令牌桶算法

现在继续介绍该算法，在一个流中到达的分组被放进一个分组队列，该队列的最大长度是 L。如果这个流投递的分组比该队列可以存储的还要多，那么过量的分组被丢弃。当一个流的一个大小为 P 字节的分组到达时，可能发生下列情况中的一种。

(1)如果令牌桶是满的，在该分组被发送进网络之前，P 个令牌被移除。

(2)如果令牌桶是空的，该分组被放进队列，直到在令牌桶中积累了 P 个令牌。最终当令牌桶包含 P 个令牌时，这些令牌被从令牌桶中移除，分组被发送进网络。

(3)最后，考虑令牌桶部分充满，如 X 个令牌的情况。如果 $P<X$，那么 P 个令牌被从令牌桶中移除，分组被发送进网络。如果 $P>X$，那么分组被放入队列，它等待直到又增加了 $P–X$ 个令牌为止，但 X 什么时候都不允许大于 CBS。一旦令牌桶积累了所需要的 P 个令牌，它们就被从令牌桶中移除，分组被转发进网络。

如果分组在短的进发中到达，在令牌桶中最多有 CBS 个令牌可提供，那么仍然有多达 CBS 个字节能够进入网络。结果对于一个流的最大进发量限于 CBS 个字节。而且，由于每个令牌间隔时间都向令牌桶中加入固定数量的令牌，所以令牌补充速率 R 服务于进入网络的长期平均字节速率。分组队列长度限制一个分组引入的延迟。现在考虑一个例子，说明在一个流中的流量是如何使用令牌桶算法得到整形的。

作为示例，考虑前面例子中给出的令牌桶算法描述。在这种情况下，CBS 是 3000 字节。因此，因此令牌桶每 10ms 接收 3000 个令牌，从而 CIR 不超过 2.4Mbit/s。

现在考虑如图 14-4 所示的一个流的分组序列。图中示出了分组的到达和离开时间以及进入令牌桶的令牌的到达时间。分组使用字母 A～F 连同分组的大小标示。

作为开始，假定在时间 $t=0$ 时令牌桶包含 3000 个令牌。在时间 $t=1$ms 时，大小为 1000 字节的分组 A 到达。由于令牌桶包含足够的令牌，分组被立即发送，1000 个令牌被从令牌桶中移除，仅剩下 2000 个令牌。现在大小为 1500 字节的分组 B 在 $t=5$ms 时到达，由于有 1500 个令牌可用，该分组也被立即发送。在分组 B 被发送之后，令牌桶中还剩下 500 个令牌。在 $t=8$ms 时，大小为 700 字节的分组 C 到达。由于在令牌桶中没有足够的令牌，分组 C 被放进队列。

在 $t=10$ms 时，新的一组 3000 个令牌的信用量可以被加进令牌桶。然而，由于已经有了 500 个令牌，为了使得总的令牌数不超过突发量 3000，仅其中的 2500 个令牌被加进令牌桶。其余的令牌被丢弃。现在分组 C 可以被发送，因为令牌桶中有足够的令牌。因此它在 $t=10$ms 时离开，减去分组 C 的 700 个令牌，令牌桶中剩下 2300 个令牌。在 $t=12$ms 到达的大小为 2000 字节的分组 D 被立即发送，此时令牌桶中仅剩下 300 个令牌。大小为

1700 字节的分组 E 和大小为 1600 字节的分组 F 分别于 t =14ms 和 t = 18ms 到达，由于没有足够的令牌，都被放进队列。

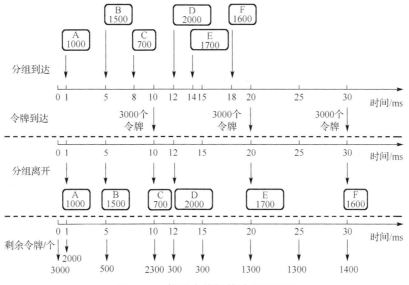

图 14-4   使用令牌桶算法整形流量

在 t =20ms，又一组 3000 个令牌的信用量可以被加进令牌桶。由于在令牌桶中还有从上一间隔期留下的 300 个令牌，所以 3000 个中被丢弃了 300 个。现在分组 E 被发送，由于已经有足够的令牌，所以在延迟 6ms 之后 E 被发送了。桶中剩下的 1300 个令牌不够发送分组 F。因此分组 F 必须等待到下一个间隔期在 t =30ms 时新的一组令牌到达。最后，分组 F 在经历 12ms 的延迟后于 t =30ms 时被发送。我们可以看出，在 30ms 的时间段上总共发送了 8500 字节，因此，传送速率是 $2.26(8500 \times 8/(30 \times 10^{-3}))$ Mbit/s，小于平均速率 2.4Mbit/s。

14.3   分组调度算法

分组调度算法通过确定下一轮在输出线路上发送哪一个缓冲的分组来分配带宽和其他路由器资源。我们先描述最直接的调度算法。对于每条输出线路，路由器都把分组缓存在一个队列中，直到它们被发送，并且依照它们到达的顺序发送。这个算法称为 FIFO 算法或先到先服务(First Come，First Serve，FCFS)算法。

FIFO 路由器通常在队列满时丢弃新到达的分组。由于新到达的分组被放到队列的尾部，所以该种做法称为尾部丢弃。

FIFO 算法虽然实现起来简单，但它不适合要求提供好的服务质量的应用，因为在有多个流的情况下，一个流可能比较容易地影响其他流的性能。如果第 1 个流是强势的，并且连续发送多个大的迸发性分组，那么它们会占据很大的队列空间。按照到达的顺序处理分组意味着强势发送方可能消耗其分组所经过的路由器的大多数容量，使得其他的流处于饥饿状态，降低它们能够得到的服务质量。通过这些路由器的其他分组很有可能被过度延迟，因为它们在队列中只能排在来自强势发送方的许多分组的后面。

一些分组调度算法提供在流之间的隔离，防止互相干扰。其中一个这样的算法是公平队列算法。该算法的实质是为每一个给定的输出线路的每一个流都设置一个分开的队列。当线路空闲时，路由器轮流扫描队列(图 14-5)，然后它读取在下一个队列中的第一个分组。

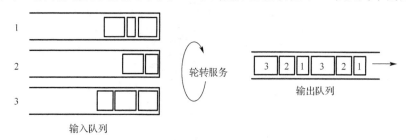

图 14-5　轮转公平队列

采用这种算法，如果有 n 个主机竞争一条输出线路，那么每个主机每 n 个分组时间得到一次发送 1 个分组的机会。说它是公平的，因为所有的流都以同样的速率发送分组，发送较多的分组不会改善这个速率。

14.4　准 许 控 制

准许控制的思想很简单。当某个新的流需要一个特别级别服务时，准许控制查看对流做说明的流描述(Flow Specification)，以针对给定的当前可用的资源，决定在不影响先前已准许的流的服务质量的前提下，是否能够为所申请的服务提供相应的资源。如果网络可以提供这样的服务，该流就被准许；如果不可以，该流就被拒绝。

流描述需要给予网络关于流所使用的带宽的足够信息，以允许它能够做出智能的准许控制决定。然而，对于大多数应用而言，带宽不是固定数字，它是不断变化的。例如，在视频应用的情况下，景物快速变化时要比静止时产生更多的比特。仅仅知道长时间的平均带宽是不够的。假定有 10 个流到达一个交换机的不同输入端口，并且都在同一个 10Mbit/s 的链路上输出。再假定在适当长的时间内每个流都不会以高于 1Mbit/s 的速率发送，那么可能不会发生什么问题。然而，如果它们是可变位速率的应用，如压缩视频，它们偶尔会以高于平均速率的速率发送。如果有足够多的源的发送速率高于平均速率，那么到达路由器的总速率将大于 10Mbit/s。这些额外的数据在可以在链路上发送之前将被放在缓冲区中排队。这种情况维持的时间越长，该队列也就会变得越长。至少当数据待在队列中时，它们停止了向目的地的移动，因此它们被延迟了。如果延迟的时间足够长，那么所请求的服务质量就可能得不到满足。此外，随着队列长度的增长，在某个点上，缓冲区空间可能被耗尽，一些分组必须被抛弃。

很显然，在这里人们需要知道一些关于发送源的带宽如何随时间变化的情况。描述发送源的带宽特征的一个方法是使用令牌桶过滤器。表 14-2 给出了一个流描述的例子，它有 5 个参数。开头两个参数——令牌桶速率和令牌桶大小，使用令牌桶给出了发送方可以发送的最大的持续速率(在长时间段上的平均值)和在短时间段上可以发送的最大进发量。

表 14-2 流描述示例

参数	单位
令牌桶速率	字节/秒
令牌桶大小	字节
峰值数据速率	字节/秒
最小分组长度	字节
最大分组长度	字节

第 3 个参数——峰值数据速率是容忍的最大发送速率,即使对于短的时间间隔也不能超过。即使是短的迸发也必须永远不要超过这个速率。

最后两个参数指定最小分组长度和最大分组长度,包括传输层和网络层头(如 TCP 和 IP)。最小分组长度是有用的,因为处理每个分组都要花费某个固定的时间,而不管它多短。一个路由器可能准备好每秒处理 10000 个 1KB 的分组,但可能没有准备好每秒处理 100000 个 50B 的分组,尽管后者表示一个低的数据速率。由于不得超过内部网络的限制,最大分组长度也是重要的。例如,如果部分通路经过一个以太网,那么最大分组长度将被限制到不超过 1500B。这样可以避免路由器做耗时的分片工作。

准许控制依赖于所请求的服务类型以及在路由器中采用的排队规则。对于有保证的服务,需要有一个好的算法来做明确的是或否的决定。如果采用加权公平排队规则,那么该决定是相当直接的,例如,针对一条输出链路路由器可以支持的输入队列的数目和高优先级流的数目。对于一个受控负载服务,该决定可以基于启发式的方法,例如,"上次我曾准许一个具有这个规格说明的流进入这一类别,该类别的延迟超过了能够接受的限额,我最好说不同意。"或者"我的当前延迟离限额还远着呢,我准许另一个流应该不会有什么问题。"

不要把准许控制与监察混淆。前者是针对每个流的决定,即是否准许一个新的流进入。后者则基于每个分组所执行的功能,以保证一个流遵从用以做资源预留的规格说明。如果一个流不遵从它的规格说明,每秒发送的字节数相当于在它的规格说明中所说明的 2 倍,那么它很有可能会干扰为其他流提供的服务,因此必须采取某种纠正动作。此时有多种选择:一种选择就是丢弃违犯的分组;另一种选择是分析这些分组是否真的干扰其他流的服务。如果实际上没有干扰,那么还可以把它们继续发送,但要加上一个标记,说明"这是一个非遵从协定的分组,如果你要丢弃任何分组,那么首先把我抛弃。"

准许控制跟所执行的策略紧密相关。例如,一个网络管理员可能会准许他的公司的首席执行官所做的预订,而同时拒绝由级别比较低的雇员所做的预订。当然,在所请求的资源不可提供的情况下,首席执行官的预订请求也可能遭到失败。因此在做准许控制决定时可能要同时考虑策略和资源可提供性的问题。

14.5 综合服务和资源预留协议

为了满足基于 QoS 的网络需求,IETF 开发了称为综合服务体系结构(Integrated Services

Architecture，ISA)的一套标准。综合服务体系结构是一个总的体系结构，其中包含许多针对传统的尽力而为服务的增强机制。

综合服务体系结构对网络用户可见的主要部分是 RSVP。RSVP 允许一个发送方给多个接收方发送，在避免拥塞的同时优化对带宽的使用。

RSVP 建立在 IPv4 或 IPv6 之上，在协议栈中占据相当于传输协议的位置。然而，RSVP 不传输应用数据，而是像 ICMP、IGMP 或路由协议，只是一个互联网控制协议。类似于路由和管理协议的实现，RSVP 的实现典型地在后台执行，而不是在数据转发的通路上。

14.5.1 综合服务

综合服务模型是为 IP 设计的基于流的 QoS 模型。在这个模型中，每个 IP 分组都与一个流相关联，路由器根据流的特征标记 IP 分组。综合服务体系结构对一个流的定义是：由相关 IP 分组构成的一个可区别的分组流，它是由单个用户活动产生的，并且要求同样的 QoS。流是单向的，同时一个流可以有多个接收方(多播)。通常一个 IP 分组根据其源 IP 地址和目的 IP 地址、协议类型以及端口号被标识为某个流的成员。一个 IPv6 分组则可以根据其头的流标记被标识为某个流的成员。

综合服务体系结构使用以下功能来管理拥塞和提供 QoS 服务。

(1)分组分类：将分组映射到类，一个类可以对应于一个流，或者一组具有相同 QoS 需求的流。

(2)准许控制：在从应用接收流描述后，路由器决定准许还是拒绝这个流。决定基于先前做出的承诺和当前资源的可提供性。

(3)路由选择：可以基于多个不同的 QoS 参数来确定路由，而不仅仅是最短通路。

(4)队列管理：决定在队列中的分组的发送顺序。

(5)丢弃选择：决定在缓冲区已填满或接近填满且又有新的分组抵达的情况下，选择丢弃哪些分组。

综合服务模型定义了两个服务类别：有保证的服务和受控负载服务。有保证的服务是为需要有端到端延迟限制的实时流量设计的。端到端的延迟取决于所经过的每个路由器的延迟、传输介质延迟，以及预留建立的时间。受控负载服务适用于可以接受一些延迟，但对分组丢失敏感的非实时应用。

14.5.2 资源预留协议

综合服务模型是基于流的 QoS 模型，这就意味着，在一个流可以开始传输之前，所有需要使用的资源都必须准备好。这也就意味着，在网络层需要一个面向连接的服务和一个连接建立阶段，把必要条件通知给相关的路由器，并得到它们的许可(准许控制)。然而，由于 IP 是一个无连接协议，我们需要在 IP 之上再运行一个面向连接的协议。这个协议就是资源预留协议。

RSVP 是 IETF 为综合服务体系结构制定的一个主要的协议，用于做预留工作。它使得网络应用对于它们的数据流能够得到有区别的服务质量。RSVP 的意图就是要为 IP 网络提供支持不同应用类型的各种性能需求的功能。

主机使用 RSVP 代表一个应用数据流向网络请求特别的服务质量。RSVP 运载请求通过网络，访问用以运载流的每个网络结点。在每个结点，RSVP 试图为流做资源预留。可以为不同的流预留的潜在的 3 种不同种类的资源包括：①带宽；②缓冲区空间；③CPU周期。

需要注意的是，RSVP 本身不是一个路由协议，但它跟当前的和未来的单播路由协议及多播路由协议一起运行，沿着由路由协议计算的路径安装等同于动态访问列表的控制软件。

RSVP 进程查询本地的路由数据库，得到路由。在多播的情况下，主机发送 IGMP 报文加入一个多播组，然后发送 RSVP 报文，沿着该组的投递通路预留资源。当路由选择为了适应拓扑变化而改变通路时，RSVP 会自适应地在新的通路上做资源预留。路由协议确定分组往哪里转发；而 RSVP 仅关心根据路由协议转发的分组的服务质量。

RSVP 是单工的，它仅在单个方向上请求资源。也就是说，为从主机 A 到主机 B 的数据流预留的资源，对于从主机 B 到主机 A 的数据流是不起作用的。在逻辑上，RSVP 的发送方有别于接收方，虽然同一个应用进程可能同时包含发送方和接收方两种角色。

RSVP 是面向接收方的，即一个数据流的接收方发起和维护为该流所做的资源预留。RSVP 请求由信息的接收方提出，该请求包括了对服务质量的要求，通过一个或多个路由器的验证，到达信息的发送方，从而建立一条具有一定服务质量的信息通路，该通路上的路由器负责提供预留的资源来保证传输的服务质量，并维护该数据通路的状态(图 14-6)。

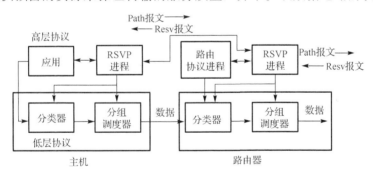

图 14-6　RSVP 为单向数据流预留资源的操作环境

RSVP 协议涉及主机、路由器以及路由器之间的通信，因此，为了在 TCP/IP 网络上实现 RSVP 功能，必须配置支持 RSVP 的路由器。

当有多个流时，路由器需要为所有的流做资源预留。RSVP 定义了 3 类预留方式：通配过滤器(Wildcard Filter，WF)方式、固定过滤器(Fixed Filter，FF)方式和共享显式(Shared Explicit，SE)方式。

使用通配过滤器方式，路由器为所有的发送方建立单个预留。预留的大小是所有预留的最大值。当来自不同发送方的流不是同时发生时，可以使用这种方式。

在固定过滤器方式中，路由器为每个流都建立一个独立的预留。这就意味着，如果有 n 个流，就要做 n 个预留。当来自不同发送方的流很有可能同时发生时，可以使用这种方式。

共享显式方式把来自显式指定的多个发送方的流合并，建立共享的单个预留。预留的大小是所有预留的最大值。

对于电话会议等多播传送情况，由于不太可能有多个发送方同时发送数据(说话)，所以可以采用共享显式方式来节省带宽。而对于视频会议，因为多个发送方在发送视频数据，所以采用固定过滤器方式能保证数据传送的实时性。在不能确定发送方的情况下，最好采用通配过滤器方式。

在最简单的形式中，RSVP 使用基于分发树的多播路由选择算法。每一组被分配一个组地址。为了给一个组发送，发送方把组地址放在它的分组中。标准的多播路由选择算法建立一个分发树覆盖所有的组成员。该路由选择算法不包含在 RSVP 中。跟通常的多播相比，RSVP 仅有的差别是有一些附加的信息，定期地播送给组，告诉路由器在它们的存储器中维持某些数据结构。

作为例子，考虑图 14-7(a)示出的网络。主机 1 和 2 是多播发送方，主机 3、4 和 5 是多播接收方。在这个示例中，发送方和接收方是分开的，但一般来说，这两个集合可以重叠。图 14-7(b)和(c)分别给出了源自主机 1 和主机 2 的多播树。

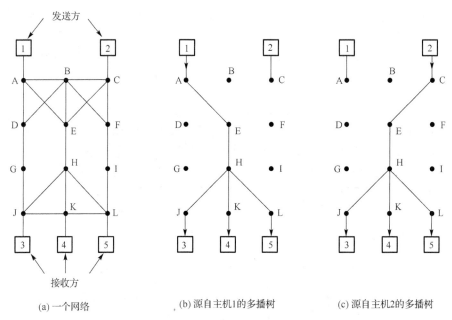

(a)一个网络　　　　　　　　(b)源自主机1的多播树　　　　　　　(c)源自主机2的多播树

图 14-7　RSVP 使用基于分发树的多播路由选择算法

为了取得更好的接收并消除拥塞，在一个组中的任一接收方都可以把一个预留报文沿着多播树上行发送给发送方。在每一跳段的路由器都记录该预留报文，并实际地预留所需要的带宽和缓冲区等资源。如果没有足够的带宽和缓冲区等资源可以提供，它就往回报告失败的消息。当预留报文到达源时，在沿着分发树从发送方到做资源预留请求的接收方的整个通路上就都预留了带宽和缓冲区等资源。

当多个接收方的请求沿着多播树向上传播时，可以把它们合并。单个接收方的预留报文可以不必传播到多播树的根，有可能到达该树的一个已经做过预留的分枝即可。这样，接收方发送的 RSVP 请求就可能在某个路由器处和其他数据接收方的资源预留请求合并，并返回预留请求成功的消息，这样可以减少网络的传输负载。

作为例子，图 14-8(a)示出了一个这样的预留。在这里主机 3 请求到主机 1 的一个通路。一旦该通路建立起来了，分组就可以无阻塞地从主机 1 流到主机 3。现在考虑主机 3 再预留到达另一个发送方即主机 2 的通路，使得用户可以同时观看两个电视节目。如图 14-8(b)所示，第二个通路被预留。值得注意的是，从主机 3 到路由器 E 需要两个分立的通路，因为要传输两个独立的流。

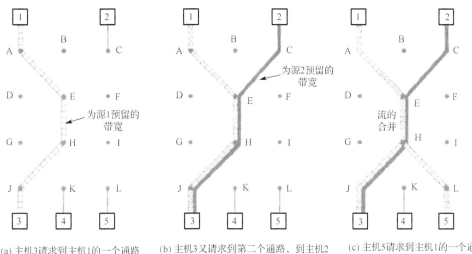

(a) 主机3请求到主机1的一个通路　　　(b) 主机3又请求到第二个通路，到主机2　　　(c) 主机5请求到主机1的一个通路

图 14-8　资源预留

最后，如图 14-8(c)所示，主机 5 决定要观看由主机 1 发送的节目，并且也做了一个资源预留。首先，从主机 5 直到路由器 H 处预留专有的带宽。然而对于来自主机 1 的流量，路由器 H 注意到，如果已经预留了所需要的带宽，它就不必再做预留。需要指出的是，主机 5 和主机 3 可能请求不同数量的带宽(如主机 5 有一台黑白电视机，因此它不需要彩色信息)，因此预留的容量必须足够大，以满足最大的接收方。

虽然 RSVP 是特别为多播应用设计的，但它也可以做单播预留。事实上，单播可以看成多播的一个特例，只是它仅有一个组成员而已。RSVP 机制为在单播或多播的投递通路上建立和维护分布式预留状态提供了一个通用的设施。

由于一个大的多播组的成员关系和由此产生的多播树拓扑很可能随时间变化，RSVP 的设计假定在路由器和主机中 RSVP 的状态和流量控制的状态是增量建立和删除的。为此，RSVP 建立软状态(Soft State)，也就是说，RSVP 周期性地刷新报文，以维持沿着预留通路的状态。在没有刷新报文的情况下，状态自动超时，并被删除。这样，尽管多播工作组的成员和网络拓扑结构都可能变化，而 RSVP 的数据通路的软状态也可以动态地更新。

RSVP 有两个基本的报文类型：通路(Path)和预留请求(Resv)。资源预留的过程从应用程序的流的源结点发送 Path 报文开始，该报文会沿着流所经过的通路传到流的目的结点，并沿途建立通路状态；目的结点收到该 Path 报文后，会向源结点回送 Resv 报文，沿途建立预留状态，如果源结点成功收到预期的 Resv 报文，则认为在整条通路上资源预留成功。

每个发送主机沿着数据传送的通路定时发送 Path 报文。这些 Path 报文在通路的每个结点上存储通路状态(Path State)，并被路由器传送到下一个结点。通路状态保存前一个结点的 IP 地址。

除了前一跳段地址，Path 报文还包含发送者的 Template(模板)、TSpec(流描述)和 Adspec(通告规格)等信息。Template 定义发送者产生的数据分组的格式(主要是分组的发送方地址)；Tspec 描述发送者产生的数据流的流量特性；Adspec 描述路由器能够提供的支持，路过的路由器都会对该项进行更新。

Template 采用过滤器规格的形式，接收方可用以在同一会话中选择这个指定的发送方的而不是其他发送方的分组。发送方模板具有与在 Resv 报文中出现的过滤器规格完全相同的功能和格式。因此，一个发送方模板可以仅仅指定发送方的 IP 地址以及发送方的 UDP/TCP 端口。这里假定已经为会话指定了协议标识。

Path 报文需要携带一个发送方 Tspec，它定义发送方将产生的数据流的流量特征。路由器可用它来防止过度预留，避免可能发生的不必要的准许控制失败。

Adspec 描述路由器能够提供的支持。在一个 Path 报文中收到的 Adspec 被传递给本地流量控制，后者返回一个更新的 ADSPEC，然后更新版本的 ADSPEC 将被放到 Path 报文中向下游转发。

接收一个 Path 报文后，接收方沿着多播树向上传输 Resv 报文。这个报文包含发送方的 TSpec 和描述这个接收方的需求的 RSpec。RSpec 描述向网络请求预留的资源，这里的 R 表示 Reserve，即预留。例如，对于一个受控负载服务，应用程序只需请求受控负载服务即可，不需要附加参数。对于一个有保证的服务，可以指定缓冲区、带宽和延迟等指标或范围。

沿途的每个路由器都查看该预留请求，并试图分配必需的资源来满足该请求。如果预留被建立了，Resv 请求就被传递到下一个路由器。如果一个结点不能够满足该预留请求，它就给做该请求的接收方返回一个差错报文。如果一切都进行得很顺利，那么在发送方和接收方之间的每一个路由器中就都安装了正确的预留。随后，只要接收方想保持预留，它就要每隔大约 30s 发送一次同样的 Resv 报文。

Resv 报文和 Path 报文都有超时机制，超时后，路径上的结点所保存的相应状态会被删除。由发送方和接收方负责网络上的状态的定时刷新。

14.6　区　分　服　务

综合服务采用的基于流的算法的优点是可以为 1 个或多个流提供好的服务质量，因为它沿着通路为流预留所需要的资源。然而它也有缺点，由于状态信息与流的数目成正比，因而在大型网络中按每个流进行资源预留会产生较大的开销，导致其可扩展性差。

由于这个原因，IETF 还为服务质量设计了一个比较简单的方法，可以大量地在每个路由器本地实施，不用事先针对具体的流建立状态信息，也不用涉及整个通路。这个方法称为基于类别的服务质量方法。IETF 为该方法提出了一个称为区分服务(Differentiated Service，DiffServ)的体系结构，简写为 DS。现在对该体系结构进行描述。

概括地说，区分服务模型是为 IP 设计的基于类的 QoS 模型。在这个模型中。应用程序根据优先级标记分组。路由器基于在分组中定义的服务类别，而不是流，路由分组。我们可以基于应用的需要定义不同的类别。路由器不必存储关于流的信息。每次主机发送分组时，应用定义服务的类型。

区分服务力图不改变网络的基础结构，但在路由器中增加区分服务的功能。区分服务将 IP 协议中原有的 IPv4 的 8 位服务类型段(在 IPv6 中是早先的 8 位流量类型段)中的前 6 位重新定义为区分服务域，也称区分服务码点(Differentiated Services Code Point，DSCP)，再后面的 2 位用于拥塞控制。

按照区分服务的概念，网络被划分成许多个 DS 域，一个 DS 域在一个管理实体(如一个 ISP)的控制下，实现同样的区分服务策略。区分服务把复杂性放在 DS 域的边界结点中，使得在 DS 域内部的路由器的工作尽可能简单。边界结点可以是主机、路由器或防火墙等。

管理定义一组对应转发规则的服务类别。如果一个客户订购了区分服务，那么进入 DS 域的分组都被标记上它们所属于的类别。这个信息在 IPv4 分组和 IPv6 分组的区分服务域承载。类别被定义成每跳段行为(Per Hop Behavior，PHB)，因为它对应分组在每个路由器上将要得到的处理，而不是通过网络的一个保证。某些每跳段行为(如优待服务)相对其他的每跳段行为(如常规服务)可以提供更好的服务。在一个类别内的流量可能要遵从某个特定的形状，如具有某个指定的泄漏速率的漏桶。运营商可能对传输的每个被优待的分组收取附加的费用，并可能对每月最多可传输的 N 个被优待的分组收取固定的费用。

注意，这个机制不需要事先建立状态信息，没有资源预留，也没有耗时地针对每个流的端到端的协商。这就使得区分服务相对容易实现。

划分类别的服务也常见于工业界的其他领域。例如，民航有头等舱和经济舱的划分；铁路有普客、快车和特快列车的选择。对于 IP 分组，类别可以随延迟、抖动和在遭遇拥塞时被丢弃的概率等参数的不同而不同。

在使用区分服务之前，因特网的 ISP 就要和用户商定一个服务水平协定，指明被支持的服务类别(可包括吞吐率、分组丢失率、延迟、抖动和可用性等)和每一类别所允许的流量。

为了把基于流的服务质量和基于类别的服务质量描述得更清楚一些，考虑一个例子：因特网电话。使用基于流的机制，每个电话呼叫都得到它自己的资源和保证。使用基于类别的机制，所有的电话呼叫加在一起得到为电话这个类别所预留的资源。这些资源不可以被来自 Web 浏览或其他类别的分组占用，但任何一个电话呼叫都不可能享用单独为它预留的专用资源。

14.6.1　加快转发

对服务类别的选择依赖于每个网络运营商，但作为 DS 标准化的一部分，也需要定义每跳段行为的具体类型，它们可以和具体的区分服务相联系。目前已经有两类 PHB 进入标准系列：加快转发(Expedited Forwarding)和确保转发。最简单的类别是加快转发，下面就先考察这个类别。

在加快转发背后的思想非常简单。网络可提供两个服务类别：常规和加快。所期待的大部分流量是常规的，但有限比例的分组是加快的。加快分组应该能够像不存在其他分组一样越过网络。以这样的方式，它们将得到一种低丢失、低延迟和低抖动的服务，就像 VoIP 所需要的一样。图 14-9 给出了这个两管道系统的符号表示。注意，仍然只有一条物理线路。图中示出的两个逻辑管道表示为不同的服务类别预留带宽的一种方法，而不是第二条物理线路。

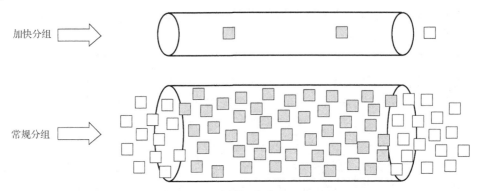

图 14-9　供不同类别的分组使用的两个逻辑管道的符号表示

实现这个策略的一个方法如下：分组被划分为加快的和常规的两个类别，并且做上相应的标记。这个步骤可以在发送主机或入口（第 1 个）路由器上进行。在主机上做分类的优点是可以提供哪个分组属于哪个流的更多的信息。这个任务可以由网络软件，甚至由操作系统执行，避免必须改变现有的应用。例如，通常的做法是由主机把 VoIP 分组标记为加快服务类别。如果这些分组通过支持加快服务的企业网络或 ISP 网络，则它们将得到优待处理。如果网络不支持加快服务，那么也不会受到什么伤害。按照协议，加快转发的分组的 DSCP 值是 101110。

当然，如果标记由主机来做，入口路由器很可能监察流量，保证客户不发送多于它们付费的加快流量。在网络内部，路由器可能要为每个输出线路配置两个输出队列：一个用于加快分组；另一个用于常规分组。当一个分组到达时，它被放到对应的队列。相比常规队列，加快队列被给予优先权，如通过使用优先级调度器来实现。使用这个方法，被加快传输的分组所体验到的是一个空负载网络，即使在网络有很大的常规流量时，提供给它的加快服务质量也得到保证；它感受不到有其他负载的存在以及它们对它的传输可能有的任何影响。

14.6.2　确保转发

管理服务类别的一个比较细致一点的机制是确保转发（Assured Forwarding）。确保转发有 4 个优先级类别（使用 DSCP 的比特 0～2 表示，分别为 001、010、011 和 100），每个都有它自己的资源；其中的顶部 3 个优先级类别可以分别称为金、银以及铜。此外，它定义了用于分组经历拥塞时的 3 个丢弃类别：低、中以及高（使用 DSCP 的比特 3～5 表示，分别为 010、100 和 110，从最低丢弃优先级到最高丢弃优先级）。加在一起，这两个方面的考虑共定义了 12 个服务类别。

图 14-10 示出了采用确保转发处理分组的一种可能的方法。首先把分组分类到 4 个优

先级类别之一。如前所述，该步骤可能由发送主机或入口路由器执行，在运营商网络入口处的路由器可能要对较高优先级分组的速率进行限制。

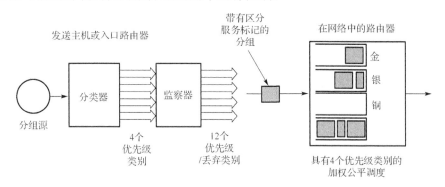

图 14-10　确保转发处理分组的一种可能的方法

然后要为每个分组确定丢弃类别。通常监察器会让所有的流量都通过，但它把迸发量小的范围内的分组标记为低丢弃；把迸发量较大些范围内的分组标记为中等丢弃；把迸发量更大范围内的分组标记为高丢弃。接着把优先级类别和丢弃类别结合，编码进每个分组。

最后，在网络中的路由器使用分组调度器处理分组，区别对待不同的类别。通常的选择是使用具有 4 个优先级类别的加权公平调度，高优先级的类别被给予高的权重。以这种方式，高类别将得到大多数带宽，但较低类别也不会因完全得不到带宽而饿死。例如，一个高类别的权重是较低类别的两倍，那么高类别将会得到两倍于较低类别的带宽。在同一个优先级类别内，具有较高丢弃类别的分组将会通过运行一个像随机早期检测（Random Early Detection，RED）这样的算法被优先丢弃。RED 在拥塞即将发生但路由器还没有用完缓冲区空间时就开始丢弃分组。在这个阶段仍然有缓冲区空间接收低丢弃类别分组，同时丢弃高丢弃类别分组。

14.7　实时传输协议

实时传输协议为实时应用提供端到端的传输，但不提供任何服务质量保证。RTP 在协议栈中的位置有一些奇特，它提供增强了的传输服务，但被放在用户空间中。多媒体应用使用 RTP（RTP 库），建立 RTP 分组。RTP 分组随后又被送进套接字接口，由此在该套接字接口的操作系统处产生了封装 RTP 分组的 UDP 数据报；接着 UDP 数据报又被封装到 IP 分组，然后形成被传输的像以太网这样的链路帧。图 14-11 示出了在这种情况下的协议栈以及分组的嵌套封装。

一方面，RTP 由于它在用户空间中运行，并被链接到应用程序，看起来很像一个应用协议。另一方面，RTP 又是一个类属的只提供传输设施的独立于应用的协议，它封装各种多媒体应用的数据块，向多媒体应用程序提供时间戳和序号等服务，因此它看起来也像一个传输协议。也许最好的描述是：它是一个在应用层中实现的传输协议。

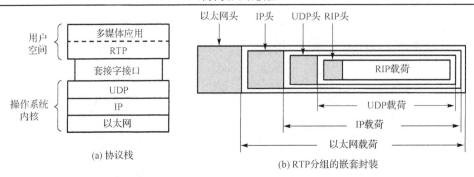

图 14-11　RTP 在协议栈中的位置和 RTP 分组的嵌套封装

RTP 分组只运载 RTP 数据，而控制由另一个配套使用的实时传输控制协议(Real-time Transport Control Protocol，RTCP)提供。RTP 在 1025～65535 选择一个未使用的偶数 UDP 端口号，而在同一次会话中，RTCP 则使用下一个奇数 UDP 端口号。RTP 和 RTCP 的默认 UDP 端口号分别是 5004 和 5005。

14.7.1　RTP 的基本功能

RTP 的基本功能是把若干个实时数据流多路复用成单个的 UDP 分组流。该 UDP 分组流可以被发送给单个目的地(单播)或多个目的地(多播)。因为 RTP 只使用常规的 UDP，所以路由器对其分组不做特别处理，除非路由器启用了某种常规的 IP 服务质量特征。总之，对于投递和时延、抖动等没有特别的保证。

对于一个特别的应用的 RTP 的完整描述，除了 RTP 文档本身，还需要有辅助的伙伴文档：①配置文件(Profile)定义载荷类型编码及其到对应的媒体编码的映射；②载荷格式描述文档定义一个具体的载荷如何在 RTP 中承载，例如，对于 MPEG(Moving Picture Experts Group)视频应用，最好把来自不同帧的数据放到不同的数据报中，使得丢失的分组仅破坏一个帧，而不是两个帧。

每个 RTP 分组的载荷都可以包含多个采样，并且可以用应用选择的任意方式编码。RTP 分组在其头部提供了一个域(载荷类型)，源可以在其中指定编码方案(配置文件定义载荷类型号码到媒体编码的映射)。

在 RTP 流中发送的每个分组都被标上一个号码(序列号)，在其后发送的分组的号码依次以增量值 1 递增。这种编号允许目的地确定是否有分组丢失。如果有一个分组丢失了，那么对于目的地来说，最好的做法就是为替代该丢失的值插入一个近似值(用前一个分组替代)。重传的做法是不可取的，因为被重传的分组可能会由于到达得太晚而变得无用。结果，RTP 没有流量控制、错误控制、确认应答，也没有请求重传的机制。

许多实时应用需要的另一个设施是时间印记。其思想是允许源把一个时间印记跟在每个分组中的第一个采样相关联。时间印记是相对于流的起始而言的，因此仅仅在时间印记之间的差值是有意义的，绝对值并没有意义。该机制允许目的地做少量的缓存，在流开始后把每个采样播放正确长度的时间，独立于包括该采样的分组的到达时间。时间印记不仅可以减少抖动的影响，而且也允许多路的流互相同步。例如，数字电视节目可能有一个视频流和两个音频流。两个音频流可能是为立体声广播设计的，也可能是为了处理具有一个原始语音声道和另一个配音成地方语音的声道的影片，从而让观众有一个选择。每个流都来自不同的物理设备，但它们如果都根据单个计数器做时间印记，那么，即使流的传输不是稳定的，它们也可以同步地回放。

14.7.2　RTP 分组头格式

图 14-12 示出了 RTP 分组的头。它由 3 个 32 位的字组成，并且可能有一些扩展项。

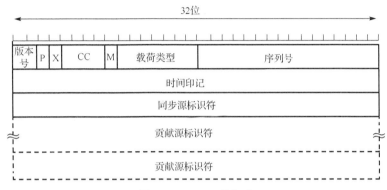

图 14-12　RTP 分组头

版本号域占 2 位。它现在的值是 2，但愿该版本已经接近于最后版本了，因为已经仅剩下一个码点了(虽然也可以把真正的版本号定义在一个扩展域中，并且用 3 来标志此种做法)。

P(填充)域占 1 位，表示这个 RTP 分组是否有填充。在某些特殊情况下，需要对应用数据块加密，这往往要求每个数据块具有确定的长度。如果不满足这种长度要求，就需要进行填充。这时就把 P 位置 1，数据部分的最后一个字节说明加了多少字节。

X(扩展)域占 1 位。X 位置 1 表示在该 RTP 分组头后面存在一个扩展头。扩展头的格式和含义都没有定义。唯一定义了的是扩展项的第 1 个字(16 位)给出长度。由于实际上扩展头很少使用，这里不再讨论。

CC(贡献源数目)域占 4 位，表示有多少个贡献源(4 位编码 0～15)。

M(标记)域占 1 位，是一个应用特有的标记位。例如，在传送视频流时，它可以被用来标记每一个视频帧的开始；在音频通道中表示一个谈话的开始，或者表示应用程序理解的某个其他东西。

载荷类型域占 7 位，表示后面的 RTP 数据使用了哪一种编码算法(如非压缩的 8 位音频、MP3 等)。由于每个分组都运载这个域，在传输期间的编码方法可以改变。

序列号域占 16 位，只是一个计数器，对于发送的每个 RTP 分组，其值都要递增 1。它被用来检测分组的丢失。

时间印记域占 32 位，由流的源产生，记录分组中第 1 个采样的时间。这个值通过解耦回放和分组的到达时间，可以帮助接收方减少抖动。

同步源(Synchronization Source，SSRC)标识符域占 32 位，说明分组属于哪个流。该方法用以把多路数据流复用成单个 UDP 流，随后再解复用多路数据流。同步源的例子包括从麦克风、照相机或 RTP 混合站这样的一个信号源得到的一个分组流的发送方。同步源标识符与 IP 地址无关，在新的 RTP 流开始时随机地产生。由于 RTP 使用 UDP 传送，因此可以有多个 RTP 流复用到 1 个 UDP 数据报中。同步源标识符可使接收方的 UDP 能够把接收的 RTP 流送到各自的终点。同步源标识符域在一个 RTP 会话中具有全局唯一性。

最后，贡献源(Contributing Source，CSRC)标识符域是一个选项，也是一个 32 位的数，但它用来标识来源于不同地点的 RTP 流。最多可以有 15 个贡献源。可以用一个中间的站(这样的站称为混合站)将多个发往同一目的地的 RTP 流(必须是同一类型的媒体，如音频)混合成 1 个流(这样可以节省通信资源)，在目的站再根据贡献源标识符域的值把 RTP 流分开。在这种情况下，混合器是做同步的源，被混合的流就列在贡献源标识符域中。也就是说，混合器把所有的贡献源的同步源标识符都插进这个混合分组的 RTP 头。如何在载荷段中标识来自不同贡献源的数据则可以由应用的载荷格式描述文档定义。

14.7.3　实时传输控制协议

RTP 有一个称为 RTCP 的伙伴协议。它是一个与 RTP 配合使用的协议，实际上，RTCP 也是 RTP 的不可分割的一部分。

RTP 数据单元承载从源到目的地的数据。为了控制会话，需要在会话的各个参与方之间有更多的通信。在这种情况下，控制通信的任务由一个单独的协议来承担，这就是 RTCP。作为一个真正的传输层协议，UDP 有时承载 RTP 载荷，有时承载 RTCP 载荷。

RTCP 产生带外控制流，在多媒体流的发送方和接收方之间提供双向反馈信息。

RTCP 提供的服务包括：服务质量的监视与反馈、媒体间的同步(如某一个 RTP 发送方发送的声音和图像的配合)，以及多播组中成员的标识。RTCP 分组也使用 UDP 来传送，但不传输任何数据。由于 RTCP 分组很短，因此可将多个 RTCP 分组封装在一个 UDP 数据报中。

RTCP 分组周期性地在网上传送，发送方报告和接收方报告都通过多播发送到所有的 RTP 会话参与方。它带有发送端和接收端对服务质量的统计信息报告，内容如已发送的分组数和字节数、分组丢失率、分组到达时间间隔的抖动等。

特别地，RTCP 提供下列功能。

(1)RTCP 通知多媒体流的 1 个或多个发送方关于网络的性能状况(延迟、抖动、带宽等)，这个状况可能跟网络拥塞有直接关系。由于多媒体应用使用 UDP，而不使用 TCP，无法在传输层控制网络拥塞。这就意味着，如果需要控制拥塞，应当由应用层来执行这个任务。RTCP 向应用层提供相关的线索。在 RTCP 观察到并向应用层报告拥塞后，应用程序可以使用更大的压缩比来减少传输量，因此为了缓解拥塞而对质量进行折中。另外，如果没有观察到拥塞，应用程序可以使用较小的压缩比以取得比较好的服务质量。例如，编码可以在必要时从 MP3 改成 8 位的 PCM，或者再改成差值编码。可以使用 RTP 的载荷类型域告诉目的地当前的分组采用什么样的编码算法，从而使得按需改变成为可能。

(2)在 RTCP 分组中承载的信息可以被用来与同一个源相关的不同的流同步。一个源(用户)可以使用两个不同的源来收集要发送的音频数据和视频数据。此外，音频数据可能从不同的麦克风收集，视频数据可能从不同的照相机收集。一般地，收集的两个信息流需要同步。

首先，每个发送方(用户)需要一个标识。虽然每个源都可能有一个不同的同步源标识符，但 RTCP 还为每个源提供一个称为规范名(Canonical Name，CNAME)的标识。从同一个发送方(用户)产生的需要同步的多个媒体流尽管选用不同的 SSRC 值，但它们都选用同一个 CNAME。这就使得一个接收方能够识别来自同一个发送方的媒体流。CNAME 可以被用来关联不同的源，允许接收方结合来自同一个用户源的不同的源。例如，电话会议通常只有 1 个人(1 个用户)做报告，但可以有两个同步源，分别用于音频和视频。CNAME 用下面的形式表示：

用户@主机

这里的用户通常是该用户的登录名；主机是该主机的域名。

在可能有多人参加、每个人又都可能发言的远程会议系统中，就会有多个用户。在这种情况下，如果把用户数用 n 表示，把同步源的数目用 m 表示，那么 $m>n$。

其次，规范名本身不能提供同步。为了同步相关的源，除了由在每个 RTP 分组中的时间印记域提供的相对时间，还需要知道流的绝对时间。在每个 RTP 分组中的时间印记域给出了在分组中的比特相对于流的开头的相对时间。它不能够把一个流跟另一个流相关联。RTCP 分组发送的绝对时间使得不同流间的同步成为可能。

(3) RTP 分组可以承载可能对接收方有用的关于发送方的附加信息，如发送方的名字(不仅是规范名，还可以包括姓名、电子邮件地址和电话号码等)。RTCP 可以把这个信息显示在接收者的屏幕上，表明当前谁在演讲。

复习思考题

1．实时应用的显著特征是什么？人们对网络服务质量的要求是什么？

2．历史上 ATM 网络曾经是网络连接领域引人注目的一个方面，它关于网络应用的类别划分对于如今的网络研究仍然有意义。试问，该网络支持哪几种位速率？请举例说明。

3．什么是有保证的服务？什么是受控负载服务？实现受控负载服务这一目标的技巧是什么？

4．流量整形有哪两种主要的方法？它们可以各使用什么算法来实现？

5．什么是分组调度算法？可以为不同的流预留的潜在的资源有哪 3 种？

6．准许控制的思想是什么？流描述需要给予网络关于流的什么样的信息？请给出描述发送源带宽特征的一个方法。

7．综合服务体系结构使用哪些功能来管理拥塞和提供 QoS 服务？

8．题图 8 中的网络使用 RSVP，主机 1 和 2 的多播树如图所示。假定主机 3 请求一个带宽为 2MB/s 的通道用于来自主机 1 的流，请求另一个带宽为 1MB/s 的通道用于来自主机 2 的流。同时，主机 4 请求一个带宽为 2MB/s 的通道用于来自主机 1 的流，主机 5 请求一个带宽为 1MB/s 的通道用于来自主机 2 的流。那么，在路由器 A、B、C、E、H、J、K 和 L 上要为这些请求预留多大的总带宽？

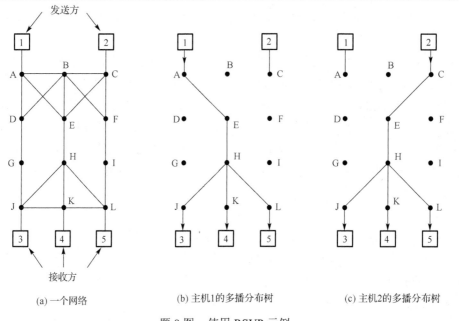

(a) 一个网络   (b) 主机1的多播分布树   (c) 主机2的多播分布树

题 8 图　使用 RSVP 示例

9．RSVP 有哪两个基本的报文类型？

10．综合服务采用的基于流的方法的缺点是什么？基于类别的服务质量方法有什么优点？

11．在区分服务中的加快转发背后的思想是什么？确保转发共定义了多少个服务类别？

12．RTP 和 RTCP 各提供了哪几个主要的功能？

第 15 章 应 用 层

本章学习要点

(1) 网络应用模型；

(2) 域名服务器；

(3) 因特网域名的等级结构；

(4) 解析程序和域名解析过程；

(5) 文件传送协议；

(6) 邮件传送协议 SMTP 和邮件读取协议 POP3；

(7) 电子邮件的 RFC 822 格式和通用因特网邮件扩展；

(8) WWW 的组成结构；

(9) HTTP；

(10) 公共网关接口；

(11) 万维网页面中的超链；

(12) 搜索引擎。

应用层提供分布式信息处理服务及用户应用进程访问这些服务的途径。应用层的具体内容就是规定应用进程在通信时所遵循的协议。在开放系统互连参考模型中，面向应用的功能被划分成会话层、表示层和应用层 3 个层次。而在 TCP/IP 协议栈的传输层上面只有一个层次，即应用层，它包含所有的面向应用的协议。

在本章里，我们将首先阐述应用层协议的两个运行模型：客户/服务器模型和对等 (Peer-to-Peer, P2P) 模型。接着介绍域名系统，它的主要功能是把主机名映射到网络地址。最后考察几个典型的应用层协议，包括文件传送协议、电子邮件协议和万维网 (WWW) 协议，并讨论在万维网中使用的超链和搜索引擎技术。

15.1 网络应用模型

15.1.1 客户/服务器模型

应用层的许多协议都基于客户/服务器模型。它涉及两个进程：一个在客户机器上；另一个在服务器机器上。它们之间通信的形式是客户进程在网络上把一个请求报文发送到服务器进程。然后客户进程等待应答报文。当服务器进程接收请求报文时，它执行所请求的工作，或者查看所请求的数据，往回发送一个应答报文。客户/服务器模型最主要的特征是：客户请求服务；服务器提供服务。

例如，Web 应用程序，其中总在运行的 Web 服务器服务于来自客户机的浏览器的请求。当 Web 服务器接收客户机对某个网页的请求时，它就向客户机发送所请求的网页进行响应。

15.1.2　P2P 模型

在 P2P 模型的通信中，不需要有一个服务器进程在所有时间内都在运行，等待客户进程连接，而是让许多个用户分担提供服务的责任。各个计算机没有固定的客户和服务器划分。每个结点都同时具有下载和上传的功能，其权利和义务是大体对等的。连接因特网的一个计算机可以在一个时间提供服务，在另一个时间接受服务。一个计算机甚至可以在同一时间提供和接受服务。

以数据共享为例，P2P 模型使得各个用户之间能够互相共享已经下载的部分数据，而不完全依赖某个服务器来获取数据，因此 P2P 模型能减轻服务器的压力。同时多点并行传输数据可使网络带宽得到充分有效的利用，服务器能支持的用户规模也随之扩大。

15.2　域名系统

在因特网上的主机之间一般都使用 IP 地址进行通信。然而，人们处理主机的名字要比数字或 IP 地址更为方便一些。因此，从 TCP/IP 联网开始就有主机名和它们的 IP 地址之间的映射问题。原则上，将名字映射成 IP 地址有两种方法。

(1)使用一个包含每个主机的 IP 地址的文件的静态映射。在互联网刚开始时就采用这种方法解析主机名。

(2)转化名字的动态映射。使用一个应用层协议，按照客户/服务器结构工作。

随着因特网的增长，静态映射由于下列两个原因而不再被采用。

(1)在每个主机上都需要的包含 IP 地址的文件会变得非常大。

(2)在所有主机上，那个文件的更新会产生巨大的网络负载。

由于如今的因特网是非常大的，一个中心的目录系统不能够持有所有的映射。此外，如果中心计算机失效了，整个通信网络都将崩溃。比较好的解决方案是把这些信息分布在世界上的许多计算机中，需要映射的主机可以联系持有所需信息的最近的计算机。

域名系统(Domain Name System，DNS)就是为了解决这些问题而提出来的。域名系统协议是一个应用层协议。它是一种命名服务，将信息与目标相关联。它的基本功能是主机以查询的方式向域名服务器(也称 DNS 服务器)请求主机名和 IP 地址的映射信息，域名服务器则以应答的方式向主机提供这个信息。

例如，一个用户要使用文件传送客户程序访问运行在一个远程主机上的文件服务器，该用户仅知道文件服务器的名字，如 afilesource.com。然而 TCP/IP 软件需要文件服务器的地址才能连接该文件服务器。下列 6 个步骤把文件服务器的主机名映射到一个 IP 地址。

(1)用户把文件服务器的主机名传送给文件传送客户程序。

(2)文件传送客户程序把主机名传送给 DNS 客户程序。

(3)每个计算机在开机引导后都知道一个 DNS 服务器的 IP 地址。DNS 客户程序给 DNS 服务器发送一个查询报文，在查询报文中给出文件服务器的名字，使用已经知道的 DNS

服务器的 IP 地址作为对应的 IP 分组的目的地址。

(4) DNS 服务器查出文件服务器的 IP 地址。

(5) DNS 服务器把该 IP 地址传送给 DNS 客户程序，后者又将它传送给文件传送客户程序。

(6) 文件传送客户程序使用接收到的 IP 地址访问文件服务器。

在这里需要理解域名服务器和解析器两个不同的定义。域名服务器实质上是一个程序，该程序访问一个主机数据库，回答来自其他程序的查询请求。而解析器则与使用网络的程序装在一起，它产生送往域名服务器的查询请求，并对响应进行处理。也可以说，解析器是子程序，每个使用网络的程序都要调用它。在前面给出的示例中，解析器就是 DNS 客户程序。

15.2.1 名字空间

分配给一个机器的名字必须从一个名字空间仔细选择。在整个名字空间内，名字必须是唯一的，因为 IP 地址是唯一的。把每个地址映射到一个唯一名字的名字空间可以用两种方式组织：平面的或等级式的。在一个平面名字空间中，一个名字被赋予一个地址。在这个空间中名字是一个没有结构的字符序列。平面名字空间的主要缺点是不能够用于像因特网这样的大的系统，因为它必须被集中控制，以避免模糊和重复。

在一个等级式名字空间中，每个名字都由几个部分组成。第一部分可以定义一个组织的性质；第二部分可以定义一个组织的名字；第三部分定义在组织中的部门等。在这种情况下，分配和控制名字空间的权威机构可以是去中心化的。一个中心机构可以分配名字中定义组织性质和名字的部分。分配名字的其余部分的责任可以交给组织自己。组织的管理不用担心为一个主机选择的前缀会被另一个组织取用，尽管名字的部分是相同的，但整个名字是不同的。例如，假定两个组织都把他们的一台计算机称为 caesar。第一个组织被中心权威机构给予一个名字，如 first.com；第二个组织被给予名字 seconf.com。当每个组织都在组织名字前面加上 caesar 时，结果是两个不同的名字：caesar.first.com 和 caesar.seconf.com。两个名字都是唯一的。

为了有一个等级式的名字空间，人们设计了域名空间。在这个设计中，名字在一个倒树结构中定义，该树的根位于顶部。该树可以有 128 级：0～127 级。

在该树中的每个结点都有一个标记(Label)，它是一个字符串，最多可以有 63 个字符。根标记是一个空字符串。DNS 要求一个结点的孩子有不同的标记，以保证域名的唯一性。

在树中的每个结点都有一个域名。完全域名是一个标记序列，标记之间用点(.)分隔。域名总是从该结点向上往根的方向读出。这就意味着一个完全域名总是用一个空标记结尾，即最后一个字符是一个点，因为空字符是空。

如果一个标记用一个空字符终止，那么它就称为完全合格的域名(Fully Qualified Domain Name，FQDN)。这个名字必须以一个空标记结尾，但因为空意味着什么都没有，所以该域名以一个点结尾。如果一个标记不是以一个空字符终止，那么它就称为部分合格的域名(Partially Qualified Domain Name，PQDN)。一个 PQDN 从一个结点开始，但它不到达根。当要解析的名字属于同一个场点时，客户可以使用这种名字做请求。在这里，解析器可以提供名字中称为后缀的没有写出的部分，建立一个完全合格的域名。

域是域名空间的一个子树。域的名字是在该子树顶部的结点名。例如，在根结点下面有一个标记是 edu 的结点，域名是 edu.。在标记是 edu 的结点下面有一个标记是 topUniversity 的结点，域名是 topUniversity.edu.。在标记是 topUniversity 的结点下面有一个标记是 bDept 的结点，域名是 bDept.topUniversity.edu.。在标记是 bDept 的结点下面有一个标记是 aComputer 的结点，域名是 aComputer.bDept.topUniversity.edu.。

包含在域名空间中的信息必须被存储。然而，只让一个计算机存储如此巨大的数量的信息是非常低效的，因为对来自全世界的请求的响应会把一个很重的负担加在这个系统上。这样做也是不可靠的，因为该计算机的失效会使得数据不可访问。

解决这个问题的方案是把信息分布在许多称为 DNS 服务器的计算机上。为此，一个办法是基于第 1 级结点把整个空间划分成许多个域。也就是说，让根独立，建立跟第 1 级结点同样多的域（子树）。因为这样建立的一个域可能非常大，DNS 允许把域划分成多个较小的域（子域）。每个服务器可以负责（有权威）一个大的域或小的域。换言之，我们就像有一个名字的等级结构一样，也有一个服务器的等级结构。例如，在根服务器之下，有 edu 服务器、com 服务器、cn 服务器、uk 服务器等，它们都是第 1 级服务器；在 edu 服务器下面有 fhda.edu 服务器、bk.edu 服务器等，在 cn 服务器下面有 bj 服务器、js 服务器等，它们都是第 2 级服务器。

由于完全的域名等级结构不能够存储在单个服务器上，所以它被划分进许多个服务器。一个服务器负责的对其有权威的部分结构称为区（Zone）。我们可以把区定义为整个树的一个连续的部分。如果一个服务器负责一个域，并且不再把该域划分成比较小的域，那么域和区就是一回事。区服务器也称为权威名字服务器（Authoritative Name Server），负责建立和维护该区中所有主机的域名到 IP 地址的映射记录。它建立一个称为区文件的数据库，其持有在这个域下面每个结点的所有信息。然而，如果一个服务器把它的域划分成多个子域，结果只具有对子域内服务器的部分权威，那么域和区就不同了。子域内的区服务器（权威名字服务器）负责建立和维护该区中所有主机的域名到 IP 地址的映射记录，原先的服务器保持对较低级服务器的某种引用。原先的服务器没有全部摆脱责任，它仍然有一个区，但子域内的详细信息被较低级服务器持有。例如，普林斯顿大学的域名是 princeton.edu.，划分子域后，在它的下面有名字为 cs.princeton.edu.（计算机系）、physics.princeton.edu.（物理系）等的子域。这些子域既是一个域，也是一个区，由各自子域内的区服务器负责管辖。不愿意自己承担管理任务的部门，可以仍然留在校级区内，由校服务器 princeton.edu 直接管辖。注意，在划分子域后，因为原先的域的服务器具有完全责任的范围不包括其子域的范围，因此在这个意义上，域和区是不同的。实质上，DNS 服务器的管辖范围不是以域为单位的，而是以区为单位的。

根服务器是一个其区是由整个树构成的服务器。通常根服务器不存储关于域的具体信息，但它对其他服务器具有权威，保持对这些服务器的引用。根服务器有多个，每个都覆盖整个域名空间。根服务器分布在世界各地。

DNS 定义了两类服务器：主（Primary）服务器和从（Secondary）服务器。主服务器存储关于它具有权威的区的文件。它负责建立、维护和更新该区文件。它把区文件存储在一个本地磁盘上。

从服务器从另一个服务器（主服务器或从服务器）接收关于一个区的全部信息，并且把文件存储在它的本地磁盘上。从服务器不建立也不更新区文件。如果需要更新，也必须由主服务器来执行，主服务器把更新的版本发送给从服务器。

主服务器或从服务器对它们服务的域都有权威。设计人员的想法不是把从服务器放在一个较低的权威级别，而是建立数据冗余，以便在一个服务器失效的情况下，另一个服务器可以继续服务于客户。还要注意，一个服务器可能对于一个域是主服务器，而对于另一个域是从服务器。因此当我们说一个服务器是主服务器或从服务器时，应该明确指的是哪个区的服务器。

15.2.2 在因特网中的 DNS

DNS 是一个协议，它可以用于不同的平台。在因特网中，域名空间(树)最初被划分成3 个不同的部分：通用域、国家域和反向域。然而，由于因特网的快速增长，保持跟踪从地址查找名字的反向域非常困难。现在反向域已被弃用。因此只讨论前两个部分。

通用域根据通用性定义注册主机。在树中的每个结点定义一个域，域是域名空间数据库的索引，如 uci.edu.就是要在域名空间数据库中查询地址的一个索引。

在 DNS 树中，通用域部分的第一级允许 14 个可能的标记，包括 aero (航空运输企业)、biz (公司和企业)、com (商业组织)、coop (合作团体)、edu (教育机构)、gov(政府机构)、info (信息服务提供者)、int (国际组织)、mil (军事团体)、museum (博物馆)、name (个人名字，个人)、net (网络支持中心)、org (非营利机构)、pro (专业组织)。这些标记描述单位的类型。

国家域部分使用两个字符的国家名缩写，如 cn 表示中国。第二个标记表示一个国家下面的行政划分，如中国的 bj(北京)、js(江苏)、sh(上海)等；也可以表示国家下面的 edu(教育机构)和 ac(科研单位)这样具有通用性质的子域。例如，ucas.edu.cn.可以被翻译成中国教育领域的中国科学院大学。

图 15-1 示出了因特网域名的等级结构。树根下面的一级结点是顶级域，再下面是二级域。最下面的叶结点就是单台计算机。例如，在中国科学院计算技术研究所下的四级域名的例子是 mail、www、software 等。域名树的树叶就是单台计算机的名字，它不能再继续往下划分子域了。中国科学院计算技术研究所有一台计算机取名 mail，它的域名是 mail.ict.ac.cn，它在世界范围内具有唯一性。注意，此图是一种管理性层次，而不是网络设计。

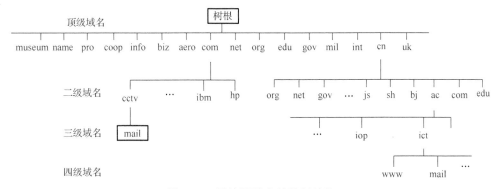

图 15-1　因特网域名的等级结构

　　根服务器是名字域中的终极权威，它们知道因特网上所有的顶级域名服务器的域名和 IP 地址。具有对因特网访问权的任何服务器都可以传递请求给一个根服务器。全球共有 13 个根服务器，分别称为 a-root-servers.net、b-root-servers.net……m-root-servers.net。尽管每个根服务器在逻辑上可能是单个计算机，但由于整个因特网都依赖根服务器，实际上它们被大量复制到 100 多个计算机上，分布在世界各地。例如，根域名服务器 f 现在就在 40 个地点安装，其中在中国有 3 个，位置是北京、香港和台北。这些根服务器中的大多数都置身于多个地理位置，并被使用任播路由到达，因此查询分组会被投递到一个目的 IP 地址的最近的实现。在这种情况下，具有一个 IP 地址的根服务器的安装对应一个任播组。对根域名服务器的复制改善了可靠性和性能。

15.2.3　名字解析过程

　　DNS 被设计成一个客户/服务器应用。在调用像 Telnet 或 FTP 这样的网络应用时，全称域名必须解析成一个地址，这时就产生了一个 DNS 查询。这是由称为解析程序(Resolver)的客户执行的。解析程序通常由运行时间库程序实现。解析程序需要使用它可以查询的域名服务器的地址，也需要知道客户机所在的域的名字(以便补足短的主机名)。

　　客户在 DNS 请求报文中填写待解析的域名，一般都使用 UDP 数据报把请求报文发给本地域名服务器，给出的服务方应用进程的端口号是 53。本地域名服务器在查找到相关的映射信息后，把对应的 IP 地址放在应答报文中返回客户。

　　每个区(子域或具有完全权威的管辖范围)由单个负责管辖的域名服务器管理。每个域名服务器需要具备下列信息。

　　(1)关于区内主机的所有信息(特别是 IP 地址)。

　　(2)关于区的子域的所有信息(特别是它们的域名服务器的名字和地址)。

　　(3)至少一个根服务器的地址。

　　图 15-2 示出了域名 vmsa.oac.uci.edu 是如何在主机 ufhix.muh.dec.com 上进行解析的。在解析域名的过程中所发生的步骤如下。

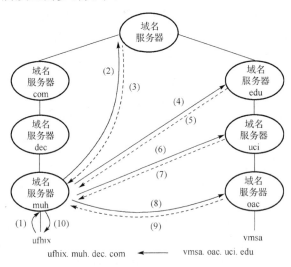

图 15-2　域名解析示例

(1)ufhix 产生一个 DNS 查询以解析 vmsa.oac.uci.edu，并且将查询请求发送给它的在域 muh.dec.com 中的域名服务器。

(2) 由于 muh.dec.com 的域名服务器不知道关于域 oac.uci.edu 的任何信息，所以它就产生一个查询，送往根服务器。

(3)根服务器知道域 edu 的域名服务器的地址,但不知道域 oac.uci.edu 的名字服务器的地址。因此 edu 的名字服务器的地址被作为解答返回。

(4)muh.dec.com 的域名服务器产生一个查询，送往 edu 的域名服务器。

(5)edu 的名字服务器知道域 uci.edu 的名字服务器的地址，而不知道域 oac.uci.edu 的域名服务器的地址。uci.edu 的域名服务器的地址被作为解答返回。

(6)muh.dec.com 的名字服务器产生一个查询，送往 uci.edu 的名字服务器。

(7)uci.edu 的名字服务器仅知道 oac.uci.edu 的名字服务器的地址。该地址作为解答被返回。

(8)muh.dec.com 的域名服务器产生一个查询，并把它送往 oac.uci.edu 的名字服务器。

(9)oac.uci.edu 的域名服务器知道 vmsa.oac.uci.edu 的地址，并将该地址送往 muh.dec.com 域名服务器。

(10)muh.dec.com 的域名服务器将这一信息送往主机 ufhix。

按照解答的方式，可以将查询分成递归查询和迭代查询两种类型。解析的过程受到产生查询的类型的影响。

如果产生的是递归查询，被询问的域名服务器必须解析(递归地)出该查询，直到找到查询的信息为止。对一个递归查询的回答是所请求的信息或一个差错报文。也就是说，如果产生的是一个递归查询，那么所有的解析工作必须由被询问的域名服务器来做。通常，递归查询由客户产生，在前面的例子中是由 ufhix 产生的。

迭代查询可以用一个域名服务器的地址来回答，该域名服务器应该是比较接近必须被解析的域名所表示的域。这种回答导致对比较接近的域名服务器的另一个查询(迭代查询)。迭代查询产生之后，所有的解析工作都由正在进行查询的域名服务器来做。通过尽快地产生迭代查询，将解析工作转向在低层次域中的域名服务器，避免负载集中在高层次域中的几个域名服务器上。迭代查询通常由域名服务器产生，在前面给出的示例中，muh.dec.com 域的域名服务器产生迭代查询。

为了更有效地完成解析工作，人们还引入了一种称为超高速缓冲的机制以动态地减少由 DNS 查询所产生的负载。在解析过程中所得到的每一条信息都被所涉及的域名服务器存储在它的主存储器(内存，简称主存)中，并且保存在这里一段时间。如果这条信息可以在另一次查询过程中使用，就不用再在网络上发查询报文。一条信息可以被高速缓存的时间称为生存时间，并且由管辖该信息的名字服务器定义。在前面的例子中，对于在 oac.uci.edu 域中的一台主机的另一次解析将仅需要一次查询，因为域 oac.uci.edu 的域名服务器的地址已经存在于域 mun.dec.com 的域名服务器的超高速缓存中了。

15.2.4 资源记录

跟一个服务器相关的区信息被实现为一组资源记录。名字服务器存储一个资源记录数据库。一个资源记录结果是一个五元组结构：

(域名，type，class，TTL，值)

域名段标识该资源记录的名字。值段包含跟该记录类型有关的信息。TTL 段定义信息以秒计的有效期，也表示该记录在其他服务器中的缓存时间。class 段定义网络类型，通常都是 IN，表示因特网。type 段定义应该怎样解释值段。表 15-1 列出了常用的 type 以及对值段的解释。

表 15-1　常用的 type 以及对值段的解释

type	对资源记录中值的解释
A	32 位 IPv4 地址
NS	标识一个区的权威服务器
CNAME	定义一个正式名字的别名
SOA	标记一个区的开始
MX	把邮件重定向到一个邮件服务器
AAAA	一个 IPv6 地址

(1) type=A 表示值段是一个 IPv4 地址。该记录实现名字到 IP 地址的映射。

(2) type=NS 表示值段给出的是区的权威服务器的域名。该权威服务器知道怎样解析区内的名字。特别地，如果查询一个非本区的目的主机的 IP 地址，那么该记录给出的不是目的 IP 地址，而是下一步应该访问的域名服务器。

(3) type=CNAME 表示值段给出使用在域名段中列出的别名的主机的正式名。这种记录允许将多个名字映射到同一台计算机，通常用于同时提供 WWW 和 MAIL 服务的计算机。例如，有一台计算机名为 host.mydomain.com，它同时提供 WWW 和 MAIL 服务。为了便于用户访问，可以为该计算机设置两个别名(CNAME)：WWW 和 MAIL。这两个别名的全称就是 www.mydomain.com 和 mail.mydomain.com，实际上它们都指向 host.mydomain.com。如果要把提供 WWW 服务的计算机从 host.mydomain.com 改变成 newhost.mydomain.com，只需在对应别名 WWW 的 CNAME 记录中把主机的正式名从 host 改成 newhost 即可。

(4) type=MX 表示值段给出在一个指定的域运行接收邮件的服务器程序的主机的正式名。邮件交换(Mail Exchange，MX)记录允许管理员改变接收邮件的主机，而不用改变邮件的地址。实际上，用户在邮件地址中只要写出目的地的域名即可，使用 DNS 就可以查到一个域的邮件服务器的正式主机名。

(5) type=SOA 表示值段提供该名字服务器所管辖的区的主要信息来源的名字(通常就是一个名字服务器的名字)、它的管理人员的电子邮件地址、具有唯一性的序列号(区域文件修订号)、多种标志(包括从服务器的刷新时间、从服务器等待失败的重试时间，以及从服务器没有及时刷新导致不可以再提供服务的时间上限)和超时值(TTL 的默认值)等。

15.3 FTP

FTP 提供了有效地把数据从一台机器传送到另一台机器的方法。它允许任一台计算机的用户从另一台计算机取得文件，或传送文件到另一台计算机。

假定要发送一个文件到地址为 128.6.4.7 的计算机，为连接 128.6.4.7，必须指明要与 FTP 服务程序通信。这只要说出该服务程序的对应的端口号就可以做到。TCP 使用目的主机的 IP 地址和端口号区别不同的连接。用户程序通常或多或少使用随机的端口号，但目的主机上等待请求的服务程序必须使用众所周知的固定端口号。

在我们的例子中，为发送一个文件，将在本地主机启动一个称为 FTP 的程序，它使用本地的一个随机端口号(如 1234)打开一个连接。然而，它将指定 21 这个众所周知的端口号为目的端口号。这个端口号由 FTP 服务程序使用。注意，这里引入了两个不同的程序。我们在这一边运行 FTP，它从这边的终端接收命令，并将其传给对话的另一方。它跟目标机器上的 FTP 服务程序对话。FTP 服务程序则从网络连接接收命令，它运行在目的主机上。

还要注意的是，一个连接实际上是由 4 个数字确定的，包括双方的 IP 地址和双方的端口号。IP 地址放在 IP 分组的头部；TCP 端口号放在 TCP 报文段的头部。在任一时刻，一个连接的 4 个数字不能与其他连接的 4 个数字相同，但只要有 1 个数字不同即可。例如，一台机器上的两个用户给同一远方计算机传送文件，所建立的两个连接可能是如表 15-2 所示的两组参数。

表 15-2 FTP 的连接参数示例

类型	IP 地址	TCP 端口
连接 1	128.6.4.194→128.6.4.7	1234→21
连接 2	128.6.4.194→128.6.4.7	1235→21

由于它们是同样的两台机器，故 IP 地址相同，又因为都做文件传送，故另一端都是众所周知的 FTP 服务程序端口，唯一不同的是用户运行的程序 FTP 端口号。一旦 TCP 打开了连接，就可以把连接当成简单的导线使用，内部细节都由 TCP 和 IP 处理。不过，究竟在连接上传送什么还需要一些协定。一般来说是命令和数据，而且是从上下文进行区别，对于命令，还必须规定应用程序能够理解的语法和语义。例如，在我们发送文件的例子里，可以使用 put file-l.txt 这样的命令。其中，Put 的功能是将本地的文件传到对方机器；file-l.txt 是命令的参数，指明要发送的本地文件名。

15.3.1 FTP 协议的工作原理

FTP 使用 TCP 可靠的传输服务。它的主要功能是减少或消除不同操作系统下处理文件的不兼容性。

FTP 使用客户/服务器方式。一个 FTP 服务器进程可同时为多个客户进程提供服务。FTP 的服务器进程由两大部分组成。一个主进程负责接收新的请求；另外有若干个从属进程负责处理单个请求。

主进程的工作步骤如下。

(1)打开 21 号周知端口。

(2)等待客户进程发出连接请求。

(3)启动从属进程来处理客户进程发来的请求。

(4)回到等待状态，继续接收其他客户进程发来的请求。

主进程与从属进程的处理是并发地进行的。从属进程对客户进程的请求处理完毕后即终止。

15.3.2　控制连接与数据连接

FTP 涉及两个不同的连接。在客户进程向服务器进程发送连接请求时，使用服务器进程的周知端口 21 建立控制连接。在开头的连接中，用户程序在网上发送下列一类命令：

——Log me as this user

——here is my password

——send me the file with this name

可是，一旦发出了传数据的命令，就要在客户进程和服务器进程之间建立第 2 条连接，即专用于传数据的数据连接。为此，客户进程在控制连接上传送 PORT 命令，把自己用于数据连接的端口号告知服务器进程。服务器进程使用自己的周知端口 20 作为源端口，使用客户进程传来的端口号作为目的端口，发起跟客户端建立数据连接的过程。

FTP 的设计者希望允许用户在传递文件数据时继续发布命令，如用户传输的中途发一个中止传输的命令。文件传送的安全保证通过要求用户提供对方机器的用户名和口令得以实现。FTP 还负责处理两台机器上不同的文件结构、不同的字符集和行结束符等差异。

在一个 FTP 会话期间，控制连接一直是打开的，然而如果传送多个文件，数据连接会打开和关闭多次。数据连接为每次文件传送请求都打开一次连接，文件传送结束就将其关闭。

15.4　电　子　邮　件

电子邮件允许用户发送信息到其他计算机的用户。起初，人们习惯于使用一台或两台主机，将电子邮件文件放在这些机器上，网络上的每个用户都在这些少数计算机上有账户和邮箱。这在使用单用户操作系统的微机环境中可能产生一些问题。单用户微机不适宜接收邮件。当用户发送一个邮件时，邮件软件程序期待能够打开一条到达收信人的计算机的连接，此时收信人的微机可能没有打开，也可能在运行另一个应用程序，而不是邮件软件。由于这个原因，通常由一个较大的计算机系统担当邮件服务器的角色，让它经常处于运行状态，而把微机上的邮件软件只用作一个用户接口，它负责从邮件服务器检索邮件。当然，在单用户的微机上发送邮件，不会有什么问题。

15.4.1　电子邮件系统的组成结构

电子邮件系统是一种客户/服务器方式的应用。客户软件用来处理信件，如信件的编写、阅读、管理(删除、排序等)等;服务器用来传递信件。这样的客户软件称为用户代理(User Agent,UA),而服务器软件称为报文传送代理(Message Transfer Agent,MTA)。

如图 15-3 所示,一个电子邮件系统有 3 个主要组成构件:用户代理、邮件服务器和电子邮件使用的协议。

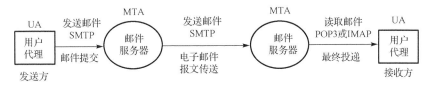

图 15-3 电子邮件系统基本结构

用户代理是用户与电子邮件系统的接口。用户代理使用户能够通过一个很友好的接口来发送和接收邮件。用户代理至少应当具有撰写、显示和邮件处理的功能。

邮件服务器是电子邮件系统的核心构件,它的功能是发送和接收邮件,以及向发信人报告邮件传送的情况,包括已递交、被拒绝和丢失等。邮件服务器按照客户/服务器方式工作。

邮件服务器需要使用两个不同的协议。一个协议是 SMTP(Simple Mail Transfer Protocol),用于邮件发送;另一个协议是邮件读取协议(POP3 或 IMAP),用于用户对邮箱的邮件读取。

15.4.2 电子邮件格式与 MIME

电子邮件由信封和内容两部分组成。电子邮件的传输程序根据邮件的信封上的信息来传送邮件。用户在从自己的邮箱中读取邮件时才能见到邮件的内容。

在邮件的信封上,最重要的就是收信人的地址。TCP/IP 体系的电子邮件系统规定电子邮件地址的格式如下:

收信人邮箱名@邮箱所在主机的域名

RFC 822 规定了邮件的头格式,而邮件的主体部分则让用户自由撰写。用户写好头部后,邮件系统将自动地把信封上所需的信息提取出来并写在信封上。

邮件头包括一些关键字(Keyword),后面加上冒号。最重要的关键字是 To 和 Subject。To 后面填入一个或多个收信人的电子邮件地址。Subject 是邮件的主题。邮件头还有一项是 Cc:,表示给某人发送一个邮件副本。头部关键字还有 From 和 Date,表示发信人的电子邮件地址和发信日期,这两项一般都由邮件系统自动填入。另一个关键字是 Reply-To,表示对方回信用的地址,可以与发信人发信时所用的地址不同。

在早期的 TCP/IP 网络中,电子邮件完全由用英文书写的正文信息组成,并且用 ASCII 编码表示。在这种环境中,RFC 822 是一个很好的规范,它规定了邮件头格式,邮件内容则完全由用户决定。在如今的国际互联网上,这种方法已经不能够满足所有的用户需求了。问题包括发送和接收以下报文。

(1)使用不同音调的语言表示的报文(如法语和德语)。

(2)使用非拉丁字母表示的报文(如希伯来语和俄语)。

(3)使用没有字母表的语言表示的报文(如汉语和日语)。

(4)根本不包含正文的报文(如声音和视像)。

解决这一问题的方法就是如今广泛使用的通用因特网邮件扩展(Multipurpose Internet Mail Extension，MIME)。

MIME 的基本思想是继续使用 RFC 822 格式，但在邮件报文体中加入结构，定义非 ASCII 报文的编码规则。MIME 报文可以使用现有的邮件程序和协议发送。必须改变的就是用户使用的发送程序和接收程序。

MIME 在其邮件头中说明了邮件的数据类型，包括文本、声音、图像、视像等。MIME 允许在邮件中同时传送多种类型的数据。这在多媒体通信的环境下是非常有用的。

MIME 主要包括以下三部分内容。

(1)5 个新的邮件头字段，包括 MIME 版本、内容描述、内容标识、内容传送编码和内容类型。

(2)MIME 定义了许多邮件内容的格式，对多媒体电子邮件的表示方法进行了标准化。

(3)MIME 定义了传送编码，可对任何内容格式进行转换，而不会被邮件系统改变。

MIME 定义了如表 15-3 所示的五个新的报文头。第一个头只是简单地告诉接收报文的用户代理它在处理一个 MIME 报文，并且告诉它所使用的 MIME 版本。任何不包含"MIME 版本："头的报文都被假定是一个纯英文报文，并当作纯英文报文处理。

表 15-3　MIME 增加的 RFC 822 邮件头

邮件头	含义
MIME 版本：	标识 MIME 版本
内容描述：	可读的字符串，说明在报文中有什么内容
内容标识：	唯一的标识符
内容传送编码：	如何将邮件改编后传送
内容类型：	报文的性质

"内容描述："头是 ASCII 字符串，说明报文中的内容。使用这个头的目的是要让接收方知道是否值得解码和阅读所收到的报文。如果该字符串是"东北虎照片"，而得到该报文的人对东北虎不感兴趣，那么该报文很可能被丢弃，不会译码成高分辨率的彩色照片。

"内容标识："头标识报文的内容。它是一个自动产生的号码，以便于以后引用该报文。例如，可用它防止重复投递；还有，接收方在做应答时也可用它表示对哪个报文的应答。

"内容传送编码："说明如何将邮件报文体编码后通过网络传送，邮件网络可能拒绝除字符、数字和标点符号以外的大部分字符。提供了五种方案(加上一个 escape 转义方案)。最简单的方案就是 ASCII 正文。ASCII 字符使用 7 位编码，若每一行都不超过 1000 个字符，则其可以直接由电子邮件协议执行。

另一个简单的方案也是 ASCII 正文，但使用 8 位字符，即 0～255 的所有值。这种编码方案违反了最初的互联网电子邮件协议，但被部分国际互联网使用，对原先的电子邮件协议做了一些扩充。虽然对这种编码方案的宣传并没有使它变得合法，但将它明确地表示出来，至少在碰到错误时可以解释一些故障。使用 8 位编码的报文必须仍然坚持最大行长度标准。

更坏的情况是使用二进制编码的报文。这些任意的二进制报文不仅使用所有 8 位，甚至不尊重 1000 个字符的行限。可执行的程序就属于这一类别。不能保证二进制报文会正确地到达目的地，但还是有许多人发送这样的报文。

编码二进制报文的正确方法是使用基 64 编码，有时候称为 ASCII 铠装。在这一方案中，一组 24 位划分成四个 6 位单元，每个单元作为一个合法的 ASCII 字符发送。编码 "A" 用作 0，编码 "B" 用作 1，…，后随 26 个小写字母、10 个数字 0~9，再加上编码 "+" 表示 62，编码 "/" 表示 63。这样，6 位二进制数的每一种模式都对应一个可打印的 ASCII 字符(共 64 种模式)。如果最后一组不足 24 位，可以用 "= =" 和 "=" 分别表示仅包含 8 位和 16 位二进制序列。在接收端恢复二进制时，忽略回车符和换行符，因此在报文中可随意插入回车符和换行符，从而保持遵从行足够短的协议要求。使用这种方案可以安全地发送任意二进制报文。

例如，假设有二进制代码，共 24 位：01001001 00110001 01111001。先划分为 4 个 6 位组，即 010010 010011 000101 111001。对应的基 64 编码为：STF5(A 用作 0；S 用作 18，T 用作 19；F 用作 5；5 用作 57)。最后，将 STF5 用 ASCII 编码(STF5)发送，即 01010011 01010100 01000110 00110101。显然，24 位的二进制代码采用基 64 编码后成了 32 位，开销为 25%。

对于几乎整个都是 ASCII 编码只有少数非 ASCII 字符的报文，基 64 编码就有些低效了。在这种情况下可采用称为引用的可打印编码的方法。引用的可打印编码方法适用于所传送的数据中只有少量的非 ASCII 码(如汉字)的情况。这种编码的要点是对于所有可打印的 ASCII 码，除特殊字符等号(=)外，都不改变。等号 "=" 和不可打印的 ASCII 码以及非 ASCII 码的数据的编码方式是：先将每个字节的二进制代码用两个十六进制数字表示；然后在其前面加上一个等号 "="。

例如，汉字的 "系统" 的二进制编码是：11001111 10110101 11001101 10110011(共有 32 位，但这四个字节都不是 ASCII 码)，其十六进制数字表示为：CFB5CDB3。用 quoted-printable 编码表示为：=CF=B5=CD=B3，把这 12 个字符用可打印的 ASCII 编码，其二进制编码需要 96 位，和原来的 32 位相比，开销达 200%。又如，等号 "=" 的二进制代码是 00111101，即十六进制的 3D，因此等号 "=" 的 quoted-printable 编码为：=3D。

总之，二进制数据应该以基 64 编码或引用的可打印形式编码发送。如果由于某种原因不适合使用这两种方法时，用户也可以在 "内容传送编码：" 头中指定一种自己定义的编码。

表 15-3 中示出的最后一种头实际上是最有趣的，它指定报文体的性质。RFC 1521 定义了七个类型，每一个都有一个或多个子类型。类型和子类型用斜线分隔，如下所示。

Content-Type：video/mpeg。子类型必须在头中明确地给出，不提供默认值。

表 15-4 示出了在 RFC 1521 中定义的类型和子类型的初始列表。后来又加入了许多新的类型和子类型，更多的登录项正在不断因需要而加入。

现在来分析表 15-4 中列出的类型。

正文(Text)类型用于直接的正文。正文/明文(Text/Plain)结合用于接收后即可显示的普通报文，不用编码，也不用进一步的处理。该选项允许普通报文仅需加几个额外的头就可以用 MIME 传输。

表 15-4　在 RFC 1521 中定义的 MIME 类型和子类型

类型	子类型	描述
正文	明文 富文	未格式化的正文 包括简单格式化命令的正文
图像	GIF JPEG	以 GIF 格式表示的静止图像 以 JPEG 格式表示的静止图像
声音	基本	可听的声音
视像	MPEG	以 MPEG 表示的电影
应用	8 位组流 postscript	未被解释的字节序列 以 postscript 表示的可打印文档
报文	RFC 822 部分 外部体	一种 MIME RFC 822 报文 将报文分裂后传送 报文本身必须在网上抓取
多部分	混合 任择其一 并行 汇编	以指定顺序排列的相互独立的部分 以不同格式表示的同一报文 各个部分必须同时观看 每个部分都是完整的 RFC 822 报文

正文/富文子类型允许在正文中包括简单的标记语言。这种语言提供独立于系统的方法来表示粗体字、斜体、小的及大的点尺寸、缩排、对齐、下标、上标和简单的页格式。该标记语言基于 SGML（简单通用标记语言）；SGML 也用作万维网的超文本标记语言（Hyper Text Markup Language，HTML）的基础。例如，以下报文

The＜bold＞time＜/bold＞has come the＜italic＞walrus＜/italic＞said…

将被显示成

The **time** has come the *walrus* said…

如何再显示由接收系统进行选择。如果可提供粗体和斜体显示，就可以使用它们，否则可以使用颜色、闪烁、下划线、反相显示等来突出重点。不同的系统可以做不同的选择。

下一个 MIME 类型是图像，用于传送静止画面。如今，广泛地使用多种格式存储和传送图像，有压缩的，也有不压缩的。正式定义的有 GIF 和 JPEG 两个子类型，以后肯定还会加入其他的子类型。

声音和视像类型分别用于声音和活动图像。注意，视像仅包括可视信息，没有声道。如果要传送带声的电影，视像和声音部分可能必须分开传送，这取决于所使用的编码系统。到目前为止仅有的视像格式是由活动图像专家组设计的，因此称为 MPEG 标准的格式。

应用类型是所有需要外部处理的还没有被其他类型包括的格式的总称。8 位组流只是一个未被解释的字节序列。当收到这样的流时，用户代理也许要将它显示出来，建议用户把它复制到一个文件，并提示一个文件名，随后的处理由用户决定。

应用类型的另一个子类型是 postscript，指的是由 Adobe Systems 公司创立并广泛用于描述打印页面的语言。许多打印机有内建的 postscript 解释程序。虽然一个用户代理可以调用一个外部 postscript 解释程序来显示进来的 postscript 文件，但这样做不是没有风险的。postscript 是一种成熟的程序设计语言。用足够的时间，一个刻苦的程序员可以用 postscript 写一个 C 编译系统或一个数据库管理系统。要显示一个收到的 postscript 报文，只要执行包含在报文中的 postscript 程序即可。另外，除了显示正文，该程序还能读、修改或删除用户的文件。

　　报文类型允许一个报文完全封装在另一个报文之中。当一个完整的 RFC 822 报文封装在一个外层报文中时，应该使用 RFC 822 子类型。

　　部分子类型允许把一个封装的报文分割成几个片断，并将它们分开发送（例如，如果一个被封装的报文太长，那么就需要分割）。使用的参数保证在目的地可以按正确的顺序重新将所有分开的部分组合还原成原来的报文。

　　外部体子类型可以用于非常长的报文（如视频电影）。不是在报文中包括这种 MPEG 文件，而是给出一个 FTP 地址，接收方的用户代理可以在需要时通过网络抓取该文件。如果把一个电影发送给一组邮件用户，而实际上其中只有少数几个用户可能会看这个电影，那么在这种情况下提供的外部体子类型设施就非常有用。

　　最后一个类型是多部分类型，允许一个报文由多个部分组成，每个部分的开头和末尾都有明显的界标。混合子类型允许每一部分互不相同，不要求附加的结构。相反，任择其一子类型的每一部分必须包含同样的报文，但使用不同的介质或编码表示。例如，一个报文可以用 ASCII 明文、富文和 postscript 发送。一个设计合理的用户代理接到此报文后如果可能将用 postscript 显示。第二个选择是富文。如果前两种选择都不可能，那么就以简单明了的 ASCII 正文显示。各个部分的排列顺序应该从最简单的到最复杂的，这样有助于使用先于 MIME 的用户代理的接收者懂得报文的一些意义（例如，即使是先于 MIME 的用户也能阅读直接的 ASCII 正文）。另外，任择其一子类型也可以用于多种语言。

　　下面给出了一个多媒体例子。这里的生日问候既作为正文发送，也用一首歌发送。如果接收方有放声功能，在这里的用户代理将抓取声音文件 birthday.snd，并把它播放出来。如果接收方没有放声功能，将在屏幕上无声地显示抒情诗。各个部分之间用两个连字符后随在 boundary 参数中指定的用户定义串分界。

```
From:  elinor @ abc.com
To:  carolyn @ xyz.com
MIME -- Version:  1.0
Message-- Id:  <0704760941.AA00747 @ abc.com>
Content -- Type:  multipart/alternative; boundary = qwertyuiopasdfghjklzxcvbnm
Subject:  Earth orbits sun integral number of times
This is the preamble.The user agent ignores it.Have a nice day.
--qwertyuiopasdfghjklzxcvbnm
Content -- Type:  text/richtext
Happy birthday to you
Happy birthday to you
Happy birthday dear < bold > Carolyn</bold>
Happy birthday to you
--qwertyuiopasdfghjklzxcvbnm
Content --Type:  message/external - body ;
access -type = "anon - ftp" ;
site = "bicycle.abc.com";
directory= "pub" ;
name = "birthday.snd"
```

```
content -- type: audio/basic
Content -- transfer -- encoding: base64
--qwertyuiopasdfghjklzxcvbnm--
```

注意，内容类型(Content-type)头在该例中三个地方出现。在顶层，它表示该报文有多个部分，在每个部分内部它给出该部分的类型和子类型。最后，在第二部分的主体内，需要告诉用户代理取什么种类的外部文件。为了表示这种使用上的细微差别，在这里使用了小写字母，虽然所有的头对大小写是不加区别的。类似地，对于任何不是用 7 位 ASCII 编码的外部主体，都需要内容传送编码。

回到多部分报文的子类型，还存在着两种可能性。当所有的部分必须同时观看时，使用并行子类型。例如，电影通常有一个声音通道和一个视像通道。如果这两个通道并行播放(而不是串行播放)，就会有比较好的效果。

最后，当许多报文包装在一起形成组合报文时，可使用汇编子类型。例如，因特网上的某些讨论组从许多用户那里收集信息，然后把它们作为单个多部分/汇编报文发送出去。

15.4.3　SMTP 与邮件读取协议

TCP/IP 网络在 MTA 之间传递邮件的协议称为 SMTP。SMTP 是目前使用最广泛的邮件协议，UA 向 MTA 发送电子邮件也使用 SMTP。SMTP 使用的 TCP 端口号是 25，接收端在 TCP 的 25 号端口等待从发送端来的 E-mail，发送端向接收方(服务器)发出连接要求，一旦连接成功，即进行邮件信息交换，邮件传递结束后释放连接。表 15-5 列出了 SMTP 的常用命令。

表 15-5　SMTP 的常用命令

SMTP 命令	命令格式	命令含义
HELP	HELP <CRLF>	要求接收方给出有关帮助信息
HELO	HELO <发送端的域名><CRLF>	告诉接收方自己的 E-mail 域名
MAIL FROM	MAIL FROM <发送者的 E-mail 地址><CRLF>	把发送者的 E-mail 地址传送到对方
RCPT TO	RCPT TO:　<接收者的 E-mail 地址><CRLF>	把接收者的 E-mail 地址传送到对方，可以多次使用本命令
DATA	DATA <CRLF> … <CRLF>.<CRLF>	用来传递邮件数据，用第 1 列为 "." 的一行结束
QUIT	QUIT <CRLF>	结束邮件传递，释放邮件连接

注：<CRLF>表示回车换行。

下面给出一个用 SMTP 传递邮件的典型过程。例如，假定一个名为 unix.ict.ac.cn 的计算机(作为域 ict.ac.cn 的邮件服务器)要发送下列信件：

```
Date: Thurs 12 JAN 2020 13:26:31 BJ
From: lu@ ict.ac.cn
To: liu @ cnc.ac.cn
Subject: meeting
Let us get together Monday at lpm
```

首先要注意的是，根据 SMTP 标准（RFC 822），信件必须用纯 ASCII 码发送。该标准还规定了邮件头、空一行、信件本体这样的通用结构。详细定义的邮件头中行的语法由关键字及随后的具体值两部分组成。在该例子中，收信人由 liu @ cnc.ac.cn 表示，它简单地对应计算机 xenix.cnc.ac.cn（作为域 cnc.ac.cn 的邮件服务器）上的用户 liu；发件人由 lu @ ict.ac.cn 表示，它对应计算机 unix.ict.ac.cn 上的用户 lu。

发送方邮件软件从本地计算机的通信主机登记表（在 UNIX 操作系统上，主机表放在 /etc/hosts 文件中）或网上的名字服务器那里得知 xenix.cnc.ac.cn 的 IP 地址是 128.6.4.2，然后邮件程序打开一条到 128.6.4.2 的 25 号端口的连接。UNIX 和 XENIX 都是多用户操作系统，双方计算机的邮件服务都位于本地主机。25 号是众所周知的接收邮件的端口号。一旦连接建立，发送方邮件程序就开始发送命令。下面列出的是典型会话：

```
unix HELO ict.ac.cn
xenix 250 cnc.ac.cn
unix MAIL FROM: <lu @ ict.ac.cn>
xenix 250 mail accepted
unix RCPT To<liu @ cnc.ac.cn>
xenix 250 recipient accepted
unix DATA
xenix 354 start mail input; end with <CR><LF>.<CR><LF>
unix Date: Thurs 16 JAN 2020 13: 26: 31 BJ
unix From: lu @ ict.ac.cn
unix To: liu @ cnc.ac.cn
unix Subject: meeting
unix
unix Let us get together Monday at 1pm
unix .
xenix 250 OK
unix QUIT
xenix 221 cnc.ac.cn service closing transmission channel.
```

每行开头都标出该行信息是从 UNIX 还是从 XENIX 发出的。在该例中是 UNIX 主动发起连接的。按照标准，命令都使用普通正文。在示例会话中，命令 HELO、MAIL、RCPT、DATA 和 QUIT 都是标准 ASCII 命令，这样就给观察和诊断带来方便，可以将每个会话的轨迹放在一个记录文件中，以供检查。标准还规定，应答都以数字开头，并限定可以使用的应答格式。使用数字保证用户程序的应答无二义性。应答数字的后面辅以正文，通常只是为了供阅读和记录，对于程序的操作没有影响。有些读者可能已经注意到了，会话以 HELO 起始，它给出启动连接的发送端邮件服务器的域名，然后描述发送者和接收者。如果邮件要发给多个用户，则可以有多个 RCPT 命令。最后发送数据。要注意，邮件的正文用仅包含一个句点"."的行结束。

SMTP 规定了对任一给定命令可以发送的应答。以 2 开头的应答表示成功，以 3 开头的应答表明需要有进一步的动作。以 4 和 5 开头的应答表示有错：4 开头表示像磁盘满这样的暂时性错误；5 开头则表示像接收用户不存在这样的永久性错误。

从上面的例子可以看出，邮件传递分五大部分：第一部分是建立邮件连接；第二部分是标识发送者；第三部分是标识接收者；第四部分是传递邮件数据；第五部分是结束邮件连接。

UA（或 MTA）发送邮件使用 SMTP，但是在客户/服务器环境下 UA 到 MTA 取（Retrieve）邮件则通过邮件读取协议实现。目前常用的邮件读取协议有两个：第三版邮局协议（Post Office Protocol-Version 3，POP3）和因特网报文访问协议 （Internet Message Access Protocol，IMAP）。它们在传输层都使用 TCP，POP3 服务器使用端口号 110，IMAP 服务器使用端口号 143。

POP3 的一个特点是只要用户从 POP 服务器读取了邮件，POP 服务器就把该邮件删除，而 IMAP 服务器邮箱中的邮件一直保存着，用户可以不用把所有的邮件全部下载，直接对服务器上的邮件进行操作，包括删除。POP3 已经成为因特网的正式标准，IMAP 目前还只是因特网的建议标准。下面仅介绍 POP3 协议。

和 SMTP 相似，在建立邮件读取协议的连接之后，POP3 客户方向服务器方发送命令，服务器方做出响应。表 15-6 列出了常用的 POP3 命令。

表 15-6 POP3 的命令

POP 命令	命令格式	命令含义
USER	USER <userid><CRLF>	给出用户标识，用于接收该用户邮件
PASS	PASS <password><CRLF>	给出用户口令，只有用户标识和口令均正确时才能对邮件进行操作
LIST	LIST [<邮件编号>]<CRLF>	给出指定的或全部邮件的头信息
DELE	DELE <邮件编号><CRLF>	删除指定邮件
RETR	RETR <邮件编号><CRLF>	把指定邮件从服务器传递到客户机
QUIT	QUIT<CRLF>	退出 POP3 连接

POP3 服务器方的返回码只有两种：+OK 表示正常；–ERR 表示错误。使用 POP3 接收信息分四个阶段：连接阶段、用户认证阶段、邮件操作阶段和连接释放阶段。下面是一个使用 POP3 的典型例子（K：客户方动作；F：服务器方动作）。

```
K: Connectting to POP3 server at port 110
Trying 202.120.224 .4…
Connected to ms.ict.ac.cn.
Escape character is '^]'.
F: + OK UCB POP server (version 2 .0) at ms starting.
K: user smith
F: + OK Password required for smith.
K: pass johnsmith
F: + OK smith has 2 message(s) (12810 octets).
K: retr 2
F: + OK 322 octets
Return_Pah: < huang@ mit.edu >
Received: from mail.mit.edu by ict.ac.cn (5 .x/SMIL_SVR4)
```

```
id AA08970; Fri, 17 JAN 2020 16:17:12 + 0900
Date: Fri, 17 JAN 2020 16:16:39 +0900
From: huang@ mit.edu
Message_Id: < 0008170717.AA08970 @ ict.ac.cn >
Apparently_To: smith@ict.ac.cn
Content_Type: text
This is a test email.
K: dele 2
F: + OK Message 2 has been deleted.
K: list
F: + OK 1 message (12426 octets)
112488
K: quit
F: + OK POP server at ms.ict.ac.cn signing off.
Connection closed by foreign host.
```

电子邮件的基本组成部分有发信人地址、收信人地址、抄送人地址、邮件标题、信体。发信人地址有且只有一个;收信人地址有一个或多个;抄送人地址可以有 1 个、多个或 0 个;信体即邮件的主体,是需要传送的内容。

15.5　WWW

15.5.1　概述

WWW 是一个分布式的超媒体系统,它是超文本系统的扩充。一个超文本由多个信息源链接而成,并且这些信息源的数目实际上是不受限制的。利用一个链接可使用户从一个文档找到另一个文档,而这个文档又可以被链接到其他的文档。在阅读一个文档的过程中,如果对以醒目方式显示的文本或图片条目感兴趣,那么就可以通过键盘或鼠标操作调阅有关条目的更详细的信息。这是通过嵌入在文本内部的称为超链的信息指针实现的,即超文本技术。

超媒体与超文本的区别是文档内容不同。超文本文档仅包含文本信息,而超媒体文档则包含其他表示方式的信息,如图形、图像、声音、动画,甚至活动视频图像。

WWW 主要采用以下的协议和标准来进行信息的定位、存取和显示。

(1)URL(Uniform Resource Locator):统一资源定位符,是用来标识某一特定信息页所用的一个短的字符串(参考 REC 1738 和 RFC 1808),如 http://www.ucas.ac.cn。

(2)HTTP:超文本传输协议,是为分布式超媒体信息系统设计的面向对象的传输协议。

(3)HTML:超文本标记语言,是在 WWW 中用来建立超媒体文件的语言。它通过标记和属性对一段文本的语义进行描述(参考 RFC 1866)。

(4)CGI(Common Gateway Interface):公共网关接口。凡是遵循 CGI 标准编写的服务器方的可执行程序,都能运行于任何服务器上。

WWW 提供的浏览服务的一般过程如下。

(1)Web 用户经浏览器(指定 URL)向 Web 服务器发出请求。

(2)Web 服务器(HTTP Server)把 URL 转换为页面所在的服务器上的文件路径名。

(3)若文件是简单的 HTML 文件，由 Web 服务器直接把它送给 Web 浏览器。

(4)若该文件是遵循 CGI 标准的驻留程序，则由 Web 服务器运行它，并把其结果输出至 Web 浏览器。

1. URL

用户访问万维网的网点需要使用 HTTP。HTTP 的 URL 的一般形式是

http://＜host＞:＜port＞/＜path＞

HTTP 的默认端口号是 80，通常可以省略。若再省略文件的路径＜path＞项，则 URL 就指到了 Internet 上的某个主页(Home Page)。主页是个很重要的概念，它可以是以下几种情况之一。

(1)一个 WWW 服务器的最高级别页面。

(2)某一个组织或部门的一个定制页面或目录。从这样的页面可链接 Internet 上与本组织或部门有关的其他站点。

(3)由某一个人自己设计的描述他本人情况的 WWW 页面。

例如，要查中国科学院计算技术研究所的信息，就可先进入中国科学院计算技术研究所的主页，其 URL 为 http://www.ict.ac.cn。

这里省略了默认的端口号 80。从中国科学院计算技术研究所的主页入手，就可以通过许多不同的超链找到所要查找的各种有关中国科学院计算技术研究所的信息。

更复杂一些的路径指向层次结构的从属页面。例如，http://www.ict.ac.cn/rencai 是中国科学院计算技术研究所的"人才"页面。一个 HTTP URL 也可以直接指向可从该 WWW 页面得到的一个文件。例如，http://www.ict.ac.cn/rencai/daoshi.html 是中国科学院计算技术研究所 WWW 主机中的目录//rencai/下的一个有关研究生导师的文件 daoshi.html。此文件的扩展名为.html，表示这是一个用超文本标记语言 HTML 写出的文件。

虽然 URL 里面的字母不分大小写，但为了读者看起来方便，有的页面故意用了一些大写字母，实际上这对使用 Windows 的 PC 用户是没有关系的(但要注意，对于 UNIX 操作系统应特别区分大写和小写)。

2. HTTP

HTTP 是一个应用层协议，它使用 TCP 连接进行可靠的传送，相关的信息传送是为了能够高效率地完成超文本链接所必需的。从层次的角度看，HTTP 是面向事务的应用层协议，它是在 WWW 上能够可靠地交换文件(包括文本、声音、图像等各种多媒体文件)的重要基础。

每个 WWW 网点都有一个服务器进程，它不断地监听 TCP 的端口 80，以便发现是否有浏览器(客户进程)向它发出连接建立请求。一旦监听到连接建立请求并建立了 TCP 连接之后，浏览器就向服务器发出浏览某个页面的请求，服务器接着就返回所请求的页面作为

响应。最后，TCP 连接就被释放了。在浏览器和服务器之间的请求和响应的交互，必须按照规定的格式并遵循一定的规则。这些格式和规则就是 HTTP。

HTTP 协议是无状态的(Stateless)，也就是说，每一个事务都独立地进行处理。当一个个事务开始时，就在 WWW 客户与 WWW 服务器之间产生一个 TCP 连接，而当事务结束时就释放这个 TCP 连接。HTTP 的无状态特性很适合它的典型应用。用户在使用 WWW 时，往往要读取一系列的网页，而这些网页又可能分布在许多相距很远的服务器上。将 HTTP 协议做成无状态的，可使读取网页信息完成得较迅速。HTTP 本身是无连接的，虽然它使用了面向连接的 TCP 向上提供的服务。

HTTP 可以使用非持久连接，也可以使用持久连接。前者每传输一次 WWW 文档都需要建立一次 TCP 连接。后者在服务器发送响应后仍然保持这个连接，使同一个客户和服务器可以在该连接上传送后续的 HTTP 请求和响应。持久连接又可分为非流水线和流水线两种方式。对于前者，客户在收到前一个响应后，才能发送下一个请求。对于后者，客户一次可以连续发送多个请求，服务器也可以一次连续发送多个响应，因而在总体上减少了延迟。

3. HTML

HTML 是用于超文本的标记语言，所有的 WWW 客户程序都懂得它。HTML 事实上已成为在网络上交换超文本信息的标准，它被注册为一个 MIME(RFC 1521)内容类型。以下情况可以用 HTML 来表示。

(1)超文本新闻、邮件、在线文档和合作超媒体。

(2)选择菜单。

(3)数据库查询结果。

(4)带有文内图形的简单结构化文档。

(5)对现存信息的超文本观察。

HTML 具有两方面的标识作用：其一是在 Web 服务器端把 HTML 标识过的网络文件存放在该服务器的硬盘中；其二是在 Web 浏览器端(客户端)下载 HTML 网络文件，并对网络文件中的标识进行解释，从而使得读者在浏览器中看到已经还原的文字或多媒体信息。

4. CGI

CGI 标准是外部应用程序与 Web 服务器之间的接口标准，它在外部应用程序和 Web 服务器之间传递信息。

组成 CGI 通信系统的有两个部分：一部分是 HTML 页面，就是可以在用户端浏览器上显示的页面；另一部分则是运行在服务器上的外部应用程序(如数据库程序)。通过 CGI，Web 服务器就能够把客户端提交的请求转交给服务器上的外部应用程序进行处理。外部应用程序把处理的结果往回传给 Web 服务器。最后 Web 服务器再把外部应用程序处理的结果返回客户端。

15.5.2　万维网页面中的超链

1. 链接其他网点上的页面

每个超链有一个起点和终点。超链的起点说明在万维网页面中的什么地方可引出一个超链。在一个页面中，超链的起点可以是文字，也可以是一幅图。在浏览器所显示的页面上，超链的起点是很容易识别的。当以文字作为超链的起点时，这些文字往往用不同的颜色显示(例如，一般的文字用黑色字时，超链起点往往使用蓝色字)，甚至还加上下划线(一般由浏览器来设置)。当将鼠标指针移到一个超链的起点时，表示鼠标指针位置的箭头就变成了一只手。这时只要单击该起点，这个超链就被激活。

定义一个超链的标签是<A>。字符 A 表示锚(Anchor)。建立一个超链时好像抛出一个锚，并将这个锚扎到超链的终点。

HTML 规定，定义一个超链的语法是

```
<A HREF="…">X</A>
```

其中，X 是一个或多个字符，它就是一个链接的起点，而超链的终点则放在HREF="…"的引号中；引号中的…就是超链终点的统一资源定位符 URL；HREF 与字符 A 中间应有一个空格。这里 H 代表超文本，而 REF 代表 REForence，是访问或引用的意思。

例如，有一个页面提到国科大(中国科学院大学的简称)，但没有详细介绍。这时就可以将"国科大"三个字作为一个超链的起点。在浏览时只要将鼠标指针指向这个超链起点，然后单击该起点，就可进入国科大的主页并了解国科大的详细情况。有关这部分的 HTML文档就是

```
<A HREF="http://WWW.guokeda.edu.cn"> 国科大</A>
```

如果这个超链的起点不是"国科大"这三个字而是一幅国科大的照片(假定此照片的文件名为 guokeda.gif)，则有关这个超链的 HTML 文档就应当是

```
<A HREF="http://www.guokeda.edu.cn"><IMG SRC="guokeda.Gif"></A>
```

2. 链接一个本地文件

在前面给出的例子中，超链的终点是其他网点上的页面。这种链接方式称为远程链接。在许多情况下，超链可以指向自己计算机中的某个文件。这称为本地链接。

在进行本地链接时，在 HREF=的后面不需要写很长的、完整的 URL(包括具有完整目录路径的文件名)。这是因为在使用 URL 时可进行以下许多简化。

(1)当协议(http://)被省略时，就认为它与当前页面的协议相同。

(2)当主机域名被省略时，就认为它是当前的主机域名。

(3)当目录路径被省略时，就认为它是当前目录(对于远程链接，就认为它是主机的默认根目录)。

(4) 当文件名被省略时, 就认为它是当前文件(对于远程链接, 就认为它是对方服务器上默认的文件名, 通常是一个名为 index.html 的文件)。

使用这种简化的方法, 在 HREF= 的后面使用了相对路径名。相反, 使用完整的 URL 找一个文件使用的是绝对路径名。

使用相对路径名的好处是不仅可以少输入一些字符, 而且也便于目录的改动。例如, 在某一级目录下创建了许多可互相链接的文档, 若需要改动目录结构并将此目录移至另一个目录下, 那么以前创建的使用绝对路径名的链接全都要改动, 否则就链接不上了; 但若使用相对路径名, 则原来的链接可以不必改动。

从一个页面也可将其他页面上的图像链接到自己的页面上, 这种图像称为外部图像(External Image)。从链接的起点 X 链接外部图像需要将相应 HTML 超链定义语法表达式引号中的…替换为外部图像的文件名, 如 MyImage.gif。

HTML 还支持对其他站点的声音或视像文件的读取, 这时将<A HREF="…">X</A>中要读取的文件名写为扩展名为.wav、.mpeg 或.mov 的文件名即可。

3. 链接本文件中的某个地方

假定有个很长的文件(扩展名为.html)可在浏览器中显示。当需要查找某些内容时, 往往要利用窗口边上的滚动条在几千行信息中反复查找。这显然很不方便。比较好的办法是在文件的一开始放入一个详细目录。该目录中的每一节都是一个超链的起点。只要单击目录中某一节的链接起点, 就能立即将所要找的节显示在屏幕最上方。

这种情况和前面所讨论的不同之处就是链接的终点不同, 因为现在链接的终点是一个文件中指明的特定地方。HTML 将这种链接终点称为命名锚(Named Anchor), 因为链接的终点像一个锚扎到这里。但一个文件中可能会有很多的链接终点。为了区分这些链接终点, 就必须给每一个链接终点取一个不同的名字。

因此, 要链接本文件中的某个特定地方, 就要先在这个地方定义一个命名锚。HTML 规定一个命名锚的定义语法如下:

```
<A NAME="…">X</A>
```

其中, NAME= 后面引号中的…写入命名锚的名字; 标签<A>和</A>中间的 X 是被指明为该链接的终点的一个或多个字符。例如, 在文件中有一段内容讨论万维网, 其 2 级题头为: 万维网的工作原理。现在将此题头作为一个链接的终点。假定将这里的命名锚取名为 WWW, 那么与这个题头对应的 HTML 文档就是代码 1:

```
<H2><A NAME="WWW">万维网的工作原理</A></H2>
```
(15-1)

HTML 规定链接一个命名锚的 HTML 文档的语法是代码 2:

```
<A HREF="#…">X</A>
```
(15-2)

其中, 字符#后面的…就是命名锚的名字。例如, 当上述链接的起点选为目录中"万维网的工作原理"时, 在链接起点对应的 HTML 文档就是代码 3:

```
<A HREF=#"WWW">万维网的工作原理</A>
```
(15-3)

需要注意的是，代码 1 和代码 2 的作用是不同的。代码 3 定义了一个超链的起点和终点，但超链的终点具体在什么地方最终还要由式码 1 来定义。图 15-4 表示在同一个文件内超链链接的概念。图 15-4(a) 表示用浏览器显示一个文件的目录部分。目录中的一行"万维网的工作原理"是一个可选的超链起点。图 15-4(b) 表示用单击这个超链起点后，屏幕上第一行显示的就是超链所指向的命名锚"万维网的工作原理"。这里"万维网的工作原理"是有关万维网内容的一个标题。

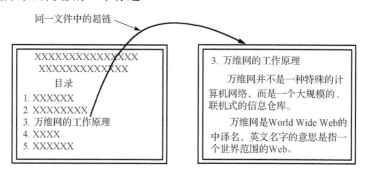

(a) 浏览器显示文件的目录部分　　　(b) 用超链链接到"万维网的工作原理"这部分内容

图 15-4　同一个文件内的超链链接

命名锚也可插入本地的其他 HTML 文件中(但在其他网点别人的文件中插入命名锚是不行的)。这时应在式(15-3)的字符#前加上该文件的名字。例如，列有"万维网的工作原理"目录的文件是 www．html，但有关万维网的工作原理的内容却在另一个称为 internet．html 的文件中。在这种情况下，链接起点对应的 HTML 文档应为

```
<A HREF="internet.html# WWW">万维网的工作原理</A>
```

该式表明，文件 internet.html 与 www.html 都在同一个目录下。否则，还要写明路径名。

15.5.3　搜索引擎

万维网是一个大规模的、全球性的信息仓库。那么，应当采用什么方法才能找到所需的信息呢？如果已经知道存放该信息的网点，那么只要在浏览器的 Location(定位)框内输入该网点的 URL 并按回车键，就可进入该网点。但是，若不知道要找的信息在何网点，那么就要使用万维网的搜索系统。在万维网中用来进行搜索的程序称为搜索引擎(Search Engine)。有时还使用其他一些名词，如 Spider、Crawler(爬行器)、Worms、Robot 或 Knowbots(Knowledge Robot)。

我们可以把万维网看成一个很大的网状图，每一个页面是图上的一个结点，而链接这些页面的超链则是一些弧(有时也称为边)。能够访问所有结点的算法早已有了，但现在的难点是：结点的数量非常多，并且整个万维网的状态是不断变化的。要在万维网上进行搜索，就要将所有万维网页面标题中的关键词做成索引。

在制作索引的算法方面，我们需要三种数据结构。首先，我们需要一个很大的线性数组 url_table，用于存放已经找到的 URL。url_table 包括几百万个项，应当做到每一个页面都有一项。这个线性数组 url_table 要使用虚存，将不太常用的项存放在磁盘中。每个项

有两个指针(由索引衍生),其中一个指向页面的 URL,另一个则指向页面的标题。页面的
URL 和标题的字符串长度都是可变的,因此要使用数据结构堆(Heap)存放它们。堆是虚存
中一个很大的非结构化数据块,页面的 URL 和标题的字符串可不断地追加到堆的后面。堆
是我们使用的第二个数据结构。

由于 URL 的数量太大,查找起来很不方便,所以我们采用了第三种数据结构,即散列
表,其长度为 n。任何一个 URL 经过散列函数散列后都产生一个小于 n 的非负整数。所有
散列函数值相同的 URL(不妨设散列值为 k)都链接到以散列码 k 为标识的一个链表中。后
面将要讨论的算法可以保证:将某个 URL 放入 url_table 的同时也将它放入散列表。而散
列表的主要用途就是可以迅速确定一个 URL 是否已经在 url_table 中。这三种数据结构见
图 15-5。

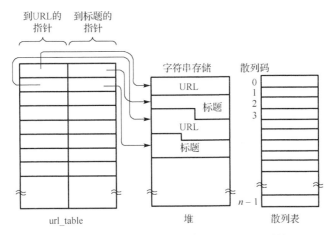

图 15-5　一个简单搜索引擎中使用的数据结构

为了制作索引,就必须先进行搜索。搜索引擎的核心是一个递归过程 process__url,它
将一个 URL 字符串作为其输入。过程 process_ url 首先散列 URL,看它是否已在 url__table
中。若是,就继续散列下一个 URL。每一个 URL 只被处理一次。

若该 URL 不在 url_table 中,则读取该页面。然后将该页面的 URL 和标题复制到堆中,
并将指向这两个字符串的指针存入 url_table。与此同时,URL 也要进入散列表。接着,过
程 procss_url 从该页面抽取所有的超链。对每一个超链调用一次 process_url,并将超链的
URL 作为 pocess_url 的输入。

当运行搜索引擎时,我们是从某一个 URL 开始来调用过程 process_url 的。当过程运
行完毕时,所有从该 URL 可到达的页面都已进入了 url_table,而这个搜索阶段就结束了。

前述算法的缺点是它先从深度上搜索,这样就会进入一种回路状态(或许在搜索过几千
个超链之后)。比较好一些的算法是先收集每一个页面上的所有超链,将已经处理过的除外,
其余的都留下。接着就从广度上进行搜索。这就是说,先搜索该页面上的所有超链;再搜
索这些超链所指向的所有页面上的所有超链。

搜索阶段结束后,就进入第二阶段,将关键词制成索引。制作索引的过程就是对
url_table 中的项目逐项地进行处理。对于 url_table 中的每一个项目,检查其标题,并将所
有不在非用词表(Stop List)中的词挑选出来。非用词表就是包含了如前置词、连接词、冠

词以及一些没有什么价值的词的表，这些词不应当制作在索引中。每选择一个词，就在索引中写一行，包括这个词，以及现在对应的 url_table 中的项目。当整个的 url__table 都已扫描过后，索引就制成了，因此可按词进行检索。索引存放在磁盘上。

用户使用浏览器进行检索时，在一个表格的输入框中输入一个或多个关键词，然后单击"提交"按钮。这个动作形成了一个 POST 请求。服务器收到请求后，调用 CGI 程序，读取用户输入的关键词，并在索引中查找这些关键词，最后对应每一个关键词可找出相应的一组 URL。若用户使用了布尔运算符 AND 或 OR，那么 CGI 程序可给出经过布尔运算后的搜索结果。

CGI 程序根据用户提出的关键词搜索出用户所需的所有标题及其 URL，然后形成一个表格，作为对 POST 请求的响应，返回浏览器。用户可根据浏览器所显示的页面，继续单击他所感兴趣的超链。

在实践中，一个实用的搜索引擎必须解决好以下一些问题。

(1)某些主机可能暂时不可达(如主机出故障)。这时 TCP 连接将迟迟不能建立。要避免过长时间的等候，应设置一个超时时间。超时时间设得太短，可能使有效的 URL 不能找到。但超时时间设得太长，整个的搜索会明显地缓慢下来。

(2)在某些情况下，搜索引擎的内存或磁盘空间可能不够用，整个搜索过程也可能太长。为了解决这个问题，可采用另一种完全不同的策略来进行搜索，就是每一个服务器只搜索本服务器上的网页，形成一个本地索引，然后由一个中心网点将其他服务器上的本地索引收集在一起，形成一个主索引。这样就可显著减少占用的存储空间、CPU 时间，以及网络的带宽。但让其他服务器运行别人的程序有时会遇到权限问题。

(3)并不是从某一个页面开始即可访问所有的页面。因此在一开始，最好从一个尽可能大的 URL 集合开始。

(4)某些文档不能够制成索引，因为它们包括了很多图像和声音。制作索引只能针对文本类型的文档进行，这时可采用 HEAD 方法将其 MIME 头部取回，对 text 以外的类型不再进行搜索。

(5)约 20% 的万维网页面没有标题，或没有有用的标题(如某某的网页)。在这种情况下，只能从整个超文本中来抽取关键词。可以根据每一个词(除去在非用词表中的)出现的频率来挑选关键词，例如，选择出现频率最高的 10~20 个。

(6)一些 URL 已经陈旧了，例如，所指向的页面已不复存在。这时，服务器会返回一个差错码。

复习思考题

1. (单项选择题)下列对超文本和超媒体的描述中，正确的是(　　)。

A. 超文本就是超媒体　　　　　　　B. 超文本是超媒体的一个子集

C. 超媒体是超文本的一个子集　　　D. 超文本和超媒体没关系

2. (单项选择题)在 WWW 服务中，用户的信息查询可以从一台 Web 服务器自动搜索到另一台 Web 服务器，这里所使用的技术是(　　)。

A．HTML　　　　　B．hypertext　　　　C．hypermedia　　　D．hyperlink

3．电子邮件的地址格式是怎样的？请说明各部分的意思。

4．包含一串二进制比特的数据文件内容为：00100011 00111110 00000100，如果对该数据进行基 64 编码，那么最后在网络上传送的表示一组 ASCII 字符的二进制比特串是什么？

5．试将数据 01001100 10011101 00111001 进行 quoted-printable 编码，并得出最后传送的 ASCII 数据。这样的数据用 quoted-printable 编码后，其编码开销有多大？

6．对负责管辖每个区(子域)的域名服务器需要做哪些基本配置？

7．一个文件夹中有两个文件 X 和 Y。在文件 X 中的某处有一个超链的起点"文件 Y"。单击"文件 Y"就可以链接文件 Y。这个超链的相应 HTML 语句是

```
<A HREF="Y.html">文件 Y</A>
```

现在将文件 X 移动到另一个文件夹中。再打开文件 X 并单击"文件 Y"，发现已无法找到文件 Y(但文件 Y 并未移动位置)。试解决这个问题。

8．DNS 使用 UDP 而不使用 TCP。如果一个 DNS 分组丢失了，没有自动恢复。这会引起问题吗？如果会，如何解决？

9．HTML 的目的是什么？什么是 HTML 标签？

10．DNS MX 记录用于什么目的？

11．下面一条语句摘自一个 HTML 文件：

```
S:<H1><IMG ALIGN = MIDDLE
ALT = "W3C" SRC="Icons/WWW/w3c_96×67.gif">
```

其中，ALT 参数设置在<IMG>标签内，浏览器在什么条件下用它？怎么用？

12．一个计算机可以有两个属于不同的顶级域的 DNS 名字吗？如果可以，试给出一个看起来合理的例子。如果不可以，请解释原因。

第16章 面向数据中心的存储网络

本章学习要点

(1) I/O 通路的基本概念;

(2) SCSI 总线和 SCSI 协议;

(3) 以服务器为中心的 IT 体系结构;

(4) 以存储为中心的 IT 体系结构;

(5) DAS、NAS 和 SAN 的基本概念;

(6) 光纤通道存储区域网;

(7) 光纤通道 SAN 的拓扑结构;

(8) 存储网络连接设备;

(9) 存储区域网在企事业单位中的应用和典型配置。

计算机产生、处理和删除数据。然而数据在计算机内部只能存储很短的时间,而且在关机或停电时计算机所存储的数据就会丢失。因此,计算机把数据移动到磁盘和磁带这样的存储设备来长期地保存,并且在需要时还可以取回做进一步的处理。称为 I/O 的技术实现在计算机和存储设备之间的数据交换。

小型计算机系统接口(Small Computer System Interface,SCSI)技术是实现从 CPU 到存储设备的 I/O 通路的一个重要技术。SCSI 定义了传输介质(SCSI 电缆)和通信协议(SCSI协议)。存储区域网(Storage Area Network,SAN)的思想是用一个网络代替 SCSI 电缆,该网络通常使用光纤通道技术实现。在这种情况下,服务器和存储设备仍然使用 SCSI 命令交换数据,但数据不是通过 SCSI 电缆,而是通过光纤通道网传输的。

本章先考察计算机从 CPU 到存储系统的物理 I/O 通路,介绍 SCSI,描述传统的以服务器为中心的信息技术(Information Technology,IT)体系结构,简述其局限性;然后介绍另一种以存储为中心的 IT 体系结构,说明其优越性;接着讨论光纤通道存储区域网,内容包括光纤通道传输技术、光纤通道 SAN 的拓扑结构、构建可靠的存储网络,以及存储网络连接设备;最后给出采用存储区域网的企业信息系统的结构配置示例。

16.1 I/O 通路

在计算机中,一个或多个 CPU 处理在 CPU 缓存或主存(RAM)中的数据。CPU 缓存和主存都是非常快速的器件,但在关电之后不能够保存数据;而且主存储器与磁盘和磁带设备相比是昂贵的。因此,如图 16-1 所示,通常数据从主存储器通过系统总线、主机 I/O 总线和 I/O 总线传输到磁盘子系统和磁带库这样的存储设备。虽然存储设备的访问速度比CPU 缓存和主存慢,但它们相对低廉的价格和在关电后仍能保存数据的能力很重要。

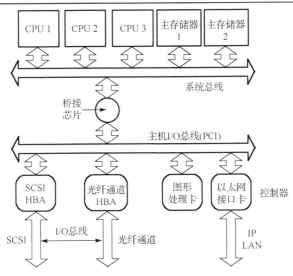

图 16-1　从 CPU 到存储系统的物理 I/O 通路

　　在计算机的核心部分，数据通过系统总线在 CPU 和主存储器之间快速传送。为了能够足够快地给 CPU 提供数据，系统总线必须使用非常高的时钟频率。该总线是在主电路板上采用印制导线的形式实现的。考虑到物理性能，高的系统速度需要短的印制导线。因此，系统总线应该尽可能短，并且只连接 CPU 和主存。

　　在现代计算机中，为了释放 CPU 的应用处理负担，人们把尽可能多的任务移到像图像处理器这样的特别的处理器中。由于上述物理上的限制条件，这些器件不可以连接系统总线。因此，大多数计算机结构都实现了称为主机 I/O 总线的第二个总线。桥接通信芯片提供在系统总线和主机 I/O 总线之间的连接。外围设备互连（Peripheral Component Interconnection，PCI）是当前最广泛使用的实现主机 I/O 总线的技术。

　　设备驱动器负责控制所有类型的外围设备以及与这些外围设备的通信。用于存储设备的设备驱动器部分实现成由 CPU 处理的软件。然而用于跟存储设备通信的部分设备驱动器几乎总是被实现成由特别的处理器（Application Specific Integration Circuit，ASIC）处理的固件。当前这些 ASIC 有的集成进主电路板（如在板上的 SCSI 控制器），也有的通过附加的卡（PCI 卡）连接主板。这些附加的卡通常称为网卡（网络接口控制器），或者称为控制器。存储设备通过主机总线适配器（Host Bus Adapter，HBA）或者通过在板上的控制器连接服务器。在控制器和外围设备之间的通信连接称为 I/O 总线。

　　有时，在一个磁盘子系统的连接端口和控制器之间以及控制器和内部磁盘之间也有跟在服务器和磁盘子系统之间同样的 I/O 总线（图 16-2）。

　　当前用于 I/O 总线的最重要的技术是 SCSI 技术和光纤通道技术。SCSI 技术定义了一种并行总线，该总线能够把多达 16 个的设备（服务器和存储设备）互相连接。另外，光纤通道技术定义存储网络的不同拓扑结构，该存储网络可以连接数百万个设备（服务器和存储设备）。值得注意的是，这个新的技术继续使用 SCSI 协议在设备间通信。

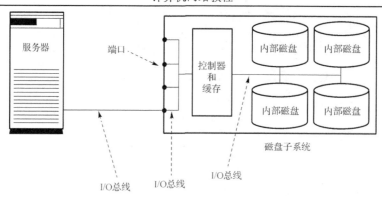

图 16-2 在一个磁盘子系统内部使用的 I/O 技术

16.2 SCSI 总线和协议

SCSI 技术曾经在很长时间内都是被小型机和 PC 服务器使用的 I/O 总线技术，如今它仍然很重要。SCSI 规范的第一个版本发布于 1986 年。自那时以来，SCSI 技术已经有了很大的发展，通过采用更多的数据通路(如采用 16 位数据线和 32 位数据线)和更快的时钟，提供更大的带宽。

作为一个介质，SCSI 定义了带有控制线路的数据传输并行总线。总线可以是在电路板上的印制导线的形式，也可以是一根电缆的形式。菊花链可以把多达 16 个的设备连接在一起(图 16-3)，由于电气方面的问题，可以支持的距离最长为 25m。

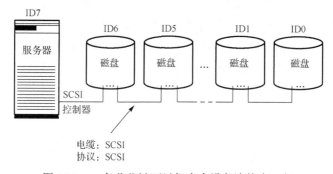

图 16-3 一条菊花链可以把多个设备连接在一起

SCSI 协议定义设备怎样通过 SCSI 总线互相通信，它规定设备怎样预订 SCSI 总线，以及以什么样的格式传送数据。

SCSI 协议为设备编址引入了 SCSI ID 和逻辑单元号(Logical Unit Number，LUN)。在 SCSI 总线上的每个设备都有一个明确的 ID，在服务器上的主机总线适配器也必须有自己的 ID。取决于 SCSI 标准的版本，每个 SCSI 总线允许有最多 8 个或 16 个 ID。RAID 磁盘子系统、智能磁盘子系统或磁带库这样的存储设备可能包括多个子设备，如虚拟磁盘、磁带驱动器或装载磁带的介质更换器。如果每个子设备都占用一个 ID，那么会很快就用完所有的 ID。因此，LUN 是为了编址在大设备中的子设备而引入的。作为例子，图 16-4 示出了在一条 SCSI 总线上有 3 个目标设备，即服务器、磁盘子系统和磁带库。磁盘子系统中的多个逻辑单元号表示多个虚拟磁盘；磁带库中的多个逻辑单元号则表示其中的机器人和多个磁带驱动器。

一个服务器可以配置多个 SCSI 控制器。因此操作系统用一个三元描述符标识一个 SCSI 目标：控制器 ID、SCSI ID 和逻辑单元号。

尽管可以允许多个 SCSI 设备接在同一条总线上，SCSI 协议实际定义的是设备间一对一的数据交换，即同一时刻在 SCSI 总线上只允许有两个设备互相交换数据。因此，SCSI 上的各个设备是以分时共享的方式使用总线的。不过，一对一并不是说在同一时刻使用总线交换数据的两个设备扮演相同的角色。实际上，在这两个设备中，一个是发起方设备，另一个则是目标方设备。虽然有的设备可能兼有发起方和目标方的功能，但基于对总线分时共享的原则，在某一时刻，它只能运行其中的一个功能。

需要注意的是，SCSI 对发送方和目标方的定义是从 SCSI 命令和任务的角度出发的，它并没有限定数据流动的方向；在 SCSI 总线上的数据传输既可以从发送方到目标方，也可以从目标方到发起方，即相对于存储用户可以分别对应数据的磁盘写和读操作。

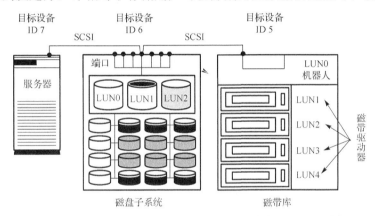

图 16-4　在一条 SCSI 总线上分配的多个目标设备 ID 和逻辑单元号

SCSI 协议把发起方(如主机)和目标方(如磁盘)之间的交互方式定义为客户/服务器方式。应用客户位于主机中，代表上层应用程序、文件系统和操作系统的 I/O 请求。设备服务器位于目标设备中，它响应客户的请求。请求和响应通过某种形式的下层分布设施进行传输，该分布设施称为分布子系统，它可以是并行电缆，也可以是光纤通道协议。

在 SCSI 发起方和目标方之间读/写数据是通过 SCSI 命令、分发请求、分发操作和响应来完成的。SCSI 命令和参数在命令描述块(Command Descriptor Block，CDB)中指定。例如，在执行对磁盘的写过程时，作为发起方的主机上的应用客户给目标方发送写命令。作为目标方的磁盘在其准备好缓冲区后，发送一个数据分发请求。接着发起方就执行数据分发操作，发送一个数据块。在接收完最后一个数据块后，磁盘就给客户发送一个响应。

从应用程序或操作系统的角度看，写操作只是一个事务。但实际上对应一个写操作，发送方和目标方可能要进行多次的分发请求和分发操作的交互，才能把命令请求的所有数据都发送给目标方。

SCSI 协议是一个面向数据块的协议，负责从上层接收请求并转发；或者从并行设备获取数据块并转发。例如，有一个应用程序向操作系统发出对磁盘设备的写请求。在 SCSI

协议层，这个写请求被看成把特定数量的数据块以协议的形式传送到指定位置的命令。

在一次读操作中，SCSI 命令块遵循相反的数据分发请求和确认序列，然而由于是发起方发出读命令，所以命令就假定自己已准备好缓冲区以接收第一个数据块。

在一条 SCSI 总线上的各个设备具有不同的优先级。起初，SCSI 协议仅允许 8 个 ID，让 ID 7 具有最高优先级。后来版本的 SCSI 协议允许 16 个不同的 ID。为了兼容，7～0 保持具有较高的优先级，使得 15～8 具有较低的优先级(图 16-5)。

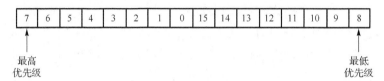

图 16-5　具有较高优先级的目标设备赢得对总线的仲裁

设备(服务器和存储设备)在通过总线发送数据之前，必须预定 SCSI 总线(需经过仲裁)。在 SCSI 总线仲裁期间，具有最高优先级的设备总是获胜。在总线负载重的情况下，这可能导致具有较低优先级的设备永远不会被允许发送数据。因此 SCSI 协议的仲裁过程是不公平的。

尽管 SCSI 在可支持的距离和可扩展性方面存在局限性，然而即使在当代，它仍然是很重要的。虽然存储网络用一个网络代替了 SCSI 总线，但在这个网络上还是使用 SCSI 协议进行通信的。

16.3　以服务器为中心的 IT 体系结构

在传统的 IT 体系结构中，存储设备通常只连接单个服务器(图 16-6)。为了增加容错能力，有时也把存储设备连接到两个服务器，但在任一时刻仅一个服务器能够实际地直接使用存储设备。在上述两种情况下，存储设备都隶属它所连接的服务器。其他的服务器不能够直接地访问记录在该存储设备上的数据，它们只能通过连接该存储设备的服务器进行访问。因此，这种传统的 IT 体系结构称为是以服务器为中心的。在这种方法中，服务器和存储设备一般是通过 SCSI 电缆连接在一起的。

在传统的以服务器为中心的 IT 体系结构中，由于存储设备隶属它们连接的一个或两个服务器，所以如果其所连接的服务器都失效了，那么在存储设备上的数据将不能够被访问。这对于大多数企事业单位都是不可接受的，例如，医院病历文件和银行账户的数据需要随时都可以被访问。

虽然由于技术的进步，硬盘和磁带的存储密度一直在增加，但是对于安装的存储容量的需求增加得更快。因此，需要把更多的存储设备连接到计算机。然而现实的情况是每台计算机只能安装有限数目的 I/O 卡(如 SCSI 卡)。更糟的是，SCSI 电缆的长度最大只允许 25m。这就意味着，使用常规技术连接一台计算机的存储容量是有限的。因此常规技术已经不能满足日益增长的存储容量需求。

在以服务器为中心的 IT 体系结构中，存储设备被静态地分配给它所连接的计算机。一般情况下，一台计算机不能够访问连接到另一台计算机的存储设备。这样做一方面是出于数据安全的考虑；另一方面也是为了避免每台计算机都要执行授权和权限管理的复杂性。其结果是，如图 16-6 所示，在服务器 2 已经用完了它连接的磁盘空间的情况下，尽管服务器 1 和服务器 3 仍然有剩余磁盘空间，但它却不能够利用。另外，把存储设备分散在建筑物的各个房间内，既不易保证空调、防尘和防潮等机房条件，也不利于对非授权访问的防范。

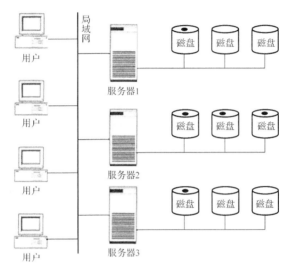

图 16-6　存储设备被静态地分配给它所连接的计算机

16.4　以存储为中心的 IT 体系结构

存储网络可以解决前述以服务器为中心的 IT 体系结构的问题。它还为我们开辟了一种数据管理的新方式。如图 16-7 所示，在存储网络背后的思想是用一个网络代替 SCSI 电缆，并且该网络主要用于在计算机和存储设备之间的数据交换。

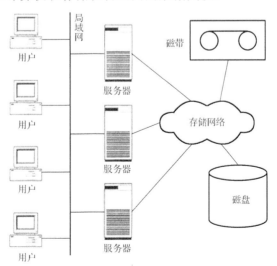

图 16-7　把 SCSI 电缆用一个网络代替

与以服务器为中心的 IT 体系结构不同,在存储网络中的存储设备完全独立于任何计算机。多个服务器可以直接在存储网络上访问同一个存储设备,而不必通过另一个服务器。因此存储设备被放到了 IT 体系结构的中心位置;另外,服务器却成了存储设备的附属品,它只处理数据。也正因为如此,人们把使用存储网络的 IT 体系结构称为以存储为中心的 IT 体系结构。

通常在引入存储网络之后,存储设备也被强化。这涉及把附接若干个计算机的许多小的硬盘用一个大的磁盘子系统代替。现在的磁盘子系统的最大容量可以有数十个太字节。存储网络允许连接它的所有计算机都有可能访问这个磁盘子系统,也就是说,磁盘子系统被共享了。这样,空闲存储容量就可以被灵活地分配给需要它的计算机。同样地,也可以把许多小的磁带库用一个大的磁带库代替。

下面将通过考察一个实例来说明以存储为中心的 IT 体系结构所具有的优点。随着公司业务的发展,在一个生产环境中的一个应用服务器在被使用了多年之后需要被淘汰,决定用一个具有更高性能的计算机替换。在传统的以服务器为中心的 IT 体系结构中,这会是一个非常复杂的过程,而在存储网络中,这个过程就变得很容易了,只要通过执行下列几个步骤,就能妥善地完成(图 16-8(a)～(c))。

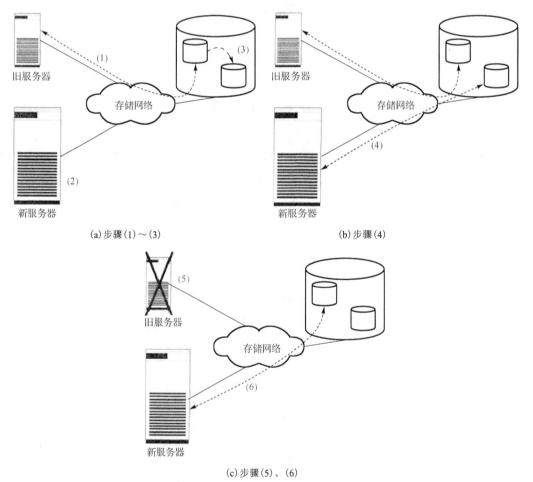

(a)步骤(1)～(3) (b)步骤(4)

(c)步骤(5)、(6)

图 16-8 使用存储网络的服务器替换过程

（1）假定在替换之前，旧的服务器是通过一个存储网络连接一个存储设备的，而且存储空间仅被使用了一部分。

（2）在新的服务器上安装必要的应用软件。由于使用了存储网络，新服务器可以安装在与存储系统和旧服务器不同的物理位置上。

（3）在磁盘子系统内复制生产数据，建立测试数据。现代存储系统可以在几秒内复制数（10^{12}）太字节的数据。

（4）把复制的数据分配给新服务器，并对新服务器进行强化的测试性运行。

（5）在成功地进行了测试之后，把两台服务器都关机，再把生产数据分配给新服务器。分配过程也只需花几秒。

（6）使用生产数据启动新服务器，替换过程就结束。

16.5　光纤通道存储区域网

普通的计算机局域网也能用来连接主机和存储设备，如网络文件系统或网络附接存储（Network Attached Storage，NAS）。存储区域网是独立于计算机局域网的专用于存储服务的网络，它有不同的协议栈和不同的物理设备。现在大多数的存储区域网都建立在光纤通道网络之上。

网络文件系统是本地文件系统的自然扩展，端点用户和应用程序通过网络文件系统可以访问物理上位于一个不同的计算机（文件服务器）上的目录和文件。文件服务器在现代信息技术环境中是如此重要，以至于人们把预先配置的专门面向网络存储的文件服务器称为网络附接存储，并在市场上呈现为一个单独的产品系列。

网络附接存储的名称用于预先配置的文件服务器。从结构上说，NAS 服务器是功能单一的精简型计算机，运行优化的网络文件系统，如 NFS 和 CIFS（通用因特网文件系统），安装有预配置的存储设备，并连接在局域网上。客户端可以通过驱动器或目录映射与 NAS 服务器上的存储设备建立虚拟连接，通过 NAS 系统与存储设备以文件方式交换数据。

存储区域网络是一个用在应用服务器和存储资源之间的、专用的、高性能的网络体系，在多台主机和多个存储设备之间提供任意两个结点之间的通信通道。该类网络针对大量存储数据的传输进行了专门的优化，使用的典型协议是小型计算机系统接口-光纤通道协议（Small Computer System Interface-Fiber Channel Protocol，SCSI-FCP），因此可以把 SAN 看成对 SCSI 协议在长距离应用上的扩展。

光纤通道特别适合于存储网络，原因在于：一方面它可以传输大块数据（这点类似于SCSI）；另一方面它能够实现远距离传输（这点又与 SCSI 不同）。

光纤通道存储区域网是与计算机局域网完全分开的一个网络。存储区域网连接应用服务器和存储数据的存储设备，应用服务器和存储设备之间通过这个存储区域网来交换数据。存储区域网通信系统本身由光纤或铜缆介质（主要使用光纤，铜缆用于近距离）、光纤通道集线器、光纤通道交换机等网络设备组成。

在本节里，我们先介绍光纤通道传输技术和光纤通道 SAN 的 3 种拓扑结构，然后考察如何实现高可靠的光纤通道 SAN，最后论述如何连接小的存储网络岛屿，形成一个大的 SAN。

16.5.1　光纤通道传输技术

光纤通道是一个已经标准化了的开放网络，它结合了 I/O 总线的通道传输特征和传统网络灵活的连接性及远距离特征。

由于光纤通道具有通道传输特征，主机和应用程序可以把连接它的存储设备看成就好像是在本地附接的一样。又由于其具有传统网络的特征，光纤通道能够支持广大范围的设备，它可以被作为一个网络来管理。光纤通道可以使用光纤介质(用于远距离)，也可以使用铜线介质(用于短距离和低成本)。

光纤通道传输技术是一种千兆位传输技术，目前的实现支持最高可达 10Gbit/s 的传输速率。它定义了通过网络移动数据的特征和功能。光纤通道的层基本上相当于 OSI 参考模型的较低层，并且可以看成数据链路层的网络。它的物理层使用 8b/10b 编码解码信号。光纤通道呈现为单个不可分割的网络，并在整个网络中使用统一的地址空间。理论上，光纤通道使用的具有全局唯一性的 24 位地址可以提供约 1600 万个地址。

跟其他网络一样，信息以结构化的分组或帧的形式传送，并且在传输之前被串行化。但是，又跟其他一些网络不同，光纤通道体系结构包括显著数量的硬件处理，从而可高性能投递。由于串行传输简化了线缆和接插件的设计，光纤通道可以支持更长的距离；通过使用多种互联设备，可以把园区 SAN 扩展成企业范围的 SAN。

光纤通道无论采用什么样的拓扑，信息都是在两个结点即发起方和目标方之间传送的。结点可以是应用服务器(个人计算机、工作站或主计算机)，也可以是外围设备(磁盘、磁带等)。I/O 数据块放在光纤通道帧中传输，低的传输开销使得无数据丢失的、高的通道利用率成为可能。光纤通道使用基于信用量的流量控制，以接收方可以接受的速度传送数据。作为第一个成功的千兆位串行传输技术，当前，光纤通道已成为块 I/O 应用最适宜的体系结构，且光纤通道技术是存储网络实际使用的主流技术。

在光纤通道中，交换定义了在两个端点设备之间的一条逻辑通信连接。例如，每个读/写数据的进程都可以被分配一个属于它自己的交换。端点设备(应用服务器和存储设备)可以与其他设备同时保持多个交换关系，甚至在同一对端口之间也可以有多条逻辑通信连接。不同的交换有助于把入口数据快速有效地投递给较高层协议的正确接收方。

序列是从发送方向接收方传送的一个数据单元。作为例子，一个序列可以代表一个文件的写过程或者数据库的一个事务处理过程。序列以跟在发送方发送时同样的顺序投递给接收方。而且，仅当一个序列的所有的帧都到达接收方时，才会把该序列投递给较高的协议层。

要把数据从附接在光纤通道上的一个设备传送到另一个设备上，发送方上层协议传下来的数据块必须要组织成离散的报文，以便通过网络进行传输。在光纤通道中，数据报文称为帧。图 16-9 示出了在一个交换内部的序列传送过程。

光纤通道网络传送控制帧和数据帧。控制帧不包含有用数据，它们为一个数据帧成功投递这样的事件传递信号。数据帧可传送多达 2112 字节的有用数据。比较人的序列必须划分成多个帧。

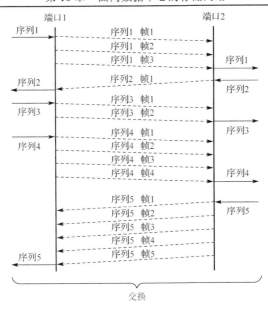

图 16-9　在一个交换内部的序列传送

如图 16-10 所示，一个光纤通道帧由帧头、有用数据(载荷)和 CRC 等域构成。此外，帧被包装在帧起始(Start Of Frame，SOF)界标和帧结束(End Of Frame，EOF)界标之间。最后，在两个帧之间必须通过链路传送 6 个填充字。CRC 检验过程识别所有的传输差错。

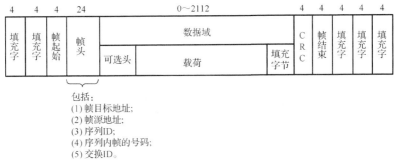

图 16-10　光纤通道帧格式

帧以一个 SOF 分隔符开头。这个 4 字节的单字定义该帧的发送方所使用的服务类别以及该帧是否是一个序列的起始帧。在 SOF 之后，24 字节的帧头包含帧的目的地址、帧的源地址、序列 ID、帧在序列内的编号以及交换 ID 等信息。

帧头之后是数据单元部分，它的长度可以是 0~2112 字节。光纤通道使用这种可变长的组帧方式来满足各种应用需求，并在帧的开销和有效载荷之间寻找一个合理的平衡。由于光纤通道帧的构成是建立在 4 字节的传输字的基础上的，当用户数据的总字节数不是 4 的整数倍时，就必须要用额外的填充字节来填充。例如，有效载荷为 509 字节时，就需要 3 个额外的填充字节来进行正确的帧装配。帧中数据的完整性由 32 位的 CRC 来验证。在数据经过 8b/10b 编码之前就进行 CRC 计算，并将其结果放到数据单元的后面。

在 CRC 后面是一个帧尾，用来通知接收方该帧已经结束。一个帧具体采用什么样的 EOF 由两个因素决定：一个是服务类型；另一个是该帧是否是一个序列的最后一个帧。

除了标准的 24 字节的帧头，某些需要扩展控制字段的应用还可以使用可选的帧头，但要保证整个帧的长度仍然控制在 2148 字节之内。由于可选的帧头占用最大长度被限制在 2112 字节的数据空间，因此对可选的帧头的使用减少了用户在帧内可传送的有效载荷。

差错纠正发生在序列级。如果一个序列中有一个帧传输产生差错，那么整个序列都要重传。在千兆位速率上，跟把丢失的个别帧重传并把它放在正确的位置上所需要的处理开销相比，重传整个序列更为有效。当然，基础的协议层必须保持误码率不超过指定的 10^{-12}，才能保证纠错过程的有效性。

位于应用服务器上与存储网络连接的设备一般称为主机总线适配卡。主机总线适配卡是服务器内部 I/O 通道与存储系统 I/O 通道之间的物理连接。HBA 通常在其内部有一个自己的 CPU 和一些用作数据缓存的内存，还有连接光纤通道和总线的连接器件。一般由 HBA 上的 CPU 执行两种协议的转换。HBA 还有一些其他的功能，如初始化与光纤通道网络连接的服务器端口、支持 SCSI 等上层协议。8b/10b 编码解码往往也由 HBA 实现，HBA 覆盖光纤通道的所有层。

16.5.2　光纤通道 SAN 的拓扑结构

光纤通道 SAN 有 3 种拓扑结构：点到点拓扑、交织拓扑和仲裁环拓扑。下面分别对它们进行描述。

1. 点到点拓扑

点到点拓扑只连接两个设备，不可以扩展到 3 个或更多的设备。对于存储网络，这就意味着点到点拓扑把一个服务器连接到一个存储设备。跟 SCSI 电缆相比，点到点拓扑有两个重要的优点。第一，使用光纤通道，点到点拓扑可以支持显著长的距离。光纤通道不使用中继器，可以传输长达 10km 的距离，而 SCSI 电缆只允许最多 25m 的传输长度。第二，通过光纤的光传输对于电磁干扰具有鲁棒性，它不发射电磁信号。这在技术环境中特别有利。

光纤通道线缆比 SCSI 电缆容易铺设。例如，在图 16-11 中示出的拓扑很容易实现，只需在每个服务器端口和每个磁盘子系统的端口都配置光纤通道网卡，然后用光缆把它们互连即可。在一个企业中，控制生产的应用服务器可以放在靠近生产机器的位置，而把应用服务器的数据存储在共享的存储系统中。放置存储系统设备的房间可以采用特别措施加以保护，防止非授权访问以及免受如火灾、大水和极端温度的影响。

2. 交织拓扑

交织拓扑是 3 个光纤通道拓扑中最灵活、最具扩展性的拓扑。交织拓扑可以由 1 个光纤通道交换机或者连接在一起的多个光纤通道交换机构成。连接交织网的结点使用 24 位的端口地址，在理论上，一个交织网可以连接超过 1600 万个端点设备。然而普遍建立的光纤通道 SAN 使用 2～4 个交换机，连接数百个交换机的是少数用户，连接更多交换机的用户就更少了。光纤通道交换机产品所提供的端口数量从部门级交换机的 8 端口到更大的企业级交换机的 128 个或更多个端口。

连接各种交换机的端点设备(服务器和存储设备)可以借助交换机到交换机的连接(交换机间链路)交换数据。为了增加带宽，在两个交换机之间可以安装多条交换机间链路(并联)。发送端端点设备仅需知道目标设备的结点 ID；光纤通道交换机负责选择光纤通道帧传输的路由。光纤通道交换机一般都支持直通路由，即输入帧在被完全接收之前，光纤通道交换机就对它进行转发。

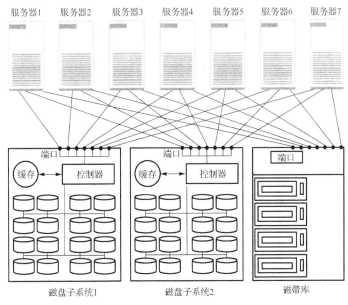

图 16-11　使用多端口存储设备与带有多个网卡的服务器连接的点到点拓扑

地面光缆传播延迟约 5μs/km，光在光缆中传播 10km 需要大约 50μs。因此，10km 光纤通道线缆显著地增加了端到端连接的延迟。对于硬件连接的常规是，光纤通道交换机能够在 2～4μs 内转发一个帧；一个光纤通道主机适配卡需要 2～4μs 处理它。因此在两个端点设备之间附加的光纤通道交换机对网络延迟的增加是不显著的。

交织拓扑的一个特征是多个设备能够以完全数据速率发送和接收数据。这样所有的设备同时都有完全的带宽可供它们使用。图 16-12 示出了一个带有 3 个服务器和 3 个存储设备的光纤通道 SAN，其中每个服务器都使用它自己的存储设备。在光纤通道 SAN 上，3 个逻辑连接中的每一个连接都具有 200MB/s 的完全带宽可提供它所连接的设备使用。

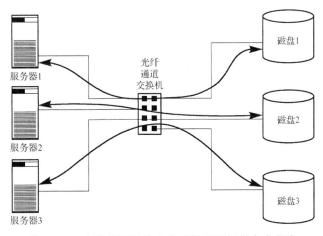

图 16-12　交换机可以让多个连接同时提供完全带宽

可提供完全带宽的前提是对于光纤通道网络好的设计。图 16-13 示出与图 16-12 类似的结构,仅有的差别是单个光纤通道交换机被通过一条交换机间链路连接的两个光纤通道交换机代替。正是这条交换机间链路成了限制因素,因为所有 3 个逻辑连接现在都通过同一条交换机间链路。这就意味着,所有 3 个逻辑连接平均都只有最大带宽的 1/3 可提供给它们。

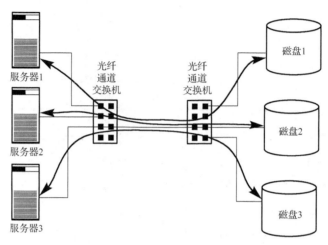

图 16-13　交换机间链路成为性能瓶颈

除了路由选择,交换机还实现别名、名字服务器和分区(Zoning)等基本服务。端点设备使用 64 位的世界范围结点名(WWNN)或 64 位的世界范围端口名(WWPN),使用 24 位的端口地址(N-Port_ID)编址。为了管理工作容易一些,管理员发布世界范围结点和端口的别名。

名字服务器提供关于连接光纤通道 SAN 的所有端点设备的信息。如果一个端点设备连接一个交换机,它就向这个交换机报告,把它自己注册在名字服务器中。同时它可以询问名字服务器,还有哪些其他设备连接这个 SAN。名字服务器管理当前处于活动状态的端点设备,关闭的端点设备不列在名字服务器中。

最后,分区使得有可能在光纤通道网络内定义子网。这有两个主要的好处。第一,分区限制端点设备的能见度。有了分区,服务器可以仅看到和访问位于同一区里的存储设备。因此分区帮助保护敏感数据。而且不兼容的光纤通道主机总线适配卡可以通过不同的区互相隔离。第二,多端口磁盘子系统的某些端口,也意味着某些带宽,可以预留给重要的应用。把相关的应用服务器和磁盘子系统端口放在一个区内,其他应用就不能使用被预留的带宽。

3. 仲裁环拓扑

仲裁环拓扑使用一个环连接服务器和存储设备。在该环上的数据传输只能在一个方向上进行。任何时候都只有两个设备可以互相交换数据,其他的设备必须等待;直到仲裁环空闲为止。因此,如果六个服务器通过一个仲裁环连接存储设备,那么每个服务器平均只有 1/6 的最大带宽。如果环具有 200MB/s 的完全带宽,那么每个服务器只能用 33.3MB/s 的平均速率向存储设备发送数据和从存储设备接收数据。

一般地,集线器被用来简化线缆的敷设(图 16-14)。为了增加仲裁环的大小,可以把几个集线器串接在一起(图 16-15)。集线器对于所连接的端点设备是不可见的。与交织拓扑相比，仲裁环拓扑在可扩展性和灵活性方面都较差。在一个仲裁环中最多可以连接 126 个服务器和存储设备。此外，交换机可以把一个环连接到交织网。

仲裁环拓扑不支持像别名、路由、名字服务器和分区这样的附加服务。因此，仲裁环拓扑的设备要比交织拓扑的设备更廉价。

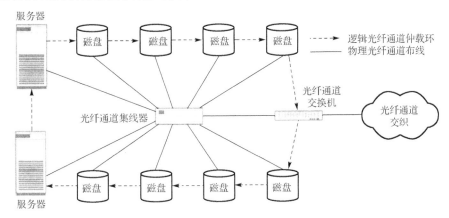

图 16-14　集线器简化了光纤通道仲裁环的布线

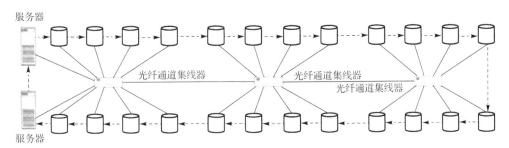

图 16-15　可以把几个仲裁环级联

注意，与传统局域网的令牌环不同，仲裁环是属于非广播的通信方式。在令牌环中由发送方发送的帧绕环传输一周后，最后由发送方将其从令牌环上取下。沿途的所有设备都能看到这个帧，因此是广播通信。而在仲裁环中，处于发送方和接收方之间的设备能够看到帧，并由接收方设备从仲裁环上取出帧，不再转发，并向发送方应答一个控制帧。位于接收方下游的设备协助把这个应答帧传送给发送方，但看不到发送方传给接收方的帧。

16.5.3　构建可靠的存储网络

除了光纤通道使用的传输介质(光缆和铜缆)外，光纤通道 SAN 的组成结构包括应用服务器连接卡、存储网络连接设备(集线器和交换机等)、存储设备(磁盘和磁带)和存储软件(包括 SAN 管理、数据管理、存储虚拟化和可视化，以及协议软件等)。

存储虚拟化是指把各种复杂的存储硬件以及它们的复杂操作隐蔽起来，提供一个虚拟的统一界面，从而使运行不同操作系统和不同文件系统的服务器都能用同样的界面操作存储系统。而存储可视化则把大量的存储设备的使用情况、数据量等信息可视化，为管理人员提供实时的可视化信息，从而使管理更加有效。

有些关键应用，如银行业务和飞行控制，需要网络具有很高的鲁棒性。在这种情况下可以采用双交织配置(图 16-16)，每个交织网都配置一个高可靠的光纤通道交换机，并且可以在两个光纤通道交换机之间做流量切换。如果一个 SAN 的光纤通道交换机、主机总线适配卡或线缆出了故障，那么服务器仍然可以通过第二个 SAN 访问数据。这就类似于一个人穿一条既有背带又有腰带的裤子，做到双保险。

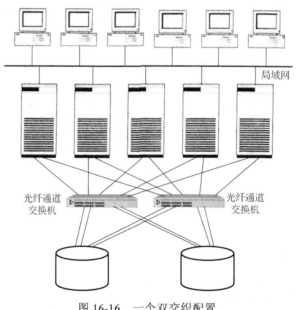

图 16-16   一个双交织配置

对于不是特别关键的应用，使用单个高可靠光纤通道交换机或者两个互补的普通交换机的解决方案一般就足够了。

16.5.4   存储网络扩展连接设备

光纤通道到 SCSI 的桥接器在光纤通道和 SCSI 之间建立连接(图 16-17)。这种桥接器有两个重要的应用领域。第一，旧的存储设备不能直接连接光纤通道。如果旧的设备仍然可以使用，可以通过采用光纤通道到 SCSI 的桥接器继续在光纤通道 SAN 中被使用。第二，有的磁带库只支持 SCSI，使用光纤通道到 SCSI 的桥接器，可以让这些磁带库也能在光纤通道 SAN 中运行。

在图 16-17 中，桥接器的一个 FC-NL 端口(FC 表示光纤通道；NL 表示端口类型，其含义是该端口既可连接交织网，也可连接仲裁环网)连接一个光纤通道交换机，两个 SCSI 端口都连接一个磁带库。

链路扩展器(Link Extender)使用 SONET、DWDM(密集波分复用)和 TCP/IP 这样的中间网络扩展光纤通道 SAN 的通信距离(图 16-18)。当使用链路扩展器时，需要考虑在端点设备之间的长距离会显著地增加连接的延迟。像数据库事务处理这样的时间紧迫的应用不应该进行通过链路扩展器的远程运行。另外，使用链路扩展器的光纤通道 SAN 为备份、数据共享和异步数据镜像这类应用提供了新的可能性。

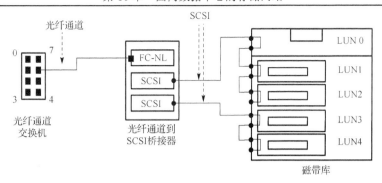

图 16-17　光纤通道到 SCSI 的桥接器

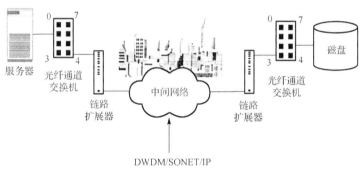

图 16-18　链路扩展器

在图 16-18 中，如果在两个光纤通道交换机之间的网络是 DWDM 或 SONET，那么为了在中间网络上传输光纤通道帧，只需在物理层做协议转换即可，此时的链路扩展器也可以称为桥接器。如果中间网络是 IP 网络，那就要把光纤通道帧封装在 IP 分组中传输。在这种情况下，虽然从光纤通道的角度看，链路扩展器本质上还是一个远程桥接器，但由于它还必须能够处理 IP 分组，因此从互联网的协议层次出发，也可以把它称为路由器。

16.6　采用存储区域网的企业信息系统的结构配置示例

在传统的信息系统结构配置中，通常采用 SCSI 电缆把存储设备直接连接到计算机，称为直接附接的存储(DAS)。为了在计算机之间共享存储设备，需要使用网络把它们连接在一起。根据网络类型和传输数据方式的不同，使用网络的共享存储体系结构又可划分为 NAS 和 SAN 两大类。NAS 一般使用像以太网这样的局域网，以文件的形式传输存储数据。而 SAN 则普遍采用光纤通道网络，其上传输的数据是 SCSI 块数据。NAS 一般只能实现在有限范围(局域网范围)内的存储共享，而 SAN 可以部署在广域的范围内。

对于 IT 工程师和负责存储设备购置的决策人员来说，一个重要的问题是如何理解 DAS、SAN 和 NAS 方案的不同角色，以及如何将它们应用于统一的 IT 存储战略中。

企业信息系统的硬件结构是由计算机网络连接在一起的一些服务器和 PC、笔记本电脑或工作站等终端。信息系统的核心是一些不同的企业应用软件，如管理生产资源的 ERP 软件、管理人事的 HR 软件、管理客户信息的 CRM 软件等。这些应用软件通常运行在服务器和个人计算机终端上。几乎所有的应用程序都把数据存储在数据库内。最初数据库存放在与某个服务器直接连接的存储设备上（DAS 和 NFS 或 NAS）。例如，人事数据库存放在运行 HR 软件的应用服务器的磁盘上；财务数据库存放在运行财务软件的服务器上等等。这种结构的问题是，一旦存放数据库的服务器或磁盘出了故障，应用软件就无法正常运行。图 16-19 是传统的企业信息系统结构。

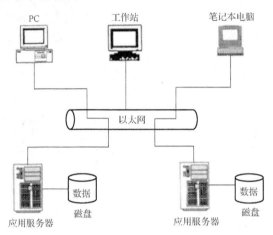

图 16-19　传统的企业信息系统结构

　　有了存储区域网后，企业信息系统的结构就有所改变了。所有数据库的数据都可以存储在存储区域网连接的存储设备上。需要使用数据的数据库应用程序仍然运行在应用服务器上，该应用程序可以通过存储区域网来存取所需要的数据。存储区域网的存储设备具有很高的可靠性，可以保证该应用程序随时都能够存取数据，因此存储区域网显著提高了企业信息系统的可靠性。

　　图 16-20 是典型的采用存储区域网的企业信息系统结构。图的上半部是常规的企业局域网，下半部是新增加的光纤通道存储区域网。现在存储设备再也不是某个应用服务器专有的了，它们都被集中到了连接存储区域网的企业数据中心。

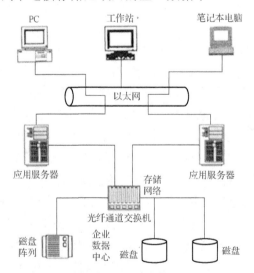

图 16-20　采用存储区域网的企业信息系统结构

复习思考题

1. 数据从主存储器到达磁盘子系统和磁带库这样的存储设备通常需要通过哪些总线传输？

2. 当前用于 I/O 总线的最重要的两种技术是什么？

3. 在 SCSI 发起方和目标方之间读/写数据是通过执行一个什么样的过程来完成的？

4. 为什么说传统的 IT 体系结构是以服务器为中心的？这种体系结构有哪些缺点？

5. 在存储网络背后的思想是什么？

6. 为什么把使用存储网络的 IT 体系结构称为以存储为中心的 IT 体系结构？

7. 为什么说光纤通道结合了传统 I/O 通道和计算机网络的最好的特征？

8. 光纤通道 SAN 的组成结构包括哪些部件？

9. 在通信方式上，仲裁环与传统局域网的令牌环有什么不同点？

10. 在存储网络中，主机总线适配卡执行什么功能？

11. 什么是存储虚拟化和存储可视化？

12. 在地址方面，仲裁环共有多少个地址可用于所连接的存储设备和应用服务器？从理论上说，交换网的结点最多有多少个可能的地址？

第 17 章　云原生数据中心网络

本章学习要点

(1)传统的数据中心网络层次结构;

(2)虚拟 IP 地址和直接 IP 地址;

(3)超额订用因子;

(4)Clos 网络;

(5)多根树结构和相同代价多通路路由技术;

(6)k 叉胖树拓扑;

(7)子群交换机、核心交换机和主机的编址;

(8)两级路由表;

(9)使用三元内容寻址存储器的两级路由表查找实现;

(10)边缘、汇聚和核心交换机的路由表;

(11)流分类和流调度;

(12)容错技术。

如今的数据中心可能包含数以万计的具有显著的聚合带宽需求的计算机。传统的网络结构典型地由一棵其结点是路由/交换设备的树组成,并且渐进地把造价极高的高端路由/交换设备向网络结构的上层部署。不幸的是,即使采用最高档的 IP 路由/交换机,所形成的拓扑也仅能够支持在网络边缘可提供的聚合带宽的 50%,同时还需要付出巨大的代价。在数据中心结点之间的非均匀带宽也使得应用设计复杂化,并限制了总的系统性能。

本章讨论数据中心网络(Data Center Network, DCN),重点阐述如何采用商业以太网交换机为大规模集群投递可扩展的带宽。并介绍了类似于商业计算机集群是如何大部分地代替了专用的对称式多处理机(Symmetric Multiprocessor, SMP)和大规模并行处理机(Massively Parallel Processor, MPP),采用适当的结构和互连方式,实现非高端商业路由/交换机也能够以较低的成本投递更好的性能。而且,遵从作为本章讨论焦点的胖树(Fat-tree)结构,网络设计方案和工程实施可在提供高的性能价格比的同时,完全不用修改主机网络接口、操作系统或应用,它跟以太网、IP 和 TCP 完全向后兼容。

17.1　基　本　概　念

信息服务的集约化(集中、节约)、社会化和专业化发展使得因特网上的应用、计算和存储资源向数据中心迁移。商业化的发展促使了承载数万台甚至超过 10 万台服务器的大型数据中心的出现。早在 2006 年,Google 已经在其 30 个数据中心拥有超过 45 万台的服务器;微软和雅虎在其数据中心的服务器数量也达到数万台。

　　商业计算机集群技术的不断提高使得许多组织机构以成本有效的方式利用每秒千万亿次浮点运算的计算能力成为可能。在某些大的学术机构已经有了由数万个 PC 构成的集群；而在大学、研究实验室和公司中配置数千个结点的集群也变得越来越普遍。重要的应用类别包括科学计算、财务分析、数据分析和数据仓库，以及大规模网络服务。

　　根据统计分析和评估，今天数据中心的内部流量达到总流量的 80% 左右，在大规模集群中的主要瓶颈是结点间的通信带宽。许多应用在进行它们的本地计算时必须跟场点内的远程结点交换信息。例如，在基于集群的文件系统上运行的应用在进行它们的 I/O 操作之前通常需要访问远程结点。对于一个 Web 搜索引擎的查询通常需要跟集群中托管倒排索引（一种索引，它不是由记录来确定属性值，而是由属性值来确定纪录的位置）的每个结点进行并行的通信，才能返回大部分相关结果。

　　早期为大规模集群建立通信机制有两种高端选择。第一种选择采用专用硬件和 InfiniBand 或 Myrinet 这样的通信协议。虽然这些解决方案能够扩展到数千个高带宽结点的集群，但它们不使用商业部件，因此比较昂贵，并且不是本征地与 TCP/IP 应用兼容。第二种选择采用商业以太网路由/交换机互连集群机器。这个方案既不用修改应用、操作系统和硬件，也支持熟悉的管理设施。不幸的是，随着集群规模的增大，集群聚合带宽的可扩展性差，而且取得最高级别的带宽会引发在集群规模变大时成本呈非线性增长的效应。

　　出于兼容性和成本的考虑，大多数传统的集群通信系统都采用商业以太网路由/交换机互连集群机器。然而，取决于通信模式，大的集群中的通信带宽可能以显著的因子被超额订用。也就是说，连接同一个物理路由/交换机的两个结点也许能够以完全带宽（如 1Gbit/s）通信，但是让信息在路由/交换机之间移动，潜在地要通过在体系结构中的多个层次，可能会严重地限制可用的带宽。解决这些瓶颈需要采用造价极高的高端路由/交换机，例如，在数据中心网络发展的早期配置 10Gbit/s IP 交换机/路由器，而且，典型的沿着被互连的路由/交换机的树的单条通路意味着总的集群带宽受限于在通信结构的根可提供的带宽。即使后来 10Gbit/s 和更高速率的技术在商业价格上变得具有竞争力了，大型的 10Gbit/s 路由/交换机也会产生显著的成本，仍然会限制大的集群的可用带宽。

　　在这样的背景下，人们希望有这样的一种数据中心通信结构，它能满足下列目标。

　　(1) 可扩展的互连带宽：在数据中心的任意一台主机应该能够以它的本地网络接口的完全带宽跟网络中的任意一台其他主机通信。

　　(2) 规模经济：就像商业 PC 成为大规模计算环境的基础一样，人们希望采用同样的规模经济使得廉价的、现成的以太网交换机能够成为大规模数据中心网络的基础。

　　(3) 向后兼容：整个系统应该跟运行以太网和 IP 的主机向后兼容。现在的数据中心几乎都采用商业以太网并运行 IP，应该不加修改就能够利用新的互连结构的优越性。

　　研究表明，通过用一种胖树结构互连商业交换机，就能够实现由数万个结点构成的完全平分带宽的集群。特别地，作为一个示例，2008 年试验人员曾经采用 48 端口的 1Gbit/s以太网交换机（支持三层交换），按照他们所提出的胖树结构组网，给多至 27648 台主机提供完全带宽。他们在实验中全部采用商业交换机。实验结果表明，与传统的方案相比，该方案的实施成本低，同时还能投递更大的带宽。该方案不需要对端点主机做改变，因为它跟 TCP/IP 完全兼容，只对交换机本身的转发功能做适度的修改。研究人员还预期，当 10GigE

和更高速率的商业交换机可在边缘使用时，该方法还将是为大的集群投递完全带宽的有效途径。

在此需要指出的是，我们在对作为本章焦点的胖树结构的介绍中，交换机既能够执行2层的 LAN 交换功能，也能够执行3层路由功能。因此在本章的其余部分，为了叙述的方便，对于在数据中心内配置的网络连接设备，我们把路由器和交换机统称为交换机。这跟传统的广域网交换机的概念是一致的。

17.2　传统数据中心网络的体系结构

数据中心网络是指数据中心内部通过高速链路和交换机连接大量服务器的网络。传统数据中心网络主要采用层次结构实现。多种应用同时在同一个数据中心内运行，每种应用一般运行在其特定的服务器集合上。每个应用与因特网可路由的 IP 地址绑定，用于接收来自因特网的客户端访问。在数据中心内部，来自因特网的请求被负载均衡器(Load Balancer，LB)分配到这个应用对应的服务器池中进行处理。根据传统负载均衡(让同一个应用的多个副本在多个服务器上同时运行)，接收请求的 IP 地址称为虚拟 IP 地址(Virtual IP Address，VIP)；负责处理请求的服务器的 IP 地址称为直接 IP 地址(Direct IP Address，DIP)。一个典型的传统数据中心网络体系结构如图 17-1 所示。

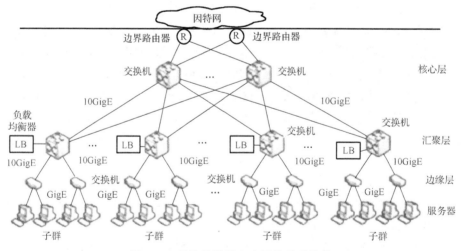

图 17-1　传统的数据中心网络体系结构

注：GigE—主机到交换机的链路；10GigE—交换机间的链路

在图 17-1 中，根据其 VIP，来自因特网的请求通过连接因特网的边界路由器和核心交换机被路由到汇聚交换机。应用所对应的 VIP 被配置在图 17-1 中连接到汇聚交换机的负载均衡器中。对于每个 VIP，负载均衡器为其配置了一个 DIP 表项，这个表项包含的通常是服务器的内部专有地址。根据这个表项，负载均衡器将接收的请求分配到 DIP 对应的服务器中进行处理。

后来建立的数据中心网络典型的体系结构由2层或3层交换机构成。在3层设计中，在树根中有一个核心层，中间是汇聚层，在树的叶处有一个边缘层。在大的集群中，为了在任意主机之间投递完全带宽，需要使用配置多个核心交换机的多根树结构。在位于树叶处的每个交换机有若干个（如 48 个或更多）GigE 端口，也有一些在叶交换机之间聚合和传送分组的 10GigE 的上连链路。在汇聚层和核心层，通常采用具有 10GigE 端口的交换机，典型地具有 128 个端口，并具有显著的交换能力，以聚合在边缘设备之间的流量。

作为采用上述两种交换机的一个配置示例，在树的边缘使用的 GigE 交换机具有 48 个 GigE 端口，并具有 4 个 10GigE 的上连链路。在汇聚层和核心层，使用具有 128 个端口的 10GigE 交换机。这两种类型的交换机都允许所有直接连接的主机以完全的网络接口速率互相通信。

总体上，使用传统技术在大的集群中投递高级带宽会产生显著的成本，而基于胖树的集群互连有望能够以适度的代价投递可扩展的带宽。为揭示历史趋势，表 17-1 示出了在数据中心网络发展早期的一个特别的年份里使用可提供的最高端交换机可以支持的超额订用比例为 1∶1 的最大集群配置，也示出了在这一年里可提供的最大的商业 GigE 交换机及其价格。表中所给出的这些值基于对在 2002 年、2004 年、2006 年和 2008 年来自不同厂商的高端 10GigE 交换机的产品发布的历史研究。注意，在研究人员于 2008 年提出的示例胖树结构中，GigE 交换机没有 10GigE 上行链路端口，因而其价格不同于传统配置的 GigE 交换机。

表 17-1　不同年份具有 1∶1 超额订用的可能的最大集群配置

年份	传统的等级设计			胖树结构		
	10GigE	主机数/台	每 Gbit/s 端口价格/美元	GigE	主机数/台	每 Gbit/s 端口价格/美元
2002	28 端口	4480	25300	28 端口	5488	4500
2004	32 端口	7680	4400	48 端口	27648	1600
2006	64 端口	10240	2100	48 端口	27648	1200
2008	128 端口	20480	1800	48 端口	27648	300

2008 年左右，出于成本的考虑，许多数据中心的网络都采用超额订用作为降低设计总代价的手段。人们把超额订用定义成一个特别的通信拓扑在端点主机之间最坏的情况下可取得的聚合带宽与总的平分带宽的比例。一个超额订用 1∶1 表示所有主机都潜在地可以跟任意其他的主机以它们的网络接口的完全带宽（如商业以太网的 1Gbit/s）进行通信。一个超额订用 5∶1 意味着仅 20%的可用主机带宽可提供给某种通信模式使用。典型的超额订用因子是 2.5∶1（400Mbit/s）～8∶1（125Mbit/s）。虽然对于 1Gbit/s 以太网获得超额订用 1∶1 的数据中心是可以实现的，但这种按照传统方法设计的高额成本典型地是不可取的，即使对于中等规模的数据中心也如此。在更加高端的方向上，采用 10GigE 交换机，取得完全的平分带宽 10Gbit/s 的数据中心在当时是不可取的，因为该配置的上行链路需要使用当时还不可提供的比 10GigE 更快、更昂贵的交换机。

在大的集群中的任意两个主机之间投递完全带宽，传统方法需要使用配置多个核心交换机的一个多根树，也就需要一种像 ECMP 技术这样的多通路路由技术。现在大多数企业核心交换机都支持 ECMP。不使用 ECMP，使用单根的核心具有 1∶1 超额订用的最大集群将被限于 1280 个结点，对应于从单个 128 端口的 10GigE 交换机可提供的带宽。

为了利用多个通路，ECMP 在多个流之间执行静态的负载分摊操作。这还不计入做分配决定的流带宽，这即使对于简单的通信模式也可能导致超额订用。而且，当时的 ECMP 的实现把通路的多重数限制到 8～16，这通常都比为大的数据中心投递高平分带宽所需要的通路数要少。此外，路由表项随通路数乘法性增长，这会增加成本，也会增加查表延迟。

对于大的集群建立网络连接的代价极大地影响着设计决定。采用超额订用可以降低总的成本。2008 年，研究人员对典型的主机数目和超额订用配置的代价做了一个粗略的估算。假定在边缘层的每个 48 端口的 GigE 交换机的价格是 7000 美元，在汇聚层和核心层的 128 端口的 10GigE 交换机的价格是 70 万美元。例如，互连 2 万台主机并在所有主机之间可提供完全带宽的交换硬件的成本大约为 3700 万美元。若采用 3∶1 的超额订用，连接同样数目主机的代价可降至 3000 万美元，但对于任意端点主机之间可提供的最大带宽被限制到大约 330Mbit/s。相比之下，采用胖树结构，在所有层次全部使用 48 端口的 GigE 商业交换机，且不需要高速的上连链路，投递完全带宽的交换硬件的代价仅大约为 830 万美元。

最后，使用传统方法，在当年建立具有 27648 个结点并在所有结点之间可提供 10Gbit/s 带宽的集群是不可行的，因为这将需要当时还没有的比 10GigE 更快更昂贵的交换机。另外，胖树交换结构则可以全部利用在当时是昂贵的 48 端口的 10GiGE 高端交换机建立这样的集群。当然，成本也是很大的，超过 6.9 亿美元。

17.3　Clos 网络和胖树

在数据中心网络发展的前期（2008 年前后），在高端 10GigE 交换机和 GigE 交换机之间的价格差异强烈地鼓励人们用许多小的商业交换机代替较少的大型昂贵的设备来构建大规模通信网络。20 世纪 50 年代在电话交换机中类似的趋势导致产生 Charles Clos 设计的一种网络拓扑，通过适当地互连较小的商业交换机为许多端点设备投递高的带宽。

研究人员采用称为胖树的一个 Clos 拓扑的特例互连商业以太网交换机。他们组织一个如图 17-2 所示的 k 叉胖树。有 k 个子群（Pod），每个子群的汇聚层和边缘层各包含 k/2 个交换机。在边缘层的每个 k 端口交换机直接连接 k/2 个主机。其余的 k/2 个端口分别连接汇聚层的 k/2 个交换机，每条连接都占用 1 个汇聚交换机的 1 个端口。在核心层有 $(k/2)^2$ 个 k 端口交换机。

每个核心交换机都连接到 k 个子群中的每一个子群，各占用其 1 个端口。如果把核心交换机划分成 k/2 个组，再假定组编号 j 是组 1～组 k/2，那么每组有 k/2 个核心交换机；任意一个核心交换机的第 i 个端口连接子群 i，并使得在第 j 组核心交换机中的每一个交换机都连接每个子群的第 j 个汇聚交换机。这里假定汇聚交换机的编号也是 1～k/2。例如，任意一个核心交换机的第 3 个端口都连接子群 3。第 2 组核心交换机中的每一个核心交换机都连接每个子群中的第 2 个汇聚交换机。这样，每个子群中的第 j 个汇聚交换机都连接第 j 组 k/2 个核心交换机中的每一个交换机。

一般地，使用 k 个端口交换机建立的胖树支持 $k^3/4$ 个主机。我们的讨论将聚焦最大 k 值为 48 的设计。实际上，该方法可以通用到任意 k 值。

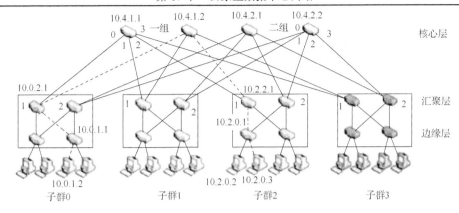

图 17-2　一个简单的胖树拓扑(一)

注：使用 4 端口交换机，k=4

　　胖树拓扑的优点是所有的交换成分都是相同的，使得我们能够对于在通信结构中的所有交换机都采用廉价的商业设备。而且，胖树的流量传输采用的是可重排的非阻塞方式，意味着对于任意通信模式都有某组通路，允许饱和使用在拓扑中可提供给端点主机的所有带宽。

　　图 17-3 示出了 k=4 的胖树拓扑的最简单但并非平凡的例子。连接同一边缘交换机的所有主机都形成它们自己的子网。前往一台连到同一低层交换机的主机的所有流量被交换，而所有其他的流量被路由。图中还示出，使用在 17.4.3 节中描述的两级路由表，从源 10.0.1.2 前往目的地 10.2.0.3 的分组将走用虚线表示的通路。

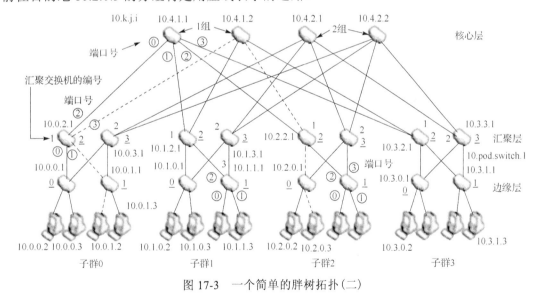

图 17-3　一个简单的胖树拓扑(二)

注：不带下划线的数字 1 和 2—子群内汇聚交换机的编号；带下划线的编号 0、1、2 和 3—子群交换机在子群内的位置编号

　　作为使用这种拓扑的一个典型配置，用 48 端口 GigE 交换机建立的一个胖树由 48 个子群构成，每个子群中包含一个边缘层和一个汇聚层，它们各有 24 个交换机。在每个子群中的边缘交换机都连接 24 台主机。该网络总共可支持 27648(24×24×48)台主机，被划分成 1152(24×48)个子网，每个子网中都有 24 台主机。在任意一对不同子群上的主机之间都有

576 条相同代价的通路(共有 24^2=576 个核心交换机)。按照前面给出的每个连接主机的 GigE 端口 300 美元的价格来进行计算,采用这样的网络结构的代价是 829.44 万美元 (300×27648)。对比之下,使用传统技术支持 20480 台主机,按照每个连接主机的 GigE 端口 1800 美元的价格来进行计算,代价是 3686.4(1800×20480)万美元。

17.4　体系结构

在本节里,我们介绍用胖树拓扑互连商业交换机的体系结构。先说明需要对路由表结构稍做修改;然后描述如何把 IP 地址分配给在集群中的主机;接着介绍两级路由查找辅助通过胖树做多通路路由选择的概念;最后讨论为了在每个交换机中填充转发表所采用的算法。作为可供替代的多通路路由方法,我们将在 17.5 节和 17.6 节中分别描述流分类和流调度路由技术;在 17.7 节中阐述一个简单的容错机制。

17.4.1　动机

取得在网络中最大的平分带宽需要把来自任何给定子群的外出流量尽可能在核心交换机之间均匀地传播。像 OSPF 这样的路由协议通常取跳段计数作为它们最短通路的度量,而在 k 叉胖树拓扑中,在任意两个处于不同子群中的主机之间都有$(k/2)^2$ 个这样的最短通路(每个边缘交换机对于上行汇聚交换机有 k/2 种选择;每个汇聚交换机对于上行核心交换机也有 k/2 种选择),但仅 1 条通路被选用(每个汇聚交换机连接 k/2 个核心交换机,子群内总共 k/2 个汇聚交换机,所以每个子群都连接$(k/2)^2$个核心交换机,也就是所有的核心交换机)。因此交换机会把前往一个给定子网的流量集中到单个端口,尽管有给出同样代价的其他选择存在。而且取决于 OSPF 报文到达时间的交织,对于核心交换机的一个小的子集,也许仅其中的一个被选作子群之间的中间链路。这会在这些点上引起严重的拥塞,并且得不到在胖树中通路冗余的好处。

像相同代价多通路路由选择这样的协议的延伸,除了在所考虑的类别交换机中是不可提供的外,还会引起所需要的前缀数目的爆炸。低层子群交换机需要对子群内每个子网有 k/2 个前缀,该前缀在非本地子网的情况下确定前往哪个上行汇聚交换机;总共有 $k×(k/2)^2$ 个前缀(每个子群有 k/2 个子网。在每个边缘交换机中的路由表对于其所在的子群内的每个子网,包括自己的子网,都有一个前缀登记项,共 k/2 个。就所占用的存储空间而言,子群内 k/2 个边缘交换机共占用$(k/2)^2$个前缀登记项。因此全网 k 个子群共有 $k×(k/2)^2$个前缀)。

因此需要有一个简单的细颗粒度的方法在子群之间进行扩散,利用胖树拓扑的结构的优点。交换机必须能够识别和特别地处理需要被均匀扩散的流量类别。为达此目的,可以使用两个层次的路由表,它基于目的 IP 地址的低序位扩散外出流量。

17.4.2　编址

在专有 10.0.0.0/8 地址块内分配在网络中所有的 IP 地址,并遵从具有下列条件的熟悉的 4 段点分形式：子群交换机(非核心交换机)被给予 10.pod.switch.1 形式的地址。这里的 pod 表示子群编号码(在[0, k−1]内)；switch 表示该交换机在该子群中的位置(在[0, k−1]内，编号自底向上，从左往右)。核心交换机被给予 10.k.j.i 形式的地址，这里的 j 和 i 表示该交换机在 $(k/2)^2$ 个核心交换机格栅中的坐标(每个都在[1, k/2]内编号，从左上方开始)；常量 k 是交换机的端口数目，也是子群的个数。实际上，j 表示核心交换机的组号，范围是 1～k/2；i 表示该核心交换机在组内的编号，范围也是 1～k/2。每个核心交换机都连接到所有的子群，其端口号等于所连接的子群编号，其所在的组号 j 确定它连接到子群中的哪个汇聚交换机(子群中共有 k/2 个汇聚交换机)。子群交换机(包括汇聚交换机和边缘交换机)地址的最后一段是 1，每个边缘交换机负责连接一个子网，子网中的主机地址最后一段从 2 开始递增，共 k/2 个主机。注意，每个交换机无论属于哪个层次，都只用一个 IP 地址标识。

一个主机的地址从它所连接的交换机末端值递增，具有 10.pod.switch.ID 的形式。这里的 ID 是该主机在这个子网中的位置(在[2, (k/2+1)]内)，从左往右递增。因此每个底层交换机负责一个具有 k/2 个主机的/24 子网(k<256，而且必须是偶数)。图 17-2 中示出了对于 k=4 的一个胖树的编址机制。尽管这样做相对地浪费了可提供的地址空间，但它简化了建立路由表的工作。尽管如此，该机制可扩展至约 400 万(254^3/4)台主机。显然，主机地址第 4 段的编号范围等同于子群交换机上连端口号的编号范围。

17.4.3 两级路由表

为了提供在 17.4.1 节阐明的均匀分布机制，需要修改路由器，以允许两级路由表查找。在主路由表中的每个登记项都潜在地有一个附加的指针，该指针指向一个小的第二个(后缀，端口)登记项表。如果没有第二级后缀，那么第一级前缀终止查找，并且第二个表可以被多个第一级前缀指向。虽然在主表中的登记项是偏左的，即/m 前缀掩码表示 1^m0^{32-m}，但在次表中的登记项是偏右的，即/m 后缀掩码表示 $0^{32-m}1^m$。如果最长匹配前缀搜索产生非终止前缀，那么就寻找和使用在次表中的最长匹配后缀。

17.4.4 两级路由表查找实现

现在描述如何使用内容寻址存储器(Content Addressable Memory，CAM)以硬件形式实现两级路由表查找。CAM 用于搜索敏感的应用，它比寻找位模式匹配的算法途径要快。CAM 可以在单个时钟周期里在它的所有登记项之间执行并行搜索。搜索引擎使用一个称为三元 CAM(Ternary CAM，TCAM)的特别种类的 CAM。TCAM 除了在特别位置的 0 和 1，还存储 don't care(不关心)位，使得它适合存储可变长度的前缀，就像存放在路由表中的前缀一样。在缺点方面，CAM 的存储密度相当低，功耗大，每位代价高。然而，在胖树架构中，路由表可以用一个相对中等大小的 TCAM 实现，k 个登记项，每个 32 位宽。

图 17-4 示出了两级路由表搜索引擎的实现。这是在图 17-3 中示出的交换机 10.2.2.1 上的两级路由表。具有目的 IP 地址 10.2.1.2 的输入分组在端口 1 上转发，而具有目的 IP 地址 10.3.0.3 的分组在端口 3 上转发。

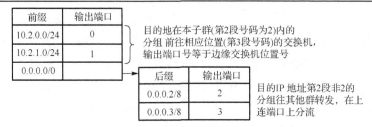

图 17-4　在汇聚交换机 10.2.2.1 上两级路由表

注意，在本例中，k=4，k/2=2，在每个子群内汇聚交换机和边缘交换机的个数都是 2，子网的个数是 2；每个子网内主机的个数也是 2。使用该路由表的汇聚交换机的地址是 10.2.2.1，其中子群编号是 2，交换机号也是 2。转发的 IP 分组地址中，子群编号是 2 的目的主机在本子群内，其地址中交换机号为 0 的前往端口 0 连接的边缘交换机，交换机号为 1 的前往端口 1 连接的边缘交换机。目的主机子群编号非 2 的则在其他子群中。本例中目的主机末段地址只有 2 和 3 两种可能(每个子网内从 2 开始递增，共 2 个主机)。让前往末段地址为 2 的目的主机的 IP 分组通过端口 2 转发到其连接的一个核心交换机；让前往末段地址为 3 的目的主机的 IP 分组通过端口 3 转发到另一个核心交换机，这样就可达到流量均匀分布的目的。注意，主机地址第 4 段的编号范围等同于子群交换机上连端口号的编号范围，起始值都是 2，最后一个值是 k/2+1。

TCAM 存储地址前缀和后缀，它们再索引一个存储下一跳段 IP 地址和输出端口的 RAM。TCAM 把偏左(前缀)登记项存储在数值较小的地址中；把偏右(后缀)登记项存储在数值较大的地址中。编码 CAM 的输出使得具有最小的匹配地址被输出。这就能满足特别的两级路由表查找应用的语义。当一个分组的目的 IP 地址既匹配偏左登记项又匹配偏右登记项时，选择偏左登记项。例如，使用在图 17-5 中的路由表，具有目的 IP 地址 10.2.0.3 的分组匹配偏左登记项 10.2.0.x 和偏右登记项 x.x.x.3。该分组被正确地转发到端口 0。然而，具有目的 IP 地址 10.3.1.2 的分组仅匹配偏右登记项，并且被转发到端口 2。

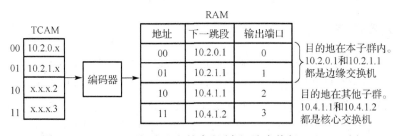

图 17-5　TCAM 两级路由表的实现(在汇聚交换机 10.2.2.1 上)

注意，由于在目的 IP 地址既匹配偏左登记项又匹配偏右登记项的情况下，仅选择偏左登记项，所以该方法被说成仅使用最小的匹配地址作为输出。例如，具有目的 IP 地址 10.2.0.2 的分组匹配偏左登记项 10.2.0.x 和偏右登记项 x.x.x.2，它们的存储地址分别是 00 和 10，此时选择较小的存储地址 00 的输出，即输出端口 0。

17.4.5 路由算法

在一个胖树中的开头两层(边缘层和汇聚层)交换机担任过滤流量扩散器的角色,在任何给定子群中的底层交换机和高层交换机都有到达在这个子群中的子网的终止前缀。因此,如果一个主机发送一个分组给在同一子群中但在不同子网中的另一个主机,那么在这个子群中的所有高层交换机都会有一个指向目的子网的终止前缀。

对于所有其他的子群间流量,该子群的每个交换机都有一个匹配主机 ID(目的 IP 地址的最低有效字节)的次表的默认/0 前缀。采用主机 ID 作为一个确定性熵的源;它们将使得流量在到达多个核心交换机的上行链路之间均匀地扩散。这也将使得随后前往同一主机的分组走同样的通路,因此避免了分组的重新排序。

在核心交换机中,为所有的网络 ID 分配终止的第一级前缀,每一个都指向适当的包含该网络的子群。一旦一个分组到达一个核心交换机,准确地有一条到达其目标子群的链路,该交换机将包括一个对于该分组的子群的终止/16 前缀(10.pod.0.0:port)。一旦一个分组到达它的目标子群,接收方高层子群交换机也将包括一个(10.pod.switch.0/24:port)前缀,把该分组导向它的目的子网交换机,在这里它被最后交换到它的目的主机。因此流量扩散仅发生在一个分组的开头一半旅程。

为在每个交换机中递增地建立所需要的转发状态设计分布式协议是可能的。然而为简化起见,假定有一个中心实体,它具有集群互连拓扑的全部知识。这个中心实体控制负责静态地产生所有的路由表,并把这些表在网络设置阶段安装进各个交换机。动态路由协议还负责检查具体交换机的失效,并执行通路切换。下面归纳在子群和核心交换机中产生转发表的步骤。

1. 子群交换机

在每个子群交换机中,包含在同一子群中的每个子网都被分配终止前缀。对于子群间流量,加一个带有匹配主机 ID 的次表的/0 前缀。算法 1-1 示出了为上层子群交换机产生路由表的伪代码。假定功能符号 addPrefix(switch,prefix,port)和 addSuffix(switch,suffix,port)把一个第二级后缀加到最后加上的第一级前缀后面。

```
1 foreach pod x in [0,k-1] do
2  foreach switch z in [(k/2),k-1] do
3     foreach subnet i in [0,(k/2)-1] do
4         addPrefix(10.x.z.1, 10.x.i.0/24,i);
5     end
6     addPrefix(10.x.z.1, 0.0.0.0/0,0);
7     foreach host ID h in [2,(k/2)+1] do
8         addSuffix(10.x.z.1,0.0.0.h/8,
           (h-2+z)mod(k/2)+(k/2))
9     end
10 end
11 end
```

算法 1-1 产生汇聚交换机路由表

注意，在该算法的第 1 条语句中，x 是子群编号。在第 2 条语句中，z 是汇聚交换机编号，范围是 k/2～k−1；而边缘交换机编号是 0～k/2−1。在第 3 条语句中，i 是子群内子网编号，0～k/2−1。在第 4 条语句中，10.x.z.1 是汇聚交换机地址；10.x.i.0/24 表示目的主机前缀，其中，x 是子群编号，i 是边缘交换机编号。事实上，主机地址中的交换机编号总是边缘交换机编号。该条语句让地址匹配 10.x.i.0/24 的 IP 分组通过端口 i 转发，这里的 i 也是所前往的边缘交换机的编号。第 6 条语句表示，否则(第 4 条语句没有匹配，用 0.0.0.0/0, 0 表示，端口号暂时置 0，后面再用实际值覆盖)带有次表。第 7 条和第 8 条语句表示对于子群间流量，针对目的主机 h，依据其最后一段地址(主机编号)和汇聚交换机编号，确定前往汇聚交换机的哪一个上行端口。其中，host ID h 的范围是 $2～(k/2)+1$，汇聚交换机地址是 10.x.z.1；$(h-2+z) \bmod (k/2)+(k/2)$ 表示所选择的汇聚交换机上行端口号，z 的范围是 k/2～k−1，由于 $(h-2+z) \bmod (k/2)$ 的取值范围是 0～k/2−1(说明：模 k/2 运算的结果总是在 0～k/2−1 内。当 h=2，z=k/2 时，$(h-2+z) \bmod (k/2)=0$。实际上，对于 z 的 k/2～k−1 内的任意一个值，h 的取值都是 2～k/2+1 的 k/2 个值中的某一个值。类似地，对于 host ID h 的任意一个值，z 的取值是 k/2～k−1 的 k/2 个值中的某一个值)，所选择的上行端口号在此取模的基础上再加一个偏移量 k/2，取值范围就变成 k/2～k−1，这正是汇聚交换机上行端口的编号范围。不过需要注意的是，这里的 h 是目的主机地址中的 host ID，而 z 是使用该路由表的本地交换机地址中的汇聚交换机位置编号。显然，执行该算法的结果是对于汇聚交换机上行端口的选择既跟目的主机 ID 有关，也跟使用该路由表的汇聚交换机的位置编号有关。

输出端口取模移位是为了避免来自不同的低层交换机寻址及具有相同主机 ID 的主机的流量前往同一个上层交换机(核心交换机)，让端口选择跟汇聚交换机编号 z 相关。

对于低层子群交换机，简单地省略了在第 3 行中的/24 子网前缀步骤(算法 1-2)，因为该子网自己的流量被交换，并且子群内和子群间的流量会在其上层交换机之间均匀分担。类似于算法 1-1，这里的 h 是目的主机地址中的 host ID；而 z 是使用该路由表的本地交换机地址中的交换机编号。

```
1 foreach pod x in [0,k-1] do
2    foreach switch z in [0,(k/2-1)] do
3        addPrefix(10.x.z.1, 0.0.0.0/0,0)
4        foreach host ID h in [2,(k/2)+1] do
5            addSuffix(10.x.z.1,0.0.0.h/8,
             (h-2+z)mod(k/2)+(k/2));
6        end
7    end
8 end
```

算法 1-2　产生边缘交换机路由表

2．核心交换机

由于每个核心交换机都连接到每一个子群(端口 i 连接子群 i)，核心交换机仅包含指向它的目标子群的/16 终止前缀(算法 2)。这个算法产生其大小随 k 线性增长的表。在网络中没有交换机包含一个具有多于 k 的第一级前缀或多于 k/2 的第二级后缀的表。

```
1 foreach j in [1,(k/2)] do
2   foreach i in [1,(k/2)] do
3     foreach destination pod x in [0,(k-1)] do
4       addPrefix(10.k.j.i, 10.x.0.0/16,x);
5     end
6   end
7 end
```

算法 2　产生核心交换机路由表

在算法 2 中，10.k.j.i 是核心交换机地址。其中，k 是常量；j 是组号；i 是组内编号。核心交换机连接每个子群，其端口号 x 连接子群 x。共有 k 个子群，编号范围为 0～k-1。

目的主机的地址形式是 10.pod.switch.ID，算法 2 的第 4 条语句的含义是让目的地址中的子群编号等于 x 的 IP 分组从端口 x 往外转发。端口 x 的编号范围是 0～k-1。

3．路由选择示例

为了说明使用两级路由表的网络操作，如图 17-2 所示，给出一个示例，描述对从源 10.0.1.2 到目的地 10.2.0.3 所做的路由决定。首先源主机的边缘交换机 10.0.1.1 只将分组跟 /0 第一级前缀匹配，因此将基于主机 ID 根据该前缀的次表转发分组。在该表中，根据类似于算法 1 的算法(针对边缘交换机)，分组匹配 0.0.0.3/8 后缀，指向端口 2(z=1，h=3，[h-2+z]mod[k/2]+ [k/2]=2)和汇聚交换机 10.0.2.1。汇聚交换机 10.0.2.1 也遵从同样的步骤，在端口 3 上转发(z=2，h=3，[h-2+z]mod[k/2]+ [k/2]=3)，连接核心交换机 10.4.1.2。该核心交换机匹配分组到终止前缀 10.2.0.0/16，后者指向目标子群 2，在端口 2 上，前往目标汇聚交换机 10.2.2.1。这个交换机与目标子网位于同一子群内，因此有一个终止前缀 10.2.0.0/24，它指向负责那个子网的边缘交换机 10.2.0.1，在端口 0 上。从那里，标准交换技术把分组投递到目的主机 10.2.0.3。

注意，对于从 10.0.1.3 到另一主机 10.2.0.2 的同时通信，如果采用传统的单路 IP 路由将遵从与上述同样的通路，因为目的地在同一个子网上。不幸的是这将去除了胖树给出的所有好处。取而代之的是两级表查找允许交换机 10.0.1.1 基于在两级表中的偏右匹配把第二个流转发到汇聚交换机 10.0.3.1。实际上，再一次地，首先源主机的边缘交换机 10.0.1.1 只将分组跟 /0 第一级前缀匹配，因此将基于主机 ID 根据该前缀的次表转发分组。在该表中，根据类似于算法 1 的算法(针对边缘交换机)，分组匹配 0.0.0.2/8 后缀，指向端口 3(z=1，h=2，[h-2+z]mod[k/2]+ [k/2]=3)和汇聚交换机 10.0.3.1。汇聚交换机 10.0.3.1 也遵从同样的步骤，在端口 3 上转发(z=3，h=2，[h-2+z]mod[k/2]+ [k/2]=3)，连接核心交换机 10.4.2.2。

该核心交换机匹配分组到终止前缀 10.2.0.0/16，后者指向目标子群 2，在端口 2 上，前往目标汇聚交换机 10.2.3.1。这个汇聚交换机与目标子网在同一子群，因此有一个终止前缀 10.2.0.0/24，它指向负责该子网的边缘交换机 10.2.0.1，在端口 0 上。从这里，标准交换技术把分组投递到目的主机 10.2.0.2。

小结：使用 k 个端口交换机建立的胖树，在一个数据中心内共有核心交换机 $(k/2)^2$ 台；在每个子群内有汇聚交换机 k/2 台、边缘层交换机 k/2 台；在一个数据中心内，汇聚交换机加上边缘层交换机的数目是 $[(k/2)+(k/2)]×k=k^2$;因此在整个数据中心，采用胖树结构，共使用交换机的数目是 $(k/2)^2 + k^2 =1.25k^2$。

17.5　流　分　类

除了上述两级路由技术，对于胖树结构，研究人员还考虑可选的流分类和流调度路由技术，它们当前在多个商业路由器中可提供。其目标是量化这些技术潜在的优点，但确认它们会产生附加的每分组开销。重要的是在这些机制中维护的任何状态都是软状态，在状态丢失时具体的交换机可以返回两级路由选择。

作为向核心交换机扩散流量的可替代方法，在子群交换机中执行带有端口重分配的流分类，来避免本地拥塞的状况发生。在这方面可能发生的拥塞状况例子包括，当两个流在竞争同一输出端口时，而另一个具有到达目的地同样代价的端口还没有被充分使用。

研究人员把一个流定义成一个分组序列，其分组头域的一个子集具有同样的条目，典型地是源 IP 地址和目的 IP 地址以及目的传输端口。

特别地，子群交换机进行如下操作。

(1)识别同一流的随后分组，把它们在同一输出端口转发。

(2)周期性地重新分配最少数目的流输出端口，以最小化不同端口的聚合流容量差别。

步骤(1)是避免分组重新排序的一个措施。步骤(2)的目标是保证在动态改变流的大小的情况下，对流在上行端口上的公平分配。

可以实现的流分类模块 FlowClassifier 具有 1 个输入和两个或更多个输出。它基于输入分组的源 IP 地址和目的 IP 地址执行简单的流分类，使得随后具有同样的源和目的地的分组在同一个端口输出(以避免分组重新排序)。

该模块的另一个目标是最小化在最高负荷和最低负荷输出端口的聚合流容量之间的差别。即使事先知道具体的流的大小，这种优化也是一个 NP-hard 问题。何况事实上流的大小不是事先可知的，这就使得该问题更加困难了。

试验遵从在算法 3 中概述的贪心启发式算法。每隔几秒，该启发式算法就试图在需要的情况下交换最多 3 个流的输出端口，以最小化在它们的输出端口聚合流容量的差别。

前面已经说过，流分类模块是可以用以替代两级表分散流量的模块。使用该模块的网络将采用普通的路由表。例如，一个上层子群交换机的路由表包含分配给该子群的所有子网前缀。然而，此外研究人员还加一个/0 前缀来匹配所有其余的子群间流量，这些流量需要被均匀地向上分散送往核心层。仅仅匹配该前缀的分组才会被导向 FlowClassifier。该分类器试图根据所描述的启发式算法把输出的子群间流在该上层子群交换机的输出之间均匀分布，而这些输出又都是直接连接核心交换机的。核心交换机不需要分类器，它们的路由表是不变的。

```
    // Call on every incoming packet
1  IncomingPacket (packet)
2  begin
3     Hash source and destination IP fields of packet;
       // Have we seen this flow before?
4     if seen(hash) then
5         Lookup previously assigned x;
6         Send packet on port x;
7     else
8         Record the new flow f;
9         Assign f to the least-loaded upward port x;
10        Send the packet on port x;
11    end
12 end
   // Call every t seconds
13 RearrangeFlows( )
14 begin
15 for i=0 to 2 do
16    Find upward ports Pmax and Pmin with the largest and
      smallest aggregate outgoing traffic respectively;
17    Calculate D, the difference between Pmax and Pmin;
18    Find the largest flow f assigned to Pmax whose size
      is smaller than D;
19    if such a flow exists then
20        Switch the output port of flow f to Pmin;
21    end
22 end
23 end
```

算法 3　流分类启发式算法，在典型的实验中 t=1s

注意，这个解决方案是软状态的，不是为了正确性所需要的，而是仅仅用作性能优化。这个分类器偶尔会崩溃，由于最小数目的流可能被周期性地重新安排，潜在地引起分组失序。然而，它能适配动态改变大小的流和支持在长时间上的公平性。

17.6　流　调　度

多项研究表明，因特网流量传送时间和迸发长度的分布是长尾的，主要特征表现在少数大的长活流(消耗大部分带宽)和许多小的短活流。可以说，路由大流在确定网络可取得的平分带宽方面起着重要的作用，因此值得特别处理。在这个流管理可替代的方法中，实验调度大的流，使得最小化它们的互相重叠。一个中心调度器做这个选择，它具有在网络中所有活动的流的全局知识。在初始的设计中，研究人员只考虑在一个时刻来自每个主板的单个大流。

1. 边缘交换机

开始，边缘交换机把一个新流分配给最少负载的端口。然而边缘交换机还检测到其大小增长到超过预订门槛的输出流，周期性地给中心调度器发送通告，描述所有活动的大流的源和目的地。这表示边缘交换机请求把该流放在不受约束的通路中。

注意，这个机制不允许边缘交换机重新分配一个流的端口，而不管其大小。中心调度器是具有发布重新分配命令权限的唯一实体。

2. 中心调度器

中心调度器跟踪所有活动的大流，并试图给它们分配无冲突的通路(如果可能)。该调度器为网络中所有链路维持布尔状态，表明它们承载大流的可提供性。

对于子群间流量，在网络中任意给定的一对主机之间有 $(k/2)^2$ 个可能的通路，这些通路中的每一个都对应一个核心交换机。当调度器接收一个新流通告时，它线性地搜索核心交换机，找到一个其对应的通路成分不包括一条被预留的链路的核心交换机。当找到这样的一条通路时，中心调度器把这些链路标记为预留，并把对应为该流选择的通路的正确输出端口通告给在源子群中相关的低层交换机和高层交换机。对于子群内的大流也执行相似的搜索；此时，寻找一条通过上层子群交换机的无竞争的通路。中心调度器垃圾处理程序收集最后一次更新早于一个给定的时间的流，清除它们的预留。注意，边缘交换机并不阻塞和等待该调度程序执行这样的计算，而是像处理其他流一样地开始处理一个大流。

3. 典型的实现

典型的流调度实现包含两个模块：FlowReporter(流报告)和 FlowScheduler(流调度)。

流报告模块驻留在所有的边缘交换机中，检出其大小大于一个给定的门槛值的外出流。它向中心调度器发送关于这些活动的大流的定期通告。

流调度模块成分从边缘交换机接收关于流动的大流的通告，并试图为它们寻找无竞争的通路。为此，它维护在网络中所有链路的二进制状态，也维持一个关于先前安置的流的列表。对于任何一个新的大流，该调度器在源和目的主机之间的所有相同代价的通路中执行一个线性搜索，寻找一个其通路成分都没有被预留的通路。在找到这样的一个通路时，流调度器把其所有的链路成分标记为预留，把关于这个流的通路的通告发送给相关的子群交换机，并修改子群交换机处理来自调度器的对这些端口重分配的报文。

流调度器维持两个主要的数据结构：一个关于网络中所有链路的二进制数组(总共有 $3×k×(k/2)^2=3×k^3/4$ 条链路，从主机到边缘交换机的链路数、从边缘交换机到汇聚交换机的链路数以及从汇聚交换机到核心交换机的链路数各为 $k×(k/2)^2$)，以及关于先前安置的流和它们被分配的通路的散列表。

对于新流安置的线性搜索需要大约 $2×(k/2)^2$ 次存储器访问(在寻找从源到核心交换机通路时，搜索从一个边缘交换机到子群内的汇聚交换机的 k/2 条链路以及从每个汇聚交换机到核心交换机的 k/2 条链路，共有大约 $(k/2)^2$ 次访问；在确定该通路后，寻找从核心交换机到目的主机的通路时，搜索从核心交换机到子群内的汇聚交换机的 k/2 条链路以及从每个汇聚交换机到边缘交换机的 k/2 条链路，也共有大约 $(k/2)^2$ 次访问），使得流调度器的计算复杂度在空间上为 $O(k^3)$（体现为数组）；时间上为 $O(k^2)$（体现为存储器访问）。k（每个交换机的端口数）的典型值是 48，使得这两个值都是可行的。

17.7　容　　错

在任何一对主机之间可提供的通路冗余使得胖树拓扑对容错很有吸引力。研究人员提出一种简单的故障广播协议，允许交换机往下游一、两跳段绕过链路或交换机故障。

在这个机制中，网络中的每个交换机跟它的每个邻居维持一个双向转发检测 (Bidirectional Forwarding Detection，BFD) 会话，以确定一条链路或邻居交换机什么时候失效。从容错的角度看问题，可以经受如下两类故障。

(1)在一个子群内的低层和上层交换机之间的故障。

(2)在核心和上层交换机之间的故障。

显然，一个低层交换机的失效会引起直接连接的主机的断连；在叶处的冗余交换机是容忍这种故障的唯一途径。在这里描述链路故障，是因为交换机故障触发同样的双向转发检测警报，并引起同样的响应。

17.7.1　低层交换机到上层交换机链路

在低层交换机和上层交换机之间一条链路的故障影响三类流量。

(1)源于低层交换机的子群间和子群内外出流量。在这种情况下，本地流分类器把这条链路的代价设置成无穷大，不给它分配任何新的流，并选择另一个可用的上层交换机。

(2)使用该上层交换机作为中介的子群内流量。作为响应，这个交换机广播一个标签，把该链路的失效通告给在同一子群中的所有其他的低层交换机。在分配新流时，这些交换机将检查拟使用的输出端口是否对应这个标签，并在可能的情况下避免使用该端口。

(3)进入上层交换机的子群间流量。连接该上层交换机的核心交换机把该上层交换机作为访问该子群的唯一途径，因此该上层交换机把这个标签广播到它的所有核心交换机，表明它不能够承载流量到低层交换机的子网。这些核心交换机再把这个标签报告给它们连接的在其他子群中的所有上层交换机。最后，这些上层交换机在分配新流到该子网时避免使用单个受影响的核心交换机。

17.7.2　上层交换机到核心交换机链路

一条从上层交换机到核心交换机链路的故障影响两类流量。

(1)外出子群间流量。在这种情况下，本地路由表把受影响的链路标记为不可使用的，并在本地选择另一个核心交换机。

(2)进来的子群间流量。在这种情况下，该核心交换机把一个标签广播到它直接连接的所有其他的上层交换机，表明它不能够承载到该子群的流量。这些上层交换机在分配前往该子群的流量时将避免使用该核心交换机。

当然，当失效的链路和交换机恢复正常并重新建立双向转发检测会话时，上述步骤被逆转，以取消它们的效应。此外，适配前述流调度机制来应对链路和交换机故障是相对简单的。流调度器把任何报告为故障的链路标记成忙或不可使用，因此使得包括该链路的通路不再被考虑，在效果上就把大流的路由选择成绕过故障点。

复习思考题

1. 为大规模集群建立通信机制，有哪两种高端选择？

2. 研究人员所提出的胖树结构的目标是什么？

3. 在传统的数据中心网络中，什么是虚拟 IP 地址和直接 IP 地址？

4. 什么是超额订用？超额订用 1∶1 的含义是什么？

5. 几十年以前 Charles Clos 为电话交换机设计的网络拓扑的优点是什么？

6. 胖树拓扑有哪些优越性？

7. 为了提供流量均匀分布机制，针对胖树结构，研究人员是怎样修改路由器，以允许两级前缀查询的？

8. 为了能够实现通过端口重分配的流分类，子群交换机需要进行哪些必要的操作？

9. 在流调度中，中心调度器的任务是什么？

10. 一条从上层子群交换机到核心交换机的链路的故障影响哪两类流量？所提出的容错办法是什么？

11. 采用 24 端口 GigE 交换机，按照胖树结构建立一个数据中心网络。试问，该网络总共可支持多少台主机？该网络被划分成多少个子网？该网络一共使用了多少个交换机？其中用作核心交换机的有多少个？

12. 什么是最长匹配后缀？它在什么情况下会被使用？

参 考 文 献

鲁士文, 1996. 计算机网络原理与网络技术. 北京: 机械工业出版社.

鲁士文, 1998. 认识和使用 TCP/IP. 北京: 电子工业出版社.

鲁士文, 2000. 计算机网络协议和实现技术. 北京: 清华大学出版社.

鲁士文, 2001. 计算机网络习题与解析. 北京: 清华大学出版社.

鲁士文, 2004. 现代通信与网络教程. 北京: 清华大学出版社.

鲁士文, 2006. 发展中的通信网络新技术. 北京: 清华大学出版社.

鲁士文, 2007. 下一代因特网的移动支持技术. 北京: 清华大学出版社.

鲁士文, 2010a. 存储网络技术及应用. 北京: 清华大学出版社.

鲁士文, 2010b. 计算机网络. 北京: 清华大学出版社.

鲁士文, 2013. 新编计算机网络习题与解析. 北京: 清华大学出版社.

鲁士文, 2016. 网络多播和实时通信技术. 北京: 清华大学出版社.

魏祥麟, 陈鸣, 范建华, 等, 2013. 数据中心网络的体系结构. 北京: 软件学报, 2: 125-146.

谢希仁, 2013. 计算机网络. 6 版. 北京: 电子工业出版社.

AL-FARES M A, LOUKISSAS A, VAHDAT A M. A scalable, commodity data center network architecture. ACM SIGCOMM Computer Communication Review, 38(4): 63-74.

DEEPANKAR M, KARTHIKEYAN R, 2007. Network routing: algorithms, and architectures. San Francisco: Morgan Kaufmann Publishers.

FOROUZAN B A, 2013. Data communication and networking. 5th ed. New York: McGraw-Hill Education.

IBM International Technical Support Organization, 2006. Introduction to storage are networks. 4th ed. New York: International Business Machines Corporation.

PETERSON L L, DAVIE B S, 2000. Computer networks: a systems approach. 2nd ed. San Francisco: Morgan Kaufmann Publishers.

STALLINGS W, 2011. Data and computer communications. 9th ed. New Jersey: Pearson Education.

TANENBAUM A S, WETHERALL D J, 2011. Computer networks. 5th ed. New Jersey: Prentice Hall.

TROPPENS U, WOLFGANG R E, 2004. Storage networks. New Jersey: John Wiley&Sons.